高新技能型紧缺人才培养系列教材·模具专业

液压与气动控制技术

王健民　主　编
刘学斌　刘　瑛　副主编

北京航空航天大学出版社

内容简介

全书共分15章：第1章～第2章介绍液压传动的基本理论，第3章～第6章介绍液压元件的作用原理、性能和用途，第7章～第9章介绍典型回路、典型系统和一般液压系统的设计步骤和方法，第10章～第14章介绍气压传动的基本原理、性能、用途以及其典型回路、典型传动系统和气动系统的安装调试、使用及维护，第15章介绍了典型液压与气动实验。

基于本课程在高职高专机类专业知识、能力构成中的位置及本门技术的特点，本教材充分体现了理论内容以"以必需、够用为度"的特点，突出应用能力和创新素质的培养。

本书可作为普通高等专科学校、高等职业类学校以及民办高校机类及机电类模具(数控)专业的教材，也可供有关的工程技术人员参考。

图书在版编目(CIP)数据

液压与气动控制技术/王健民主编. --北京：北京航空航天大学出版社，2010.2

ISBN 978-7-81124-995-8

Ⅰ. ①液… Ⅱ. ①王… Ⅲ. ①液压控制②气动技术
Ⅳ. ①TH137②TH138

中国版本图书馆CIP数据核字(2010)第004629号

液压与气动控制技术

王健民 主 编

刘学斌 刘 瑛 副主编

责任编辑 李文轶

*

北京航空航天大学出版社出版发行

北京市海淀区学院路37号(100191) 发行部电话：(010)82317024 传真：(010)82328026

http://www.buaapress.com.cn E-mail:bhpress@263.net

北京时代华都印刷有限公司印装 各地书店经销

*

开本：787 mm×1 092 mm 1/16 印张：15.75 字数：403千字

2010年2月第1版 2010年2月第1次印刷 印数：4 000册

ISBN 978-7-81124-995-8 定价：28.00元

前　言

本套模具专业系列教材立足培养21世纪的高新技能专业人才，针对高等职业教育的特点，体现高等职业教育在实用性、新颖性和通用性方面的特殊要求，贯彻培养学生应用能力和创新素质的方针而编写的。在编写时力求贯彻少而精、理论联系实际的原则，内容适度、易懂，突出理论知识的应用和加强针对性。

《液压与气动控制技术》全面贯彻有关现行国家标准，突出“以必须，够用为度”的原则，坚持“少而精”，贯彻通俗易懂、循序渐进的原则，紧密围绕培养学生分析问题、解决问题的能力。本书可作为普通高等专科学校、高等职业类学校以及民办高校机类及机电类模具(数控)专业的教材，也可供有关的工程技术人员参考。

全书包括液压传动和气动技术两部分内容，共分15章。第1章和第2章为液压传动的基本理论，第3章～第6章为液压元件的作用原理、性能和用途，第7章～第9章为典型回路、典型系统和一般液压系统的设计步骤和方法，第10章～第14章为气压传动的基本原理、性能、用途以及其典型回路、典型传动系统和气动系统的安装调试、使用及维护。第15章介绍了一定数量的典型液压与气压实验。本书主要介绍了流体力学的基本知识，液压、气压元件的基本原理、结构特点以及选择方法，液压、气压基本回路和典型系统的组成分析以及回路的设计方法及典型液压与气动实验等内容。

本书各章均有相当数量的例题和习题，帮助读者加深对基本概念和基本理论的理解。通过第15章的实验教学，验证、巩固和深化课堂讲授的理论知识，使学生加深对液压与气动系统中常见元件内部结构，典型回路基本组成，典型系统工作原理的理解和认识，培养动手能力，为今后在工程实际中设计性能优良的流体传动系统打下基础。

本书由王健民、刘瑛、刘学斌、顾红欣、张旭光、于海洋共同编写，其中，王健民编写第1、3章，刘瑛编写第5、7、12章，刘学斌编写第8、9、13、14章和15章，顾红欣编写第2、6、11章，王键民和张旭光编写第4章，王健民和于海洋编写第10章。本书由王健民担任主编，刘学斌、刘瑛担任副主编。

在统稿过程中，刘国柱、曹卫芝同志作了大量工作。编者表示诚挚的感谢！

由于编者水平所限，书中难免存在缺点和错误，敬请广大同行和读者批评指正。

编　者

2009年12月

目　录

第 1 章　液压传动概述

液压传动与后续的气压传动是先进制造技术中最基本的技术之一，特别是随着机电一体化技术的发展，液压与气动技术得到了高速发展，尤其通过与计算机技术相结合，在机械领域得到了广泛的应用。

1.1　液压传动的工作原理

一部完整的机器主要是由原动机、传动装置和工作机构 3 部分组成。原动机是给机器提供动力源的，它利用传动装置将原动机的输出功率传递给工作机构来实现动力或能量的传递、转换与控制，以满足工作机构的工作要求。传动装置在其中起中间环节的作用，根据其工作介质的不同，传动分为机械传动、电气传动、液体传动、气压传动以及由前几种组合而成的复合传动等。

液体传动是利用液体作为工作介质，利用流体密封容积的变化传递运动，利用密封容积的压力传递动力，从而实现能量传递、转换和控制的一种传动方式。根据工作原理的不同，液体传动又分为液压传动和液力传动两种。液压传动是利用了液体的压力，液力传动主要是利用了液体的动能。

1.1.1　液压传动的工作原理

液压传动系统的类型和应用范围十分广泛，液压千斤顶就是其中的一种应用，其工作原理如图 1.1 所示。小油缸 2 与吸、排油单向阀 4、7 一起构成了手动液压泵，完成吸油与排油。当向上抬起杠杆 1 时，手动液压泵的小活塞 3 向上运动，小活塞 3 的下部油腔的容积增大形成局部真空，致使排油单向阀 7 关闭，油箱 12 中油液在大气压的作用下经由吸油管道 5 顶开吸油单向阀 4 进入油腔。当小活塞 3 在力 $\boldsymbol{F}_1$ 的作用下向下运动时，小活塞 3 的下部油腔的容积减小，油液因此受到挤压，故压力升高，于是被压的油液将吸油单向阀 4 关闭，而将排油单向阀 7 顶开，经管道 6 进入大油缸 8 的无杆腔，推动大活塞 9 携重物上移，当重物到达一定位置，停止小活塞 3 的运动，则大油缸 8 油腔内油液压力将使排油单向阀 7 关闭，大活塞 9 下部油腔的油液被封闭，大活塞 9 连同重物一起闭锁不动，此时，截止阀 11 处于关闭状态。如打开截止阀 11，则大油缸 8 无杆腔的油液经管道 10 流回油箱 12，大活塞 9 回复到原来位置。

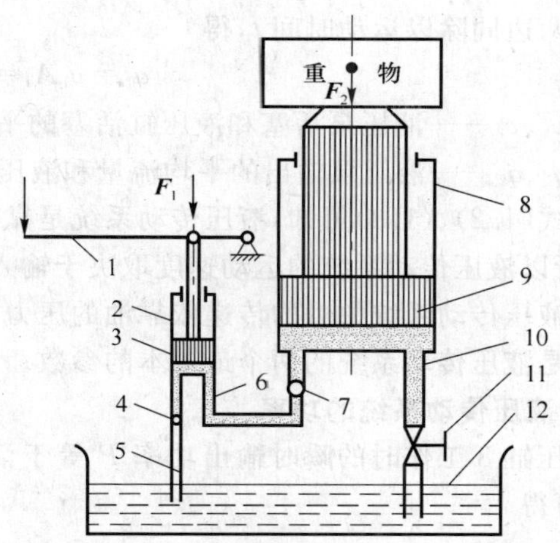

1. 杠杆手柄；2. 小油缸；3. 小活塞；4、7. 单向阀；5. 吸油管；6、10. 管道；8. 大油缸；9. 大活塞；11. 截止阀；12. 油箱

图 1.1　液压千斤顶工作原理

通过以上分析可知，小油缸 2 和吸、排油单向阀 4、7 完成吸油与排油构成了一个手动液压泵将外部的机械能转化成液压能。大油缸 9 则把油液的压力能转换成机械能构成了液压缸，

顶起重物,截止阀 11 控制压力油液的通、断实现了重物的抬起和回降,管道 6、10 和油箱 12 则起到储油和输油的作用。所以,液压泵、液压缸、控制阀和一些辅助元件(管道、油箱)构成液压传动系统以完成运动和动力的传递。

1.1.2 液压传动中的力的传递和运动的传递

1. 力的传递——压力和负载的关系

在图 1.1 中,设液压缸 8 的活塞面积为 A_2,负载为 $\boldsymbol{F}_2$,所以在液压缸 8 无杆腔内产生的液体压力(压强)为

$$p_2 = F_2/A_2 \tag{1.1}$$

由帕斯卡原理知,在密闭容器的静止油液内,当某处受一压力作用,该压力将等值传递到油液各处,故液压泵 2 的排油压力 p_1 应等于液压缸 8 中的油液压力 p_2,即 $p_1 = p_2 = p$。液压泵的排油压力又称为系统压力。

在 A_1 和 A_2 一定时,负载 $\boldsymbol{F}_2$ 越大,则系统中所需要的压力 p 也越高,所以液压传动系统的工作压力取决于外加负载。这是液压传动系统的第一要素。

2. 运动的传递——速度和流量的关系

图 1.1 所示的液压系统在工作时,根据液流连续性原理,油液通过没有分支的管道时流经任意剖面的油液流量相等。故单位时间液压泵 2 中排出的油液体积必然等于进入液压缸 9 中的油液体积。设液压泵 2 活塞的位移为 s_1,液压缸 8 活塞的位移为 s_2,则有

$$s_1A_1 = s_2A_2 \tag{1.2}$$

将上式两边同除以运动时间 t,得

$$q_1 = v_1A_1 = v_2A_2 = q_2 \tag{1.3}$$

式中 v_1、v_2——液压泵活塞和液压缸活塞的平均运动速度;

q_1、q_2——液压泵输出的平均流量和液压缸输入的平均流量。

由式(1.2)、(1.3)可知,液压传动系统是靠密闭工作油腔容积变化相等的原则实现运动传递的,所以液压传动系统的运动速度取决于输入流量的大小。这是液压传动工作原理的第二要素。液压传动系统中力的传递依靠油的压力,运动的传递依靠油的流量。所以,油液的压力和流量是液压传动系统的两个最基本的参数。

3. 液压传动系统的功率

液压缸 8 工作时的瞬时输出功率 P 等于活塞速度 v 与负载 $\boldsymbol{F}$ 的乘积。由式(1.1)和式(1.3)可得

$$P = Fv = p \cdot A\frac{q}{A} = pq \tag{1.4}$$

因此,液压传动系统的液压输出功率等于系统输出流量和压力两个基本参数的乘积。

1.2 液压传动系统的组成

由液压千斤顶的工作原理图 1.1 可知液压传动系统是由若干液压元件组成的,液压传动系统主要分为以下 5 个部分。

① 动力部分:动力部分是将机械能转换为液压能的装置,是液压系统的动力源,在工作介质的作用下输出一定的力和速度以驱动工作机构工作,如液压泵等。

② 执行部分:执行部分是将液压能转换为机械能的装置,其作用是在工作介质的作用下输出力和速度,以驱动工作机构对外做功,如液压缸和液压马达。

③ 控制部分:控制部分是控制油液的流动方向、压力和流量的装置,如方向控制阀、压力控制阀和流量控制阀等。

④ 辅助部分:辅助部分是除以上3部分的功能外,用以可以保证系统正常工作,具有贮油、输油、滤油和测量等作用的装置,如油箱、输油管件、过滤器、压力表、管接头和蓄能器等。

⑤ 工作介质:工作介质是指用来传递液压能的介质,在液压系统中,一般是以液压油作为工作介质的。

1.3 液压传动的优缺点

液压传动与机械传动、电气传动和气压传动相比有以下主要特点。

1. 液压传动系统的优点

① 调速范围大,易实现无级变速。在液压传动系统中,执行元件可以在工作时方便地进行大范围的无级调速,调速范围最高可达2000∶1。

② 单位质量传递功率大。与电动机相比,在体积相同的情况下,液压传动装置能产生更大的动力,从而在相同功率要求的情况下,液压传动的体积更小、重量更轻且结构紧凑,有利于机械设备及其控制系统向微型化、小型化发展,并能进行较大功率的作业。

③ 易于实现自动控制和远距离控制,便于机械的自动化。

④ 液压传动装置易于实现过载保护。当系统中的压力过高时会通过溢流阀卸油,起到安全保护作用。

⑤ 自润滑能力强,元件和系统使用寿命长。

⑥ 易于设计制造。液压元件已实现了标准化、系列化和通用化。

⑦ 工作平稳,换向冲击小,易于实现快速启动、制动和频繁换向。

⑧ 布局方便,不受严格的空间位置限制。

由于液压传动系统具有以上优点,所以在实际的生活生产中应用十分广泛。

2. 液压传动系统的缺点

① 由于液压系统中的油液存在着压缩性和泄漏的问题,所以液压传动系统无法保证严格要求的运动。因此液压传动系统不宜用在液压传动比严格的场合。

② 液压元件制造精度和安装技术要求高,故装配比较困难,使用维护比较严格。

③ 油液受温度的影响较大。这是由于油的黏度随温度的改变而改变,故不宜在高温或低温的环境下工作。

④ 不适宜远距离输送动力。由于采用油管传输压力油,压力损失较大。

⑤ 油液中混入空气影响工作性能。油液中混入空气后,容易引起爬行、振动和噪声,使系统的工作性能受到影响。

⑥ 油液容易污染。油液污染后,会影响系统工作的可靠性。

⑦ 发生故障不易检查和排除。

1.4 液压传动系统的发展概况与应用

虽然液压技术已有很长时间的应用和发展,但是液压技术相对于机械传动来说还是一项新兴技术。20 世纪 50 年代,随着世界各国经济的飞速发展,生产过程自动化的不断增长,使液压技术很快转入大规模应用,在机械制造、起重运输机械及各类施工机械、船舶、航空等领域得到了广泛的发展和应用。20 世纪 60 年代以来,随着原子能、航空航天技术和微电子技术的需要,液压技术在更深、更广阔的领域得到了发展。液压技术应用的不断发展,几乎囊括了国民经济的各个部门,从机械加工及装配线到材料压延和塑料成型设备,从橡胶、皮革和造纸等轻工机械到石油天然气探采装置,液压技术都得到了广泛的应用。我国液压技术也是由 19 世纪崛起并蓬勃发展的石油工业推动起来的,随着液压机械自动化程度的不断提高,液压元件应用数量急剧增加,元件小型化、系统集成化是必然的发展趋势。特别是近年来,液压技术与传感技术紧密结合出现了许多诸如电液比例控制阀、数字阀和电液伺服液压缸等机电一体化元器件,使液压技术在高压、高速、大功率、节能高效、低噪声、使用寿命长及高度集成化等方面取得了重大的进展。

液压技术在机床上的进给运动中应用最为广泛。例如,车床、自动车床的刀架及转塔刀架的进给,组合机床的动力头及动力滑台的进给等,要求有较大的调速范围,并且在工作中能无级调速;刨床和磨床工作台的往复运动,用液压控制,周期性地实现定量进给运动,进给量可进行无级调节。

液压传动的应用已大大超出了机床的应用范围,几乎在所有工业分支都能找到液压传动的实例,比如汽车,在其驱动系统和制动系统中都有液压传动的成功应用。随着液压技术的提高,液压传动的应用将不断得到扩大和发展。液压元件和液压系统的辅助设计和计算机控制的液压传动系统则是当前液压技术的发展方向。

习 题

1-1 什么叫液压传动?

1-2 试简述液压传动的工作原理。

1-3 液压传动由哪几部份组成?试举例说明它们在系统中的作用。

1-4 液压系统有什么优缺点?

1-5 如下图所示液压千斤顶,大小活塞直径比为 $D_1/D_2=5$,杠杆比 $L=3l$,若 $\boldsymbol{F}=100\,\text{N}$,求所顶起的重物 W 的重量是多少牛顿(N)?

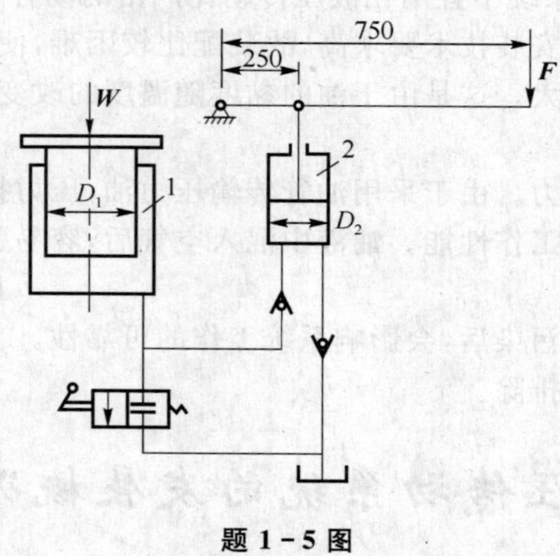

题 1-5 图

第 2 章　液压流体力学基础

2.1　液压油液

液体是液压传递的介质。最常用的工作介质是液压油，常用石油型液压油。此外，还有乳化型传动液和成型传动液。

2.1.1　液压油液的性质

1. 密　度

密度是液体单位体积的质量，即

$$\rho=\frac{m}{V} \tag{2.1}$$

式中　m——液体的质量；

V——液体的体积。

2. 重　度

重度是液体单位体积的重量，即

$$\gamma=\frac{W}{V}=\rho g \tag{2.2}$$

式中　W——液体的重量；

ρ——液体的密度。

液体的密度和重度随温度和压力而变化，但变化很小，在一般使用条件下，可以忽略不计。一般液压油的密度为 $900\,\mathrm{kg/m^2}$，重度 $\gamma=900\times9.8\,\mathrm{N/m^3}\approx8.8\,\mathrm{kN/m^3}$。

3. 可压缩性

液体受压力作用而发生体积减少的性质称为液体的可压缩性。体积为 V 的液体，当压力增大 Δp 时，体积减少 ΔV，则液体在单位压力的变化下的体积相对变化量，为

$$k=-\frac{1}{\Delta p}\frac{\Delta V}{V} \tag{2.3}$$

式中，k 称为液体的体积压缩系数。由于压力增大时液体的体积减少，两者变化方向相反，为使 k 成正值，在上式的右边须加一负号。

4. 黏　性

(1) 黏性的意义

液体在外力作用下流动或有流动趋势时，分子间的内聚力要阻止分子相对运动而产生一种内摩擦力，这种现象叫做液体的黏性。液体只有在流动或有流动趋势时，才会呈现出黏性，静止的液体是不呈现黏性的。黏性是液体的重要物理特征，也是选择液压用油的依据。

以图 2.1 所示的两平行平板中液体的流动情况为例，观察黏性的作用。若距离为 h 的两平行平板间充满液体，当上平板以速度 u_0 相对于下平板向右移动时，紧贴在上平板上极薄的

一层液体，在附着力的作用下，以相同的速度 u_0 随上平板一起向右运动，紧贴在下平板上极薄的一层液体黏附在下平板上而保持静止。而中间各层液体的速度当层间距离 h 较小时，从上到下近似呈线性递减规律分布。由于各薄层的运动速度不同，流动快的流层会拽曳流动慢的流层，而流动慢的流层又阻滞流动快的流层，层与层之间就是因为存在黏性而产生了阻止相对运动的内摩擦力。

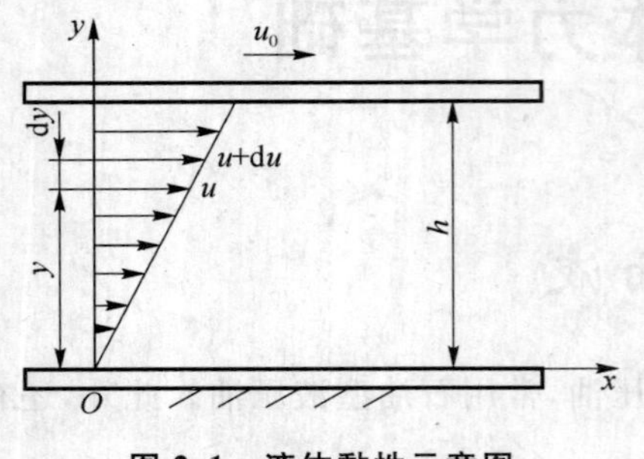

图 2.1 液体黏性示意图

实验测定结果表明，液体流动时相邻液层间的内摩擦力 $\boldsymbol{F}_f$ 与液层接触面积 A、液层间的相对速度 du 成正比，而与液层间的距离的 dy 成反比。即

$$F_f=\mu A\frac{du}{dy} \tag{2.4}$$

式中，μ 为比例系数，又称为黏度系数或动力黏度。du/dy 称为速度梯度，即液层相对速度对液层间距离的变化率。若以 τ 表示液层间在单位面积上的内摩擦力，则式(2.4)可写成

$$\tau=\frac{F}{A}=\mu\frac{du}{dy} \tag{2.5}$$

这就是牛顿液体内摩擦定律。

(2) 液体的黏度

液体的黏性大小用黏度来表示。常用的黏性有 3 种，即动力黏度、运动黏度和相对黏度。

1) 动力黏度 μ

动力黏度是表征液体黏度的内摩擦系数，由式(2.5)可知

$$\mu=\tau/\frac{du}{dy} \tag{2.6}$$

动力黏度的物理意义是：液体在以单位速度梯度流动时，单位面积上的内摩擦力。其单位是：Pa·s(帕·秒)或 N·s/m^2(牛·秒/米^2)

2) 运动黏度 ν

运动黏度是动力黏度 μ 与液体密度 ρ 之比。即

$$\nu=\frac{\mu}{\rho} \tag{2.7}$$

运动黏度没有明确的物理意义。在 ν 的量纲中只有运动学要素，故称为运动黏度。其单位是 m^2/s(米^2/秒)。

3) 相对黏度

液体的动力黏度和运动黏度都难以直接测量，一般仅用于理论分析和计算。工程上常用一些简便方法测定液体的相对黏度。它是采用特定的黏度计在规定的条件下测出来的液体黏度。根据测量条件的不同，各国采用的单位也不相同，如恩氏度°E(中国、德国和前苏联)、通用赛氏秒 SUS(美国、英国)、商用雷氏秒 R1S(英国、美国)和巴氏度°B (法国)等。

恩氏黏度由恩氏黏度计测定，即将 200 ml 温度为 t℃的被测液体装入黏度计容器内，由其底部 ϕ2.8 mm 的小孔流出，测出液体流尽所需的时间 t_1，再测出相同体积温度为 20℃的蒸馏水在同一容器中流尽所需的时间 t_2；这两个时间之比即为被测液体在 t℃下的恩氏黏度，即

$$°E_t = \frac{t_1}{t_2} \tag{2.8}$$

恩氏黏度与运动黏度间的换算关系式为

$$\nu = \left(7.31°E - \frac{6.31}{°E}\right) \times 10^{-6}\ m^2/s \tag{2.9}$$

(3) 黏度和温度的关系

温度变化使液体内聚力发生变化，各种液体的黏度随温度的升高而降低。每种液体自身的黏度随温度变化的特性称为黏-温特性。

(4) 黏度和压力的关系

当压力增加时，液体分子间距离缩小，内聚力增大，黏度也增大。不同的油液有不同的黏度压力变化关系，这种关系称为黏-压特性。当压力不高且变化不大时，压力对黏度的影响很小，一般可忽略不计。当压力大于 50 MPa 或压力变化较大时，其影响才趋于显著。

5. 其他性质

液压传动工作介质还有其他一些性质，如稳定性、抗泡沫性、抗乳化性、防锈性、相容性和润滑性等，这些性质对液压系统的工作性能都有重要的影响，具体应用时可参阅有关资料。

2.1.2　对液压油液的要求及选用

1. 对液压油液的要求

液压系统中的工作油液具有双重性，一是作为传递能量的介质，二是作为润滑剂润滑运动零件的工作表面，因此油液的性能直接影响到液压系统的性能。一般选用液压油液应具备如下性能：

① 合适的黏度和良好的黏-温特性；

② 具有良好的润滑性；

③ 纯净度好，不含腐蚀性物质；

④ 对金属和密封件有良好的相容性；

⑤ 对热、氧化和水解都有良好的稳定性；

⑥ 抗泡沫性、抗乳化性和防锈性好；

⑦ 体积膨胀系数小，比热容和传热系数大；

⑧ 流动点和凝固点低，闪点和燃点高；

⑨ 无毒性，成本低。

2. 液压油液的选用

正确而合理地选择工作介质对液压系统适应各种环境条件和工作状况的能力，延长系统和元件的寿命，提高设备运转的可靠性，防止事故发生等方面都有重要影响。

工作介质的选择通常可按下述 4 个基本步骤进行：

① 列出液压系统对工作介质性能的变化范围要求；

② 尽可能选出符合或基本符合上述要求的工作介质品种；

③ 进行综合、权衡，调整各方面的要求和参数；

④ 最终决定采用合适的、经济的工作介质。

当工作介质品种确定后，主要考虑油液的黏度。在一定条件下，选用的油液黏度太高或太低，都会影响系统的正常工作。选择时一般主要考虑液压系统的工作压力、运动速度、环境温度和泵的类型。

2.2 流体静力学

流体静力学是研究液体处于静止状态下的力学规律以及这些规律的应用。所谓"静止"，是指液体内部质点之间没有相对运动。

2.2.1 静压力及其特征

1. 液体的静压力

静止液体的单位面积上所受的法向力称为静压力。静压力在物理学上称为压强，在工程实际应用中习惯称为压力。

如果在静止液体内某点处有微小面积 ΔA，作用有法向力 $\Delta \boldsymbol{F}$，则液体内某点处的压力可表示为

$$p=\lim_{\Delta A\to 0}\frac{\Delta F}{\Delta A} \tag{2.10}$$

2. 液体静压力的特征

① 液体静压力垂直于其承压面，其方向和该面的内法线方向一致；

② 静体液体内任一点所受到的静压力在各个方向上都相等。

2.2.2 静压力基本方程式

1. 静压力基本方程式

在重力作用下的静止液体其受力情况如图 2.2 所示，除了液体重力、液面上的压力还有容器壁面作用在液体上的压力。如要求出离液面为 h 的某一点压力，可以从液体内取出底面包含该点的一个微小垂直液柱作为控制体，如图 2.2(b)所示，小液柱在重力及周围液体的压力作用下处于平衡状态，所以液柱所受各力存在如下关系

$$p\Delta A=p_0\Delta A+\rho gh\Delta A \tag{2.11}$$

式中，$\rho gh\Delta A$ 为液柱的重力。

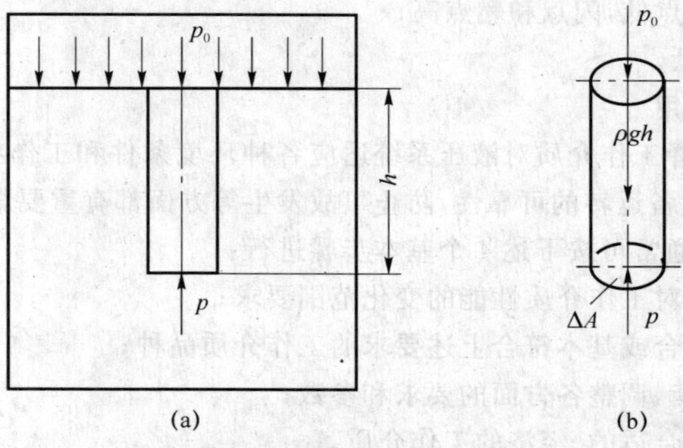

图 2.2 静止液体内压力分布规律

上式简化后得

$$p = p_0 + \rho g h \tag{2.12}$$

式(2.12)即为静压力基本方程式。它说明，重力作用下的静止液体，压力分布有如下特征：

① 静止液体内任一点处的压力由两部分组成，一部分是液面上的压力 p_0，另一部分是该点以上液体重力所形成的压力 $\rho g h$。当液面上只受大气压 p_a 作用时，则液体内任一点处的压力为

$$p = p_a + \rho g h \tag{2.13}$$

② 静止液体内的压力随液体深度呈直线性规律递增。

③ 同一液体中离液面深度相同处各点的压力均相等。压力相等所有点组成的面叫做等压面。在重力作用下静止液体中的等压面是一个水平面，而与大气接触的自由表面也是等压面。

2. 静压力基本方程式的物理意义

对静止液体，如记液面压力为 p_0，液面与基准水平面的距离为 h_0，液体内任一点处的压力为 p，与基准水平面的距离为 h，则由静压力基本方程式可得

$$\frac{p_0}{\rho g} + h_0 = \frac{p}{\rho g} + h = \text{常量} \tag{2.14}$$

式中，$p/\rho g$ 为静止液体中单位质量液体的压力能，h 为单位质量液体的势能。静压力基本方程的意义是：静止液体内任一点具有压力能和位能两种能量形式，且总能量保持不变，即能量守衡。两种能量之间可以相互转换。

2.2.3　压力的表示方法及单位

根据度量基准的不同，液体压力分为绝对压力和相对压力两种。以绝对真空作为基准所表示的压力，叫做绝对压力。以大气压作为基准所表示的压力叫做相对压力或表压力。因大气中的物体受大气压的作用是自相平衡的，所以用压力表测得的压力数值是相对压力。在液压技术中所提到的压力，如不特别指明，均为相对压力。绝对压力与相对压力的关系为

$$\text{绝对压力} = \text{相对压力} + \text{大气压力} \tag{2.15}$$

如果液体中某点的绝对压力低于大气压，这时该点的绝对压力不足于大气压力的那部分压力值，称为真空度。

$$\text{真空度} = \text{大气压} - \text{绝对压力} \tag{2.16}$$

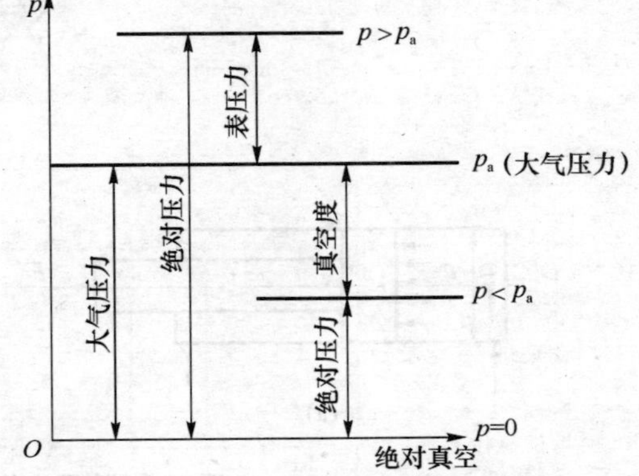

图 2.3　绝对压力、相对压力和真空度

绝对压力、相对压力和真空度的关系如图 2.3 所示。

在 SI 中压力的单位为帕斯卡，用 Pa 表示，我国过去在工程号上采用工程大气压 at、水柱高或汞柱高等，各种压力单位之间的换算关系如下：

$1P_a$(帕)$=1N/m^2$

1at(工程大气压)$=9.8\times10^4$ N/m^2

$1mH_2O$(米水柱)$=9.8\times10^3$ N/m^2

1mmHg(毫米汞柱)$=1.33\times10^2$ N/m^2

2.2.4　帕斯卡原理

盛放在密闭容器内的液体，当外加压力 p_0 发生变化时，只要液体仍保持其原来的静止状态不变，则液体内任一点的压力将发生同样大小的变化。也就是说，在密闭容器内，施加于静止液体的压力可以等值地传递到液体中所有各点，这就是帕斯卡原理，也称为静压传递原理。帕斯卡原理是液压传动中一个基本原理，液压千斤顶就是依据这一原理制成的。

2.2.5　静压力对固体壁面的作用力

静止液体和固体壁面接触时，固体壁面将受到液体静压力的作用。当固体壁面为一平面时，如图 2.4(a)所示，液体压力在该平面上的总作用力 $\boldsymbol{F}$ 等于液体压力 p 与该平面面积 A 的乘积，其作用方向与该平面垂直，即

$$F=pA=p\,\frac{\pi D^2}{4} \tag{2.17}$$

当固体壁面为一曲面时，作用在曲面各点的液体静压力是不平行的，但静压力的大小是相等的。液体压力在该曲面某 x 方向上的总作用力 $\boldsymbol{F}_x$ 等于液体压力 p 与该曲面在该方向投影面积 A_x 的乘积，即

$$F_x=pA_x \tag{2.18}$$

如图 2.4(b)、(c)所示的球面和圆锥面，液体静压力 p 沿垂直方向作用在球面和圆锥面上的力 $\boldsymbol{F}$，为压力作用于该部分曲面在垂直的方向投影面积 A 与压力 p 的乘积，其作用点通过投影圆的圆心，方向向上，即

$$F=pA=p\,\frac{\pi d^2}{4} \tag{2.19}$$

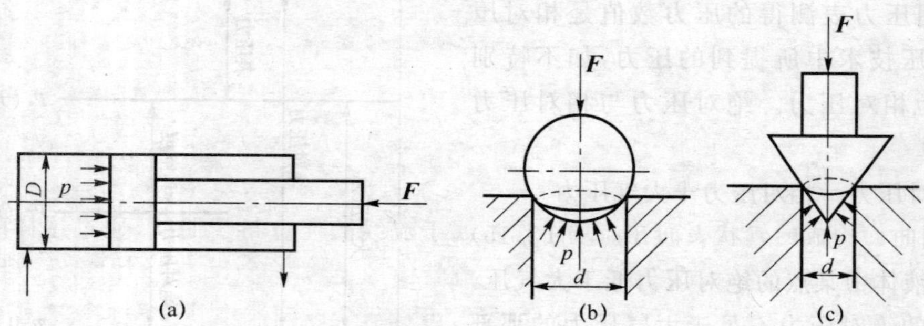

图 2.4　液压力作用在固体壁面上的力

2.3　液体动力学

液体动力学的主要内容是研究液体流动时流速和压力的变化规律。流动液体的连续

性方程、伯努利方程和动量方程是描述流动液体力学规律的三个基本方程式。这三个方程是刚体力学中质量守恒、能量守恒以及动量守恒在流体力学中的具体体现。前两个方程式用来解决压力、流速与流量之间的问题，后一方程式用来解决流动液体与固体壁面的作用力问题。

2.3.1 基本概念

1. 理想液体和恒定流动

(1) 理想液体

由于液体黏性只是在液体运动或有运动趋势时才会体现出来，因此在研究流动液体时必须考虑黏性的影响。当压力发生变化时，液体的体积会发生变化。这些问题非常复杂，为了分析和计算问题的方便，开始分析时可先假设液体没有黏性且不可压缩，然后通过实验验证等办法对已得出的结果加以补充和修正，使之比较符合实际情况。

一般把假设的既无黏性又不可压缩的液体称为理想液体。而把事实上既有黏性又可压缩的液体称为实际液体。

(2) 恒定流动

当液体流动时，如果液体中任一点处的压力、速度和密度都不随时间而变化，则液体的这种流动称为恒定流动，亦称定常流动或非时变流动；反之，若液体中任一点处的压力、速度和密度中有一个随时间而变化时，就称为非恒定流动，亦称为非定常流动或时变流动。在研究液压系统的静态性能时，往往将一些非恒定流动问题适当简化作为恒定流动来处理，但在研究其动态性能时则必须按非恒定流动来考虑。

2. 迹线、流线、流束和通流截面

(1) 迹 线

迹线是液体质点在空间的运动轨迹。

(2) 流 线

流线是某一瞬时液流中各处质点运动状态的一条条曲线。在此瞬时，该曲线上的各个液体质点的速度方向与该曲线相切。如图 2.5(a)所示，液体作非恒定流动时，由于各质点速度随时间改变，所以流线形状也随时间变动。若液体作恒流动时，流线形状不随时间变化，这时液体质点的迹线与流线重合。由于流动液体中任一质点在某一瞬时只能有一个速度，所以流线之间不可能相交，也不可能突然转折，只能是一条光滑的曲线。

(3) 流 束

封闭曲面构成的管状表面在流场中作不属于流线的任意封闭曲线，通过这样的封闭曲线上各点的流线所构成的管状表面称为流管。流管内的流线群称为流束，如图 2.5(b)所示。由流线定义可知，液体不能穿过流管流进或流出，可见流管内的流束就像在真实管子内的流动一样。在恒定流动情况下，流线形状是不随时间而变的，因此流管的形状及位置也不随时间而变。截面为无限小的流束称微小流束，微小流束的极限为流线。对于微小流束可以认为在其截面上各点的速度大小相同，方向均与截面相垂直。

(4) 通流截面

流束中所有与流线正交的截面称为通流截面，该截面上每点处的流动速度都垂直于这个面，如图 2.5(c)所示。

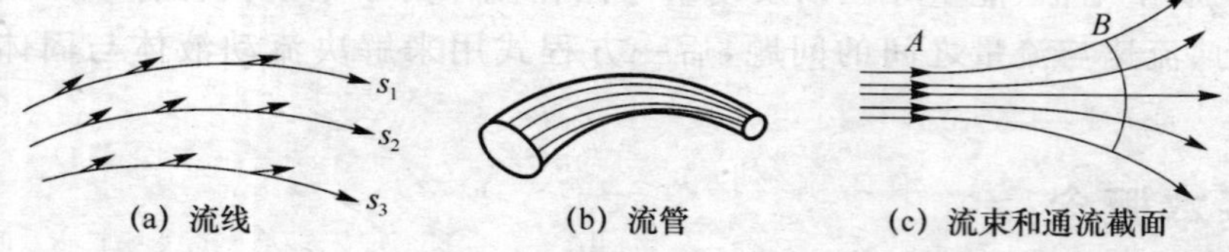

(a) 流线 (b) 流管 (c) 流束和通流截面

图 2.5 流线、流管、流束和通流截面

3. 流量和平均流速

(1) 流 量

单位时间内流过某一通流截面的液体体积称为流量。流量以 q 表示，单位为 m^3/s 或 L/min。

对于微小流，由于通流截面面积很小，可以认为在截面各点的速度 u 相等，则流过该截面 dA 的流量为

$$dq = u dA \tag{2.20}$$

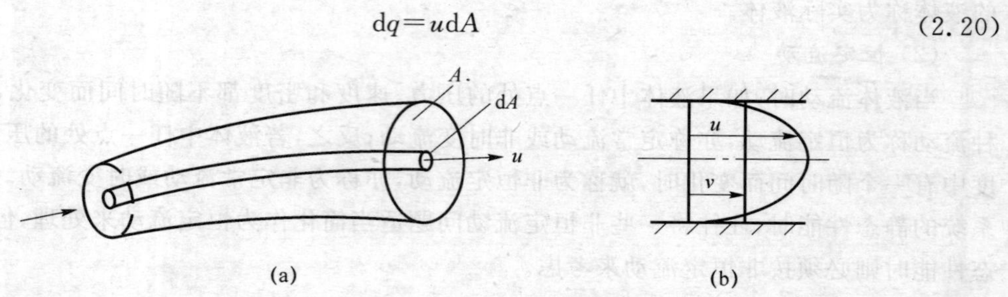

(a) (b)

图 2.6 流量和平均流速

如图 2.6(a)所示，流过整个通流截面 A 的流量为

$$q = \int_A u dA \tag{2.21}$$

(2) 平均流速

在工程实际中，由于黏性的作用，通流截面上的流速分布规律很复杂，按式(2.21)计算流量是很困难的。因此，为了便于计算，引入平均流速的概念，即假设通流截面上各点的流速均匀分布，液体以此均布流速 v 流过通流截面的流量等于以实际流速流过的流量，即

$$q = \int_A u dA = vA \tag{2.22}$$

则平均流速为

$$v = q/A \tag{2.23}$$

在实际的工程计算中，平均流速才具有应用价值。在液压缸中，活塞的运动速度就等于缸内液体的平均流速，可以建立起活塞运动速度、液压缸有效面积和流量之间的关系。当液压缸有效面积一定时，活塞运动速度由输入液压缸的流量决定。

2.3.2 流量连续性方程

流量连续性方程是质量守衡定律在流体力学中的一种表达形式。即液体在密封管道内作

恒定流动时，设液体不可压缩，则单位时间内流通过任意截面的质量相等。

如图 2.7 所示，在流体作恒定流动且不可压缩的流场中任取一流管，其两端通流截面面积分别为 A_1 和 A_2，在流管中取一微小流束，设微小流束两端的截面积为 dA_1、dA_2，液体流经这两个微小截面的流速和密度分别为 u_1、ρ_1 和 u_2、ρ_2，根据质量守恒定律，在单位时间内流过两个截面的液体质量相等，即

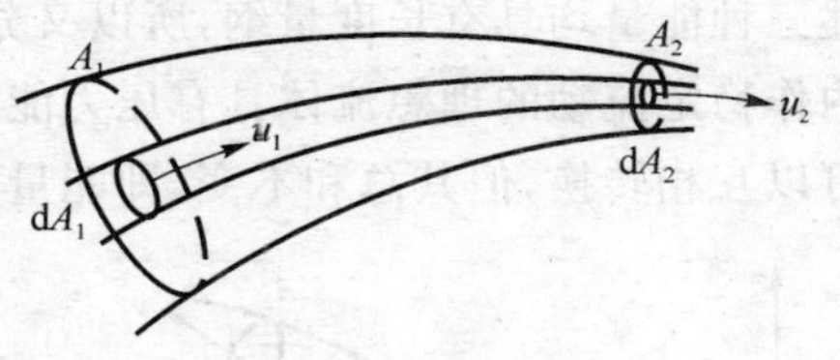

图 2.7　连续方程推导简图

$$\rho_1 u_1 dA_1 = \rho_2 u_2 dA_2 \tag{2.24}$$

因为，$\rho=$const，则得

$$u_1 dA_1 = u_2 dA_2 \tag{2.25}$$

对上式积分，得到流过流管通流截面 A_1、A_2 的流量为

$$\int_{A_1} u_1 dA_1 = \int_{A_2} u_2 dA_2 \tag{2.26}$$

即

$$q_1 = q_2 \tag{2.27}$$

以通流截面 A_1，A_2 的平均流速 v_1、v_2 来表示则

$$A_1 v_1 = A_2 v_2 \tag{2.28}$$

由于两通流截面是任意取的，所以

$$q = Av = \text{const} \tag{2.29}$$

或

$$\frac{v_1}{v_2} = \frac{A_2}{A_1} \tag{2.30}$$

式(2.29)称为液体流动的连续性方程，它说明在不可压缩的恒定流动中流过各截面的流量是不变的。因而流速和通流截面的面积成反比。

2.3.3　伯努利方程

伯努利方程是能量守衡定律在流体力学中的一种表达形式。

1. 理想液体的伯努利方程

理想液体因无黏性，又不可压缩，因此在管内作恒定流动时，没有能量损失。根据能量守恒定律，同一管道每一截面的总能量都是相等的。

理想液体在恒定流动中，液体的总能量为液体的压力能、势能和动能之和。如图 2.8 所示，任取两个截面 A_1 和 A_2，它们距基准水平面的距离分别为 z_1 和 z_2，截面平均流速分别为 v_1 和 v_2，压力分别为 p_1 和 p_2，根据能量守衡定律有

$$\frac{p_1}{\rho g} + z_1 + \frac{v_1^2}{2g} = \frac{p_2}{\rho g} + z_2 + \frac{v_2^2}{2g} \tag{2.31}$$

因两个截面是任意取的，因此上式可改写为

$$\frac{p}{\rho g} + z + \frac{v^2}{2g} = \text{const} \tag{2.32}$$

以上两式即为理想液体的伯努利方程，其物理意义为：$\frac{p}{\rho g}$ 为单位重量液体的压力能，又称

比压能；$v^2/2g$ 为单位重量液体的动能，又称比动能；h 为单位重量液体的位能，又称比位能。上述三种能量均具有长度量纲，所以又分别称为压力水头、速度水头和位置水头。公式说明在管内作稳定流动的理想流体具有压力能、势能和动能三种形式的能量，在任一截面上这三种能量可以互相转换，但其总和不变，即能量守恒。

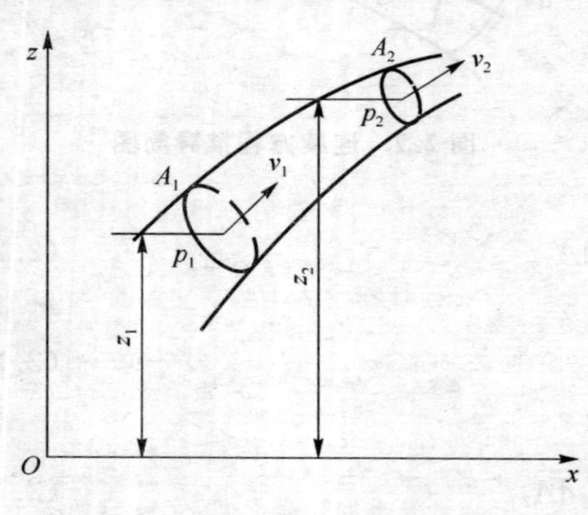

图 2.8 伯努利方程推导用图

2. 实际液体伯努利方程

实际液体在管道内流动时，由于液体存在黏性，会产生内摩擦力，消耗能量；由于管道形状和尺寸的变化，液流会产生扰动，消耗能量。因此，实际液体流动时存在能量损失，设单位质量液体在两截面之间流动的能量损失为 h_w。

实际流速 u 在管道通流截面上的分布不是均匀的，一般用平均流速代替实际流速计算动能。为修正这一误差，可引进动能修正系数 α，它等于单位时间内某截面处的实际动能与按平均流速计算的动能之比，经理论推导和实验测定，对于圆管 $\alpha=1\sim2$，动能修正系数 α 在紊流时取 $\alpha=1.1$，在层流时取 $\alpha=2$。

在引进了能量损失 h_w 和动能修正系数 α 后，实际液体的伯努利方程表示为

$$z_1+\frac{p_1}{\rho g}+\frac{\alpha_1 v_1^2}{2g}=z_2+\frac{p_2}{\rho g}+\frac{\alpha_2 v_2^2}{2g}+h_w \tag{2.33}$$

利用上式进行计算的应用条件是：

① 不可压缩液体作恒定流动；

② 截面 1、2 应顺流向选取；

③ z 和 p 应为通流截面的同一点上的两个参数，为方便起见，一般将这两个参数定在通流截面的轴心处。

在液压传动系统中，管道中油液流速一般不超过 6 m/s，管道安装高度也不超过 5 m，而管道中压力多为十几到几百个大气压，因此与压力能相对比，动能变化和位能变化可忽略不计。伯努利方程（式 2.33）可简化为

$$p_1-p_2=\Delta p=\rho g h_w \tag{2.34}$$

在液压传动系统中，能量损失主要为压力损失 Δp，说明液压传动是利用液体的压力能来工作，故又称静压传动。

2.3.4 动量方程

动量方程是刚体动力学动量定理在流体力学中的具体应用。动量方程可以用来计算流动液体作用于限制其流动的固体壁面上的总作用力。根据刚体动力学动量定理：作用在物体上全部外力的矢量和应等于物体在力作用方向上的动量的变化率，即

$$\Sigma \boldsymbol{F}=\frac{\Delta \boldsymbol{I}}{\Delta t}=\frac{\Delta(m\boldsymbol{u})}{\Delta t} \tag{2.35}$$

根据式(2.35)推导液体作恒定流动时的动量方程，在图 2.9 所示的管流中，任意取处被通

流截面 1、2 所限制的液体体积，称之为控制体积，截面 1、2 为控制表面。截面 1、2 上的通流面积分别为 A_1、A_2，流速分别为 u_1、u_2。设该段液体在 t 时刻的动量为 $(m\boldsymbol{u})_{1-2}$。经 Δt 时间后，该段液体移动到 $1'-2'$ 位置，在新位置上液体的动量为 $(m\boldsymbol{u})_{1'-2'}$。

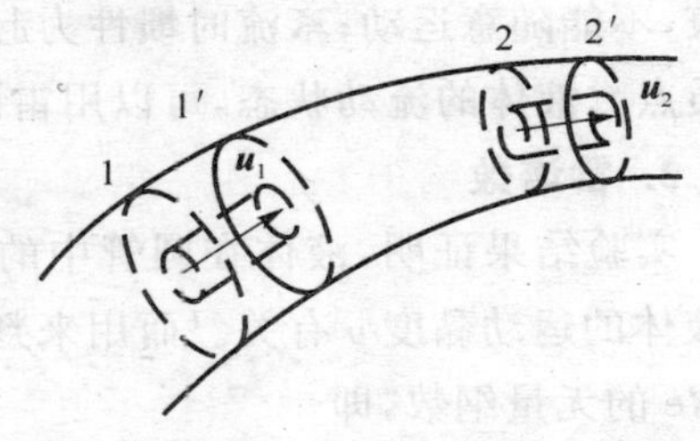

图 2.9　动量方程推导用简图

对于不可压缩的液体作稳定流动，则 $1'-2$ 之间液体的各点流速经 Δt 后没有变化，$1'-2$ 之间液体的动量也没有变化，故

$$\Delta(m\boldsymbol{u})=(m\boldsymbol{u})_{1'-2'}-(m\boldsymbol{u})_{1-2}=(m\boldsymbol{u})_{2-2'}-(m\boldsymbol{u})_{1-1'}$$
$$=\rho q\Delta t\boldsymbol{u}_2-\rho q\Delta t\boldsymbol{u}_1$$

即

$$\Sigma\boldsymbol{F}=\frac{\Delta(m\boldsymbol{u})}{\Delta t}=\rho q(\beta_2\boldsymbol{u}_2-\beta_1\boldsymbol{u}_1) \tag{2.36}$$

式中，β_1、β_2 为相应截面以平均流速代替真实流速的动量修正系数。对圆管工程上常取 $\beta=1.00\sim1.33$，层流时取 $\beta=1.33$，紊流时取 $\beta=1$。

式(2.36)为液体作稳定流动时的动量方程，方程表明：作用在液体控制体积上的外力总和 $\Sigma\boldsymbol{F}$ 等于单位时间内流出控制表面与流入控制表面的液体的动量之差。该式为矢量表达式，在应用时可根据具体要求，向指定方向投影，求得该方向的分量。如计算 x 方向的分量，有

$$F_x=\rho q(\beta_2u_{2x}-\beta_1u_{1x}) \tag{2.37}$$

根据作用力与反作用力相等原理，液体也以同样大小的力作用在使其流速发生变化的物体上。由此，可按动量方程求得流动液体作用在固体壁面上的作用力。

2.4　管道系统流动分析

由于流动液体具有黏性，以及液体流动时突然转弯和通过阀口会产生相互撞击和出现旋涡等，液体流动时必然会产生阻力。为了克服阻力，液体流动时需要损耗一部分能量。这种能量损失可用液体的压力损失来表示。

液体在管路中流动时的压力损失和液流的运动状态有关。

2.4.1　液体的流动状态与雷诺数

1. 液体的流态

英国物理学家雷诺首先通过大量实验，发现了液体在管道中流动时存在两种流动状态，即层流和紊流。实验表明在流速较小时，着色液流在管路中呈明显直线，在流动受到干扰时，在流动衰减后流动还能保持稳定。当流速增大时，着色液流开始出现抖动或呈波纹状；当流速较大时，着色液线消失，着色液体扩散，如图 2.10 所示。图 2.10(a)为层流；图 2.10(b)为层流开始破坏，色线折断；图 2.10(c)中色线上下波动，出现断裂，液体已趋于紊流；图 2.10(d)为紊流。

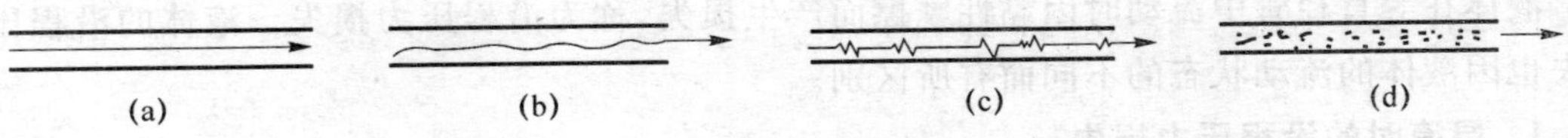

(a)　(b)　(c)　(d)

图 2.10　液流状态

层流与紊流是两种不同性质的流动状态。层流时黏性力起主导作用,液体质点受黏性的约束,不能随意运动;紊流时惯性力起主导作用,液体高速流动时液体质点间的黏性不能再约束质点。液体的流动状态,可以用雷诺数来判别。

2. 雷诺数

实验结果证明,液体在圆管中的流动状态不仅与管内的平均流速 v 有关,还和管道内径 d,液体的运动黏度 υ 有关。而用来判断液流状态的,是由这三个参数所组成的一个称为雷诺数 Re 的无量纲数,即

$$\mathrm{Re}=\frac{vd}{\upsilon} \tag{2.38}$$

这就是说,如果液流的雷诺数相同,它的流动状态亦相同。

液流由层流转变为紊流时的雷诺数和由紊流转变为层流时的雷诺数是不相同的,后者的值更小,所以一般都用后者作为判别液流状态的依据,称为临界雷诺数,记为 Re_{cr}。当 $Re<Re_{cr}$ 时,液流为层流;当 $Re>Re_{cr}$ 时,液流为紊流。常见液流管道的临界雷诺数由实验求得,如表 2.1 所列。

表 2.1 常见液流管道的临界雷诺数

管道	Re_{cr}	管道	Re_{cr}
光滑金属软管	2320	带环槽的同心环状缝隙	700
橡胶软管	1600～2000	带环槽的偏心环状缝隙	400
光滑的同心环状缝隙	1100	圆柱形滑阀阀口	260
光滑的偏心环状缝隙	1000	锥阀阀口	20～100

对于非圆的管道来说,Re 可以由下式计算

$$\mathrm{Re}=\frac{4vR}{\nu} \tag{2.39}$$

式中,R 为通流截面的水力半径,它等于液流的有效面积 A 和它的湿周(有效截面的周界长度)x 之比,即

$$R=\frac{A}{x}$$

水力半径的大小对管道的通流能力的影响很大,水力半径大,意味着液流和管壁的接触周长短,管壁对液流的阻力小,通流能力大。在面积相等但形状不同的所有通流截面中,圆形管道的水力半径最大。

2.4.2 圆管流动的沿程压力损失

液体在等直径管中流动时因黏性摩擦而产生损失,称为沿程压力损失。液体的沿程压力损失也因液体的流动状态的不同而有所区别。

1. 层流时的沿程压力损失

液流在层流流动时,液体质点是作有规则的运动,因此可以方便地用数学工具来分析液流

的速度、流量和压力损失。

(1) 通流截面上的流速分布规律

图 2.11 所示液体在等径水平圆管中作层流运动。在液流中取一段与管轴相重合的微小圆柱体作为研究对象，设其半径为 r，长度为 l，受某一压力降 $\Delta p=p_1-p_2$ 作用，作用在侧面的内摩擦力为 $\boldsymbol{F}_{\mathrm{f}}$。液流在作匀速运动时受力平衡，故有

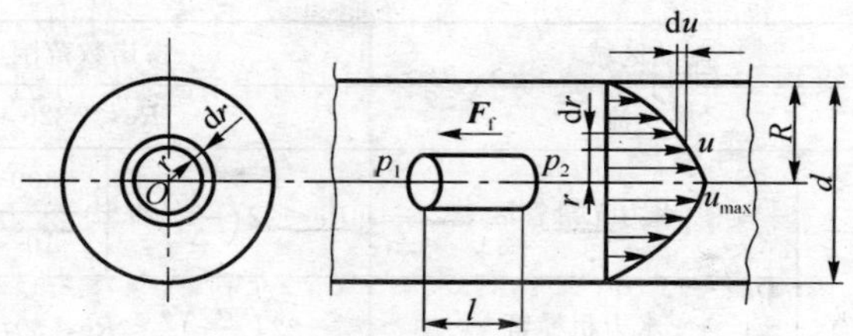

图 2.11　圆管层流运动

$$(p_1-p_2)\pi r^2=F_{\mathrm{f}} \tag{2.40}$$

因为已知内摩擦力 $F_{\mathrm{f}}=-2\pi rl\mu\mathrm{d}u/\mathrm{d}r$

$$\mathrm{d}u=-\frac{\Delta p}{2\mu l}r\mathrm{d}r \tag{2.41}$$

对上式积分，并应用边界条件，当 $r=R$ 时，$u=0$，得

$$u=\frac{\Delta p}{4\mu l}(R^2-r^2) \tag{2.42}$$

可见管内液体质点在通流截面上的速度分布规律呈旋转抛物体状。最小流速在管壁 $r=R$ 处，$u_{\min}=0$；最大流速发生在轴线 $r=0$ 处，$u_{\max}=\Delta pR^2/4\mu l$。

(2) 圆管中的流量和平均流速

通过通流截面的流量可由式(2.42)的积分求得

$$q=\int_A u\mathrm{d}A=\int_0^R 2\pi\frac{\Delta p}{4\mu l}(R^2-r^2)r\mathrm{d}r=\frac{\pi d^4}{128\mu l}\Delta p \tag{2.43}$$

根据平均流速的定义，可得

$$v=\frac{q}{A}=\frac{1}{\pi R^2}\frac{\pi R^4}{8\mu l}\Delta p=\frac{d^2}{32\mu l}\Delta p \tag{2.44}$$

将式(2.44)和 $u_{\max}$ 值比较可知，平均流速 v 为最大流速的 1/2。

(3) 沿程压力损失

从式(2.44)中求出 Δp 表达式即为沿程压力损失

$$\Delta p_\lambda=\Delta p=\frac{32\mu lv}{d^2}=\frac{64}{Re}\frac{l}{d}\frac{\rho v^2}{2}=\lambda\frac{l}{d}\frac{\rho v^2}{2} \tag{2.45}$$

式中，λ 为沿程阻力系数，理论值 $\lambda=64/Re$。在实际使用时，对金属管取 $\lambda=75/Re$，橡胶管取$\lambda=80/Re$。

可见液流在直管中做层流流动时，其沿程压力损失与管长、流速和动力黏度成正比，而与管径的平方成反比。

2. 紊流时的沿程压力损失

紊流时计算沿程压力损失的公式与层流时相同，即

$$\Delta p_\lambda=\lambda\frac{l}{d}\frac{\rho v^2}{2} \tag{2.46}$$

式中的沿程阻力系数 λ 除与雷诺数有关外，还与管壁的粗糙度有关，即 $\lambda=f(Re,\Delta/d)$，这里 Δ 为管壁的绝对粗糙度，Δ/d 称为相对粗糙度。

紊流时圆管的沿程阻力系数 λ 的计算公式列于表 2.2 中。

表 2.2　圆管的沿程阻力系数 λ 的计算公式

<table>
<tr><th colspan="2">流动区域</th><th colspan="2">雷诺数范围</th><th>λ 计算公式</th></tr>
<tr><td colspan="2">层　流</td><td colspan="2">$Re<2320$</td><td>$\lambda=\frac{75}{Re}$(油);$\lambda=\frac{64}{Re}$(水)</td></tr>
<tr><td rowspan="4">紊流</td><td rowspan="2">水力光滑管区</td><td rowspan="2">$Re<22\left(\frac{d}{\Delta}\right)^{\frac{8}{7}}$</td><td>$3000<Re<10^5$</td><td>$\lambda=0.3164Re^{-0.25}$</td></tr>
<tr><td>$10^5<Re<10^8$</td><td>$\lambda=0.308(0.842-\lg Re)^{-2}$</td></tr>
<tr><td>水力粗糙管</td><td colspan="2">$22\left(\frac{d}{\Delta}\right)^{\frac{8}{7}}<Re\leqslant597\left(\frac{d}{\Delta}\right)^{\frac{9}{8}}$</td><td>$\lambda=\left[1.14-2\lg\left(\frac{\Delta}{d}+\frac{21.25}{Re^{0.9}}\right)\right]^{-2}$</td></tr>
<tr><td>阻力平方区</td><td colspan="2">$Re>597\left(\frac{d}{\Delta}\right)^{\frac{9}{8}}$</td><td>$\lambda=0.11\left(\frac{\Delta}{d}\right)^{0.25}$</td></tr>
</table>

管壁表面粗糙度 Δ 的值和管道材料有关,计算时可参考下列数值:钢管 0.04 mm,铜管 0.0015～0.01 mm,铝管 0.0015～0.06 mm,橡胶软管 0.03 mm。

2.4.3　管道流动的局部压力损失

在实际液压系统中,液体流经管道的弯头、接头、突然变化的截面以及阀口等处时,液体流速的大小和方向均发生变化,形成旋涡,并发生强烈的紊动现象,由此造成的压力损失称为局部压力损失。液流流过上述局部装置时的流动状态很复杂,一般都由实验测得各类局部障碍的阻力系数。局部压力损失 Δp_ξ 的计算公式为

$$\Delta p_\xi=\xi\frac{\rho v^2}{2} \tag{2.47}$$

式中　ξ——局部阻力系数,一般由实验求得,可查阅有关液压手册;

ρ——液体密度,kg/m³;

v——液体的平均流速,m/s。

液体通过各种标准液压元件的局部压力损失,一般可从产品技术规格中查得。由产品目录中查到的数据是在额定流量 q_s 下的压力损失 Δp_s。当实际流量与额定流量不一致的时候,可用下式计算

$$\Delta p_\xi=\Delta p_s\left(\frac{q}{q_s}\right)^2 \tag{2.48}$$

式中　q——通过阀的实际流量。

2.4.4　管道系统的总压力损失

整个液压系统的总压力损失应为所有沿程压力损失和所有局部压力损失之和,即

$$\Sigma\Delta p=\Sigma\Delta p_\lambda+\Sigma\Delta p_\xi=\Sigma\lambda\frac{l}{d}\frac{v^2}{2}+\Sigma\xi\rho\frac{v^2}{2} \tag{2.49}$$

采用式(2.49)计算总压力损失时,两相邻局部障碍之间的距离大于管道内径 10～20 倍时才成立。如果局部障碍距离太小,通过第一个局部障碍后的流体尚未稳定就进入第二个局部障碍,这时液流扰动更强烈,阻力系数要高于正常值的 2～3 倍。

由压力损失计算公式可知,减少流速、缩短管路长度、减少管路截面的突变及提高管壁加工质量等,都可以使压力损失减少,这些因素中流速的影响最大。

通常情况下,液压系统的管路并不长,所以沿程压力损失比较小,而液压元件的局部压力损失却较大,因此管路总压力损失一般以局部损失为主。

2.5　孔口及缝隙的压力的流量特性

在液压系统中，常遇到液体流过小孔或间隙的情况，本节主要介绍液体通过小孔或缝隙的流量公式。因为液压系统的节流调整速、伺服系统的工作原理，以及液压元件的泄漏分析等，都是建立在这些基础上的。

2.5.1　薄壁小孔流量压力特性

1. 流经薄壁小孔的流量

当小孔的通流长度 l 与孔径 d 之比 $\frac{l}{d}\leqslant 0.5$ 时，称为薄壁小孔，如图 2.12 所示。液体流经薄壁小孔时，因 $d_1 \gg d$，通流截面 Ⅰ 的流速较低，液流经过小孔时，由于液体质点突然加速，在惯性力作用下，使通过小孔后的液流形成一个收缩断面 Ⅱ，然后再扩散，这一收缩和扩散过程造成很大的能量损失。收缩断面面积 A_2 和孔口截面积 A_1 的比值称为收缩系数 C_c，即

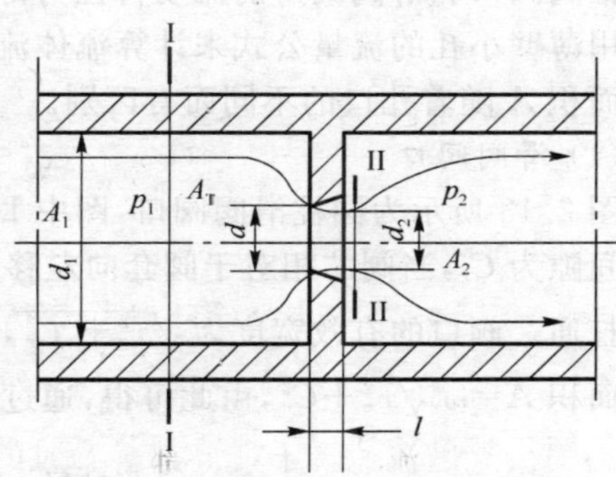

图 2.12　流经薄壁小孔的液流

$$C_c=\frac{A_2}{A_1} \tag{2.50}$$

当孔前通道直径与小孔直径之比 $d_1/d\geqslant 7$ 时，液流的收缩作用不受孔前通道内壁的影响，这时的收缩称为完全收缩；当 $d_1/d<7$ 时，孔前通道对液流进入小孔起导向作用，这时的收缩称为不完全收缩。

现对孔前、孔后通道截面 Ⅰ 和 Ⅱ 列伯努利方程。并设动能修正系数 $\alpha=1$，则有

$$\frac{p_1}{\rho g}+\frac{v_1^2}{2g}=\frac{p_2}{\rho g}+\frac{v_2^2}{2g}+\Sigma h_\xi$$

式中，Σh_ξ 为液流流经小孔的局部能量损失，它包括两部分：液流经截面突然缩小时的 $h_{\xi1}$ 和突然扩大时的 $h_{\xi2}$。经整理得出

$$v_2=\frac{1}{\sqrt{\xi+1}}\sqrt{\frac{2}{\rho}(p_1-p_2)}=C_v\sqrt{\frac{2\Delta p}{\rho}} \tag{2.51}$$

式中，$C_v=\frac{1}{\sqrt{\xi+1}}$ 称为速度系数，它反映局部阻力对速度的影响。

由此可求得液流通过薄壁小孔的流量为

$$q=A_2 v_2=C_c C_v A\sqrt{\frac{2\Delta p}{\rho}}=C_d A\sqrt{\frac{2\Delta p}{\rho}} \tag{2.52}$$

式中，$C_d=C_v C_c$ 称为流量系数。

流量系数 C_d 的大小一般由实验确定，在液流完全收缩的情况下，$Re\leqslant 10^5$ 时，C_d 可由下式计算

$$C_d=0.964Re^{-0.05} \tag{2.53}$$

当 $Re>10^5$ 时，C_d 可认为是常数，取值为 $C_d=0.60\sim0.62$。液流不完全收缩时，C_d 可按表 2.3 来选择。这时由于管壁对液流进入小孔起导向作用，C_d 可增至 0.7～0.8。

表 2.3 不完全收缩时流量系数 C_d 的值

A_2/A_1	0.1	0.2	0.3	0.4	0.5	0.6	0.7
C_d	0.602	0.615	0.634	0.661	0.696	0.742	0.804

薄壁小孔的流量与小孔前后压差的开方成正比且其沿程压力损失非常小，通过小孔的流量对油温的变化不敏感，且不易堵塞，因此薄壁小孔多被用做调节流量的节流器使用。

2. 锥阀阀口和滑阀阀口

锥阀阀口和滑阀阀口的流动特性与薄壁小孔相近，所以常用做液压阀的可调节孔口。仍可利用薄壁小孔的流量公式来计算流体流经滑阀和锥阀阀口的流量。但流量系数 C_d 和孔口的截面积 A 随着孔口的不同而有区别。

(1) 滑阀阀口

图 2.13 所示为圆柱滑阀阀口，图中 1 为阀套，2 为阀芯，设阀芯直径为 d，阀芯与阀套间半径的间隙为 C_r，当阀芯相对于阀套向左移动一个距离 x_v 时，阀套中原先被阀芯隔开的左右两腔便打通。阀口的有效宽度为 $\sqrt{x_v^2+C_r^2}$，如令 ω 为阀口的周向长度，则 $\omega=\pi d$，所以阀口的通流截面积 $A=\omega\sqrt{x_v^2+C_r^2}$，由此可得，通过滑阀阀口的流量为

$$q=C_d\omega\sqrt{x_v^2+C_r^2}\sqrt{\frac{2\Delta p}{\rho}} \tag{2.54}$$

当 C_r 值很小，且 $x_v \gg C_r$ 时，有

$$q=C_d\omega x_v\sqrt{\frac{2\Delta p}{\rho}} \tag{2.55}$$

(2) 锥阀阀口

图 2.14 所示为锥阀阀口，图中 1 为阀座，2 为阀芯，当锥阀阀芯向上移动 x_v 距离时，阀的上下腔即打通，当阀座棱边 l 较小时，阀座平均直径 $d_m=(d_1+d_2)/2$ 处的通流截面 $A=\pi d_m x_v \sin\varphi$，如果锥阀的前后压差为 $\Delta p=p_1-p_2$，则通过锥阀阀口的流量为

$$q=C_dA\sqrt{\frac{2\Delta p}{\rho}}=C_d\pi d_m x_v\sin\varphi\sqrt{\frac{2\Delta p}{\rho}} \tag{2.56}$$

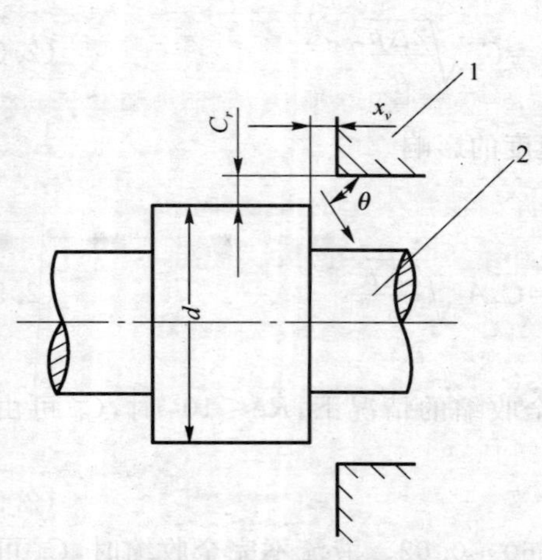

图 2.13 圆柱滑阀阀口示意图

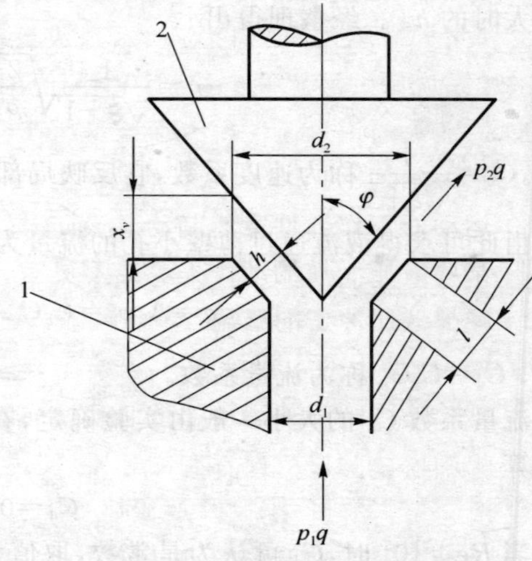

图 2.14 锥阀阀口

2.5.2　短孔和细长孔流量压力特性

当孔的长度和直径比为 $0.5<\frac{l}{d}\leqslant 4$ 时，称为短孔；当 $\frac{l}{d}>4$ 时，则称为细长孔。

短孔的流量计算依然是公式(2.55)，但流量系数 C_d 应由图 2.15 查出。由图 2.15 可知，当 $Re>2\,000$ 时，C_d 基本稳定在 0.8 左右。短孔加工比薄壁小孔容易，故常作为固定节流器使用。

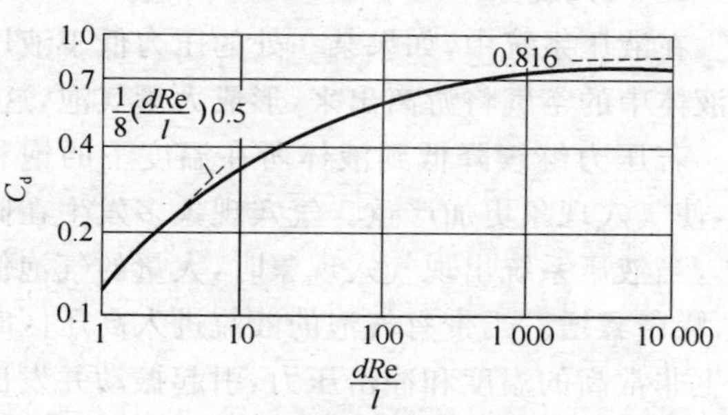

图 2.15　短孔的流量系数

流经细长孔的液流，由于黏性的影响，流动状态一般为层流，所以细长孔的流量可用液流流经圆管的流量公式(2.43)计算，即

$$q=\frac{\pi d^4}{128\mu l}\Delta p \tag{2.57}$$

从上式可看出，液流经过细长孔的流量和孔前后压差 Δp 成正比，同时公式中包含了液体黏度因素，因此流量受液体温度变化的影响较大。

2.6　液压冲击与气穴现象

2.6.1　液压冲击

1. 液压冲击

在液压系统中，当突然关闭或开启液流通道时，在通道内液体压力发生急剧交替升降的波动过程，这种现象称为液压冲击。出现液压冲击时，液体中的瞬时的峰值压力往往比正常工作压力高好几倍，瞬间压力冲击不仅引起振动和噪声，而且会损坏密封装置、管道和液压元件，有时还会使某种液压元件产生误动作，造成设备事故。

液压系统中的液压冲击按其产生的原因分为：

① 因液流通道迅速关闭或液流迅速换向使液流速度的大小或方向发生突然变化时，液流的惯性导致的液压冲击；

② 运动的工作部件突然制动或换向时，因工作部件的惯性引起的液压冲击；

③ 某些液压元件的动作失灵或不灵敏，使系统压力升高而引起的液压冲击。

2. 减少液压冲击的措施

减少液压冲击的主要措施有：

① 延长关闭阀门和运动部件制动换向的时间，可采用换向时间可调的换向阀；

② 正确设计阀口或设置制动装置，使运动部件制动时速度变化较均匀；

③ 适当增大管径，限制管道流速；

④ 尽可能缩短管道长度，可以减小压力波的传播时间，变直接冲击为间接冲击；

⑤ 在容易出现液压冲击的地方用橡胶软管或在冲击源处设置储能器，以吸收冲击压力，

也可以在这些部位安装安全阀限制压力升高。

2.6.2 气穴现象

1. 气穴现象

在液压系统中，如果某一处的压力低于液压油液所在的温度下的空气分离压时，原先溶解在液体中的空气将游离出来，形成大量气泡，这种现象叫做气穴现象。气穴现象又称为空穴现象。若压力继续降低到液体所在温度下的饱和蒸汽压时，液体将沸腾汽化，产生大量蒸汽气泡，使气穴现象更加严重。气穴现象多发生在阀口和液压泵的吸油口。

当液压系统出现气穴现象时，大量的气泡使液流的流动特性变坏，造成流量和压力的不稳定，噪声骤增。当带有气泡的液流进入高压区时，气泡受到周围高压的压缩迅速崩溃，使局部产生非常高的温度和冲击压力，引起振动并发出噪声。当附着在金属表面上的气泡破灭时，局部产生的高温和高压会使金属表面疲劳。造成金属表面侵蚀、剥落，使表面粗糙，甚至出现海绵状的小洞穴。节流口下游部位常可发现这种腐蚀的痕迹。这种由于气穴造成的对金属表面的腐蚀作用称为气蚀。

2. 减少气穴现象的措施

为了减少气穴现象，可采取下述措施：

① 减少阀孔口前后和流通节流小孔、缝隙处的的压力降，一般使压力比 $p_1/p_2<3.5$。

② 正确设计液压泵的结构参数。吸油管路应有足够的管径，并少用弯头。吸油管端的过滤器容量要大，以减小管道阻力，必要时对大流量泵采用辅助泵供油。

③ 各元件的连接处要密封可靠，严防空气进入。

④ 对容易产生气蚀的元件，如泵的配油盘等，要采用抗腐蚀能力强的金属材料，提高零件的机械强度，减小零件表面粗糙度。

⑤ 整个系统管路应尽可能做到平直，而且配置要合理。

习 题

2-1 什么叫黏度？黏度有几种表示方法？它们相互如何换算？

2-2 液压油的黏度是怎样随温度的变化而变化的？举例说明。

2-3 压力对黏度有何影响？

2-4 在液压传动中，液压油起什么作用？对液压油有哪些要求？

2-5 液压油的选用要考虑哪些方面？

2-6 何为绝对压力和相对压力？两者之间的关系如何表达？

2-7 何为真空度？简述真空度、大气压以及绝对压力三者之间的关系。

2-8 试简述帕斯卡原理，并举例说明。

2-9 什么叫迹线？什么叫流线？什么叫流束？什么叫通流截面？

2-10 什么是伯努利方程式？它的物理意义是什么？理论式与实际式有何区别？

2-11 什么叫层流？什么叫紊流？

2-12 试简述层流与紊流的物理现象及两者的判别方法？

2-13 管路中压力损失有哪几种？各受哪些因素的影响？

2－14　试简述液压冲击产生的原因。

2－15　减少液压冲击的主要措施有哪些？

2－16　何为气穴现象？并简述减少气穴现象的措施。

2－17　有一液压油 $200\,cm^3$，50℃时流过恩式黏度计，$t_1=153\,s$，而 20℃、$200\,cm^3$ 的蒸馏水流过恩式黏度计的时间 $t_1=51\,s$，问该油的°E、ν、μ 各为多少？在 40℃时，ν 又多少？（$\rho=0.9\,dyn \cdot s^2/cm^4$）

2－18　如图所示活塞上作用力负载 $\boldsymbol{F}=750\,N$，已知缸体内径 $d_1=40\,mm$，活塞与缸体的半径间隙 $h=0.1\,mm$，油的动力黏度 $\mu=0.035\,Pa \cdot s$，求活塞下降速度和间隙中速度分布。

2－19　如图所示密闭容器中，有一直径为 d，重力为 $\boldsymbol{W}$ 的柱塞浸在密度为 ρ 的液体中。柱塞上作用 $\boldsymbol{F}$ 力后，柱塞的浸入深度为 h，试求测压管内液体上升的高度 x？

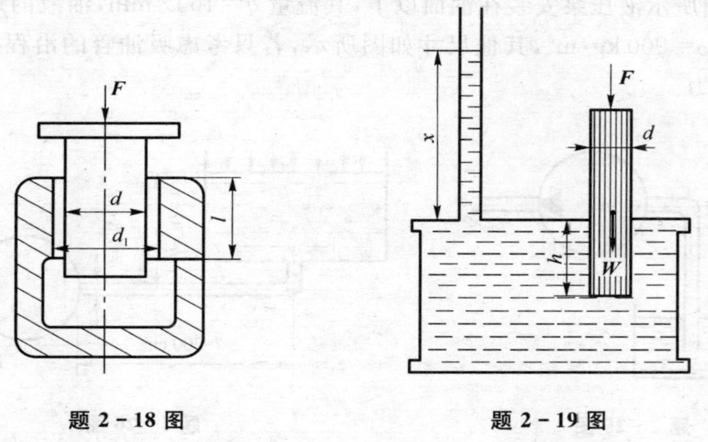

题 2－18 图　　题 2－19 图

2－20　如图所示容器 A 中液体的密度 $\rho_A=900\,kg/m^3$，B 中液体的密度 $\rho_B=1200\,kg/m^3$，$Z_A=200\,mm$，$Z_B=180\,mm$，$h=60\,mm$，U 形测压计中的介质为汞，试求 A、B 之间的压差。

2－21　如图所示管道输送密度 $\rho=900\,kg/m^3$ 的液体，已知 $h=15\,m$，1 处的压力 $p_1=4.5\times10^5\,Pa$，2 处的压力 $p_2=4\times10^5\,Pa$，求油液的流动方向。

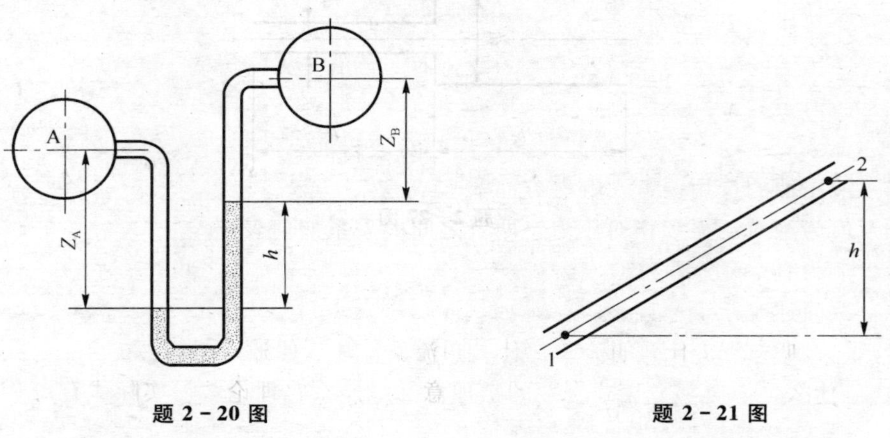

题 2－20 图　　题 2－21 图

2－22　运动黏度 $\nu=40\times10^{-6}\,m^2/s$ 的油液通过长 $L=300\,m$ 的光滑管道，管道连接两个液面差保持不变的容器，液面高度差 $h=30\,cm$。若仅计液体在管道中流动时的沿程损失，试确定：

(1) 当通过流量力 10 L/s 时，此时液体作层流运动，求管道必需的内径；

(2) 当管道为(1)求得的内径时，不发生紊流时两容器的最高波面差 h_{max}。

2-23 运动黏度 $\nu=40\times10^{-6}\,m^2/s$ 的油液通过水平管道，油液密度 $\rho=900\,kg/m^3$，若管道内径为 10mm，管长为 5m，进口压力 $p_1=4\,MPa$，问当流速为 3m/s 时，出口压力 p_2 为多少?

2-24 有一薄壁节流小孔，当通过油流量 $q=25\,L/min$ 时，其压力损失为 0.3 MPa，设流量系数 $C_d=0.61$，油液密度 $\rho=900\,kg/m^3$。试求该节流孔的通流截面积。

2-25 如图所示液压泵从油箱中吸油，吸油管内径 $d=6\,cm$，流量 $q=150\,L/min$，液压泵入口处的真空度为 0.02 MPa，油液的运动黏度 $\nu=30\times10^{-6}\,m^2/s$，密度 $\rho=900\,kg/m^3$，弯头及管道人口处的局部阻力系数分别为 $\xi_1=0.2$，$\xi_2=0.5$，管长 $l=h$，试求吸油高度 h。

2-26 如图所示液压泵安装在油面以下，其流量 $q=16\,L/min$，油液的运动黏度 $\nu=20\times10^{-6}\,m^2/s$，密度 $\rho=900\,kg/m^3$，其他尺寸如图所示，若只考虑吸油管的沿程损失，试求液压泵入口处的绝对压力。

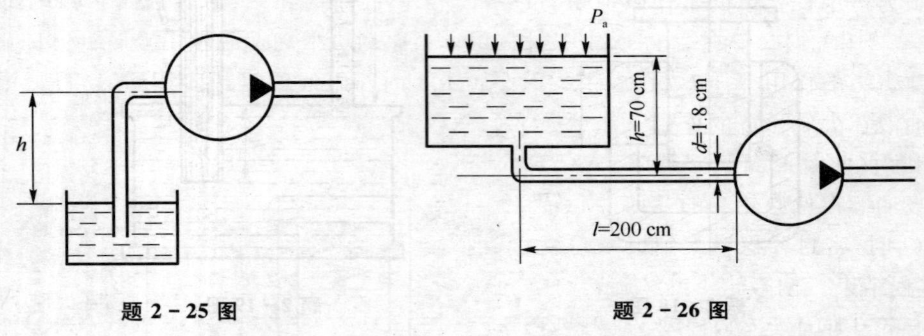

题 2-25 图　　　　题 2-26 图

2-27 如图所示水平放置的光滑圆管由两段组成，其直径分别为 $d_1=10\,mm$，$d_2=6\,mm$，长为 $l=3\,m$，若有密度 $\rho=900\,kg/m^3$，黏度 $\nu=20\times10^{-6}\,m^2/s$，流量 $q=18\,L/min$ 的油液通过此管，试分别计算油液通过两段管道时的压力损失。

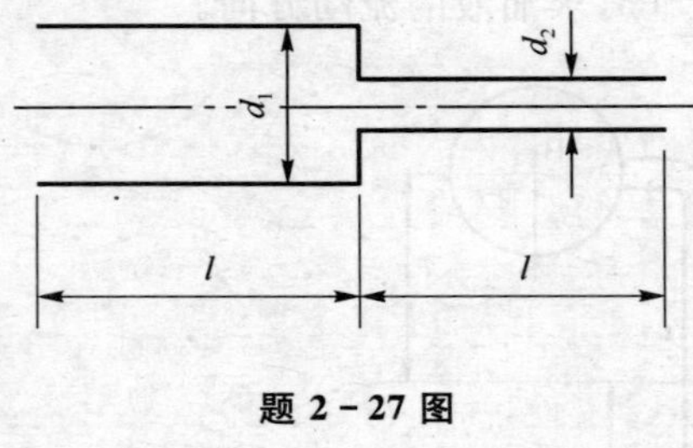

题 2-27 图

第3章　液压泵和液压马达

液压泵是液压传动系统的动力元件，其功能是将原动机(电动机、柴油机等)输入的机械能(转矩、转速)转换为压力能(压力、流量)输出，为系统提供压力油。液压马达则是液压系统的执行元件，它把输入油液的压力能转换成输出的机械能，用来推动负载做功。

3.1　液压泵概述

3.1.1　液压泵的工作原理

图3.1为一单柱塞泵的工作原理图。它由偏心轮1、柱塞2、弹簧3、缸体4和单向阀5、6等组成，柱塞2和缸体4内腔之间形成密封容积。当原动机带动偏心轮1顺时针方向旋转时，柱塞2在弹簧力的作用下向下运动，柱塞2与缸体4内腔组成的密封容积增大，形成真空，油箱7中的油液在大气压下的作用下经单向阀5进入其内(此时单向阀6关闭)，这一过程称为吸油。在偏心轮1的几何中心转到最下点O_1'时，密封容积增大到极限时终止，吸油过程结束。偏心轮1继续旋转，柱塞2随偏心轮1向上运动，柱塞2与缸体4内腔组成的密封容积减小，油液受挤压，油由单向阀6排出(单向阀5关闭)，这一过程称为排油。到偏心轮的几何中心转到最上点O_1''，密封容积减小至极限时终止。偏心轮1连续旋转，柱塞2上下往复运动，泵在半个周期内吸油，半个周期内压油。

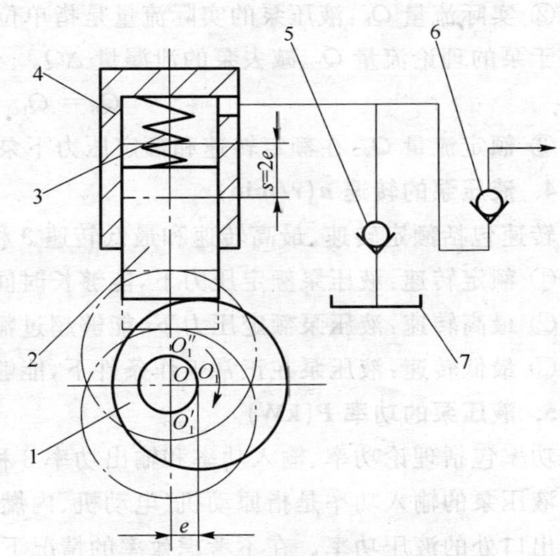

1. 偏心轮；2. 柱塞；3. 弹簧；4. 缸体；5. 单向阀；6. 单向阀；7. 油箱

图3.1　单柱塞泵的工作原理图

由以上分析，可见形成液压泵的必要条件为：

① 必须形成密封容积；

② 密封容积的大小必须要周期性的变化，完成吸油与排油的循环；

③ 必须有配流装置，控制泵的吸油与排油过程，如单向阀5与6；

④ 油箱必须与大气相通，借助大气的压力完成吸油的过程。

3.1.2　液压泵的主要性能参数

液压泵的主要性能参数包括压力、排量、流量、转速、功率和效率。液压泵的基本参数是压力和排量。

1. 液压泵的压力 p(MPa 或 Pa)

压力主要有工作压力、额定压力和最高压力 3 种。

① 工作压力:液压泵实际工作时的压力,是指泵出口处所输出液体的实际压力值,其值取决于负载,负载增大时,泵的压力值升高;负载减小时,泵的压力值降低。

② 额定压力:泵在正常工作条件下,按试验标准规定能连续运转的最高压力称为泵的额定压力。泵的额定压力大小受泵本身的泄漏和结构强度的制约。当泵的工作压力超过额定压力时,泵就会过载。

③ 最高压力:液压泵按试验标准规定,允许短暂运转的最高压力,也叫峰值压力。

2. 液压泵的排量 V(cm^3/r)

液压泵每转一转,根据密封工作容积几何尺寸的变化计算得到的所排出的液压油体积称为液压泵排量 V。V 仅与几何尺寸的变化量有关,与泄漏量无关。

3. 液压泵的流量 Q(m^3/s)

流量有理论流量、实际流量和额定流量 3 种。

① 理论流量 Q_{bm}:在不考虑泄漏的情况下,泵在单位时间内所排出的液体体积等于排量 V 与转速 n 的乘积。

$$Q_{bm}=Vn \tag{3.1}$$

② 实际流量 Q_b:液压泵的实际流量是指单位时间内从泵出口处实际排出去的液体体积。它等于泵的理论流量 Q_{bm} 减去泵的泄漏量 ΔQ。

$$Q_b=Q_{bm}-\Delta Q \tag{3.2}$$

③ 额定流量 Q_s:在额定转速和额定压力下泵输出的实际流量。

4. 液压泵的转速 n(r/min)

转速包括额定转速、最高转速和最低转速 3 种。

① 额定转速:液压泵额定压力下,能够长时间持续运转的最高转速。

② 最高转速:液压泵额定压力下,能够超过额定转速,允许短时间内运转的最高转速。

③ 最低转速:液压泵在正常工作条件下,能够运转的最小转速。

5. 液压泵的功率 P(kW)

功率包括理论功率、输入功率和输出功率 3 种。

液压泵的输入功率是指原动机(电动机、内燃机)作用于泵主轴上的机械功率,输出功率是指泵出口处的液压功率。在不考虑效率的情况下,输入功率和输出功率相等。实际上,泵在能量转化过程中会产生一定的功率损失,输入功率和输出功率不相等。

① 理论功率:不考虑能量损失时,驱动泵运转的功率。它等于泵出油口和吸油口的压力差 Δp 与理论流量 Q_{bm} 的乘积,即

$$P_{bm}=(p_2-p_1)\ Q_{bm}=\Delta p Q_{bm} \tag{3.3}$$

② 输入功率:输入功率等于转矩 T_{bi} 与泵旋转角速度 ω 的乘积,即

$$P_{bi}=T_{bi}\omega=2\pi T_{bi}n/60=\frac{\pi T_{bi}n}{30} \tag{3.4}$$

③ 输出功率:输出功率等于泵出油口和吸油口的压力差 Δp 与实际流量 Q_b 的乘积,即

$$P_{bo}=(p_2-p_1)\ Q_b=\Delta p\ Q_b \tag{3.5}$$

6. 液压泵的效率

效率包括容积效率、机械效率和总效率 3 种。

① 容积效率:液压泵实际流量与理论流量的比值称为容积效率,以 η_{vb} 表示

$$\eta_{vb}=Q_b/Q_{bm}=(Q_{bm}-\Delta Q)/Q_{bm}=1-\Delta Q/Q_{bm} \tag{3.6}$$

② 机械效率:液压泵在工作时存在摩擦(相对运动零件之间的摩擦及液体黏性摩擦),因此驱动泵所需的实际输入转矩 T_b 必然大于理论转矩 T_{bm}。理论转矩与实际输入转矩的比值称为机械效率,以 η_{bm} 表示。

$$\eta_{bm}=T_{bm}/T_b=T_{bm}/(T_{bm}+\Delta T) \tag{3.7}$$

③ 总效率:泵的输出功率与输入功率的比值称为泵的总效率,以 η_b 表示。

$$\eta_b=P_{bo}/P_{bi}=\eta_{vb}\eta_{bm} \tag{3.8}$$

3.1.3 液压泵的分类和选用

液压泵的种类很多,按主要运动构件的形状和运动方式分为齿轮泵、叶片泵、柱塞泵和螺杆泵 4 大类。其中,齿轮泵又分为外啮合齿轮泵和内啮合齿轮泵;叶片泵分为单作用叶片泵、双作用叶片泵和凸轮转子叶片泵;柱塞泵分为径向柱塞泵和轴向柱塞泵;螺杆泵分为单螺杆泵、双螺杆泵和三螺杆泵。

液压泵按排量能否改变分为定量泵和变量泵,其中定量泵可以是齿轮泵和双作用叶片泵;变量泵可以是单作用叶片泵、径向柱塞泵和轴向柱塞泵。定量泵工作容腔的密封容积变化量为常数,变量泵工作容腔的密封容积变化量是可调节的。

液压泵按进、出油口的方向是否可变分为单向泵和双向泵,其中单向变量泵和单向定量泵只能按一个方向旋转;双向定量泵可以改变泵的转向,变换进、出油口,但泵的排量是不可调节的;双向变量泵不仅可以改变泵的排量,而且还可以操纵变向机构来变换进、出油口。显然,双向泵具有对称的结构,而单向泵是针对某一转向而设计的,为非对称结构。

选用液压泵的原则和根据主要有:

① 要求变量的选用变量泵,其中单作用叶片泵的工作压力属于中等压力,仅适用于机床系统。

② 目前液压泵的额定压力有所提高,但相对而言,柱塞泵的工作压力属于高压范围,其额定压力提高较大。

③ 属于低压泵的齿轮泵的抗污染能力最好,因此特别适于工作环境较差的场合。

④ 属于低噪声的液压泵有内啮合齿轮泵、双作用叶片泵和螺杆泵,后两种泵的瞬时流量均匀。

⑤ 按结构形式分,轴向柱塞泵的总效率最高;而同一种结构的液压泵,排量大的总效率高;同一排量的液压泵,在额定工况(额定压力和额定转速)下总效率最高。因此,液压泵应在额定工况(额定压力和额定转速)或接近额定工况的条件下工作。

3.1.4 液压泵的图形符号

液压泵的图形符号如图 3.2 所示。

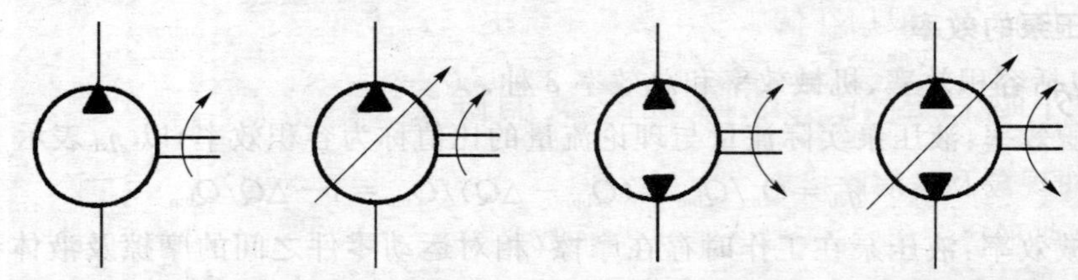

(a) 单向定量液压泵　(b) 单向变量液压泵　(c) 双向定量液压泵　(d) 双向变量液压泵

图 3.2　液压泵的图形符号

3.2 齿轮泵

齿轮泵是一种常用的液压泵。它的主要优点是结构简单、体积小、质量轻、自吸能力强、抗污染能力强、工作可靠且便于维护修理。其缺点是流量脉动大，噪声大，排量不可调(定量泵)。目前齿轮泵的最高压力可达 14 MPa～21 MPa。

3.2.1 外啮合齿轮泵的工作原理

齿轮泵按啮合形式不同可分为外啮合和内啮合两种，内啮合齿轮泵应用较少，外啮合齿轮泵的工作原理如图 3.3 所示，在泵体内有一对外啮合齿轮，齿轮的两端均由端盖盖住。泵体、端盖和齿轮齿槽之间形成了许多密封容积。当齿轮按图示方向旋转时，右侧吸油腔由于相互啮合的齿轮轮齿逐渐脱开，工作腔密封容积逐渐增大，形成部分真空，油箱中的油液被吸进来，将齿轮的齿槽充满，并随着齿轮一起旋转，把油液带到左侧的压油腔中。在压油区一侧，由于齿轮轮齿逐渐进入啮合，工作腔密封容积不断减小，油液便被挤出去。吸油区和压油区是由相互啮合的齿轮以及泵体分隔开的。

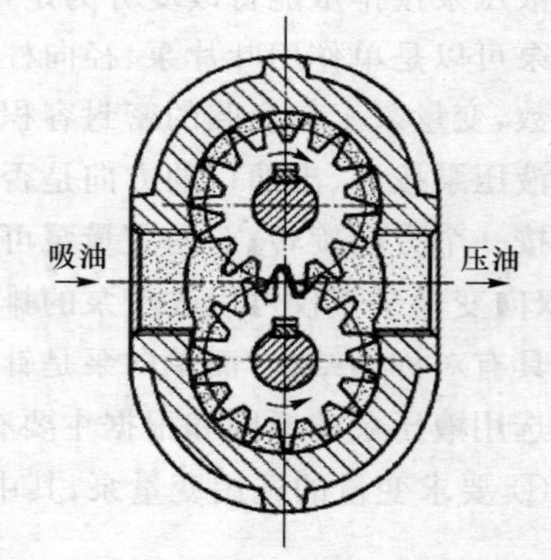

图 3.3　外啮合齿轮泵的工作原理图

3.2.2 外啮合齿轮泵的流量计算

外啮合齿轮泵的实际输出流量

$$Q=6.66zm^2Bn\eta \tag{3.9}$$

式中　m——模数；

z——齿数；

B——齿宽；

n——齿轮泵转速；

η——齿轮泵容积效率。

齿轮轮齿在实际的啮合过程中，其位置不断变化，导致瞬时流量是脉动的，齿数越少，齿槽越深，流量脉动越大。泵的流量脉动会引起压力脉动，直接影响系统的平稳性，使系统产生振动和噪声。齿轮泵一般用在低压液压传动系统中。

3.2.3　外啮合齿轮泵故障现象及消除

1. 困油现象及其消除措施

齿轮泵要平稳工作，轮齿啮合的重叠系数必须大于 1，于是在起始啮合点（同时在啮合终止点附近）总有两对轮齿同时啮合，并且有一部分油液被困在两对轮齿所形成的封闭腔中，如图 3.4 所示，这个封闭的容积随着齿轮的转动在不断的发生变化。封闭腔由大变小时，被封闭的油液受挤压并从缝隙中挤出而产生很高的压力，油液发热，并使轴承受到额外负载；而当封闭腔由小变大时，会造成局部真空，使溶解在油中的气体分离出来，产生气穴现象。这些都将使泵产生强烈的振动和噪声，这就是齿轮泵的困油现象。

消除困油的方法，通常是在齿轮泵的两侧盖板开卸荷槽（如图 3.4(d)中的虚线所示），使密封容积减小时通过右边的卸荷槽与压油腔相通，密封容积增大时通过左边的卸荷槽与吸油腔相通。在很多齿轮泵中，两槽并不对称于齿轮中心线分布，而是整个向吸油腔侧平移一段距离。实践证明，这样能取得更好的卸荷效果。

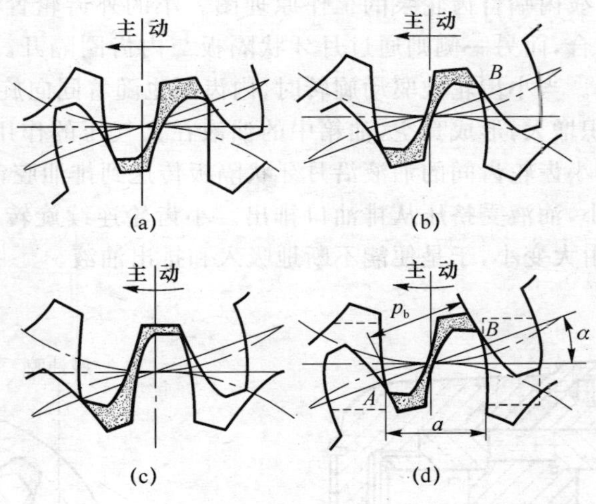

图 3.4　齿轮泵的困油现象及其消除措施

2. 径向力不平衡

齿轮泵工作时，作用在齿轮外圆的压力是不均匀的，在压油腔和吸油腔齿轮外圆分别承受着系统工作压力和吸油压力；在齿轮齿顶圆与泵体内腔的径向间隙中，可以认为油液压力由高压腔压力逐级下降到吸油腔压力。这些液体压力综合作用的合力，相当于给齿轮一个径向不平衡作用力，使齿轮与轴承受载。工作压力越大，径向不平衡力就越大，严重时会造成齿顶与泵体接触，产生磨损。

通常采用缩小压油口的办法来减小径向不平衡力，使高压腔油压仅作用在一个到两个齿的范围内。

3. 泄　漏

外啮合齿轮泵高压腔（压油腔）的压力油向低油腔（吸油腔）泄露有三条路径。一是通过齿轮啮合处的间隙;二是泵体内表面与两侧端盖间的端面轴向间隙。三是齿轮齿顶圆与泵体内腔之间的径向间隙。三条路径中,端面轴向间隙的泄漏量最大,占总泄漏量的70%~80%左右。泵的工作压力越高,间隙漏油就越大,因此一般齿轮泵只适用于低压系统,且其容积效率亦很低。为减小泄漏,用设计较小间隙的方法并不能取得好的效果,因此齿轮泵在经过一段时间运转后,由于磨损而使间隙变大,泄露又会增加。为使齿轮泵在较高压力下工作,并具有较高的容积效率,需要从结构上采取措施对端面进行自动补偿。通常采用的端面进行自动补偿装置有浮动轴套式和弹性侧板式两种,其原理都是引入压力油使轴套和侧板紧贴齿轮端面,压力越高,贴得越近,因而自动补偿端面磨损和减小间隙。图3.5为采用浮动轴套的中高压齿轮泵的一种典型结构,图中,轴套1和2是浮动安装的,轴套左侧的空腔均与泵的压油腔相通。当泵工作时,轴套1和2受左侧油压作用而向右移动,将齿轮两侧面压紧,从而自动补偿了端面间隙。这种齿轮泵的额定工作压力可达10~16 MPa,容积效率不低于0.9。

3.2.4 内啮合齿轮泵的结构特点

图3.6所示为渐开线内啮合齿轮泵的工作原理图。小的外齿轮置于大的内齿圈中,小齿轮的一侧与内齿圈相啮合,而另一侧则通过月牙状隔板与内齿圈隔开。月牙状隔板的作用是把吸油腔和排油腔隔开。当小齿轮被驱动旋转时,内齿圈也随着同向旋转。在吸油腔,齿轮逐渐脱开啮合时,密封容积增大,形成真空,油箱中的油液在大气压的作用下经吸油管路而被吸入;随着齿轮转动,充满小齿轮齿间的油液沿月牙状隔板传送到排油腔;在排油腔,齿轮逐渐进入啮合时,密封容积减小,油液受挤压从排油口排出。小齿轮连续旋转,吸油腔周期性地由小变大,排油腔周期性地由大变小,于是便能不断地吸入和排出油液。

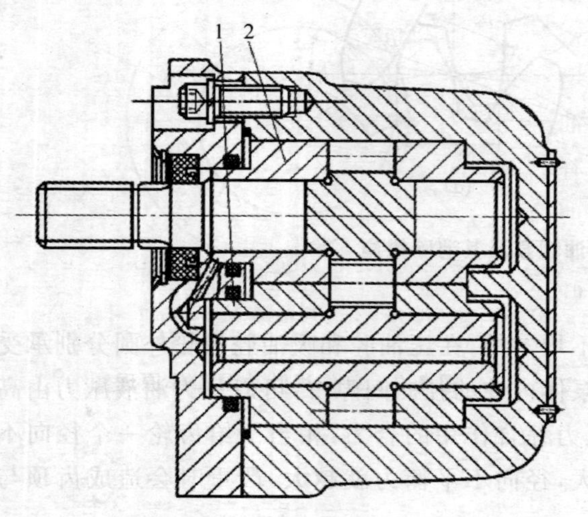

图3.5 采用浮动轴套的中高压齿轮泵

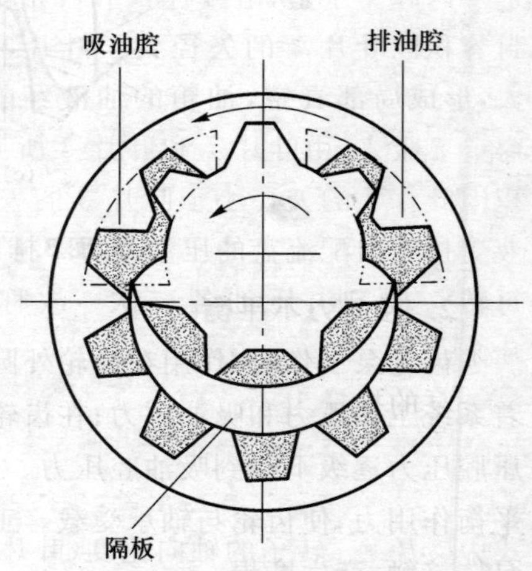

图3.6 渐开线内啮合齿轮泵

内啮合齿轮泵的轴承也受不平衡径向液压力的作用,排油压力越高对轴承寿命的影响越大。

3.2.5　提高外啮合齿轮泵压力的措施

要提高外啮合齿轮泵的工作压力，必须减小端面轴向间隙泄漏，一般采用齿轮端面间隙自动补偿的办法来解决。

齿轮端面间隙自动补偿原理，是利用特制的通道把泵的压力引进到浮动轴套的外侧，作用在一定形状和大小的面积（用密封圈分隔构成）上，产生液压作用力，使浮动轴套压向齿轮端面，这个液压力的大小必须保证浮动轴套始终紧贴齿轮端面，减小端面轴向间隙泄漏，达到提高工作压力的目的。

3.3　叶片泵

叶片泵在液压系统中是应用最广泛的一种液压泵，它的主要优点是结构紧凑、运转平稳、流量均匀、噪声低以及寿命长。缺点是结构复杂、吸入能力差以及对油液的污染较敏感。

叶片泵按每转吸、排油次数可分为单作用叶片泵和双作用叶片泵。按压力等级可分为中低压叶片泵（7 MPa），中高压叶片泵（16 MPa）和高压叶片泵（20 MPa～30 MPa）。通常叶片泵应用在中压系统中。

3.3.1　单作用叶片泵

1. 单作用叶片泵的工作原理

图 3.7 所示为单作用叶片泵的工作原理。密封容积由定子 1 的内腔，转子 4 的外圆，相邻叶片 6、7 和左、右配流盘组成。当主动轴带动转子如图示方向旋转时，叶片因离心力的作用紧贴定子内腔。于是，由叶片 3 和叶片 6 所分割的密封容积因叶片 3 的矢径大于叶片 6 的矢径而增大，形成局部真空，油箱的油液经配流盘的吸油窗口 5 吸入；由叶片 7 和叶片 3 所分割的密封容积因叶片 7 的矢径小于叶片 3 的矢径而减小，油液受挤压由配流盘的压油窗口 2 排出。由于转子每转一周，吸、压油各一次。故称为单作用叶片泵。

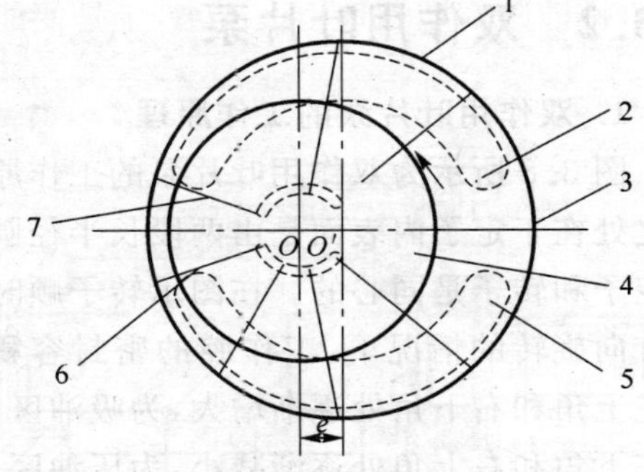

1. 定子；2. 压油窗口；3、6、7. 叶片；4. 转子；5. 吸油窗口

图 3.7　单作用叶片泵工作原理图

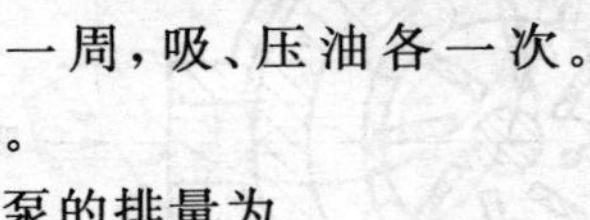

泵的排量为

$$V=4BzRe\sin\left(\frac{\pi}{z}\right) \tag{3.10}$$

式中　B——转子的轴向宽度（叶片宽度）；

z——叶片数；

R——定子内腔半径；

e——定子与转子之间的偏心距。

通过排量公式(3.10)可知：

① 单作用叶片泵可以通过改变定子与转子的偏心距 e 来调节泵的流量和排量。

② 单作用叶片泵因叶片槽根部分别通油，位于吸油区的叶片外伸时不需要压油腔补油，因此叶片厚度对泵的排量无影响。

③ 因单作用叶片泵的定子内腔为偏心圆，因此转子转动时，叶片的矢径为转角 φ 的函数，即组成密闭容积的叶片矢径差是变化的，瞬时理论流量是脉动的。为此，单作用叶片泵的叶片数取奇数，以减小流量脉动率。

2. 单作用叶片泵的流量计算

单作用叶片泵实际输出流量为

$$Q=4\pi BeRn\eta \tag{3.11}$$

单作用叶片泵的瞬时流量是脉动的，其脉动率与叶片数有关，泵内叶片数越多，流量脉动率越小。分析表明，奇数叶片泵的脉动率比偶数叶片泵的脉动率小，所以单作用叶片泵的叶片数一般为 13 片或 15 片。

3. 单作用叶片泵的结构特点

单作用叶片泵的结构有以下 3 个特点。

① 定子和转子偏心安置：通过移动定子位置改变偏心距，就可以调节叶片泵的输出流量。

② 径向力不平衡：单作用叶片泵的转子及轴承上承受着不平衡的径向力，这限制了叶片泵工作压力的提高，因此单作用叶片泵的额定压力通常不超过 16 MPa。

③ 叶片后倾：为了减小叶片与定子间的磨损，叶片底部油槽采取在压油区通压力油，吸油区与吸油腔相通的结构形式。因而，叶片的底部和顶部所受的液压力是平衡的，这样，叶片的向外运动主要靠旋转时所受的惯性力。通过受力分析，叶片后倾一个角度更有利于叶片在惯性力的作用下向外伸出，后倾角一般为 24°。

3.3.2 双作用叶片泵

1. 双作用叶片泵的工作原理

图 3.8 所示为双作用叶片泵的工作原理。它的密封容积的形成与单作用叶片泵相似。不同之处在于定子内表面是由两段长半径圆弧、两段短半径圆弧和四段过渡曲线 8 个部分组成，且定子和转子是同心的。在图示转子顺时针方向旋转的情况下，工作腔的密封容积在左上角和右下角处逐渐增大，为吸油区，在左下角和右上角处逐渐减小，为压油区；吸油区和压油区之间有一段封油区把它们隔开。这种泵的转子每转一转，每个密封工作腔完成吸油和压油工作各两次，所以称为双作用叶片泵。泵的两个吸油区和压油区是径向对称的，作用在转子上的液压力互相平衡，所以又称平衡式叶片泵。

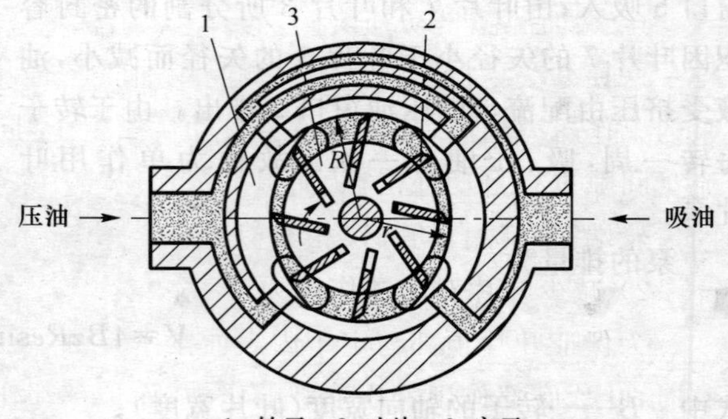

1. 转子；2. 叶片；3. 定子

图 3.8 双作用叶片泵的工作原理图

2. 双作用叶片泵的流量计算

双作用叶片泵的实际流量为

$$Q=2B\left[\pi(R^2-r^2)-\frac{R-r}{\cos\theta}Sz\right]n\eta \tag{3.12}$$

式中　R、r——定子内腔圆弧段大小半径；

B——转子的轴向宽度；

z——叶片数；

S——叶片厚度；

θ——叶片槽相对于径向的倾斜角；

n——转子的转速；

η——容积效率；

双作用叶片泵的瞬时流量也是脉动的，但比单作用叶片泵要小的多，当叶片数为 4 的倍数时脉动率最小，因此叶片数一般取 12 或 16。

3. 双作用叶片泵的结构特点

(1) 定子工作曲线

双作用叶片泵的定子工作曲线由两段长半径圆弧、两段短半径圆弧和四段过渡曲线组成。泵的动力学特性主要取决于过渡曲线的性质。理想的过渡曲线应是：叶片在叶片槽中径向移动速度是均匀变化的，且叶片顶部与定子内表面应保持良好的接触而不发生脱空现象。目前双作用叶片泵一般都使用综合性能较好的等加速等减速曲线作为过渡曲线。

(2) 径向作用力平衡

由于双作用叶片泵的吸、压油口对称分布，所以，转子和轴承上所承受的径向作用力是平衡的。

(3) 端面间隙的自动补偿

为了减少端面泄漏，采取的间隙自动补偿措施是使配流盘与压油腔连通，使配流盘在液压推力的作用下压向定子。泵的工作压力越高，配流盘就会越紧贴定子。同时，配流盘在液压力作用下发生弹性变形，亦对转子端面间隙进行自动补偿。

(4) 提高工作压力的主要措施

提高双作用叶片泵压力，需要采取以下措施。

1) 端面间隙自动补偿

这种方法是将配流盘的一侧与压油腔连通，使配流盘在液压油推力作用下压向定子端面。泵的工作压力越高，配流盘就会自动压紧定子，同时配流盘产生适量的弹性变形，使转子与配流盘间隙进行自动补偿，从而提高双作用叶片泵输出压力。该方法与提高齿轮泵压力方法中的齿轮端面间隙自动补偿相类似。

2) 减少叶片对定子作用力

为保证叶片顶部与定子内表面紧密接触，所有叶片底部都与压油腔相通。当叶片在吸油腔时，叶片底部作用着压油腔的压力，而顶部却作用着吸油腔的压力，这一压力差使叶片以很大的力压向定子内表面，在叶片和定子之间产生强烈的摩擦和磨损，使泵的寿命降低。所以对高压双作用叶片泵来说，这个问题尤为突出，因此高压双作用叶片泵必须在结构上采取相应的措施，常用的措施有：

① 减少作用在叶片底部的油压力。将泵压油腔的油通过阻尼孔或内装式小减压阀接通到处于吸油腔的叶片底部，这样使叶片经过吸油腔时，叶片压向定子内表面的作用力不至于

过大。

② 减少叶片底部受压力油作用的面积。可以用减少叶片厚度的办法来减少压力油对叶片底部的作用力，但受目前材料工艺条件的限制，叶片不能做得太薄，一般厚度为1.8～2.5mm。

③ 采取双叶片结构，如图3.9所示。在转子2的槽中装有两个叶片1，它们之间可以相对自由滑动，在叶片顶端和两侧面倒角之间构成V形通道，使叶片底部的压力油经过通道进入叶片顶部，因此使叶片底部和顶部的压力相等，适当选择叶片顶部棱边的宽度，即可保证叶片顶部有一定的作用力压向定子3，同时又不至于产生过大的作用力而引起定子的过度磨损。

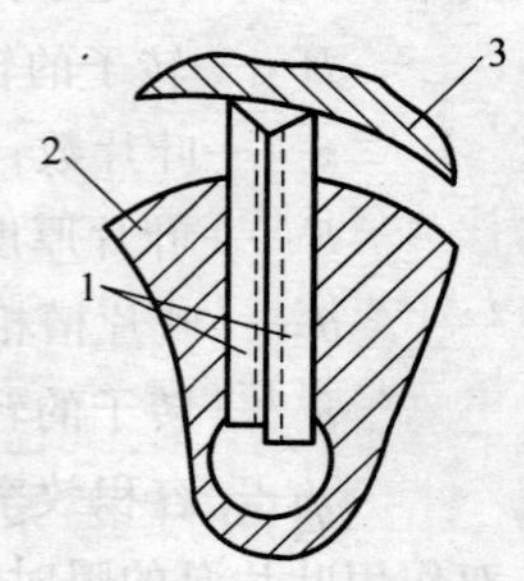

1. 叶片；2. 转子；3. 定子

图3.9 双叶片式工作原理图

3.3.3 限压式变量叶片泵

单作用叶片泵的结构类型有很多种。按改变偏心方向的不同可分为单向变量叶片泵和双向变量叶片泵两种，双向变量叶片泵能在工作过程中变换进、出油口，使液压执行元件的运动反向；按改变偏心方式的不同可分为手调式变量泵和自动调节式变量泵，自动调节式变量泵又分限压式变量泵、稳流量式变量泵等多种类型。限压式变量泵可分为外反馈式和内反馈式两种。下面介绍外反馈限压式变量叶片泵的工作原理。

如图3.10所示，泵能根据外负载的大小自动调节泵的流量。当油压较低，变量活塞6对定子3产生的推力不能克服弹簧的作用力时，定子被弹簧推在最左边的位置上，此时偏心量最大，泵输出流量也最大。变量活塞的一端紧贴定子，另一端则受高压油作用。变量活塞对定子的推力随油压升高而加大，当它大于调压弹簧的预紧力时，定子向右偏移，偏心距减小。所以，当泵输出压力大于弹簧预紧力时，泵开始变量，随着油压力升高，输出流量减小。

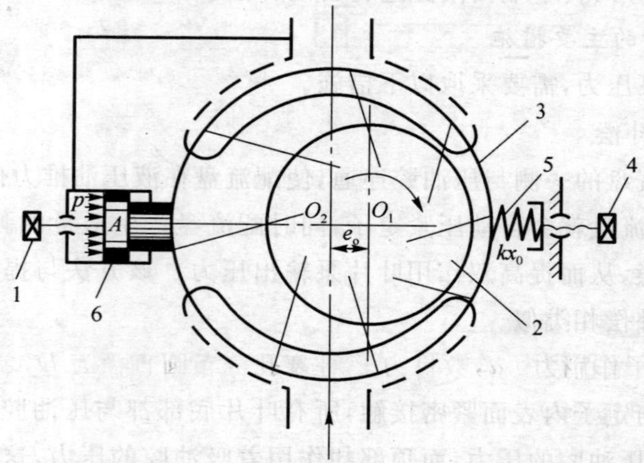

1、4. 调节螺钉；2. 转子；3. 定子；5. 调压弹簧；6. 变量活塞

图3.10 外反馈限压式变量叶片泵的工作原理图

限压式变量叶片泵与定量叶片泵相比，结构复杂，噪声较大，容积效率和机械效率也都比定量叶片泵低，若功率使用合理，可减少油液发热。

3.4　柱塞泵

柱塞泵是依靠柱塞在缸体的柱塞孔中往复运动，使密封工作容积发生变化来实现吸油和压油的。柱塞泵具有加工方便、结构紧凑、密封性能好及容积效率高等特点，故常用于高压、大流量和流量需要调节的场合。柱塞泵按柱塞的排列形式不同，可分为轴向柱塞泵和径向柱塞泵。

3.4.1　轴向柱塞泵

1. 轴向柱塞泵的工作原理

图 3.11 所示为斜盘式轴向柱塞泵的工作原理图。斜盘式轴向柱塞泵由斜盘 1、柱塞 2、缸体 3、配油盘 4 等主要零件组成。主动轴带动缸体旋转，斜盘 1 和配油盘 4 是固定不动的。柱塞 2 均布于缸体 3 内，并且柱塞头部靠机械装置（弹簧）或在低压油作用下紧压在斜盘 1 上。斜盘 1 的法线和缸体轴线间倾斜一个 γ 角。缸体 3 由轴带动旋转，在弹簧的作用下，柱塞 2 头部始终紧贴斜盘 1。当缸体 3 按图示方向旋转时，由于斜盘 1 与弹簧的共同作用，使柱赛 2 产生往复运动，各柱塞 1 与缸体 3 柱塞孔间的密封容积便发生增大或缩小的变化，通过配油盘 4 上的窗口 b 吸油，通过窗口 a 压油。

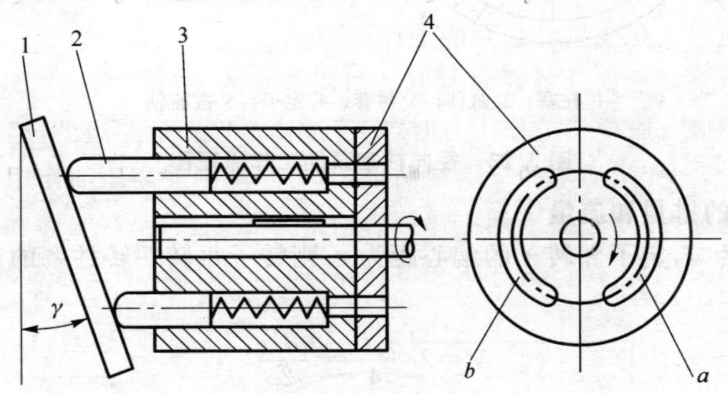

1. 斜盘；2. 柱塞；3. 缸体；4. 配油盘

图 3.11　斜盘式轴向柱塞泵

如果改变斜盘倾角 γ 的大小，就能改变柱塞的行程长度，也就改变了泵的排量。如果改变斜盘倾角的方向，就能改变吸、压油方向，这就成为双向变量柱塞泵。

2. 轴向柱塞泵的排量和流量

设轴向柱塞泵的柱塞直径为 d，数目为 z，柱塞孔分布圆直径为 D，泵的容积效率为为 $\eta_{容}$，轴向柱塞泵的排量 V 和流量 Q 分别为

$$V=\frac{1}{4}\pi d^2 Dz\tan\gamma \tag{3.13}$$

$$Q=Vn\eta_{容}=\frac{1}{4}\pi zd^2 D\tan\gamma n\eta_{容} \tag{3.14}$$

由于每个柱塞的瞬时移动速度和行程长度都是变化的，所以输出的流量是脉动的。脉动率的大小随柱塞的增加而降低，奇数柱塞泵的脉动率远小于偶数柱塞泵，因此泵的柱塞数一般取 7、9 和 11。

3.4.2 径向柱塞泵

1. 径向柱塞泵的工作原理

径向柱塞泵的工作原理如图 3.12 所示，柱塞 1 径向排列安装在缸体 2 内由原动机带动旋转，缸体 2 一般称为转子。柱塞 1 靠离心力或在低压油的作用下紧贴在定子 4 内壁，当转子如图 3.11 所示做顺时针方向回转时，由于定子 4 和转子 2 之间有偏心距 e，柱塞 1 通过上半周期时向外伸出，柱塞孔的密封容积逐渐增大，形成部分真空，通过配流轴 5 吸油；当转至下半周时，定子 4 内壁将柱塞 1 推回，柱塞孔的密封容积逐渐减小，使得液压油向配流轴 5 的压油口流出。转子回转一周，每个柱塞孔各吸油、压油一次，转子不断旋转，就能连续完成输油工作。

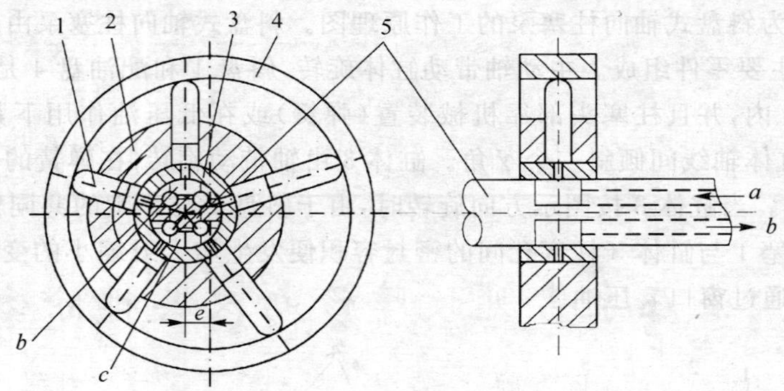

1. 柱塞；2. 缸体；3. 衬套；4. 定子；5. 配流轴

图 3.12 径向柱塞泵的工作原理图

2. 径向柱塞泵的排量和流量

设柱塞的直径为 d，定子和转子的偏心距为 e，则转子每转一转柱塞的行程为 $2e$，因此，每个柱塞的排量 V 为

$$V=2e\frac{\pi d^2}{4}=\frac{\pi d^2 e}{2} \tag{3.15}$$

若柱塞数量为 z，则径向柱塞泵的流量为 Q

$$Q=\frac{\pi d^2 ez}{2}n\eta \tag{3.16}$$

式中 n——泵的转速；

η——泵的容积效率。

由于柱塞在缸体中径向移动是变化的，各个柱塞在同一瞬间移动的速度也不一样，所以径向柱塞泵的瞬时流量是脉动的，柱塞越多，脉动量越小，柱塞数量为奇数的脉动量比偶数小，所以径向柱塞泵采用奇数柱塞。

径向柱塞泵的加工精度要求不高，但径向尺寸大、自吸能力差，配流轴受径向力的作用大，容易磨损，因而转速和压力不能太高。

3.5 各类液压泵的性能比较及选用

各类液压泵的性能比较及选用如表 3.1 所列。

表 3.1　各类液压泵的性能比较及选用

性　能	外啮合齿轮泵	双作用叶片泵	限压式变量叶片泵	轴向柱塞泵
输出压力	低　压	中　压	中　压	高　压
流量调节	不　能	不　能	能	能
效　率	低	较　高	较　高	高
输出流量脉动	很　大	很　小	一　般	一　般
自吸特性	好	较　差	较　差	差
对油的污染敏感性	不敏感	较敏感	较敏感	很敏感
噪　声	大	小	较　大	大
价　格	低	中　等	较　高	高
应用范围	机床、工程机械、航空、船舶和一般机械等	机床、注塑机、工程机械、液压机、飞机等	机床、注塑机	工程机械、起重运输机械、矿山机械、冶金机械、船舶和飞机

3.6　液压泵常见故障诊断及其排除方法

液压泵常见故障及产生原因和排除方法如表 3.2 所列。

表 3.2　液压泵常见故障诊断及其排除方法

故障现象	产生原因	排除方法
不排油或无压力	1. 油箱油位过低； 2. 原动机和液压泵转向不一致； 3. 吸油管或滤油器堵塞； 4. 启动时转速过低； 5. 进油口漏气； 6. 叶片泵配油盘与泵体接触不良或叶片在滑槽内卡死； 7. 油液黏度过大	1. 补油至游标线； 2. 纠正转向； 3. 清洗吸油管路或滤油器，使其畅通； 4. 使转逗达到液压泵的最低转速以上； 5. 更换密封件或接头； 6. 修理接触面，重新调试，清洗滑槽和叶片，重新安装； 7. 检查油质，更换黏度合适的液压油
流量不足或压力不能升高	1. 吸油管或滤油器部分堵塞； 2. 吸油端连接处密封不严，有空气进入，吸油位置太高； 3. 泵盖螺钉松动； 4. 系统泄露； 5. 齿轮泵轴向和径向间隙过大； 6. 柱塞泵柱塞与缸体或配油盘与缸体间磨损，柱塞回程不够或不能回程，引起缸体与配油盘间失去密封； 7. 柱塞泵变量机构失灵； 8. 侧板端磨损严重，泄漏增加； 9. 溢流阀失灵	1. 除去脏物，使吸油管畅通； 2. 更换密封圈，降低吸油高度； 3. 适当拧紧螺钉； 4. 对系统进行顺序检查； 5. 找出间隙过大部位，采取措施； 6. 更换柱塞，修磨配油盘与缸体的接触面，保证接触良好，检查或更换中心弹簧； 7. 检查变量机构，纠正其调整误差； 8. 更换零件； 9. 检修溢流阀

续表 3.2

故障现象	产生原因	排除方法
泄　漏	1. 密封圈或油封损伤； 2. 密封表面不良； 3. 泵内零件磨损严重； 4. 柱塞泵中心弹簧损坏，使缸体和配流盘之间失去密封性	1. 更换密封圈或油封； 2. 检查并修理； 3. 更换零件； 4. 更换弹簧
噪声严重	1. 吸油端连接处密封不严，有空气进入； 2. 吸油管或滤油器部分堵塞； 3. 泵与连轴器不同心或松动； 4. 转速太高； 5. 泵体腔道堵塞； 6. 泵盖螺钉松动； 7. 齿轮泵齿形精度不高、接触不良； 8. 管路振动	1. 在吸油端连接处涂油或更换密封件； 2. 去除脏物，使吸油管畅通； 3. 重新安装，使其同心； 4. 使转速降低到允许最高转速以下； 5. 清洗或更换泵体； 6. 适当拧紧螺钉； 7. 更换齿轮； 8. 采取隔离消振措施
过　热	1. 油液黏度过高或过低； 2. 油箱容积小，散热不良； 3. 油液变质，吸油阻力增大； 4. 侧板和轴套与齿轮端面摩擦严重	1. 更换黏度适合的液压油； 2. 增大油箱容积，扩大散热面积； 3. 更换液压油； 4. 修理侧板和轴套
柱塞泵不转	1. 柱塞与泵体卡死； 2. 柱塞球头折断	1. 研磨、修复； 2. 更换零件

3.7 液压马达

3.7.1 液压马达的工作原理及分类

1. 工作原理

液压马达是将液压能转换为机械能的液压元件。从工作原理上讲，液压传动中的泵和马达都是靠工作腔密封容积的变化而工作的，所以说泵可以作马达用，反之也一样，即泵与马达具有可逆性；从功能上讲，液压泵属于动力元件，液压马达属于执行元件。

下面以轴向柱塞马达为例说明液压马达的工作原理。在图 3.13 中，当压力油输入时，处在高压腔中的柱塞被顶出，压在斜盘上。设斜盘作用在柱塞上的反力为 $\boldsymbol{F}_n$，$\boldsymbol{F}_n$ 可分解为两个分力，轴向分力 $\boldsymbol{F}_x$ 则与作用在柱塞上的液压作用力相平衡，另一个分力 $\boldsymbol{F}_y$ 使缸体产生转距。设柱塞和缸体的垂直中心线成 θ 角，则此柱塞产生的转矩为

$$T_y = F_y r = F_y R\sin\theta = FR\tan\delta\sin\theta \tag{3.17}$$

式中，R 为柱塞在缸体中的分布圆半径。而液压马达输出的转距应是处于高压腔柱塞产生的转矩的总和，即

$$T = \Sigma FR\tan\delta\sin\theta \tag{3.18}$$

随着 θ 角的变化，柱塞产生的转矩也发生变化，故液压马达产生的总转矩也是脉动的，它

的脉动情况和液压泵的情况相似。

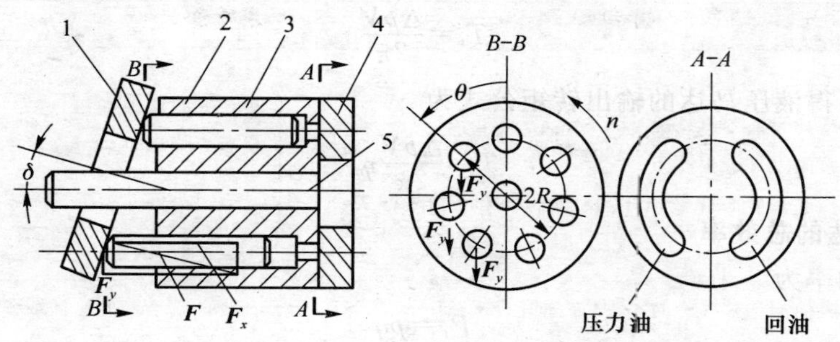

1. 斜盘；2. 缸体；3. 柱塞；4. 配流盘；5. 马达轴

图 3.13　轴向柱塞马达工作原理图

2. 液压马达的分类

按照转速的不同，液压马达可分为高速和低速两大类。一般认为，额定转速高于 500 r/min 的属于高速马达，额定转速低于 500 r/min 的属于低速马达。

按照排量是否可以调节，液压马达可以分为定量马达和变量马达两大类。变量马达又可分为单向变量马达和双向变量马达。

另外，还有一种马达，输出的不是连续转动，而是往复摆动，这种马达称为摆动液压马达。

3.7.2　液压马达的主要参数

1. 工作压力与额定压力

马达输入油液的实际压力称为马达的工作压力，其大小取决于马达的负载。按试验标准规定，能使马达连续正常运转的最高压力称为马达的额定压力。

2. 容积效率和转速

因为液压马达存在泄漏，输入马达的实际流量必然大于理论流量，故液压马达的容积效率为

$$\eta_v = \frac{Q_{vt}}{Q_v} \tag{3.19}$$

将 $Q_{vt}=Vn$ 代入公式(3.19)，可得液压马达的转速公式为

$$n = \frac{Q_v}{V}\eta_v \tag{3.20}$$

衡量液压马达转速性能的一个重要指标是最低稳定转速，它是指液压马达在额定负载下不出现爬行现象的最低转速。液压马达的结构形式不同，最低稳定转速也不同。在实际工作中，一般都希望最低稳定转速越小越好，这样就可以扩大马达的变速范围。

3. 机械效率和转矩

因为液压马达工作时存在摩擦，它的实际输出转矩 T 必然小于理论转矩 T_t，故液压马达的机械效率为

$$\eta_m = \frac{T}{T_t} \tag{3.21}$$

设马达进、出口间的工作压差为 Δp，则马达的理论功率表达式为

$$P_t = 2\pi n T_t = \Delta p Q_{vt} = \Delta p V n \tag{3.22}$$

因而有

$$T_t=\frac{\Delta pV}{2\pi} \tag{3.23}$$

将式代入可得液压马达的输出转矩公式为

$$T=\frac{\Delta pV}{2\pi}\eta_m \tag{3.24}$$

4. 液压马达的总效率

马达输入功率为

$$P_t=pq \tag{3.25}$$

马达输出功率为

$$P_o=2\pi nT \tag{3.26}$$

马达的总效率等于马达的输出功率与输入功率之比。

3.7.3 液压马达常见故障诊断及其排除方法

液压马达常见故障现象,及产生原因的排除方法如表3.3所列。

表3.3 液压马常见故障及其排除方法

常见故障现象	产生原因	排除方法
转速低输出转矩小	1. 由于滤油器阻塞,油液黏度过大,泵间隙过大,泵效率较低,导致供油不足; 2. 电机转速低,功率不匹配; 3. 密封不严,有空气进入; 4. 油液污染,阻塞马达内部通道; 5. 油液黏度小,内泄漏增大; 6. 齿轮马达侧板和齿轮两侧面、叶片马达配油盘和叶片等零件磨损造成内泄漏和外泄漏; 7. 油箱中油液不足或管径过小或过长; 8. 单向阀密封不良,溢流阀失灵	1. 清洗滤油器,更换黏度适合的油液,保证供油量; 2. 更换电机; 3. 紧固密封; 4. 拆卸、清洗马达,更换油液; 5. 更换黏度适合的油液; 6. 加油,加大吸油管径; 7. 对零件进行修复; 8. 修理阀芯和阀座
噪声过大	1. 进油口滤油器阻塞,进油管漏气; 2. 联轴器与马达轴不同心或松动; 3. 齿轮马达齿形精度低,接触不良,轴向间隙小,内部个别零件损坏,齿轮内孔与端面不垂直,端盖上两孔不平行,滚针轴承断裂,轴承架损坏; 4. 叶片与主配流盘接触的两侧面、叶片顶端或定子内表面磨损或刮伤,扭力弹簧变形或损坏; 5. 径向柱塞马达的径向尺寸严重磨损	1. 清洗,紧固接头; 2. 重新安装调整或紧固; 3. 更换齿轮,或研磨修整齿形,研磨有关零件重配轴向间隙,对磨损零件进行更换; 4. 根据磨损程度修复或更换; 5. 修磨缸孔,重配柱塞

习　题

3-1　试简述形成液压泵的必要条件。

3-2　什么是工作压力？什么是额定压力？什么是最高压力？

3-3　什么是理论流量？什么是实际流量？什么是额定流量？

3-4　什么是理论功率？什么是输入功率？什么是输出功率？

3-5　什么是容积效率？什么是机械效率和总效率？

3-6　试简述液压泵的分类方式。

3-7　齿轮泵的流量是如何形成的？压力是如何形成的？

3-8　试说明齿轮泵的困油现象及解决方法。

3-9　试说明叶片泵的工作原理。并比较双作用叶片泵和单作用叶片泵各有什么优缺点？

3-10　限压式变量叶片泵的限定压力和最大流量是怎样调节的？

3-11　齿轮泵的泄露途径有哪几条？

3-12　变量泵和定量泵之间主要有什么区别？

3-13　试简述轴向柱塞泵和径向柱塞泵的工作原理及特点。

3-14　为什么轴向泵使用于高压？

3-15　试简述液压马达的工作原理，并试述其与液压泵有何不同？

3-16　某液压泵铭牌上标有转速 $n=1400\,r/min$，额定流量 $Q_s=60\,L/min$，额定压力 $p=8\,MPa$，泵的总效率 $\eta_b=0.8$，试求：

(1) 该泵应选配的电动机功率。

(2) 若该泵使用在特定的液压系统中，该系统要求泵的工作压力 $p=4\,MPa$，则该泵应选配的电动机功率。

3-17　一液压泵铭牌上标有压力为 7 MPa，流量为 63 L/min。将此泵的出口连至一液压缸。当活塞运动到终点时即停止运动。问此时泵所损失的功率是多少？泵的容积效率和机械效率是多少？

3-18　某液压系统采用限压式变量泵，该泵出厂的流量—压力特性曲线为 ABC，如图所示。已知泵的总效率为 0.7，当系统工作进给时，泵压力 $p=4.5\,MPa$，输出流量 $Q_b=2.5\,L/min$；在快速移动时，泵压力 $p=2.5\,MPa$，输出流量 $Q_b=20\,L/min$。试求限压式变量泵要满足上述要求时，其流量-压力特性曲线应调成怎样的图形？泵所需的最大驱动功率是多少？

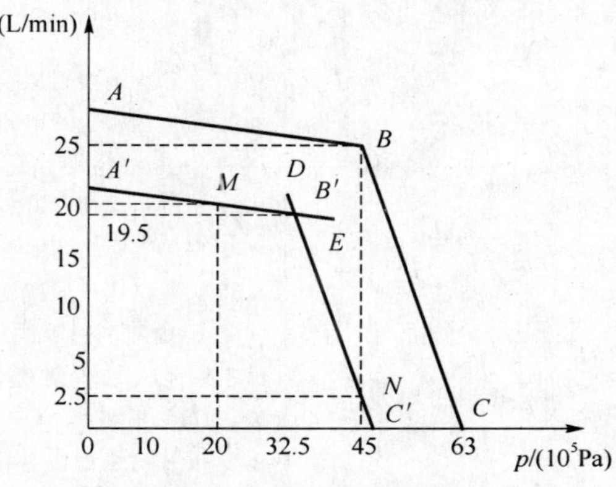

题 3-18 图　流量-压力特性曲线

3-19　液压泵的额定流量为 100 L/min，额定压力为 2.5 MPa，当转速为 1 450 r/min 时，机械效率为 $\eta_{bm}=0.9$。由实验测得，当液压泵的出口压力为零时，流量为 106 L/min；压力为 2.5 MPa 时，流量为 100.7 L/min。试求：

(1)液压泵的容积效率 η_{vb} 是多少？

(2)如果液压泵的转速下降到 500 r/min，在额定压力下工作时，估算液压泵的流量是多少？

3-20 某变量叶片泵的转子外径 $d=83\,\text{mm}$，定子内径 $D=89\,\text{mm}$，叶片宽度 $b=30\,\text{mm}$，求：

(1) 当泵的排量 $V=16\,\text{L/r}$ 时，定子和转子间的偏心量有多大？

(2) 泵的最大排量是多少？

3-21 轴向柱塞泵的斜盘倾角 $\gamma=22°30'$，柱塞直径 $d=22\,\text{mm}$，柱塞分布外圆直径 $D=68\,\text{mm}$，柱塞数等于7。若容积效率 $\eta_{vb}=0.9$，转速 $n=960\,\text{r/min}$，输出压力 $p=10\,\text{MPa}$，试求泵的理论流量、实际流量和输入功率。

3-22 液压马达的排量 $V=1000\,\text{mL/r}$，入口压力 $p_1=10\,\text{MPa}$，出口压力 $p_2=0.5\,\text{MPa}$，容积效率 $\eta_v=0.95$，机械效率 $\eta_m=0.85$。若输入流量 $Q_{vt}=50\,\text{L/min}$，求马达的转速 n，转矩 T，输入功率 P_t 和输出功率 P_o 各为多少？

第 4 章　液压缸

液压缸和第 3 章所述的液压马达同属于液压系统的执行元件。液压缸能将油液的压力能转换为机械能，用于驱动工作机构作往复直线运动或摆动。液压缸结构简单，工作可靠，与杠杆、连杆、齿轮齿条、棘轮棘爪和凸轮等机构配合使用能实现多种机械运动，或组成其他形式满足各种要求，因此在液压与气压系统中得到广泛的应用。

4.1　常用液压缸的类型及特点

液压缸的类型很多，一般按液压缸的结构特点和作用方式分类。按照液压缸结构特点的不同可分为活塞式、柱塞式和摆动式三大类；按照液压缸的作用方式可分为单作用式、双作用式和组合式三大类。单作用缸只能使活塞（或柱塞）做单方向运动，即液体只能通向缸的一腔，而反方向运动则必须依靠外力（如弹簧力或自重等）来实现；双作用缸是利用液体压力产生的推力推动活塞（或缸体）产生正反两个方向的运动；组合式是通过串联等方式达到增压、步进和增速等目的。

4.1.1　活塞式液压缸

活塞式液压缸是液压系统中应用最为广泛的一种液压缸，按其结构形式的不同可分为单杆式和双杆式两种。其固定方式有缸体固定和活塞杆固定。

1. 单活塞杆液压缸

如图 4.1 所示，单活塞杆液压缸在活塞的一端有活塞杆，通常把有活塞杆的液压腔称为有杆腔，无活塞杆的液压腔称为无杆腔。单活塞杆液压缸有缸体固定和活塞杆固定两种安装形式，活塞或缸体的移动行程等于工作行程。

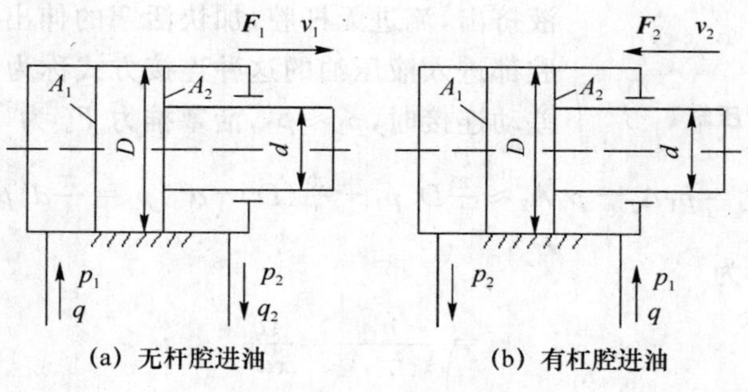

图 4.1　单活塞杆液压缸

由于单活塞杆液压缸只在活塞的一侧装有活塞杆，因而两腔的作用面积不同，当分别向有杆腔和无杆腔输入同样压力和流量的压力油时，活塞产生不同的推力和运动速度。如图 4.1(a) 和图 4.1(b) 所示，当进油压力为 p_1，回油压力为 p_2 时，活塞杆所产生的推力和运动速度分

别为

$$F_1 = p_1A_1 - p_2A_2 = \frac{\pi}{4}D^2(p_1 - p_2) + \frac{\pi}{4}d^2p_2 \tag{4.1}$$

$$F_2 = p_1A_2 - p_2A_1 = \frac{\pi}{4}D^2(p_1 - p_2) - \frac{\pi}{4}d^2p_1 \tag{4.2}$$

$$v_1 = \frac{q}{A_1} = \frac{4q}{\pi D^2} \tag{4.3}$$

$$v_1 = \frac{q}{A_1} = \frac{4q}{\pi(D^2 - d^2)} \tag{4.4}$$

式中　p_1——液压缸的进油压力；

p_2——液压缸的回油压力；

A_1——液压缸无杆腔的有效作用面积；

A_2——液压缸有杆腔的有效作用面积；

q——进入无杆腔或有杆腔的流量；

D——活塞直径（即缸体直径）；

d——活塞杆直径。

比较上述各式，由于 $A_1 > A_2$，故 $F_1 > F_2$，$v_1 < v_2$，即活塞杆伸出时，推力较大，速度较小；活塞杆缩回时，推力较小，速度较大。因而它适用于伸出时承受工作载荷，缩回时为空载或轻载的场合。

由式(4.1)和式(4.3)得液压缸往复运动时的速度比为

$$\lambda_v = \frac{v_2}{v_1} = \frac{D^2}{D^2 - d^2} \tag{4.5}$$

上式表明，当活塞杆直径愈小时，速度比 λ_v 愈接近于 1，两方向的速度差值愈小。

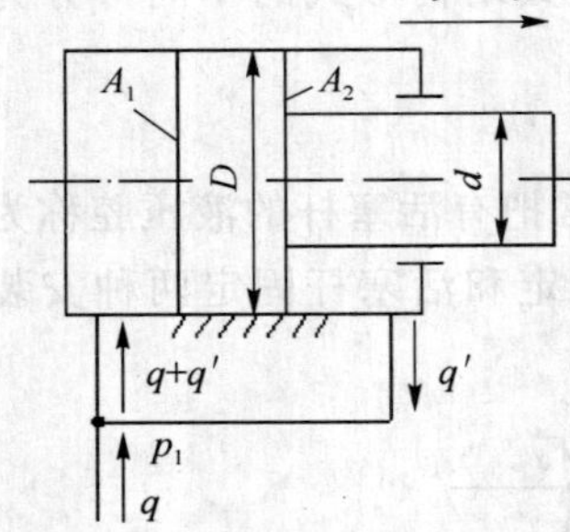

图 4.2　差动液压缸

当单杆缸两腔同时进入压力油时，如图 4.2 所示。在忽略两腔连通油路压力损失的情况下，两腔的油液压力相等。但由于无杆腔受力面积大于有杆腔，活塞向右的作用力大于向左的作用力，活塞杆作伸出运动，并将有杆腔的油液挤出，流进无杆腔，加快活塞的伸出速度。单杆液压缸两腔都进入液压油的这种连接方式称为差动连接。

差动连接时，$p_1 \approx p_2$，活塞推力 F_3 为

$$F_3 = p_1A_1 - p_2A_2 \approx \frac{\pi}{4}D^2p_1 - \frac{\pi}{4}(D^2 - d^2)p_1 = \frac{\pi}{4}d^2p_1 \tag{4.6}$$

活塞杆伸出的速度 v_3 为

$$v_3 = \frac{q}{A_1 - A_2} = \frac{4q}{\pi d^2} \tag{4.7}$$

若要求差动液压缸的往复运动速度相等（$v_2 = v_3$）则有

$$D = \sqrt{2}d$$

由式(4.6)和式(4.7)可知，差动连接时起有效作用的面积是活塞杆的横截面积。与非差动连接无杆腔进油工况相比，在输入油液压力和流量相同的条件下，活塞杆伸出速度较大而推

力较小。因此，差动连接常用于需要快进（差动连接）—工进（无杆腔进油）—快退（有杆腔进油）工作循环的组合机床等液压系统中。单活塞杆液压缸往复运动范围约为有效行程的两倍，其结构紧凑，应用广泛。

2. 双活塞杆液压缸

图 4.3 为双活塞杆液压缸的原理图，液压缸的两侧均装有活塞杆。当两活塞杆的直径相同，即有效工作面积相等时，向液压缸两腔输入同样压力和流量的压力油时，活塞或缸体两个方向的输出推力和运动速度相等，其值分别为

$$F=(p_1-p_2)\frac{\pi}{4}(D^2-d^2) \tag{4.8}$$

$$v=\frac{q}{A}=\frac{4q}{\pi(D^2-d^2)} \tag{4.9}$$

式中　v——活塞（或缸体）的运动速度；

q——输入液压缸的流量；

p_1——液压缸的进油压力；

p_2——液压缸的回油压力；

A——活塞的有效作用面积；

D——活塞直径（即缸体直径）；

d——活塞杆直径。

图 4.3(a)所示为缸体固定，活塞杆移动的安装形式，运动部件的移动范围是活塞有效行程的 3 倍，这种安装形式占地面积大，一般用于小型设备。图 4.3(b)所示为活塞杆固定，缸体移动的安装形式，运动部件的移动范围是活塞有效行程的 2 倍，这种安装形式占地面积小，常用于大、中型设备。

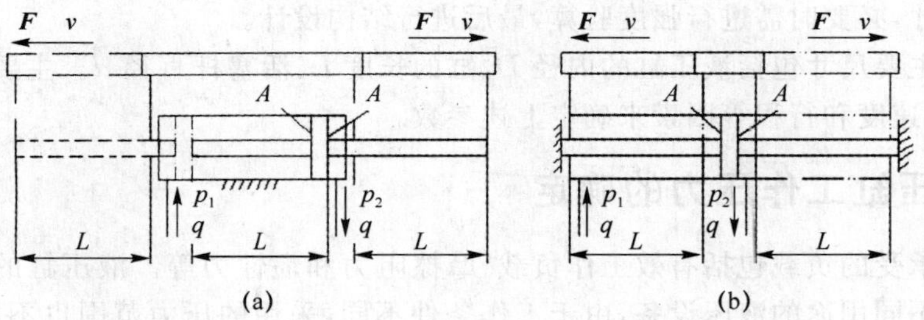

图 4.3　双活塞杆液压缸

4.1.2　柱塞式液压缸

如图 4.4(a)所示，柱塞式液压缸由缸筒 1、柱塞 2、导向套 3、密封圈 4 和压盖 5 等零件组成。

柱塞缸只有一个油口，工作时压力油进入缸内，柱塞左端面则会受到压力油作用，产生向右的推力，克服负载向右移动。柱塞伸出后不能自行缩回，回程必须依靠弹簧力或重力等外力，因此，柱塞缸是单作用液压缸。在大行程设备中，为了获得双向运动，柱塞常成对使用，如图 4.4(b)所示。为了减轻柱塞重量，减小柱塞的弯曲变形，柱塞常做成空心的，还可以在缸体内设置辅助支承，以增强刚性。

柱塞缸结构简单，制造容易，维修方便，由于柱塞和导向套配合，以保证良好的导向，故可

不与缸体接触，因而对缸体内壁的精度要求比较低，甚至可以不加工，工艺性好，成本低，特别适用于行程较长的场合。常用于长行程机床，如龙门刨床、导轨磨床、大型拉床等。

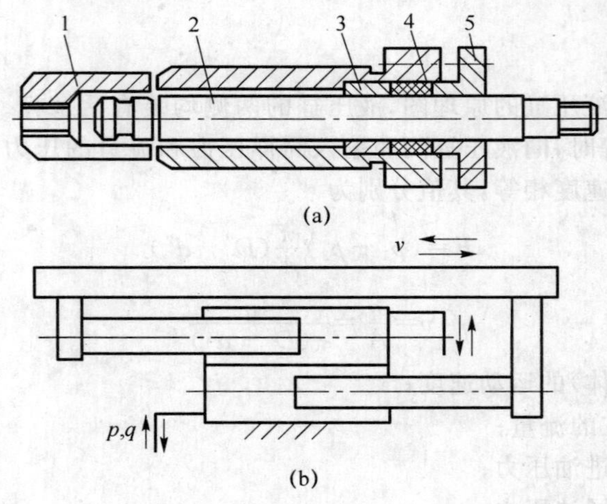

图 4.4　柱塞液压缸

4.2　液压缸的设计与计算

液压缸一般为标准件，已有系列标准可供选用。但并非所有工作场合都能选用标准缸，有时需要自行设计制造。

在设计液压缸时，首先根据使用要求确定液压缸的类型，再按负载和运动要求确定液压缸的主要结构尺寸，必要时需进行强度验算，最后进行结构设计。

液压缸的主要尺寸包括液压缸的内径 D、缸的长度 L、活塞杆直径 d。主要根据液压缸的负载、活塞运动速度和行程等因素来确定上述参数。

4.2.1　液压缸工作压力的确定

液压缸要承受的负载包括有效工作负载、摩擦阻力和惯性力等。液压缸的工作压力按负载确定。对于不同用途的液压设备，由于工作条件不同，采用的压力范围也不同。设计时，液压缸的工作压力可按负载大小及液压设备类型参考表 4.1 进行确定。

表 4.1　液压缸负载与工作压力之间的关系

负载 F/kN	<5	5～10	10～20	20～30	30～50	>50
缸工作压力 p_1/MPa	<0.8～1	1.5～2	2.5～3	3～4	4～5	>5～7

4.2.2　液压缸内径和活塞杆直径的确定

1. 液压缸内径 D

液压缸内径 D 的计算通常有两种方法。

(1) 根据最大总负载和选取的工作压力来确定

对单活塞杆液压缸，当无杆腔进油，由式(4.1)可得

$$D=\sqrt{\frac{4F_1}{\pi(p_1-p_2)}-\frac{d^2p_2}{p_1-p_2}} \tag{4.10}$$

当有杆腔进油，由式(4.2)可得

$$D=\sqrt{\frac{4F_2}{\pi(p_1-p_2)}+\frac{d^2p_1}{p_1-p_2}} \tag{4.11}$$

式中，各符号含义同前。液压缸设计中，常初步选取回油压力 $p_2=0$，上面二式便可简化，即

无杆腔进油时

$$D=\sqrt{\frac{4F_1}{\pi p_1}} \tag{4.12}$$

有杆腔进油时

$$D=\sqrt{\frac{4F_2}{\pi p_1}+d^2} \tag{4.13}$$

(2) 根据执行机构的速度要求和选定的液压泵流量来确定

同样，对于单活塞杆液压缸，无杆腔进油时，由式(4.3)可得

$$D=\sqrt{\frac{4q}{\pi v_1}} \tag{4.14}$$

有杆腔进油时，由式(4.4)可得

$$D=\sqrt{\frac{4q}{\pi v_2}+d^2} \tag{4.15}$$

计算得出的液压缸内径和活塞杆直径必须圆整，根据液压设计手册取标准值。

2. 活塞杆直径 d

活塞杆的直径 d 可根据液压缸的往返速比 λ_v 来确定，公式如下：

$$d=D\sqrt{\frac{\lambda_v-1}{\lambda_v}} \tag{4.16}$$

当无速比要求时，可按活塞的受力情况确定活塞杆的直径：

- 当活塞杆受拉时　　$d=(0.3\sim0.5)D$；
- 当活塞杆受压时　　$d=(0.5\sim0.55)D$　　($p\leqslant5.0\,\text{MPa}$)；

　　$d=(0.6\sim0.7)D$　　($5.0\,\text{MPa}<p\leqslant7.0\,\text{MPa}$)；

　　$d=(0.7\sim0.85)D$　　($p>7.0\,\text{MPa}$)

用上述各种方法求得的液压缸内径 D 和活塞杆直径 d，必须按国家标准系列(GB2348—1980)取标准值。

4.2.3　液压缸壁厚的确定

当缸筒内径确定后，可按强度条件确定壁厚。缸筒壁厚 δ 的计算公式与 δ/D 以及材料有关。

(1) 当 $\delta/D\leqslant0.08$ 时

按薄壁圆筒公式计算

$$\delta\geqslant\frac{p_{\max}D}{2[\sigma]} \tag{4.17}$$

(2) 当 $\delta/D=0.08\sim0.3$ 时

按薄壁圆筒公式计算

$$\delta \geqslant \frac{p_{max}D}{2.3[\sigma]-3p_{max}} \tag{4.18}$$

(3) 当 $\delta/D\geqslant0.3$ 时

按薄壁圆筒公式计算

• 塑性材料按第四强度理论有

$$\delta \geqslant \frac{D}{2}\left(\sqrt{\frac{[\sigma]}{[\sigma]-\sqrt{3}p_{max}}}-1\right) \tag{4.19}$$

• 脆性材料按第四强度理论有

$$\delta \geqslant \frac{D}{2}\left(\sqrt{\frac{[\sigma]+0.4p_{max}}{[\sigma]-1.3p_{max}}}-1\right) \tag{4.20}$$

式中 D——缸筒内径；

p_{max}——最高允许压力(试验压力)，单位为 MPa；当工作压力≤16 MPa 时，$p_{max}=1.5p$，当工作压力>16 MPa 时，$p_{max}=1.25p$；

$[\sigma]$——缸筒材料的允许压力，单位为 MPa，对塑性材料$[\delta]=\frac{\delta_s}{n_s}$，$\sigma_s$ 为屈服极限，n_s 为安全系数，一般取 $n_s=1.2\sim2.5$，对脆性材料$[\delta]=\frac{\sigma_b}{n_b}$，$\sigma_b$ 为强度极限，n_b 为安全系数，一般取 $n_b=3.5\sim5$。

用上述公式计算所得的壁厚，还应该满足材料的加工工艺性，对铸造缸体还应考虑铸造偏差因素的影响。

4.2.4 液压缸设计时应注意的问题

液压缸的设计和使用正确与否，直接影响到它的性能和是否发生故障。在这方面，经常碰到的是液压缸安装不当、活塞杆承受偏载、液压缸或活塞下垂以及活塞杆的压杆失稳等问题。所以，在设计液压缸时，必须注意以下几点：

① 尽量使用活塞杆在受拉状态下承受最大负载，或在受压状态下具有良好的纵向稳定性。

② 考虑液压缸行程终了处的制动问题和液压缸的排气问题。缸内无排气装置或缓冲装置时，系统中须有相应的措施。但是并非所有的液压缸都要考虑这些问题。

③ 正确确定液压缸的安装和固定方式。如承受弯曲的活塞杆不能用螺纹连接，要用止口连接。液压缸不能在两端用键或销定位，只能在一端定位，为的是不致阻碍它在受热时的膨胀。如冲击载荷使活塞杆压缩，定位件须设置在活塞杆端，如为拉伸则设置在缸盖端。

④ 液压缸各部分的结构需根据推荐的结构形式和设计标准进行设计，尽可能做到结构简单、紧凑，加工、装配和维修方便。

4.3 液压缸的结构设计

液压缸从其使用要求和结构组成来看，基本上由缸体与端盖、活塞和活塞杆、液压缸的密封、缓冲装置和排气装置 5 部分组成。

4.3.1　缸体与端盖的连接

缸体组件主要包括缸体、端盖和导向套。

缸体是液压缸的主体，其内孔一般采用镗削、铰孔、滚压或研磨等精密加工工艺制造。要求表面粗糙度在 0.1～0.4μm，使活塞及其密封件、支承件能顺利滑动，从而保证密封效果，减少磨损；套筒要承受很大的压力，因此，应具有足够的强度和刚度。

端盖装在缸体两端，与缸体形成密封油腔，同样承受很大的液压力，因此，端盖及其连接件都应具有足够的强度。设计时既要考虑强度，又要选择工艺性较好的结构形式。

导向套对活塞杆或柱塞起导向和支撑作用，有些液压缸不设导向套，直接用端盖孔导向。这种结构简单，但磨损后必须更换端盖。

常见的缸体组件的连接方式如图 4.5 所示。

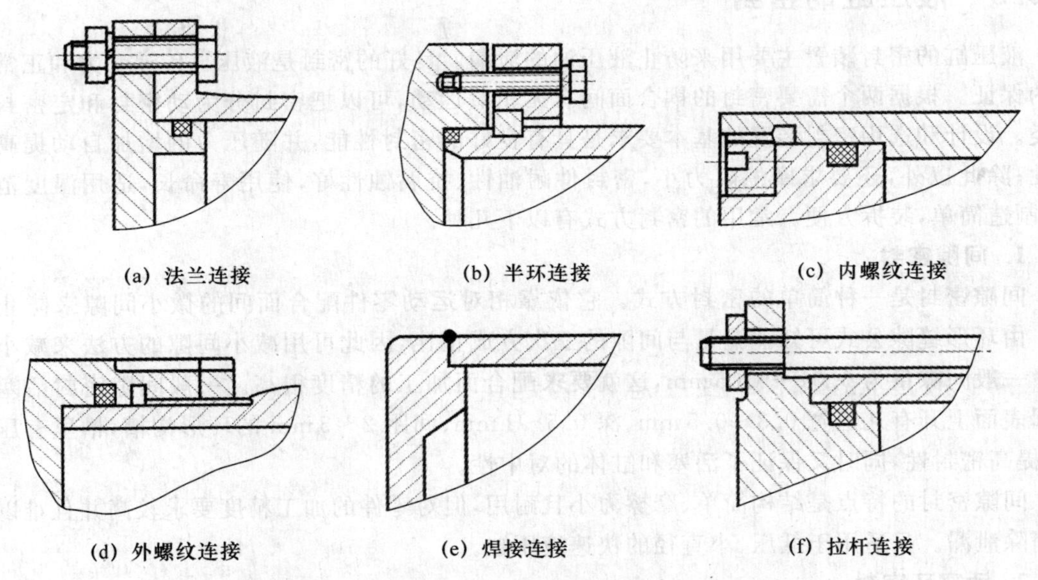

图 4.5　缸体和端盖的连接形式

① 法兰连接：结构简单、易于拆装且加工方便，但尺寸较大。缸体端部一般采用铸造或焊接等方式制成粗大的外径，它是常用的一种连接形式，如图 4.5(a)所示。

② 半环连接：结构便于拆装、工艺性好，但键槽削弱了缸体的强度，如图 4.5(b)所示。

③ 螺纹连接：它有内螺纹连接和外螺纹连接两种，结构紧凑、质量轻，但端部结构复杂，这种主要用于要求外形尺寸小，重量轻的场合，如图 4.5(c)、(d)所示。

④ 焊接连接：强度高、制造简单，但焊接时易引起缸体变形，如图 4.5(e)所示。

⑤ 拉杆连接：结构简单、通用性好，但易变形，影响密封性能，如图 4.5(f)所示。

4.3.2　活塞与活塞杆的连接

活塞与活塞杆的连接大多采用图 4.6 所示的方法。其中图(a)所示的螺纹连接结构简单实用，应用较为普遍。当液压缸工作压力较大，工作机械振动较大时，常采用图(b)所示的卡键连接结构。这种连接方法可以使活塞在活塞杆上浮动，使活塞与刚体不易卡住，它比螺纹连接结构要好，但结构稍微复杂。

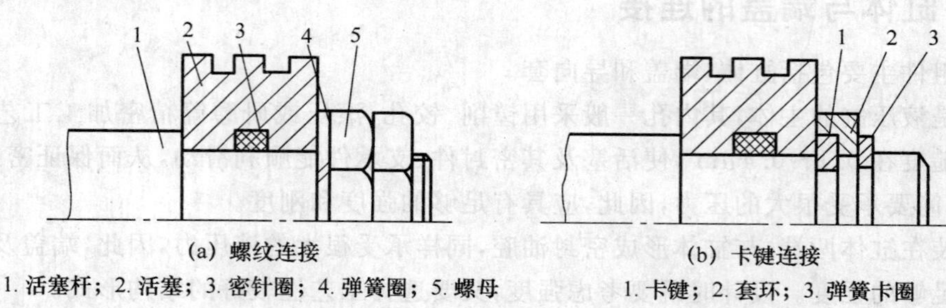

1. 活塞杆；2. 活塞；3. 密针圈；4. 弹簧圈；5. 螺母　　1. 卡键；2. 套环；3. 弹簧卡圈

图 4.6　活塞与活塞杆的连接形式

在小直径的液压缸中，也有将活塞和活塞杆做成一个整体结构形式的。

4.3.3　液压缸的密封

液压缸的密封装置主要用来防止液压油的泄漏。良好的密封是液压缸传递动力和正常动作的保证。根据两个需要密封的耦合面间有无相对运动，可以把密封分为动密封和定密封两大类。设计和选用密封装置的基本要求是具有良好的密封性能，并随压力的增加自动提高密封性；除此以外，还要求摩擦阻力小，密封件耐油性、抗腐蚀性好，使用寿命长，适用温度范围广，制造简单，装拆方便。常用的密封方式有以下几种。

1. 间隙密封

间隙密封是一种简单的密封方式。它依靠相对运动零件配合面间的微小间隙来防止泄露。由环形缝隙公式可知泄漏量与间隙的三次方成正比，因此可用减小间隙的方法来减小泄漏。一般间隙量为 0.01～0.05 mm，这就要求配合面加工的精度很高。一般间隙密封活塞的外圆表面上开有几道宽 0.3～0.5 mm、深 0.5～1 mm、间距 2～5 mm 的环形沟槽，槽里有压力油，提高密封性，同时又保证了活塞和缸体的对中性。

间隙密封的特点是结构简单、摩擦力小且耐用，但对零件的加工精度要求较高并且难以完全消除泄漏。只适用于低压、小直径的快速液压缸。

2. 活塞环密封

活塞环密封依靠装在活塞环形槽内的弹性金属环紧贴缸体内壁实现密封，如图 4.7 所示。它的密封效果较间隙密封要好，适用的压力和温度范围较宽，能自动补偿磨损和温度变化的影响，能在高速条件下工作，摩擦力小，工作可靠，寿命长，但不能完全密封。活塞环的加工复杂，缸体内表面加工精度要求较高，一般用于高压、高速和高温的场合。

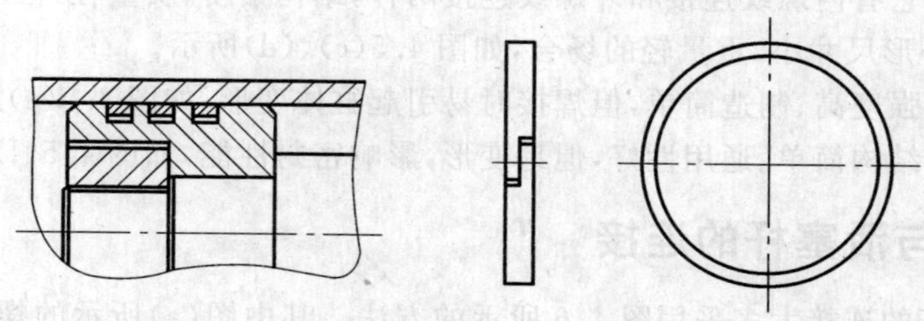

图 4.7　活塞环密封

3. 密封圈密封

密封圈密封是液压系统中应用最广泛的一种密封。密封圈有 O 形、V 形、Y 形及组合式等 4 种，其材料为耐油橡胶、尼龙和聚氨酯等。

4.3.4　液压缸的缓冲装置

液压缸在使用时，具有一定的运动惯量，为了避免活塞行程两端撞击缸盖，一般液压缸中设有缓冲装置。缓冲装置的原理是使活塞或缸体走向行程终端时，在出油腔产生足够的阻力，从而降低液压缸的运动速度。三种常见的缓冲装置如图 4.8 所示。

图 4.8 中，(a)是环形间隙式缓冲装置，当活塞进入缸盖时，被密封的油液必须通过间隙才能排除，增大了回油阻力，使活塞运动速度降低，由于节流面积不变，缓冲作用随活塞速度降低而减弱。(b)是圆锥环状缝隙式缓冲装置，节流面积随行程的增大而减小，缓冲作用不会随活塞速度降低而减弱，缓冲效果好。(c)是节流沟式缓冲装置，当活塞进入缸盖后，节流面积越来越小，缓冲压力变化较平稳。

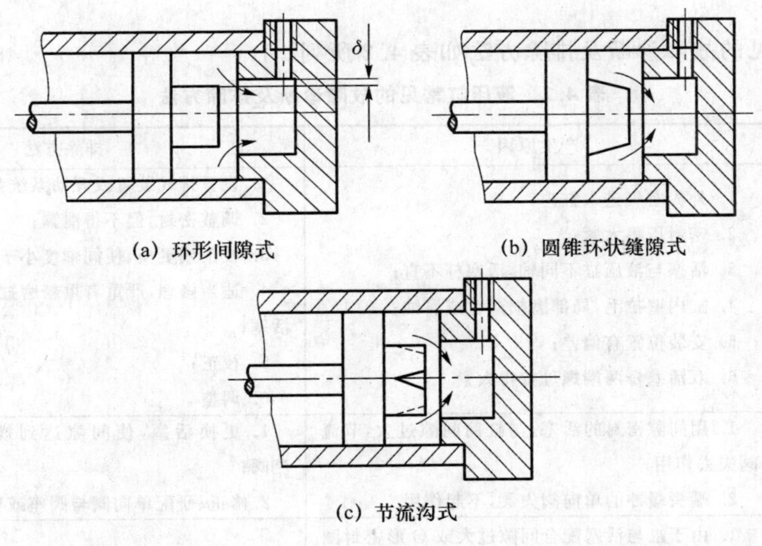

(a) 环形间隙式　　(b) 圆锥环状缝隙式

(c) 节流沟式

图 4.8　常见缓冲装置的形式

4.3.5　液压缸的排气装置

液压传动系统往往会混入空气，使系统工作不稳定，产生振动、爬行或前冲等现象，严重时会使系统不能正常工作。因此，设计液压缸时，必须考虑空气的排除。

在液压系统安装时或停止工作后又重新启动时，必须把液压系统中的空气排出去。对于要求不高的液压缸往往不设专门的排气装置，而是将油口布置在缸筒两端的最高处，这样也能使油液随空气排往油箱，再从油面溢出；对于速度稳定性能要求较高的液压缸或大型液压缸，常在液压缸两侧的最高位置处(该处往往是空气聚集的地方)设置专门的排气装置，如排气塞、排气阀等，图 4.9 所示为排气塞。当松开排气塞螺钉后，让液压缸全行程空载往复运动若干次，带有气泡的油液就会排出，然后再拧紧排气塞螺钉，液压缸便可正常工作。

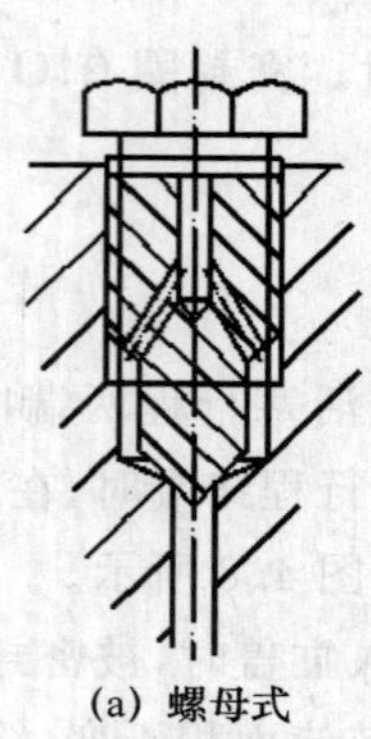

(a) 螺母式

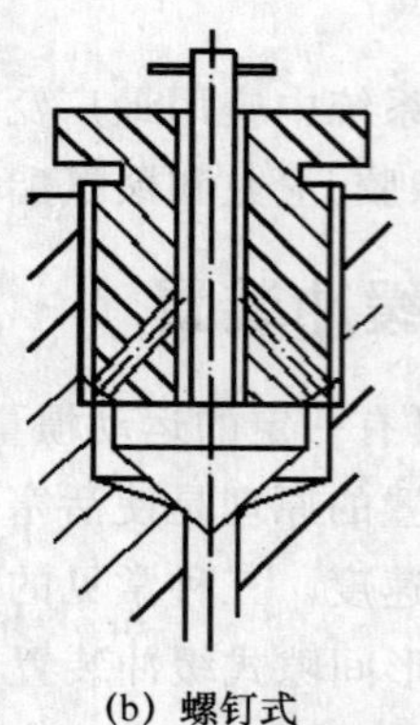

(b) 螺钉式

图 4.9 排气装置

4.4 液压缸常见故障诊断及排除方法

液压缸常见的故障诊断及排除方法如表 4.2 所列。

表 4.2 液压缸常见的故障诊断及排除方法

故障现象	产生原因	排除方法
爬行	1. 外界空气进入缸内； 2. 密封压得太紧； 3. 活塞与液压缸不同轴，活塞杆不直； 4. 缸内壁拉毛，局部磨损严重或腐蚀； 5. 安装位置有偏差； 6. 双活塞杆两端螺母拧得太紧	1. 设置排气装置或开动系统强迫排气； 2. 调整密封，但不得泄漏； 3. 校正或更换，使同轴度小于 0.04 mm； 4. 适当修理，严重者重新磨缸内孔，按要求重配活塞； 5. 校正； 6. 调整
冲击	1. 用间隙密封的活塞，与缸筒间隙过大，节流阀失去作用； 2. 端头缓冲的单向阀失灵，不起作用	1. 更换活塞，使间隙达到规定要求，检查节流阀； 2. 修正、研配单向阀与阀座或更换
推力不足，速度不够或逐渐下降	1. 由于缸与活塞配合间隙过大或 O 形密封圈损坏，使高低压腔互通； 2. 工作段不均匀，造成局部几何形状有误差，使高低压腔密封不严，产生泄漏； 3. 缸端活塞杆密封压得太紧或活塞杆弯曲，使摩擦力或阻力增加； 4. 油温太高，黏度降低，泄漏增加，使缸速减慢； 5. 液压泵流量不足	1. 更换活塞或密封圈，调整到合适的间隙； 2. 镗磨修复缸内孔，重配活塞； 3. 放松密封，校直活塞杆； 4. 检查油温原因，采用散热措施，如间隙过大，可单配活塞杆或增装密封环； 5. 检查泵或调节控制阀
外泄漏	1. 活塞杆表面损伤或密封圈损坏造成活塞杆处密封不严； 2. 管接头密封不严； 3. 缸盖处密封不良；	1. 检查并修复活塞杆和密封圈； 2. 检查密封圈及接触面； 3. 检查并修正

习　题

常用液压缸的类型及特点

4-1　填空题

1. 液压缸与液压马达一样都是液压系统的________。

2. 液压缸能将油液的________转换为机械能，用于驱动工作机构作________。它具有结构简单、工作可靠和制造容易等优点，被广泛用于各种液压机械设备中。

3. 液压缸按其结构特点的不同可分为________、________和________三大类。

4. 液压缸按作用方式可分为________、________和________三大类。

5. 组合式液压缸是通过串联等方式达到________、________和________等目的。

6. 活塞式液压缸按其结构形式的不同可分为________和________两种，其固定方式有________固定和________固定。

4-2　选择题

1. 单活塞杆液压缸的活塞或缸体的移动行程(　　)工作行程。

A. 等于　　B. 小于　　C. 大于　　D. 不确定

2. 双活塞杆液压缸采用活塞杆固定安装，工作台的移动范围为缸筒有效行程的(　　)；采用缸筒固定安置，工作台的移动范围为活塞有效行程的(　　)。

A. 1倍　　B. 2倍　　C. 3倍　　D. 4倍

3. 已知单活塞杆液压缸的活塞直径 D 为活塞杆直径 d 的两倍，差动连接的快进速度等于非差动连接前进速度的(　　)；差动连接的快进速度等于快退速度的(　　)。

A. 1倍　　B. 2倍　　C. 3倍　　D. 4倍

4. 液压缸的种类繁多，(　　)只能作单作用液压缸。

A. 柱塞缸　　B. 活塞缸　　C. 摆动缸

5. 已知单活塞杆液压缸两腔有效面积 $A_1=2A_2$，液压泵供油流量为 q，如果将液压缸差动连接，活塞实现差动快进，那么进入大腔的流量是(　　)，如果不差动连接，则小腔的排油流量是(　　)。

A. $0.5q$　　B. $1.5q$　　C. $1.75q$　　D. $2q$

4-3　判断题

1. 单作用缸只能使活塞(或柱塞)做单方向运动，即液体只能通向缸的一腔，而反方向运动则必须依靠外力(如弹簧力或自重等)来实现。　(　　)

2. 双作用缸是利用液体压力产生的推力推动活塞(或缸体)产生正反两个方向的运动；组合式是通过串联等方式达到增压、步进和增速等目的。　(　　)

3. 利用液压缸差动连接实现的快速运动的回路，一般用于空载。　(　　)

4. 单活塞杆液压缸缸筒固定时液压缸运动所占长度与活塞杆固定的不相等。　(　　)

5. 液压缸输出推力的大小决定进入液压缸油液压力的大小。　(　　)

6. 为了减轻柱塞重量，减小柱塞的弯曲变形，柱塞常做成空心的，还可以在缸筒内设置辅助支承，以增强刚性。　(　　)

7. 液压缸活塞运动速度只取决于输入流量的大小，与压力无关。（　）

8. 增速缸和增压缸都是柱塞缸与活塞缸组成的复合形式的执行元件。（　）

4-4　分析题

1. 差动液压缸应用在什么场合？

2. 简述单活塞杆液压缸和双活塞杆液压缸的工作特点。

3. 简述柱塞缸的特点。

4-5　计算题：若要求某差动液压缸快进速度 v_1 是快退速度 v_2 的 3 倍，试确定活塞面积 A_1 和活塞杆截面积 A_2 之比 A_1/A_2 为多少？

液压缸的设计与计算

4-6　填空题

1. 液压缸的主要尺寸包括液压缸的________、________、________。

2. 液压缸要承受的负载包括________、________和________等。

4-7　选择题：液压缸的工作压力按（　）确定。

A. 负载　　B. 运动速度　　C. 行程　　D. 流量

4-8　判断题

1. 液压缸的工作压力按负载确定。（　）

2. 在设计液压缸时，不需要进行强度计算。（　）

3. 液压缸一般为标准件，已有系列标准可供选用，在所有工作场合都能选用标准缸。（　）

4-9　分析题

1. 如何计算液压缸内径和活塞杆的直径？为什么要将计算结果圆整到标准值？

2. 如何确定液压缸的壁厚？

3. 液压缸设计时应注意什么问题？

4-10　计算题

1. 某液压系统执行元件采用单活塞杆液压缸，进油腔面积 $A_1=20\,cm^2$，回油腔面积 $A_2=12\,cm^2$，活塞缸进油管路的压力损失 $\Delta p_1=0.5\,MPa$，回油管的压力损失 $\Delta p_2=0.5\,MPa$，液压缸的负载 $F=3\,000\,N$。试求：

(1) 液压缸的负载压力 p_L；

(2) 液压缸的工作压力 p_P；

2. 一单活塞杆承受 55 000 N 的静负载（受压），若选定缸筒内径 $D=100\,mm$，采用两端铰接式安装，计算长度 $L=1\,500\,mm$，油液工作压力 $p_1=8\,MPa$，活塞杆采用 45 钢，应选多大直径？

3. 有一差动式液压缸，已知其 $q=25\,L/min$，活塞杆快进和快退时的速度均为 $v=5\,m/min$。试计算液压缸内径和活塞杆直径各为多少？

液压缸的结构设计

4-11　填空题

1. 液压缸从其使用要求和结构组成来看，基本上由________、________、________、

________和________五部分组成。

2. 缸体组件主要包括________、________和________。

3. 常见的缸体组件的连接方式有________、________、________、焊接连接和拉杆连接。

4. 当工作压力不高时，缸筒与端盖常采用________连接，这种结构易于加工和装拆，但外形尺寸较大。

5. 采用螺纹连接时外形尺寸________，但端部结构较复杂，装拆不便。

6. 液压缸的密封是指活塞、活塞杆和端盖等处的密封。液压缸的密封装置主要用来防止液压油的________。

7. 间隙密封是一种简单的密封方式。它依靠________的微小间隙来防止泄露。

8. 活塞环密封能自动补偿________和________的影响，能在高速条件下工作，摩擦力小，工作可靠，寿命长，但不能完全密封。

9. 密封圈密封是液压系统中应用最广泛的一种密封，密封圈有________、________Y 型及组合式等四种。

10. 三种常见的缸冲装置是________、________和________。

4－12　选择题

1. 一水平放置的双活塞杆液压缸，采用三位四通电磁换向阀，要求阀处于中位时，液压泵卸荷，且液压缸浮动，其中位机能应选用(　　)；要求阀处于中位时，液压泵卸荷，且液压缸闭锁不动，其中位机能应选用(　　)。

A. O 型　　B. M 型　　C. Y 型　　D. H 型

2. 对于速度稳定性要求较高的液压缸和大型液压缸，常在液压缸的最高处设置专门的(　　)。

A. 排气装置　　B. 缓冲装置　　C. 密封装置　　D. 以上三种

4－13　判断题

1. 缸体组件法兰连接，结构简单、易于拆装、加工方便，尺寸较小。(　　)

2. 在活塞与活塞杆连接中，卡键连接结构比螺纹结构连接要好，但结构稍微复杂。(　　)

3. 良好的密封是液压缸传递动力、正常动作的保证。(　　)

4－14　分析题

1. 缸体和端盖是怎样连接的？

2. 液压缸为什么要密封？哪些部位需要密封？常见的密封方式有哪些？

3. 液压缸中为什么设有缓冲装置？常见的缓冲方式有几种？

4. 液压缸上为什么设有排气装置？一般放在液压缸的什么位置？

5. 液压缸工作时为什么会出现爬行现象？如何排除？

6. 液压缸工作时出现漏油现象是什么原因？应该如何排除？

第 5 章　液压控制阀

5.1　液压阀概述

液压控制阀(简称液压阀)是液压系统中用于控制或调节液体的流动方向、压力高低及流量大小,以实现执行元件对压力、速度和换向等要求的元件。任何液压系统,无论其多么简单,都不可能缺少液压阀,并且液压阀性能的优劣以及工作是否可靠,对整个液压系统能否正常工作将产生直接影响。

5.1.1　液压阀的基本结构与原理

液压阀的基本结构主要包括阀体(阀座)、阀芯和阀芯驱动装置。阀体上有与阀芯相配合的阀体孔和外接油管的进出油口。阀芯的常见形式主要有滑阀、锥阀和球阀等。阀芯驱动装置主要有手动机构、弹簧、电磁铁和电液联动机构等。

液压阀的工作原理是利用阀芯驱动装置驱动阀芯在阀体内作相对运动,通过控制进出油口的通断及开口的大小,来实现对液体的流动方向、压力高低和流量大小的控制。

5.1.2　液压阀的性能参数

1. 公称通径

公称通径指液压阀进出油口的名义尺寸,代表液压阀通流能力的大小和所配管道的尺寸规格,与阀进出油口相连的油管通径规格一般应与阀的通径一致。应注意,公称通径并不表示阀的进出油口的实际尺寸,如公称通径为 32 mm 的溢流阀的进出油口的实际尺寸为 $\phi 28$ mm。公称通径对应于阀的额定流量,阀工作时,其实际流量最大不得超出额定流量的 1.1 倍,最好小于或等于额定流量。

2. 公称(额定)压力

公称(额定)压力指液压阀长期工作状态下所允许的最高工作压力。一般地,阀工作时,其实际工作压力小于或等于公称(额定)压力是较为安全的。

5.1.3　液压阀的分类

液压阀种类繁多,功能各异,常见的分类如表 5.1 所列。

表 5.1　液压阀的分类

<table>
<tr><th>分类方法</th><th>种　类</th><th>详细分类</th><th colspan="2">基本功用、特点和应用场合等</th></tr>
<tr><td rowspan="3">按用途分</td><td>方向控制阀</td><td>单向阀、换向阀等</td><td>控制和改变液流方向</td><td rowspan="3">可互相组合成复合阀,以减少管路连接,使结构更为紧凑,提高系统效率</td></tr>
<tr><td>压力控制阀</td><td>溢流阀、减压阀、顺序阀、压力继电器等</td><td>控制和调节液流压力</td></tr>
<tr><td>流量控制阀</td><td>节流阀、调速阀、分流阀、阀等</td><td>控制和调节液流流量</td></tr>
</table>

续表 5.1

分类方法	种　类	详细分类	基本功用、特点和应用场合等
按控制方式分	开关或定值控制阀	手动、机动、电磁铁和控制压力油等方式	启闭液流通路，定值控制液流压力和流量。是最常见的液压阀
	伺服控制阀	电气、机械和气动等输入信号	根据输入信号及反馈量成比例地连续控制液流压力和流量。具有高动态响应和静态性能，主要用于控制精度要求高的场合
	电液比例控制阀	普通电液比例阀、新型电液比例阀等	根据输入信号的大小连续成比例地控制液流参量。结构简单、价格较低、抗污染能力强，工业中应用广泛
	数字控制阀	增量控制型和脉宽调制型等	用计算机数字信息直接控制。工艺性好、重复性好、工作稳定可靠
按结构形式分	滑阀类		通过阀芯在阀体孔内滑动来控制液流参量
	提升阀类	锥阀、球阀和平板阀等	利用阀芯相对阀座孔的移动控制液流参量
	喷嘴挡板阀类		利用喷嘴和挡板之间的相对位移实现控制。主要用于伺服控制和比例控制元件
按连接和安装方式分	管式阀		进出油口通过管接头或法兰与管路连接。主要用于移动式设备或流量小的液压元件
	板式阀		进出油口通过过渡板与管路连接。操纵和维修方便，应用十分广泛
	插装阀	二通插装阀、三通插装阀和螺纹插装阀等	多功能复合阀
	叠加阀		将阀叠加并固定在底板上，管路与底板上的油口相连使结构更为紧凑

5.1.4 液压阀的基本要求

① 动作灵敏，使用可靠，工作平稳且冲击振动小；

② 油液通过阀时的液压损失要小；阀口关闭时，密封性能好；

③ 结构简单紧凑，安装、调整、维护和保养方便，通用性好，寿命长。

5.2 方向控制阀

方向控制阀利用阀芯与阀体间相对位置的改变，实现油路间的通断，以控制和改变液压系统中液流的方向。从功能上看，方向控制阀有单向阀、换向阀等。

5.2.1 单向阀

单向阀主要用以控制液压系统中液流单方向的流动，常用的有普通单向阀和液控单向阀两种。

1. 普通单向阀

普通单向阀(简称单向阀)只允许液体沿一个方向通过,反向流通时则不通,因此又称止回阀。对其性能要求主要是:油液单方向通过时压力损失要小;反向不通时密封性要好;动作灵敏,工作时无撞击和噪声。

如图5.1所示,普通单向阀由阀体1、阀芯2和弹簧3等零件组成。当液流由P_1口流入时,P_1口的液压力克服P_2口的液压力、弹簧力及阀体与阀芯间的摩擦阻力将阀芯顶开,于是液流经阀口、阀芯上的径向孔a和轴向孔b,由P_2口流出,实现正向流动;当液流反向流入时,阀芯在P_2口的液压力和弹簧力的作用下紧紧压在阀体的阀座上,使液流截止,液流无法流向P_1口,实现反向截止。可以看出,单向阀实质上是利用流向所形成的压力差使阀芯开启或关闭。弹簧3只起阀芯复位作用,其刚度应较小。

图5.1(a)为管式连接的直通式单向阀,其进口和出口流道在同一轴线上,可直接装在管路上,比较简单,但液流阻力损失较大,维修装拆及更换弹簧不便。图5.1(b)为板式连接的直角式单向阀,其进出口流道成直角布置,压力损失小,维修方便。

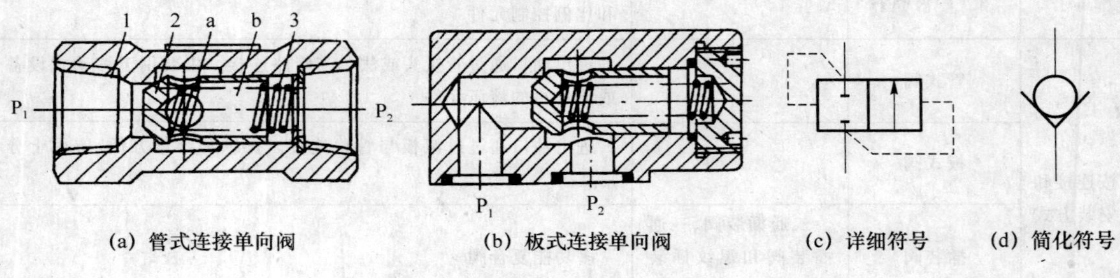

(a) 管式连接单向阀　(b) 板式连接单向阀　(c) 详细符号　(d) 简化符号

图5.1 普通单向阀

按阀芯形状不同,普通单向阀有球阀式和锥阀式两种。球阀阀芯结构简单,但其反向截止时的密封性能略差,一般用于流量较小的场合;锥阀阀芯导向性好、密封可靠,应用较广。

单向阀开启压力一般为0.035～0.05 MPa。若将软弹簧更换成合适的硬弹簧,可产生0.2～0.6 MPa的压力,作为背压阀使用。

单向阀主要安装在液压泵或双向液压泵出口,防止系统压力突然升高而损坏液压泵,同时,可防止系统中的油液在泵停机时倒流回油箱;也可安装在回油路中作为背压阀使用或与其他阀组合成单向控制阀。

2. 液控单向阀

液控单向阀是允许液流向一个方向流动,反向开启则必须通过液压控制来实现的单向阀。

如图5.2(a)所示,当控制油口K无压力油($p_k=0$)通入时,压力油只能从由P_1流向P_2,不能反向倒流,其工作和普通单向阀一样。若从控制油口K通入控制油压p_k时,即可推动控制活塞1,将阀芯2顶开,实现反向开启,液流可从P_2流向P_1。应注意,当反向开启时,高压封闭回路内油液的压力将突然释放,会产生巨大冲击和响声。

图5.2(b)所示的带卸荷阀芯的卸载式阀中,控制活塞1上移时先顶开小阀芯3,使主油路卸压,然后再顶开单向阀芯2。卸载式阀可使控制压力降低到工作压力的4.5%,常用于压力较高的场合。

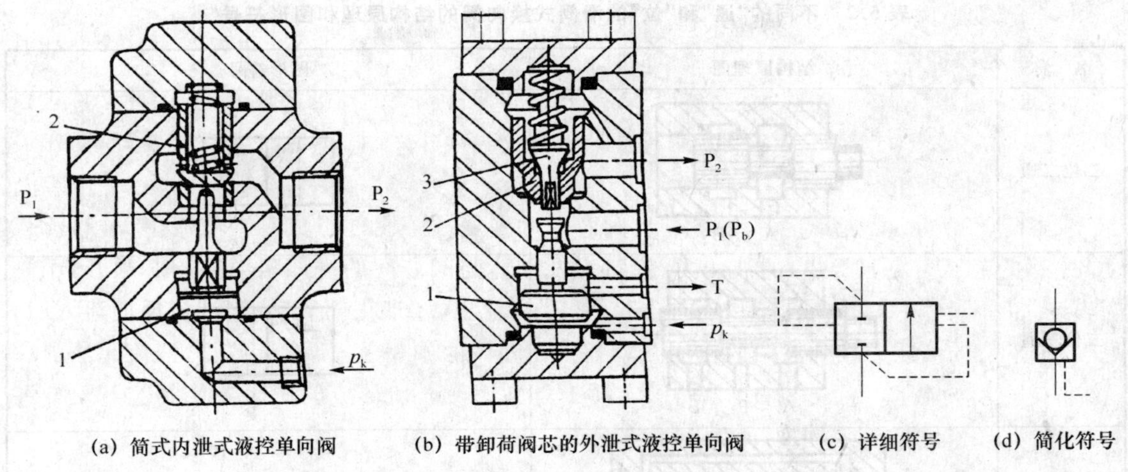

(a) 筒式内泄式液控单向阀 (b) 带卸荷阀芯的外泄式液控单向阀 (c) 详细符号 (d) 简化符号

图 5.2 液控单向阀

无论是简式还是卸荷式液控单向阀，均有内泄式和外泄式两种泄油方式。内泄式(见图5.2(a))的控制活塞背压腔与进油口 P_1 相通；外泄式(见图5.2(b))的活塞背压腔直通油箱。一般而言，如反向出油口压力 p_2 较低，可采用内泄式；对高压系统，可采用外泄式。

液控单向阀具有良好的单向密封性能，在液压系统中应用很广，常用于执行元件需要较长时间保压、锁紧等情况下，也用于防止立式液压缸停止时自动下滑及速度换接等回路中。

5.2.2 换向阀

换向阀利用阀芯和阀体间的相对运动来实现管路间的通、断，或改变液流的方向。对其性能要求主要是：油液通过时压力损失要小，通路关闭时密封性能要好；油口间的泄漏小；动作灵敏、可靠、迅速且平稳、无冲击和噪声。

换向阀的用途很广，种类很多。按阀的结构形式不同分，有滑阀式、转阀式、球阀式和锥阀式等。按阀的操纵方式分，有手动式、机动式、电磁式、液动式、电液动式和气动式等。按阀的工作位置数和控制的通道数分，有二位二通阀、二位三通阀、二位四通阀、三位四通阀和三位五通阀等。

1. 换向阀的“通”和“位”换向机能

换向阀的“位”指阀芯的工作位置。阀芯有两个或三个不同的工作位置的换向阀称为“二位阀”或“三位阀”。换向阀的“通”指换向阀的通油口数目。阀体上有两个、三个、四个各不相通且可与系统中不同油管相连的油道接口的换向阀分别称为“二通阀”、“三通阀”、“四通阀”。换向阀中不同油道之间只能通过阀芯移位时阀口的开关来沟通不同的“通”和“位”的滑阀式换向阀的结构原理和图形符号如表5.2所列。

表 5.2　不同的"通"和"位"的滑阀式换向阀的结构原理和图形符号

名　称	结构原理图	图形符号
二位二通	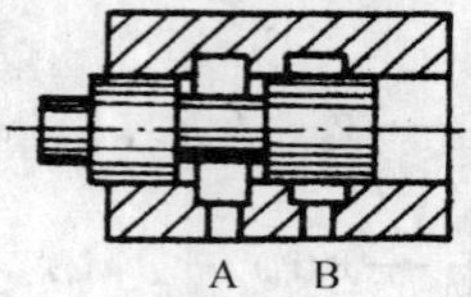 A　B	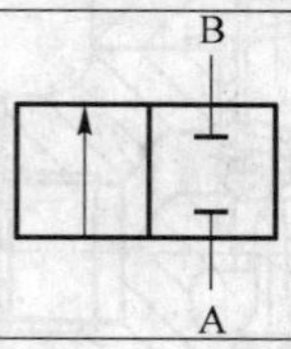 B A
二位三通	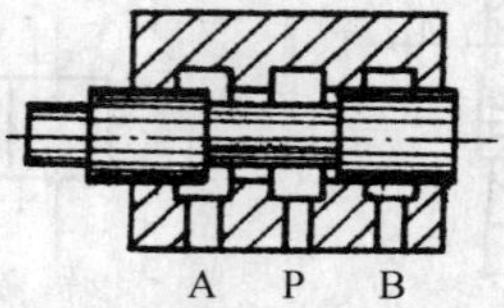 A　P　B	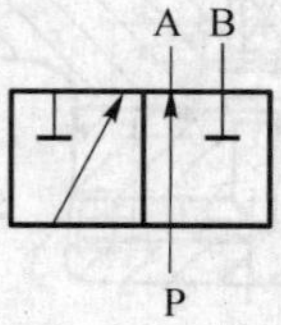 A　B P
二位四通	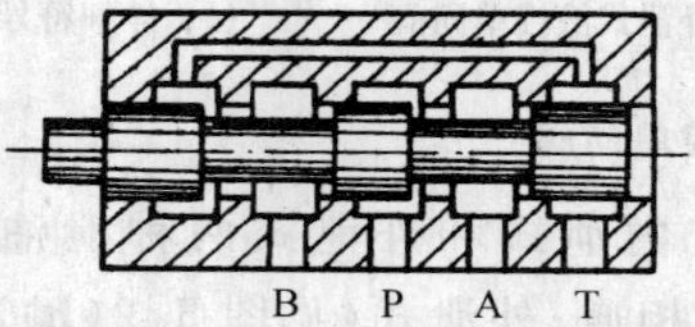 B　P　A　T	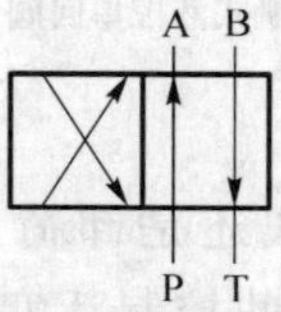 A　B P　T
二位五通	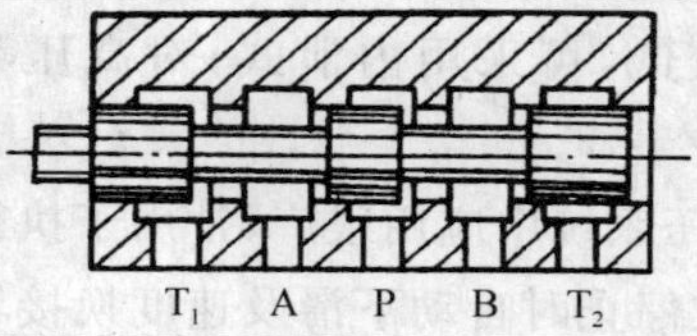 T　A　P　B　T_2	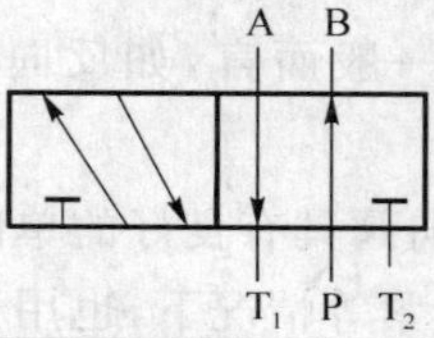 A　B T_1　P　T_2
三位四通	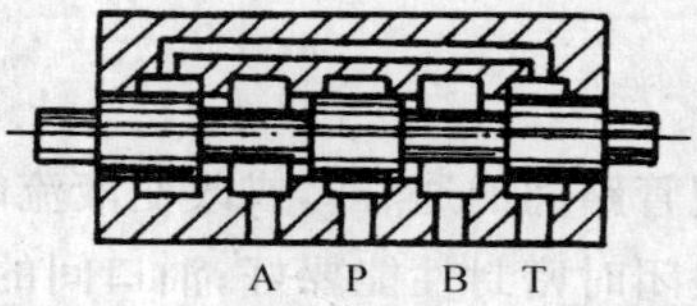 A　P　B　T	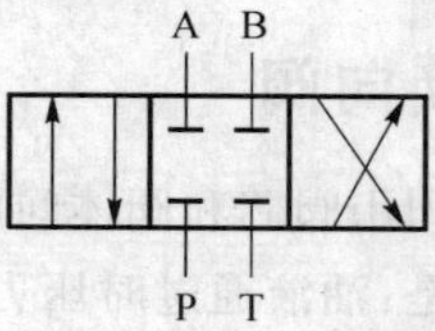 A　B P　T
三位五通	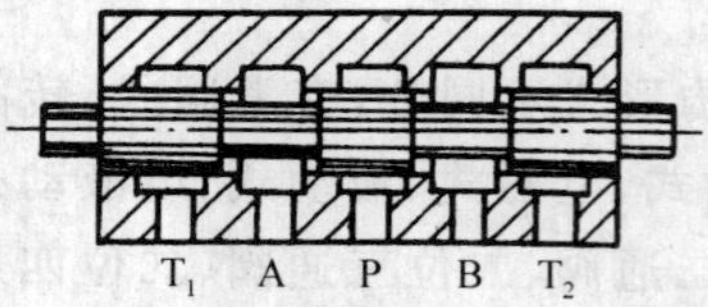 T_1　A　P　B　T_2	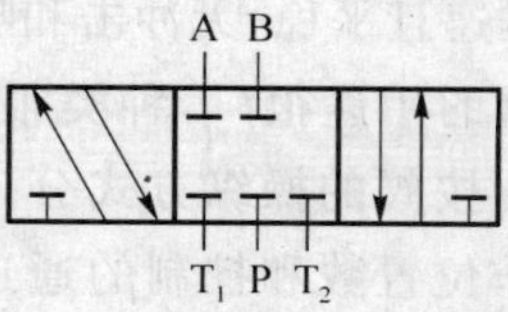 A　B T_1　P　T_2

本表中图形符号的含义如下：

① 用方格表示阀的工作位置，有几个方格就表示有几"位"，二格即二位，三格即三位；

② 方格内的箭头表示油路处于接通状态，但并不一定表示液流的实际方向；

③ 方格内符号"⊥"或"⊤"表示该通路不通；

④ 箭头或符号"⊥"、"⊤"与一个方格的交点数即与外部连接的接口数有几个，就表示几"通"；

⑤ 一般地，进油口用字母 P 表示；回油口用 T(有时用 O)表示；与执行元件连接的油口用 A、B 等表示。有时在图形符号上用 L 表示泄漏油口；

⑥ 换向阀都有两个或两个以上的工作位置，其中阀芯未受到操纵力作用而处于静止状态时的位置为常态位。图形符号中，三位阀的中位是其常态位；二位阀以靠近弹簧的方格内的通路状态为其常态位。在液压系统图中，换向阀与油路的连接应画在常态位上。

2. 滑阀机能

滑阀式换向阀中，阀芯处于不同工位时，由各油口的连通方式所体现的换向阀的各种控制机能称为换向阀的滑阀机能。滑阀机能直接影响执行元件的工作状态。

(1) 二位二通换向阀

二位二通换向阀中，两油口之间的状态只有通或断(见图 5.3(a))，滑阀机能有常闭式(O 型)和常开式(H 型)两种(见图 5.3(c))。

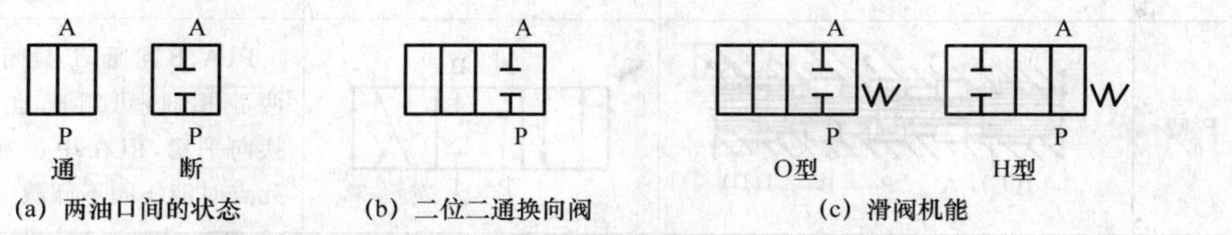

(a) 两油口间的状态　(b) 二位二通换向阀　(c) 滑阀机能

图 5.3　二位二通换向阀的滑阀机能

(2) 三位四通换向阀

阀芯处于常态或中位位置时，各油口的连通方式所体现的换向阀的各种控制机能称为三位换向阀的中位机能。三位四通阀常用的中位机能如表 5.3 所列。中位的调节机能不同就有不同的用途，可以满足系统不同的要求，正确选择中位机能是十分重要的，选择时应考虑系统是否有保压要求和卸载要求，对换向精度和换向平稳性、起动平稳性的要求以及对执行元件的要求等。

表 5.3　三位四通阀常用的滑阀机能

机　能	结构原理图	图形符号	中位油口状况、特点及应用
O 型	$T(T_1)$　A　P　B　$T(T_2)$	A B P T	P、A、B、T 四口全封闭；液压缸闭锁，液压泵不卸荷，可用于多个换向阀并联工作。其锁紧精度不高，换向过程中冲击较大
H 型	$T(T_1)$　A　P　B　$T(T_2)$	A B P T	P、A、B、T 四油口互通；液压泵卸载，液压缸浮动，可用于手动机构。换向时比 O 型阀平稳，但冲击较大，换向精度低
Y 型	$T(T_1)$　A　P　B　$T(T_2)$	A B P T	P 封闭，A、B、T 口相通；液压泵不卸载，活塞浮动，可用手动机构。启动时有冲击
K 型	$T(T_1)$　A　P　B　$T(T_2)$	A B P T	P、A、T 口相通，B 口封闭；液压泵卸载，活塞闭锁，不能用于多个换向阀并联工作
M 型	$T(T_1)$　A　P　B　$T(T_2)$	A B P T	P、T 口相通，A 与 B 口均封闭；液压泵卸载，活塞闭锁不动，但锁紧精度不高。启动平稳，换向时有冲击，不宜用于多个换向阀并联的系统中

续表 5.3

机　能	结构原理图	图形符号	中位油口状况、特点及应用
X 型	$T(T_1)$　A　P　B　$T(T_2)$	A B P T	四油口处于半开启状态，液压泵基本上卸载，但仍保持一定压力。换向性能介于 O 型和 H 型之间
P 型	$T(T_1)$　A　P　B　$T(T_2)$	A B P T	P、A、B 互通，T 封闭；泵与缸两腔相通，可组成差动回路。换向平稳，但在中位和活塞到死点时液压阀不卸载

3. 几种常见的换向阀

(1) 手动换向阀

手动换向阀利用操纵手柄改变阀芯位置以实现换向。

图 5.4(a)所示为钢球定位式三位四通手动换向阀，操纵手柄推动阀芯相对阀体移动后，可以通过钢球使阀芯稳定在左、中、右任意一个工作位置上；松开手柄后，阀芯仍保持在工作位置上。此阀适用于液压机、船舶等需要保持工作状态时间较长的场合。图 5.4(b)为弹簧自动复位式三位四通手动换向阀，手柄推动阀芯后，只有扳住手柄不放才能维持在极端位置，若松开手柄，阀芯会在弹簧力的作用下自动弹回中位。此阀适用于动作频繁、工作持续时间短的场合。图 5.4 (c)所示为旋转移动式手动换向阀，旋转手柄，螺杆推动阀芯以改变工作位置，其结构体积小、调节方便，手柄带锁，使用安全。

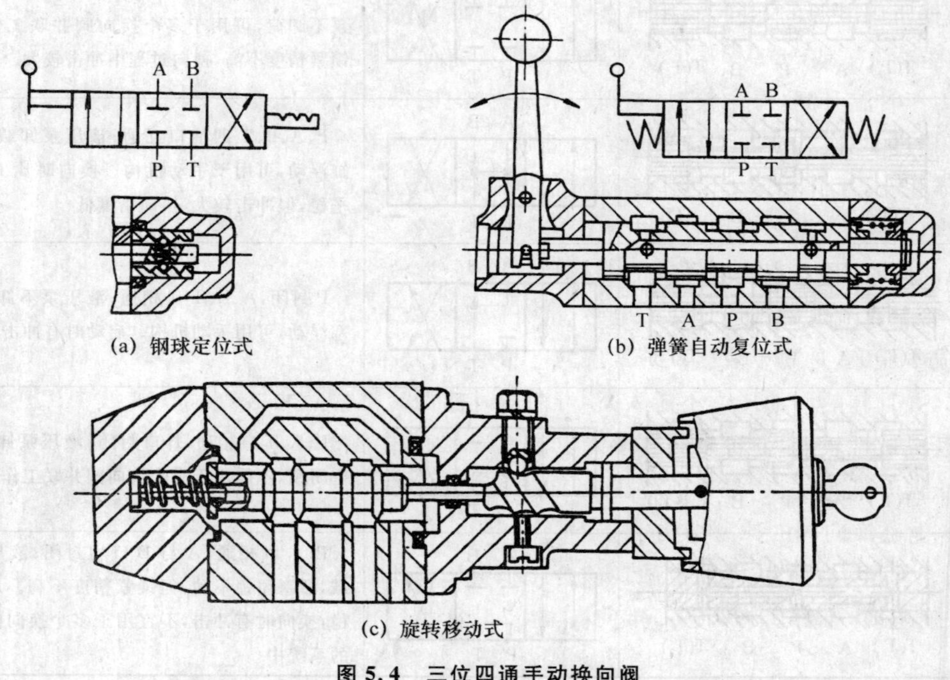

(a) 钢球定位式　　(b) 弹簧自动复位式

(c) 旋转移动式

图 5.4　三位四通手动换向阀

(2) 机动换向阀

机动换向阀利用安装在执行机构上的挡块或凸轮推动阀芯实现换向，以控制机械运动部件的行程，又称行程换向阀。机动换向阀基本都是二位的，有二通、三通和四通等型式。

图 5.5 所示的二位二通机动换向阀，常态位时，阀芯 3 在弹簧 4 的作用下，把进油口 P 与出油口 A 切断。当行程挡块 1 将滚轮 2 压下时，P 口与 A 口接通；当挡块 1 脱开滚轮 2 时，阀芯 3 在弹簧 4 的作用下恢复常态位。改变挡块斜面的角度 α 或凸轮外廓的形状，可改变阀芯移动的速度，从而调节换向过程的时间。机动换向阀结构简单、动作可靠，换向位置精度高，常用于要求换向性能好、布置方便的场合。

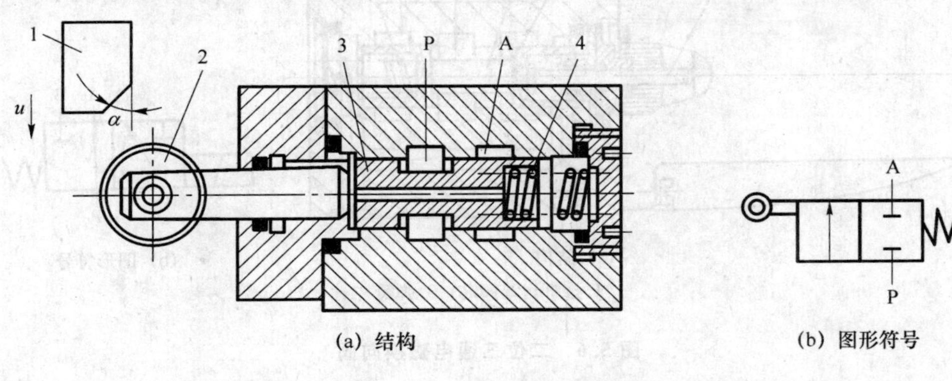

图 5.5　二位二通机动换向阀

(3) 电磁换向阀

电磁换向阀利用电磁铁吸力推动阀芯在阀体内作相对运动以实现换向。

1) 阀用电磁铁

根据所用电源的不同，阀用电磁铁有交流型、直流型和本整型三种。交流电磁铁的使用电压一般为 220 V 或 380 V，其优点是电气线路配置简单，电磁吸力大，换向迅速。缺点是换向冲击大，工作时温升高，寿命较短；当阀芯卡住时，电磁铁因电流过大易烧坏，可靠性较差，切换频率不许超过 30 次/min。直流电磁铁一般使用 24 V 直流电压，其优点是换向冲击小，使用寿命较长，体积小，工作可靠，不会因铁芯卡住而烧坏，允许切换频率为 120 次/min。但起动力矩比交流电磁铁小，需要专用直流电源。本整型电磁铁本身带有半波整流器，可以在直接使用交流电源的同时，具有直流电磁铁的结构和特性。

不管是直流电磁铁还是交流电磁，都可做成干式的、油浸式的和湿式的。干式电磁铁结构简单、成本低廉，是简单液压系统常用的一种形式，其推杆外周有密封圈，不允许油液进入电磁铁内部，并且阀的回油压力不能太高，寿命短。油浸式电磁铁可浸在无压油液中工作，寿命较长，但其灵敏性较差，造价较高。湿式电磁铁浸在有压油液中，推杆处无密封圈，具有噪声小、寿命长、温升低等优点，是目前应用最广的一种电磁铁。

2) 电磁换向阀的典型结构

图 5.6 所示为二位三通电磁换向阀。当电磁铁不通电时，P 口与 A 口相通，B 口断开；当电磁铁通电时，推杆 1 将阀芯 2 推向右端，P 口与 B 口相通，A 口断开。

图 5.7 所示的三位四通电磁换向阀阀体 1 两端各装一个电磁铁。当两端电磁铁都断电

时，阀芯在对中弹簧4的作用下处于中间位置，P、A、B、T各油腔互不相通。当左端电磁铁通电时，铁芯9通过推杆6推动阀芯2向右移动，使P和A连通，B和T连通；当其断电后，右端复位弹簧的作用力可使阀芯2回到中间位置，恢复原来四个油腔相互封闭的状态。当右端电磁铁通电时，通过推杆6推动阀芯2左移，P和B相通、A和T相通；电磁铁断电，阀芯2则在左弹簧的作用下回到中间位置。

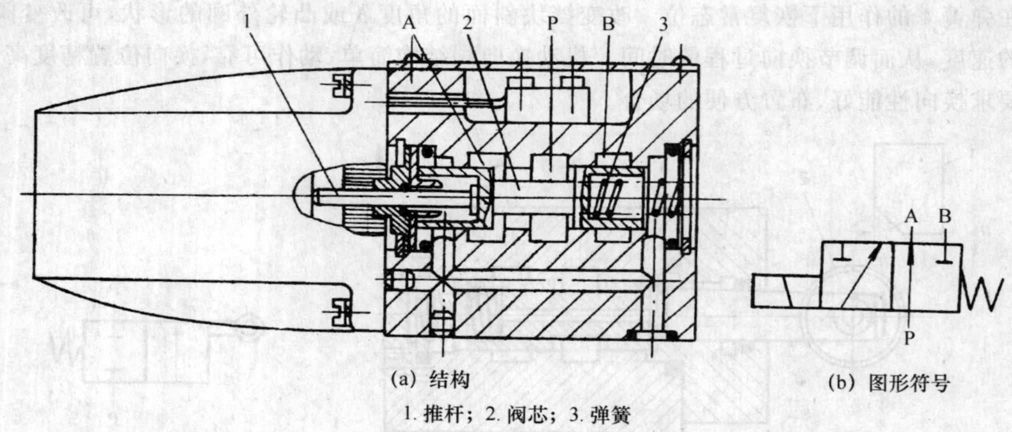

(a) 结构 (b) 图形符号

1. 推杆；2. 阀芯；3. 弹簧

图 5.6 二位三通电磁换向阀

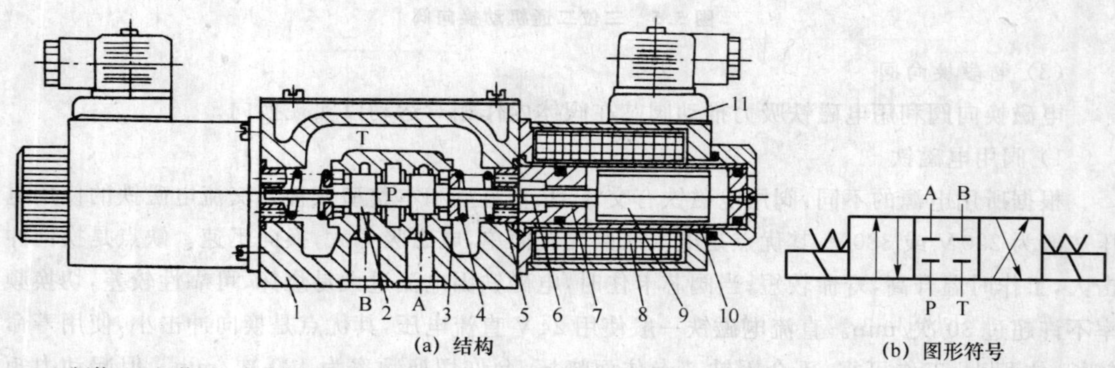

(a) 结构 (b) 图形符号

1. 阀体；2. 阀芯；3. 定位套；4. 对中弹簧；5. 挡圈；6. 推杆；7. 环；8. 线圈；9. 铁芯；10. 导套；11. 插头组件

图 5.7 三位四通电磁换向阀

在低压电磁换向阀的型号中，交流电磁铁用字母D表示，直流用E。例如23D-25B表示流量为25 L/min的板式二位三通交流电磁换向阀；34E-25B表示流量为25 L/min的板式三位四通直流电磁换向阀。

电磁换向阀动作迅速，布局灵活，操作轻便，可借助于按钮开关、行程开关或压力继电器等发出的电气信号进行控制，易于实现自动化，应用十分广泛。但由于受到磁铁吸力限制，只适用于流量不大的系统。对于要求流量较大、行程较长、移动阀芯阻力较大或要求换向时间能够调节的场合，宜采用液动或电液式换向阀。

(4) 液动换向阀

液动换向阀利用控制压力油来改变阀芯位置以实现换向。

图 5.8(a)所示为弹簧对中型三位四通液动换向阀。当阀芯两端控制油口 K_1 和 K_2 都不通压力油时，阀芯在两端对中弹簧的作用下处于中位，P、A、B、T 互不相通。当油口 K_1 通入压力油时，阀芯右移，P 与 A 接通，B 与 T 接通。当油口 K_2 通入压力油时，阀芯左移，P 与 B 接通，A 与 T 接通。

液动换向阀结构简单，动作可靠，可用于流量大的场合。当对其换向平稳性要求较高时，可在连接两端油口 K_1、K_2 的控制油路中加装阻尼调节器(见图 5.8(c))，以调整阀芯的动作时间。

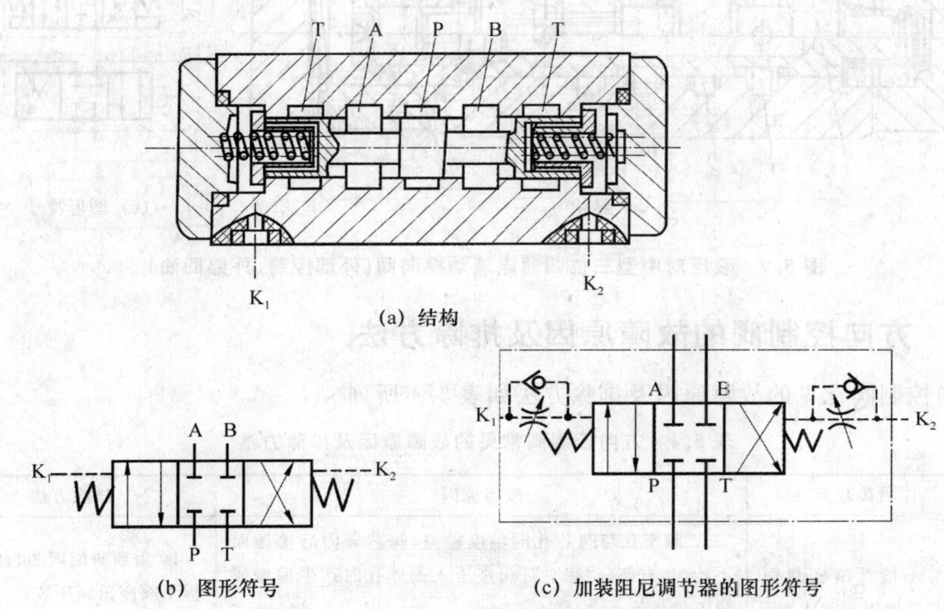

图 5.8　弹簧对中型三位四通液动换向阀

(5) 电液动换向阀

电液动换向阀由电磁换向阀和液动换向阀组合而成。小容量的电磁换向阀(先导阀)接受控制电路中输出的电信号，使电磁铁推动阀芯移动输出控制压力油，以控制大通径的液动换向阀(主阀)的动作和工作位置，从而控制和改变油路方向，以实现自动化控制。电液动换向阀主要用在大流量、高压的液压系统中。

按控制压力油及其回油方式分，电液动换向阀有外部控制、外部回油，外部控制、内部回油，内部控制、外部回油及内部控制、内部回油等 4 种类型。内控油源是将控制油和主油源连通在一起，先导阀和主阀共用一个油源，这种供油方式主要用在主油路压力较低的情况。当主油路压力较高时，采用外控方式，将控制油孔与外部油路直接接通即可。

图 5.9 所示为液压对中型三位四通电液动换向阀，外部控制、外部回油。当先导电磁换向阀 4 的 a 口通入压力油时，主阀芯 1 推动差动活塞 3 和差动套筒 2 一起向右移动，P 与 B 接通，A 与 T 接通；当先导电磁换向阀 4 的 b 口通入压力油时，差动活塞 3 推动主阀芯 1 向左移动，P 与 A 接通，B 与 T 接通。当 a 口和 b 口同时通入压力油时，差动机构可使主阀芯准确对中。

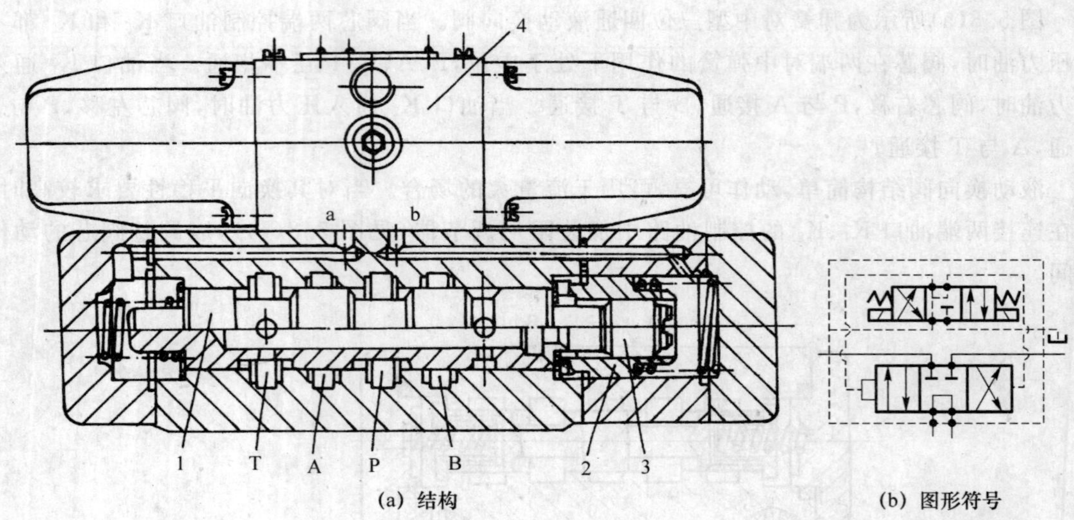

(a) 结构 (b) 图形符号

图 5.9 液压对中型三位四通电液动换向阀(外部控制、外部回油)

5.2.3 方向控制阀的故障原因及排除方法

方向控制阀常见的故障原因及排除方法如表 5.4 所列。

表 5.4 方向控制阀常见的故障原因及排除方法

阀	故障现象	故障原因	排除方法
单向阀	不能严格密封而产生泄露	1. 阀座孔与阀芯孔同轴度较差，阀芯导向后接触面不均匀，有部分“搁空”；阀座压入阀体孔时产生偏歪或拉毛损伤等； 2. 阀座碎裂；弹簧变弱等	1. 重新研配阀芯与阀座或拆下阀座重新压装； 2. 更换
	启闭不灵活，有卡阻	1. 阀体孔与阀芯的尺寸、形状精度较差，间隙不当；阀芯变形或安装时因螺钉紧固不均使阀体变形； 2. 弹簧变形扭曲，使阀芯运动受阻	1. 修研抛光有关变形阀件并调整间隙； 2. 更换新弹簧
	卸载式阀不能反向卸载	阀芯孔与控制活塞孔的同轴度超标；控制活塞端部弯曲，导致控制活塞顶杆顶不到卸载阀芯	修正或更换
	关闭时不能恢复到初始封油位置	阀体孔与阀芯的加工几何精度低；二者的配合间隙不当；弹簧断裂或过分弯曲而使阀芯卡阻	修正或更换
	液控单向阀液控动作后，油液不能反向流动	1. 阀选用不当； 2. 加工精度、油污等导致控制活塞被卡死；进油管道端盖处漏油严重导致不能推动控制活塞；加工精度、间隙不当或弹簧弯曲导致阀芯卡死	1. 换用卸载式阀； 2. 拆洗、修研及更换
	噪声严重	1. 与其他阀发生共振现象； 2. 阀选用不当，流量超过允许值； 3. 卸压单向阀中缺少卸压装置	1. 改进回路设计； 2. 选用适当规格的阀； 3. 加设卸压装置

续表 5.4

阀	故障现象	故障原因	排除方法
滑阀式换向阀	阀芯不能移动	1. 阀芯表面划伤、阀体内孔表面划伤、毛刺、毛边、油污等导致阀芯卡阻、弯曲； 2. 阀芯与阀体孔配合间隙不当； 3. 弹簧软时阀芯难自动复位，硬时阀芯推不到位； 4. 复位弹簧折断或卡住； 5. 手动换向阀的连杆磨损或失灵； 6. 电磁阀的电磁铁损坏、电液阀的电磁铁漏磁； 7. 有专用泄油口的电磁阀，泄油口未接通油箱，或泄油管路背压高造成阀芯“闷车”而不能移位； 8. 电磁阀安装位置不正确，致使换向或复位不到位； 9. 液动(或电液动)换向阀两端的单向节流器失灵； 10. 液动(或电液动)换向阀的控制压力油压力过低； 11. 油液黏度过大； 12. 油温过高，阀芯受热膨胀卡住； 13. 螺钉紧固不均而致阀体变形，阀芯卡住； 14. 板式阀的安装基面平面度差，紧固后面体变形	1. 拆洗、修研及更换； 2. 间隙太小，研磨阀芯；间隙太大，重配阀芯； 3. 更换弹簧； 4. 更换弹簧； 5. 更换或修复连杆； 6. 更换或修复电磁铁； 7. 将泄油口接通油箱；检查原因，对症解决； 8. 使轴线处于水平状态； 9. 检查节流器是否堵塞、单向阀是否泄露，修复； 10. 检查原因，对症解决； 11. 更换黏度合适的油液； 12. 降低油温，查找原因； 13. 重新拧紧螺钉； 14. 重磨安装基面
	电磁铁线圈损坏	1. 线圈绝缘不良； 2. 电磁铁铁芯轴线与阀芯轴线同轴度不良； 3. 供电电压过高； 4. 阀芯卡死，电磁力推不动阀芯； 5. 推杆过长，电磁铁距离吸合，导致电流过大，线圈过热而烧毁； 6. 回油口背压过高	1. 更换电磁铁线圈； 2. 更换电磁铁，重新装配； 3. 按规定电压值供电； 4. 检查弹簧是否太硬、阀芯是否被脏物卡住等，修复并更换线圈； 5. 测量推杆的伸出长度是否与衔铁形成相配； 6. 检查原因，对症解决
	阀芯换向后，通过流量不够	1. 行程调节型主阀的螺杆调整不当； 2. 推杆磨损过短；更换电磁铁后，其安装距离变大，使主阀控制油进入不够； 3. 阀体孔与阀芯的间隙不当或弹簧过软使阀芯达不到规定位置	1. 重新调整螺杆； 2. 更换推杆；调整电磁铁安装距离； 3. 修正或更换
	电液阀进出油口压降过大	1. 阀芯达不到规定位置，使通流面积小，阻尼大； 2. 通过流量远远大于额定流量	1. 检查原因，对症解决； 2. 选用与流量相配的电液阀
	电液阀主阀换向速度不易调节	1. 单向阀泄露严重； 2. 节流阀芯弯曲，无法转动而失去调节功能； 3. 针头节流阀调节性能差或堵塞	1. 重新研配以保证密封； 2. 更换； 3. 清洗；用三角槽式节流阀
	外泄露	1. 泄油腔压力过高或 O 型密封圈失效造成电磁阀推杆渗漏； 2. 安装面粗糙；安装螺钉松动；螺钉材料不合理；漏装 O 型密封圈或密封圈失效	1. 检查泄油腔压力；更换密封圈； 2. 磨削安装面；拧紧螺钉；换用经热处理的合金钢螺钉；补装或更换密封圈
	噪声严重	1. 电磁铁推杆过长或过短； 2. 电磁铁铁芯的吸合面不平或接触不良	1. 修正或更换推杆； 2. 修正吸合面，清除污物

5.3 压力控制阀

压力控制阀(简称压力阀)用来控制和调节液压系统的压力或利用压力变化作为信号来控制其他元件的动作。压力控制阀的种类很多,按其功能和用途不同可分为溢流阀、减压阀、顺序阀和压力继电器等。从工作原理上看,所有压力控制阀都是利用液流对阀芯的作用力与其他作用力相平衡来调节阀的开口量以控制压力。

5.3.1 溢流阀

溢流阀主要用于稳压溢流和安全保护。其基本特征是阀与负载相并联,溢流口接回油箱,采用进口压力负反馈,通过阀口的溢流,使被控系统或回路的压力维持恒定。对溢流阀的主要要求是调压范围大、偏差小,动作灵敏,工作平稳,通流能力大,噪声小,密封好。

根据结构和工作原理不同,溢流阀可分为直动式溢流阀和先导式溢流阀两类。

1. 直动式溢流阀

如图 5.10 所示,直动式溢流阀由阀芯 1、阀体 2、调压弹簧 3 和调压螺钉 4 等零件组成。当通过直径为 d 的孔的压力油的油压 p 较低时,液压力不足以克服弹簧的预紧力,如图示位置,弹簧 3 的弹簧力将阀芯压在阀座上,阀关闭;当油压 p 升高到大于弹簧的预紧压力时,阀开启,高压油通过阀口 T 溢流回油箱,被控制的油液压力不再升高,阀芯处于某一平衡位置。通过拧动调压螺钉 4,可以调节弹簧的预紧力,改变溢流阀的开启压力。

常用的直动式溢流阀的阀芯主要有球阀、锥阀和滑阀等。球阀(见图 5.10(a))结构简单,但在使用中球易与阀座撞击,球磨损后一旦转动会影响阀口密封。锥阀(见图 5.10(b))的性能比球阀好,无导向部分的锥阀结构简单,但轴线易偏斜,影响密封性能,流量较大时易使阀芯脱离阀座难于复位。有导向部分的锥阀可解决以上问题,但对导向部分和锥面同心度要求严格。带阻尼孔的滑阀(见图 5.10(d))由于阻尼孔 5 的作用,消除了脉动现象,稳定性比图 5.10(c)所示的滑阀好。差动滑阀(见图 5.10(e))的油压作用面积等于 A_1 与 A_2 之差,工作较平稳,但阀芯与阀体间的配合要求两级同心,加工困难。

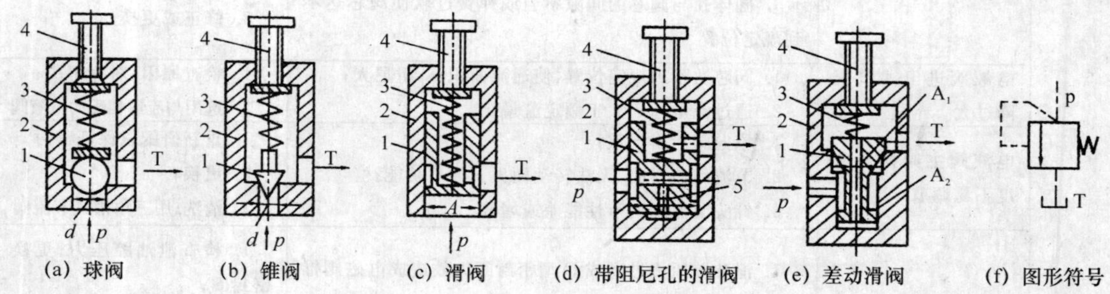

图 5.10 直动式溢流阀的结构形式

直动型溢流阀结构简单,灵敏度高,但因压力直接与调压弹簧力平衡,稳定性差,噪声大,不适于在高压、大流量下工作,主要用于低压小流量场合。

2. 先导式溢流阀

先导式溢流阀有多种结构，都由先导阀和主阀两部分组成。先导阀类似于小流量直动式溢流阀，一般多为锥阀或球阀结构。主阀可分为一级同心、二级同心和三级同心等结构。

在图 5.11 所示的先导式溢流阀的先导阀中，在调压弹簧 9 的作用下，锥形阀芯 1 压在阀座上，可通过拧动螺钉 10 调节系统压力。主阀主要由平衡弹簧 8 和主阀芯 6 组成，主阀芯 6 的上端、锥形端、中间的圆柱面分别与先导阀体、阀座锥面、主阀体相配合，此三处起密封作用，必须保证同心，因此称为三级同心先导式溢流阀。

图 5.11 所示的先导式溢流阀是利用主阀芯上下两端液体的压力差来使主阀阀芯移动的，其工作原理如图 5.11(a)所示。工作时，压力油从油腔 P 进入主阀的下腔室，作用在主阀芯大直径台肩下部的圆环形面积上，并通过主阀芯 6 中的阻尼小孔 5 进入上腔室，作用于主阀芯的上端；同时，经过通道 a 和缓冲小孔 g 作用于先导调压阀的锥阀上。当进油压力较小不能打开先导调压阀时，锥阀关闭，阀内无油液流动，主阀上下腔和导阀前腔的压力都等于系统压力 p，在油压和弹簧 8 的作用下使主阀芯压在阀座上，将溢流口关闭。当进油压力升高到能够打开先导调压阀时，锥阀就压缩调压弹簧并将油口打开，开始溢流，压力油通过主阀中心孔流回油箱，由于阻尼小孔 5 的作用产生压力降，主阀芯上部的液压力 p_1 小于下部的液压力 p，此时仅导阀打开，主阀仍关闭。当压力高到某一定值时，主阀芯上下两端压力差 $\Delta p = p - p_1$ 所产生的作用力超过主阀弹簧的作用力时，主阀芯被抬起，实现溢流。若系统压力继续升高，溢流量则随之增多，直至系统压力升高到阀的调定值为止。

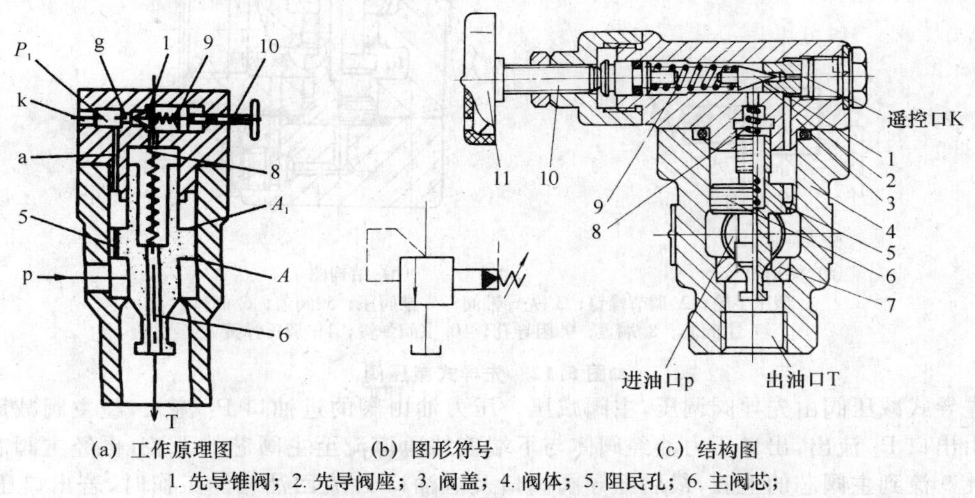

(a) 工作原理图　(b) 图形符号　(c) 结构图

1. 先导锥阀；2. 先导阀座；3. 阀盖；4. 阀体；5. 阻民孔；6. 主阀芯；7. 主阀座；8. 主阀弹簧；9. 调压弹簧；10. 调节螺钉；11. 调节手轮

图 5.11　三级同心先导式溢流阀

先导式溢流阀的导阀部分结构尺寸较小，平衡弹簧 8 很软，起平衡压力的作用，调压弹簧 9 刚度也不必很大，因此压力调整比较轻便。但因先导式溢流阀要在先导阀和主阀都动作后才能起控制作用，因此反应不如直动式溢流阀灵敏。先导式溢流阀在工程机械上应用广泛，常用于高压大流量的场合。

溢流阀在不同的场合有不同的用途。如在定量泵节流调速系统中，溢流阀保持常开状态，可以保证液压系统的压力（即液压泵出口压力）基本恒定，此时溢流阀起溢流定压作用；在容积节流调速系统中，当液压系统正常工作时，溢流阀处于关闭状态，但当系统压力大于或等于溢流阀调定压力时，溢流阀开启溢流，这时溢流阀起安全保护作用；在需要卸荷回路的液压系统中，通过电磁换向阀将溢流阀的遥控口与油箱接通，可以使液压泵卸荷，以降低液压系统的功率损耗和发热量，此时溢流阀作卸荷阀使用；将溢流阀串联于执行元件出口的主油路上，可以产生较恒定的背压，提高运动部件运动的平稳性，此时溢流阀作背压阀使用。

5.3.2 减压阀

减压阀利用液流流过缝隙产生压力损失，使其出口压力低于进口压力。按结构不同，减压阀有直动式和先导式之分，其中先导式减压阀应用较广。图 5.12 为先导式减压阀，其主要组成部分与溢流阀相同，也由先导阀和主阀两部分组成，但主阀芯结构不同，溢流阀主阀芯有两个台肩而减压阀主阀芯有三个台肩。

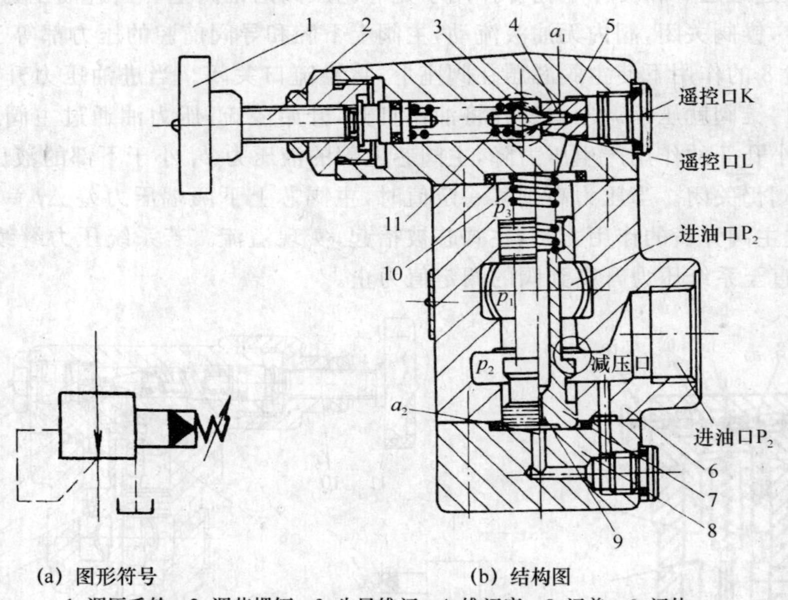

(a) 图形符号　　(b) 结构图

1. 调压手轮；2. 调节螺钉；3. 先导锥阀；4. 锥阀座；5. 阀盖；6. 阀体；7. 主阀芯；8. 端盖；9. 阻导孔；10. 主阀弹簧；11. 调压弹簧

图 5.12　先导式减压阀

先导式减压阀由先导阀调压，主阀减压。压力油由阀的进油口 P_1 流入，经主阀减压口减压后由出口 P_2 流出，出口压力油经阀体与下端盖的通道流至主阀芯的下腔，再经主阀芯上的阻尼孔 9 流到主阀芯的上腔，最后经导阀阀口及泄油口 L 流回油箱。工作时，若出口压力 p_2 低于先导阀的调定压力，先导阀芯关闭，主阀芯上、下两腔压力相等，主阀芯在弹簧作用下处于最下端，减压口全开，阀不起减压作用，$p_2 \approx p_1$。当出口压力 p_2 超过先导阀调定压力时，先导阀阀口打开，主阀弹簧腔的油液便由外泄口 L 流回油箱，由于阻尼孔的降压作用，使主阀芯两端产生压力差，主阀芯在压差作用下克服弹簧力抬起，减压阀口减小，压降增大，使出口压力下降到调定的压力值，此时导阀芯和主阀芯同时处于平衡状态，出口压力 p_2 稳定不变，等于调定压力。工作过程中，减压口能随进口压力的变化自动调节，因此减压阀可自动保持出口压力恒定。调节先导阀中调压弹簧的预紧力可调节减压阀的出口压力。值得注意的是，当减压阀出口处的油液不流动时，仍有少量油液通过减压阀口经先导阀和外泄口 L 流回油箱，阀处于工作状态，阀出口压力 p_2 基本保持在调定值上。

减压阀广泛应用于需要减压和稳压的液压系统中。当主油路压力较高、压力波动较大而分支油路需要稳定的较低的工作压力，或各分支油路要求的压力值大小不同时，可使用减压阀去降低和调节分支油路的工作压力，并消除主油路压力波动对分支油路工作压力的影响。如图 5.13(a)所示，液压泵 3 同时向液压缸 1 和液压缸 2 供油，缸 1 的负载为 F_1，缸 2 的负载力 F_2，若没有减压阀 4 和节流阀 5，哪个缸的负载较小，则哪个缸先动，即若 $F_1>F_2$ 则只有缸 2 的活塞到位后压力继续上升，缸 1 才可能动作。减压阀 4 起减压作用，它的存在可保证负载的大小不会干扰两个缸的分别动作。又如图 5.13(b)所示，当活塞杆通过夹紧机构夹紧工件时，活塞的运动速度为零，减压阀起稳压作用，使液压缸工作腔中的压力基本恒定，故可保持恒定的夹紧力，不致因夹紧力过大而将工件夹坏。

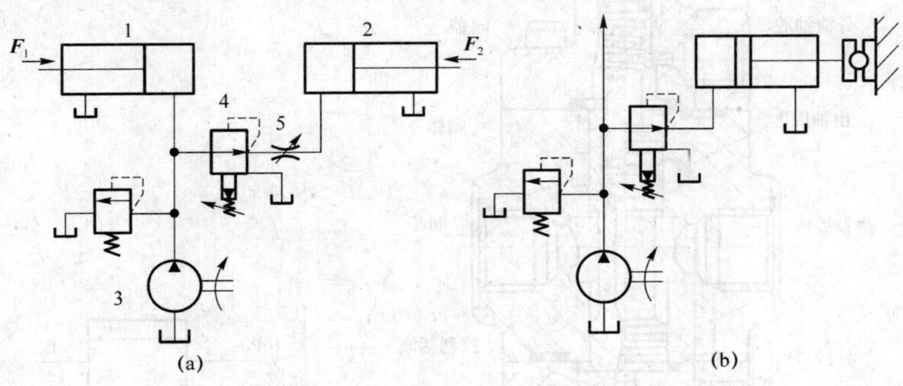

图 5.13　减压阀的应用

5.3.3　顺序阀

顺序阀利用油液压力作为控制信号控制油路通断，以控制有两个或两个以上执行元件的液压系统中的各执行元件按预先确定的先后动作顺序工作。按控制压力来源不同，顺序阀有内控式和外控式之分。按结构形式不同，顺序阀有直动式和先导式之分，一般直动式顺序阀用于压力较低的液压系统中，而先导式顺序阀用于压力较高的系统中。

图 5.14 所示为内控直动式顺序阀，其工作原理与直动式溢流阀相似，但出口 P_2 不接回油箱，而与某一执行元件相连，弹簧腔泄漏油口 L 必须单独接回油箱。工作时，压力油从进油口 P_1 进入，流经阀体上的孔道 a 和端盖上的阻尼孔 b 到达控制活塞底部，当控制活塞上的液压力能克服阀芯上的弹簧力时，阀芯上移，油液从 P_2 流出。当进油口压力 p_1 低于调定压力时，顺序阀处于关闭状态；一旦超过调定压力，阀口全开，压力油进入出口 P_2，驱动另一个执行元件。

若将内控直动式顺序阀端盖旋转 90°并打开螺堵 K，便成为外控式顺序阀。外控式顺序阀阀口是否开启仅与控制压力的大小有关，与进口压力 p_1 无关。控制油直接由进油口引入，外泄油口 L 单独接回油箱的控制形式为内控外泄式。若装配时将端盖或底盖转过一定位置，还可得到内控内泄、外控外泄和外控内泄等控制形式。

直动式顺序阀弹簧刚度较大，启闭特性不好，只用在压力较低（低于 8 MPa）的场合。

图 5.15 所示的先导式顺序阀，其工作原理与先导式溢流阀相似，所不同的是顺序阀的出油口不接回油箱，而通向某一压力油路，因而其泄油口 L 必须单独接回油箱。将先导阀 1 和

端盖 3 在装配时相对于主阀体 2 转过一定位置，也可得到内控内泄、外控外泄和外控内泄等控制形式。在图 5.15 所示先导式顺序阀中，根据顺序阀的压力调整先导阀，当执行元件达到顺序动作后，压力将同时升高，将先导阀口开得很大，导致流量从先导阀处大量外泄，因此，它不宜用于小流量液压系统中。

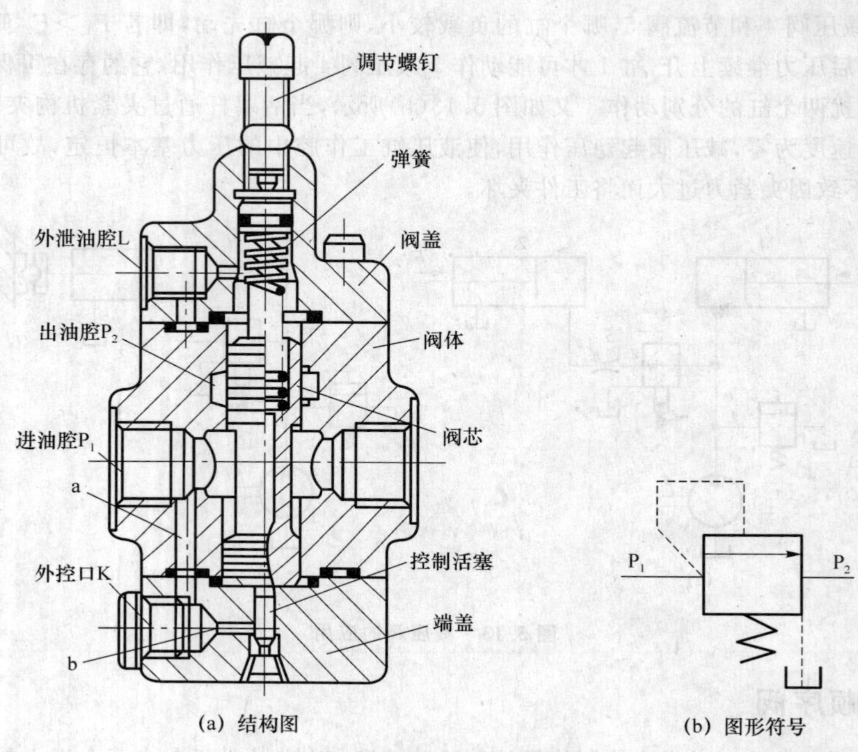

(a) 结构图 (b) 图形符号

图 5.14 内控直动式顺序阀

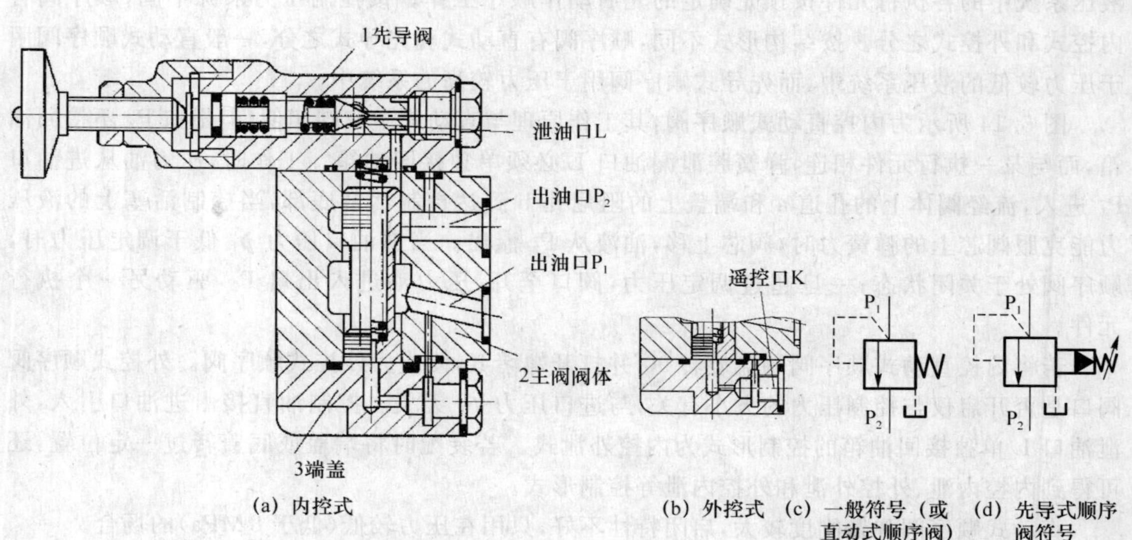

(a) 内控式 (b) 外控式 (c) 一般符号（或直动式顺序阀） (d) 先导式顺序阀符号

图 5.15 先导式顺序阀

顺序阀主要用于控制多个执行元件的顺序动作。内控式顺序阀可作为背压阀使用;外控式顺序阀可作为卸荷阀使用。若和单向阀组合成单向顺序阀,可作为平衡阀用,使垂直放置的液压缸不因自重而下落。

5.3.4 溢流阀、减压阀和顺序阀的比较

溢流阀、减压阀和顺序阀在结构、工作原理和特点上的不同之处如表5.5所列。

表5.5 溢流阀、减压阀和顺序阀的不同

名称 特性	溢流阀	顺序阀	减压阀
二次油路	接油箱	通常接负载,作卸荷阀、平衡阀时接油箱	接次级负载
泄油口	与回油口接通	单独引回油箱	单独引回油箱
油 压	进口油压基本不变	进出口油压可高于调定压力,阀芯不需随时浮动	用出口油压控制,阀芯不断浮动,以保持出口压力基本恒定
阀口常态	关 闭	关 闭	开 启
阀口工作状态	开 启	阀口开启和关闭	阀口开启
压力降	较 大	越小越好,一般在0.2~0.4 MPa	较 大
开口量	较 小	较 大	较 小
适用场合	定压溢流、安全保护、系统卸荷	顺序控制、系统保压、卸荷,作平衡阀、背压阀	减压稳压

例5-1 有三个压力阀分别是溢流阀、减压阀和顺序阀,由于铭牌脱落无法分清,不希望把阀拆开,如何根据其特点作出正确判断?

解:可分两步进行。

(1) 首先辨认出减压阀。

减压阀在静止状态时是敞开的,进、出油口相通;而溢流阀和顺序阀在静止状态时是常闭的。根据这一特点,向各阀进油口注入油液,能从出油口通畅地排出大量油液的阀是减压阀,出油口不出油的阀是溢流阀或顺序阀。

(2) 区分溢流阀和顺序阀

直动式溢流阀和直动式顺序阀外形相同,无法根据外形进行鉴别。但直动式溢流阀有两个油口——进、出油口,而直动式顺序阀有三个油口——进、出油口和泄油口,因此,油口多的是顺序阀,油口少的是溢流阀。先导式溢流阀有进、出油口和外控口,遥控口在不用时堵死,因此表面上只能看到两个孔;而先导式顺序阀有进、出油口和一个外泄油口、一个外控口,因此,油口多的是顺序阀,油口少的是溢流阀。

例5-2 图5.16所示回路中,减压阀调定压力为p_j,溢流阀调定压力为p_y,负载压力为p_L,试分析下列各种情况下,减压阀进出口压力的关系及减压阀的开启状况。

(1) $p_y<p_j$,$p_j>p_L$;(2) $p_y>p_j$,$p_j<p_L$;(3) $p_y>p_j$,$p_j=p_L$;(4) $p_y>p_j$,$p_L=\infty$。

解:(1) 当$p_y<p_j$,$p_j>p_L$时,减压阀口全开,进口压力、出口压力及负载压力基本相等。

(2) 当 $p_y > p_j$，$p_j < p_L$ 时，减压阀口小开口，进口压力、出口压力及负载压力基本相等。

(3) 当 $p_y > p_j$，$p_j = p_L$ 时，减压阀口小开口，进口压力等于 p_y，出口压力等于 p_L。

(4) 当 $p_y > p_j$，$p_L = \infty$ 时，减压阀口基本关闭，只有少量油液通过阀口流至先导阀，进口压力等于 p_y，出口压力等于 p_j。

例 5-3 图 5.17 所示液压回路，已知溢流阀的调定压力 $p_y = 5\,\text{MPa}$，顺序阀的调定压力 $p_X = 3\,\text{MPa}$，液压缸 1 的有效面积 $A_1 = 100\,\text{cm}^2$，负载 $F = 20\,\text{kN}$。忽略一切压力损失，当两换向阀处于图示位置时，求：

(1) 活塞 1 运动时 A、B 两处的压力；

(2) 活塞 1 运动到终点后，A、B 两处的压力；

(3) 当负载 $F = 40\,\text{kN}$ 时，A、B 两处的压力。

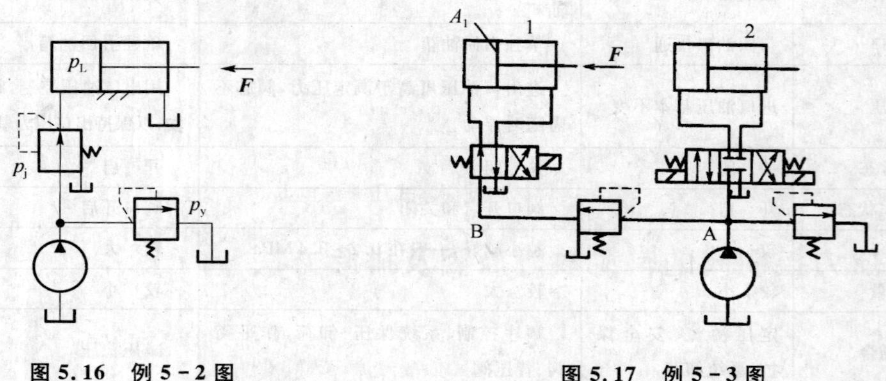

图 5.16 例 5-2 图　　图 5.17 例 5-3 图

解：(1) 活塞 1 运动时，$p_B = F/A_1 = 2\,\text{MPa}$；A 点压力为顺序阀的调定压力，即 $p_A = p_X = 3\,\text{MPa}$

(2) 活塞 1 运动到终点后，B 点压力上升，A 点压力也上升，直至溢流阀打开，A、B 两处的压力均稳定在溢流阀调定压力值，即 $p_A = p_B = p_y = 5\,\text{MPa}$

(3) 当负载 $F = 40\text{kN}$ 时，活塞 1 运动时，$p_B = F/A_1 = 4\,\text{MPa}$；$p_A = 4\,\text{MPa}$

活塞 1 停止运动后，溢流阀打开，$p_A = p_B = p_y = 5\,\text{MPa}$

5.3.5 压力继电器

当液压系统的压力达到压力继电器的调定压力时，压力继电器将液压信号转换为电信号，以控制电器元件动作，使油路换向、卸压，实现顺序动作，或关闭电动机，起安全保护作用。可见，压力继电器实际上是一种电液转换元件。

图 5.18 所示为单触点柱塞式压力继电器。当系统压力达到压力继电器的调定压力时，柱塞 1 上的液压力克服弹簧力使顶杆 2 上移，将微动开关 4 的触头闭合，发出相应的电信号。通过调整螺帽 3 可调节弹簧的预压缩量，以改变压力继电器的调定压力。但它位移较大，反应较慢，不宜用于低压系统。

压力继电器控制方便，但其灵敏度高，易受油路中压力冲击的影响，只宜用于压力冲击较小的系统，且同一系统中不宜使用过多的压力继电器。

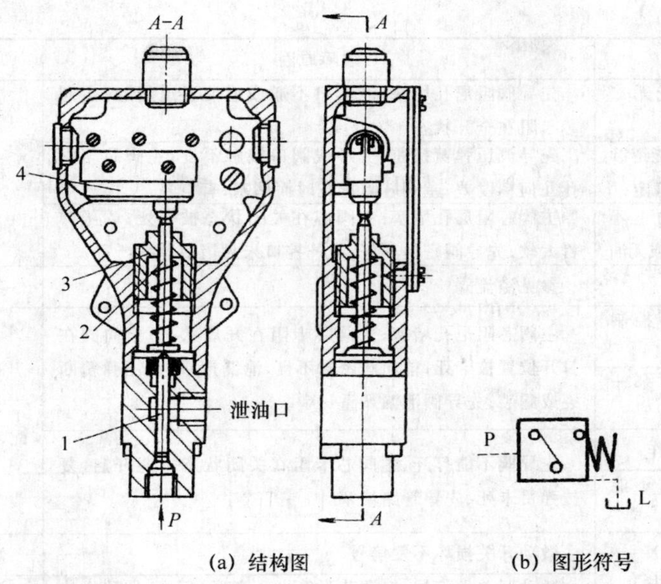

(a) 结构图　　(b) 图形符号

图 5.18　单触点柱塞式压力继电器

5.3.6　压力控制阀的常见故障原因及排除方法

压力控制阀常见的故障原因及排除方法如表 5.6 所列。

表 5.6　压力控制阀常见的故障原因及排除方法

阀	故障现象	故障原因	排除方法
溢流阀	调紧调压机构,不能建立压力或压力不能达到额定值	1. 进出口装反;遥控口泄漏; 2. 导阀芯与阀座密封不严,存在异物;阻尼孔堵塞; 3. 调压弹簧变形或折断或弹簧力太弱;导阀芯过度磨损或密封不严导致泄漏严重; 4. 三级同心先导式溢流阀的主阀芯三部分不同心	1. 更正进出口方向;封堵遥控口; 2. 拆洗、疏通; 3. 研修或更换; 4. 重新组装
	压力不稳定,脉动较大	1. 先导阀稳定性不好,锥阀与阀座同轴度不好、配合不良; 2. 油液污染严重,卡住锥阀,使其运动不规则; 3. 油中有气泡或油温过高	1. 研修锥阀配合面; 2. 清洗阀件,清洁油液; 3. 驱除空气,降低油温
	调松调压机构,压力不降反升	阀孔或主阀芯有划伤;主阀芯的同心度差导致先导阀孔堵塞或主阀芯卡阻	修研抛光;重新安装
	压力轻微摆动并发出异常响声	1. 先导阀口有磨损,或遥控口腔内有空气; 2. 与其他阀件发生共振; 3. 流量过大; 4. 油箱管路有背压,管件有机械振动	1. 修复更换驱除空气; 2. 重新调定压力;更换弹簧;采用外部泄油; 3. 更换阀,外部泄油; 4. 采用外部泄油
	噪声和振动	1. 阀芯与阀孔配合不良; 2. 元件松动	1. 合适间隙;去除毛刺; 2. 检查、拧紧

续表 5.6

<table>
<tr><th>阀</th><th>故障现象</th><th>故障原因</th><th>排除方法</th></tr>
<tr><td rowspan="4">减压阀</td><td>不能减压或无二次压力</td><td>先导阀阻尼孔堵塞；泄油口不通或泄油通道堵塞；主阀芯卡阻在全开状态</td><td rowspan="3">检查相关元件并修理</td></tr>
<tr><td>二次压力不能继续升高或压力不稳定</td><td>先导调压弹簧扭曲、变形或阀口接触不良；主阀芯与阀孔几何精度差；主阀芯阻尼孔时而堵塞；有空气</td></tr>
<tr><td>出油口压力上不去，且出油很少或无油</td><td>主阀芯阻尼孔堵塞；主阀芯在关闭状态被卡死；调压弹簧太软；先导阀密封不好，或外控口未封堵使泄漏严重</td></tr>
<tr><td>噪声和振动</td><td>参见溢流阀</td><td>参见溢流阀</td></tr>
<tr><td rowspan="4">顺序阀</td><td>不能起顺序控制作用</td><td rowspan="2">主阀芯阻尼孔堵塞；主阀芯卡阻在开启状态；单向阀在打开位置被卡死；单向阀密封不良，泄漏严重；调压弹簧断裂或漏装；先导阀泄漏严重</td><td rowspan="4">拆检、清洗与疏通、研配、更换</td></tr>
<tr><td>作卸荷阀时泵一启动就卸荷</td></tr>
<tr><td>执行器不动作</td><td rowspan="2">先导阀不能打开、主阀芯卡阻在关闭状态不能开启、复位弹簧卡死、先导管路堵塞</td></tr>
<tr><td>作卸荷阀时不能卸荷</td></tr>
<tr><td rowspan="5">压力继电器</td><td rowspan="2">压力继电器失灵</td><td>微动开关损坏不发信号</td><td>修复或更换</td></tr>
<tr><td>微动开关发信号，但调节弹簧永久变形、压力-位移机构卡阻、感压元件失效</td><td>拆检、清洗、更换相关元件</td></tr>
<tr><td rowspan="2">压力继电器灵敏度降低</td><td>压力-位移机构卡阻，微动开关支架变形或零件可调部分松动引起微动开关空行程过大</td><td>拆检、清洗、更换相关元件</td></tr>
<tr><td>泄油背压过高</td><td>检查泄油路是否接通至油箱，是否堵塞</td></tr>
<tr><td>易发误信号</td><td>进油口阻尼孔太大；冲击压力太大；电气系统设计不当</td><td>减小阻尼孔；增设阻尼管；正确设计系统</td></tr>
</table>

5.4 流量控制阀

流量控制阀通过改变节流口通流面积或通流通道的长短来实现对流量的控制，以改变执行机构的运动速度。流量控制阀是节流调速系统中的基本调节元件。流量控制阀包括节流阀、调速阀、溢流节流阀和分流集流阀等。对其主要性能要求是：当阀前后的压力差发生变化时，通过阀的流量变化要小；当油温发生变化时，通过节流阀的流量变化要小；要有较大的流量调节范围，在小流量时不易堵塞；当阀全开时，液流通过节流阀的压力损失要小；阀的泄漏量要小。

5.4.1 流量控制原理

流量控制阀通过改变其阀口即节流口通流面积的大小来实现对流量的控制。节流口可以是节流孔或节流缝隙，介于理想薄壁孔与细长孔之间，因此，流经流量控制阀节流口的流量可用小孔流量公式计算

$$q=K\cdot A_{\mathrm{T}}\cdot \Delta p^{m} \tag{5.1}$$

式中，K 为由孔的形状、尺寸和油液特性决定的系数；A_{T} 为节流口的通流面积，与节流口的开口量有关；m 为由孔的长径比决定的指数；Δp 为节流口前、后的压差。

由公式(5.1)可知，通过节流口的流量与节流口形状、通流面积、前后压差以及油温等因素

有关。

节流口的通流面积 A_T 与开口量之间的关系取决于节流口的结构形式。常见的节流口形式如图 5.19 所示。图 5.19(a)所示的针阀式节流口结构简单,但易堵塞,油温对其流量影响较大;图 5.19(b)所示的偏心槽式节流口流量稳定性较好,但阀芯转动费力,适用于压力较低的场合;图 5.19(c)所示的轴向三角槽式节流口应用较为广泛,其结构简单,可得到较小的稳定流量;图 5.19(d)所示的周向缝隙式节流口不易堵塞,油温对流量影响小,适用于低压小流量场合;图 5.19(e)所示的轴向缝隙式节流口接近薄壁孔,通流性能好,油温对流量影响很小,用于要求较高的阀上。

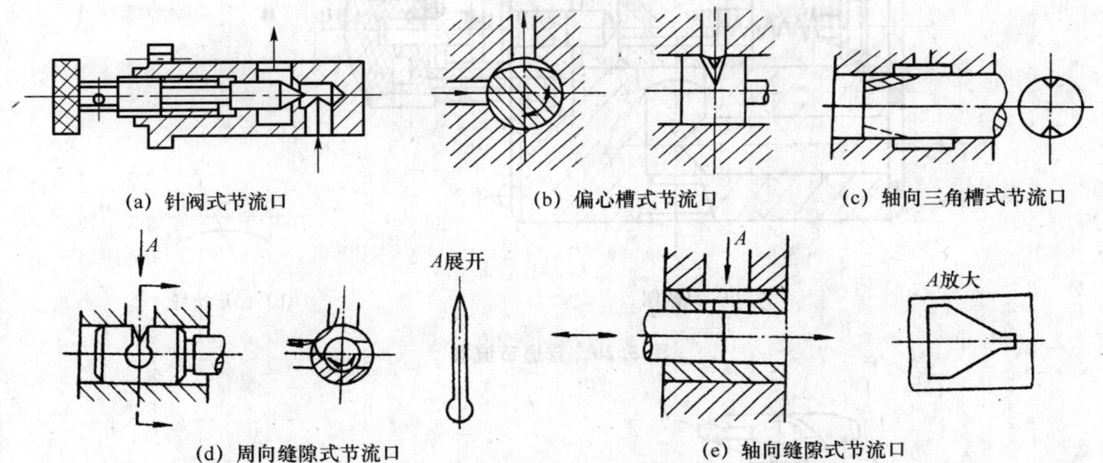

图 5.19　常见的节流口形式

指数 m 与节流口形状有关,当孔口为薄壁小孔时,$m=0.5$;当孔口为细长孔时,$m=1$;当孔口为厚壁小孔时,$0.5<m<1$。

随着压差 Δp 的增大,通过节流口的流量增多。在薄壁孔、细长孔和厚壁孔三种结构中,通过薄壁孔的流量受压力差 Δp 的影响最小,因此节流阀常采用薄壁孔式节流口。

油温变化导致油液黏度变化,油液黏度变化对细长孔的流量影响较大,而对薄壁孔的流量几乎没有影响。因此,精密节流阀大都采用薄壁孔。

从公式(5.1)可知流量控制的基本原理为:在 K、m 和 Δp 一定时,通过改变节流口的开口量可以改变通流面积 A_T,以控制通过阀的流量。

5.4.2　节流阀

节流阀是一种最简单又最基本的流量控制阀,对其主要的性能要求是:流量调节范围大,流量-压差变化平滑,泄漏量小,动作灵敏。

普通节流阀是流量阀中使用最普遍的一种,由节流口和调节节流口开口大小的调节元件组成,如图 5.20 所示。压力油从进油口 P_1 进入阀体 2,经孔道 a、节流口、孔道 b,从出口流出,压力为 p_2。调节手轮 3 可使带轴向三角槽的阀芯 1 轴向移动,使节流口通道大小发生变化,以调节通过阀腔流量的大小。阀芯在弹簧 5 的作用下始终压向顶杆 4。阀芯上的通道 c 沟通阀芯两端,使其两端液压力平衡,并使阀芯顶杆端不致形成封闭油腔,从而使阀芯能轻便移动。

将节流阀和单向阀并联可组合成单向节流阀,如图 5.21 所示。正向流动时,油液从进油口 3 进入,经阀芯 2 和阀体 4 之间的节流缝隙从出油口 5 流出,起节流阀作用。当反向流动时,油液从反向进油口 5 进入,靠油液的压力把阀芯 2 压下,使油液通过,从油口 3 流出,起单向阀作用。调节手柄 9 可改变节流缝隙的大小。通道 10 将高压油液引到活塞 6 的上端,使其与阀芯 2 下部的油压相互平衡,便于在高压下进行调节。

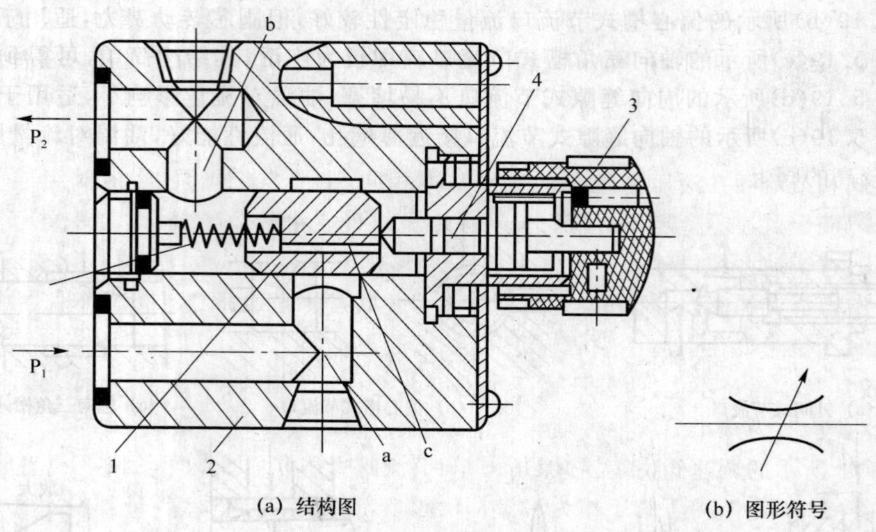

(a) 结构图　　(b) 图形符号

图 5.20　普通节流阀

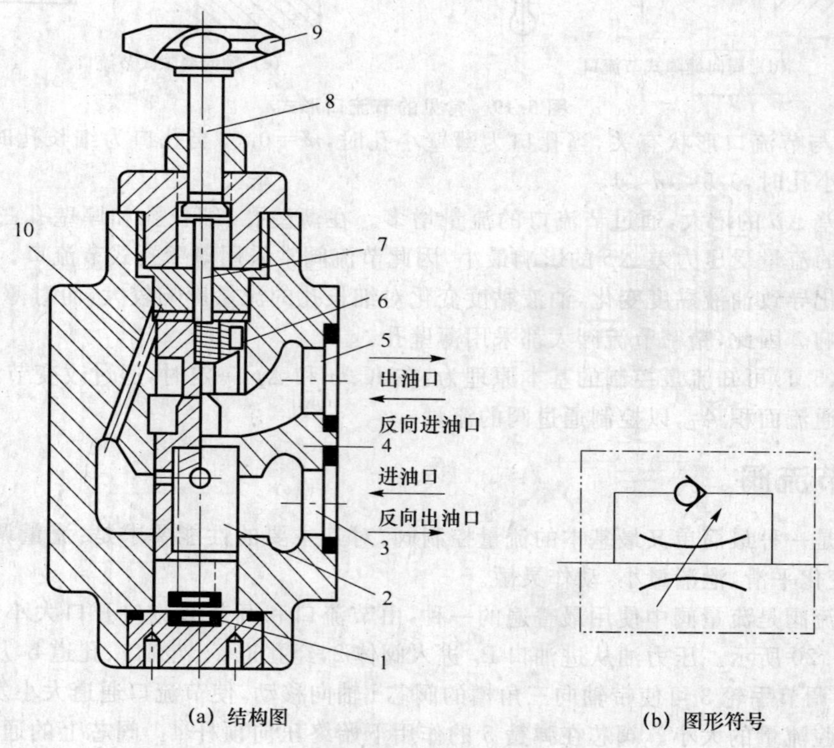

(a) 结构图　　(b) 图形符号

图 5.21　单向节流阀

节流阀结构简单，价格低廉，调节节流阀的开口面积，便可调节执行元件的运动速度。但是，工作过程中，在节流开口一定的条件下通过节流阀的流量受工作负载（即其出口压力）变化影响，进入执行元件的流量稳定性差，无法保证执行元件运动速度的稳定。因此，节流阀常与定量泵、溢流阀和执行元件一起组成节流调速回路，用于负载变化不大或对速度控制精度要求不高的液压系统中。此外，在液压系统中，节流阀还可起到负载阻力以及压力缓冲等作用。

5.4.3　调速阀

调速阀和节流阀在液压系统中的应用基本相同，主要与定量泵、溢流阀组成节流调速系统。由于节流阀调速不适用于对执行元件速度稳定性要求较高的场合，需要对节流阀进行压力补偿以改善调速系统的性能。通常采用两种压力补偿的方法，一是将定差减压阀与节流阀串联起来组合成调速阀，二是将溢流阀与节流阀并联起来组合成溢流节流阀。两种压力补偿方式都是利用流量变化引起油路压力变化，通过阀芯的负反馈作用自动调节节流阀口两端的压力差，使其基本保持不变。另外，由于油温变化会引起油液黏度变化，从而导致通过节流阀的流量发生改变，为减小温度变化对流量的影响，可采用温度补偿调速阀。

图 5.22 所示的调速阀由定差减压阀 1 和节流阀 2 串联而成。节流阀 2 充当流量传感器，节流阀口不变时，定差减压阀 1 作为流量补偿阀口，通过流量负反馈，自动稳定节流阀前后的压差，保持其流量不变。因节流阀前后压差基本不变，调节节流阀口面积时，可以人为地改变流量的大小。

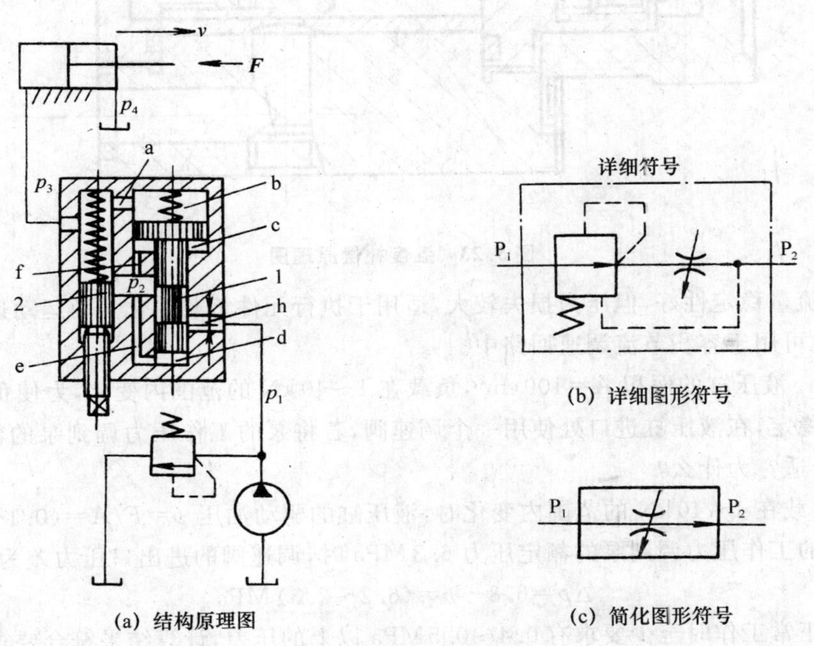

图 5.22　调速阀

图 5.22(a)中，减压阀的进口压力为 p_1，负载串接在调速阀的出口 p_3 处。负载流量的大小等于节流阀前、后的压力差（p_2-p_3），p_2 和 p_3 分别作用在减压阀阀芯两端的测压活塞上，并与定差减压阀芯一端的弹簧力相平衡，减压阀芯平衡在某一位置。为克服液动力和摩擦力的不利影响，减压阀芯两端的测压活塞比阀口处的阀芯更粗。当负载压力 p_3 增大引起压差

(p_2-p_3)变小时,作用在减压阀芯右(下)端的压力差随之减小,阀芯右(下)移,减压口加大,压降减小,使 p_2 增大,从而使压差(p_2-p_3)保持不变;反之亦然。这样就保证了调速阀的流量恒定不变,不受负载影响。

调速阀正常工作时,要求调速阀两端的压差至少为 0.5 MPa。因为在压差很小时,调速阀中的减压阀阀芯在弹簧力的作用下,使减压阀开口全部打开,减压阀不起作用,相当于节流阀。只有在压力差大于一定数值后,调速阀的流量基本稳定。

为减小温度对流量的影响,常采用带温度补偿的调速阀,如图 5.23 所示,它由减压阀和节流阀组成。减压阀部分的原理和普通调速阀相同。节流阀部分采取了温度补偿措施,采用热膨胀系数较大的材料(如聚氯乙烯塑料)制成节流阀的芯杆 2(即温度补偿杆),并将其与节流阀阀芯 4 相连。这样,当油温升高时,芯杆热膨胀使节流阀口 3 关小,正好能抵消由于黏性降低使流量增加的影响。

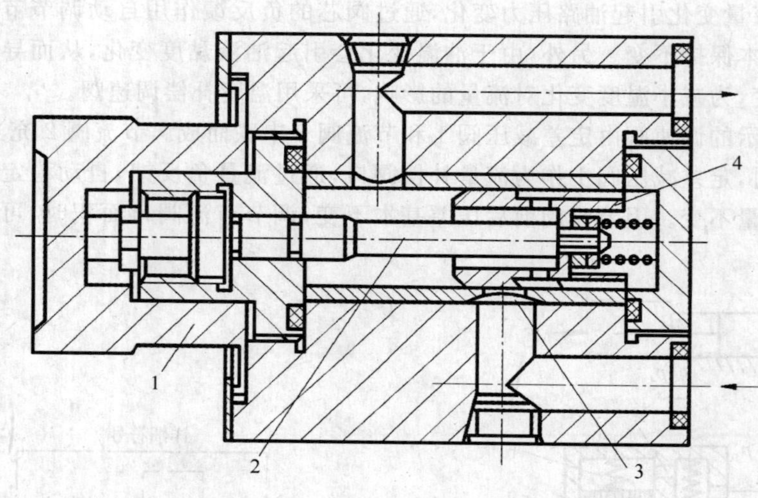

图 5.23 温度补偿原理图

调速阀流量稳定性好,但压力损失较大,适用于执行元件负载变化大而运动速度要求稳定的系统中,也可用于容积节流调速回路中。

例 5-4 液压缸的面积 $A=100\,\text{cm}^2$,负载在 1~40 kN 的范围内变化,为使负载变化时活塞运动速度稳定,在液压缸进口处使用一个调速阀,若将泵的工作压力调到泵的额定压力 6.3 MPa,是否合适?为什么?

解:当负载在 1~40 kN 的范围内变化时,液压缸的驱动油压 $p=F/A=(0.1\sim4)\,\text{MPa}$。

当将泵的工作压力调到泵的额定压力 6.3 MPa 时,调速阀的进出口压力差为

$$\Delta p=6.3-p=(6.2\sim2.3)\,\text{MPa}$$

调速阀正常工作时至少要求有 0.4~0.5 MPa 以上的压差,计算结果符合要求,因此,当负载变化时,将泵的工作压力调到泵的额定压力 6.3 MPa,液压缸进口处的调速阀可以使进入液压缸的流量稳定,使活塞运动速度稳定。

5.4.4 流量控制阀的常见故障原因及排除方法

流量控制阀常见的故障原因及排除方法如表 5.7 所列。

表 5.7　压力控制阀常见的故障原因及排除方法

阀	故障现象	故障原因	排除方法
节流阀	流量调节失灵	1. 密封失效;弹簧失效; 2. 阀芯卡阻; 3. 单向节流阀进出口装反; 4. 阀芯与阀体配合间隙大,严重泄漏; 5. 节流口堵塞	1. 修研或更换; 2. 拆检、修研或更换; 3. 重新正确安装; 4. 修复或更换; 5. 拆洗、疏通阀件,更换油液
	流量不稳定	1. 锁紧装置松动; 2. 节流口堵塞; 3. 油温过高; 4. 负载压力变化大; 5. 泄漏大; 6. 系统中有空气	1. 锁紧调节螺钉; 2. 拆洗、疏通阀件,更换油液; 3. 降油温; 4. 查出原因,对症解决; 5. 拆检或更换阀芯与密封; 6. 驱除空气
	节流阀不能压下或不能复位	1. 弹簧失效; 2. 阀芯卡阻或泄油口堵塞	1. 更换弹簧; 2. 拆检或更换阀芯;泄油口接油箱并降低泄油背压
调速阀	压力补偿装置失灵	1. 阀芯、阀孔尺寸精度及形位公差超差或间隙过小; 2. 弹簧失效; 3. 进出口接反; 4. 油液污染导致阀芯卡阻	1. 拆检、修研或更换; 2. 更换弹簧; 3. 检查并正确连接进出口; 4. 拆洗疏通或更换油液
	流量调节装配转动不灵活	1. 流量调节轴被杂质污染物卡阻; 2. 流量调节轴弯曲	1. 拆洗疏通; 2. 矫正或更换

5.5　插装阀与叠加阀

5.5.1　插装阀

插装阀的主流产品是二通插装阀,它是在 20 世纪 70 年代初发展起来的一种新型的液压元件,是古老锥阀的新应用。插装阀的基本构件为标准化、通用化、模块化程度很高的插装式阀芯、阀套、插装孔和适应各种控制功能的盖板组件,具有通流能力大、密封性好、动作灵敏、结构简单及自动化程度高等特点,已发展成为高压大流量领域的主导控制阀品种,主要用于流量较大或对密封性能要求较高的系统。

如图 5.24 所示,二通插装阀由控制盖板 2、插装单元 3(由阀套、弹簧、阀芯及密封件组成)、插装块体 4 和先导控制阀 1 组成,其插装单元在回路中主要起通、断作用。二通插装阀中,A 和 B 为主油路仅有的两个工作油口,K 为控制油口(与先导阀相接)。当 K 口无液压力作用时,阀芯受到的向上的液压力大于弹簧力,阀芯开启,A 与 B 相通,液流的方向由 A、B 口的压力大小而定。当 K 口有液压力作用,且 K 口的油液压力大于 A 和 B 口的油液压力时,A 与 B 之间关闭。

二通插装阀与各种先导阀组合，可组成二通插装方向阀、二通插装压力阀和二通插装流量阀等。

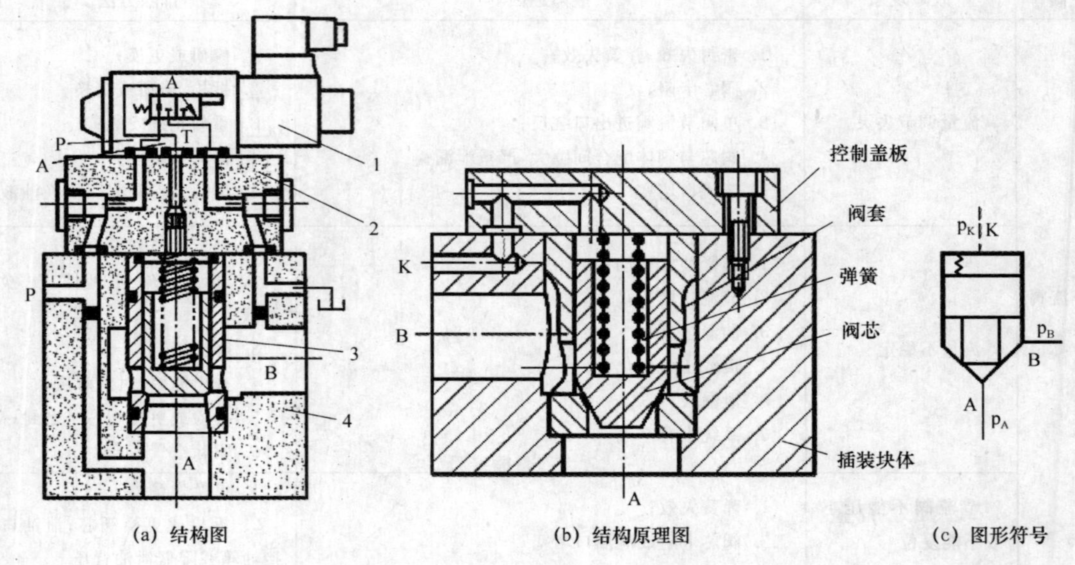

(a) 结构图　　(b) 结构原理图　　(c) 图形符号

图 5.24　二通插装阀

1. 二通插装方向阀

插装阀组成的单向阀如图 5.25 所示，当 $p_A > p_B$ 时，阀芯关闭，A 与 B 不通；当 $p_B > p_A$ 时，阀芯开启，油液从 B 流向 A。插装阀组成的其他各种方向控制阀如图 5.26 所示，图 5.26(a)中，当二位三通电磁阀断电时，阀芯开启，A 与 B 接通；电磁阀通电时，阀心关闭，A 与 B 不通。图 5.26(b)中，当二位四通电磁阀断电时，A 与 T 接通；电磁阀通电时，A 与 P 接通。图 5.26(c)中，电磁阀断电时，P 与 B 接通，A 与 T 接通；电磁阀通电时，P 与 A 接通，B 与 T 接通。

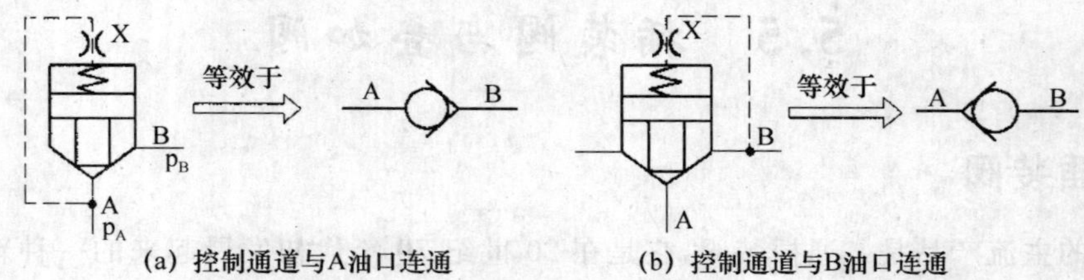

(a) 控制通道与A油口连通　　(b) 控制通道与B油口连通

图 5.25　插装式单向阀

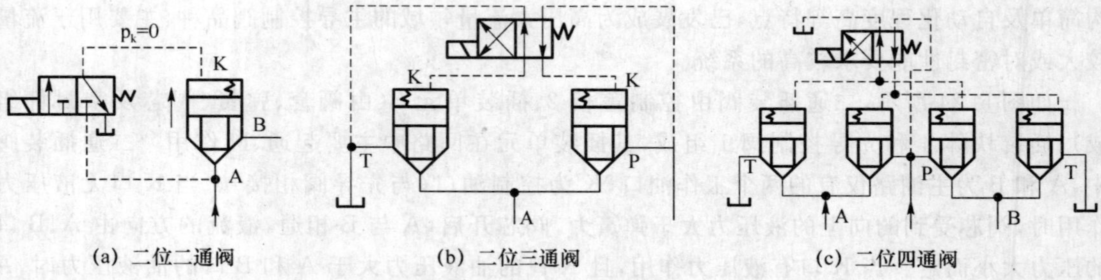

(a) 二位二通阀　　(b) 二位三通阀　　(c) 二位四通阀

图 5.26　各种二通插装方向阀

2. 二通插装压力阀

插装阀组成压力控制阀如图5.27所示。在图5.27(a)中,如B接油箱,则插装阀用作溢流阀,其原理与先导式溢流阀相同;如B接负载时,则插装阀起顺序阀作用。图5.27(b)所示的电磁溢流阀,当二位二通电磁阀通电时起卸荷作用。

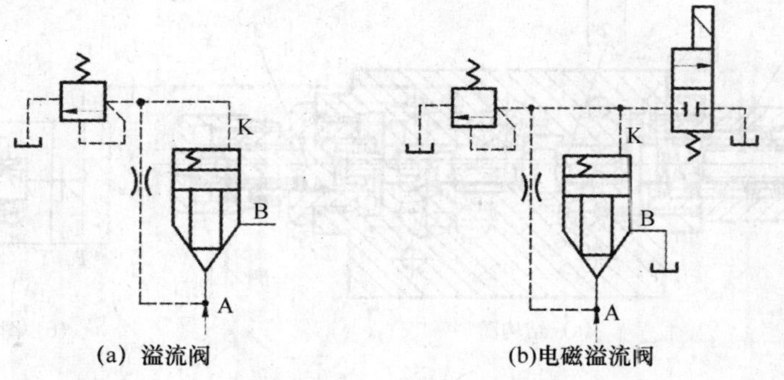

图5.27　二通插装压力阀

3. 二通插装流量阀

图5.28所示为二通插装流量阀,插装阀的控制盖板上的阀芯限位器可以用来调节阀芯开度,以控制流量。若在二通插装流量阀前串联一个定差减压阀,则可组成二通插装调速阀。

插装阀的优点非常多。通过组合插件与阀盖,可以实现换向、调速或调压等多种功能,一阀多用,在复杂的液压系统中,可用较少的阀完成功能。流动阻尼小,通流能力大,特别适用于大流量的场合。采用锥面线接触密封,密封性好,锥阀内泄漏为零,而先导控制阀的泄漏较小,无卡死现象。靠锥面密封和切断油路,阀芯稍一抬起,油路马上接通;阀芯的行程较小,质量较轻,因此阀芯动作灵敏,特别适合于高速开启的场合。抗污染能力强,阀芯不易堵塞,工作可靠,对高水基液工作介质有良好的适应性。结构简单,便于集成化,可使多个插装阀共处于一个阀块体中,易于实现元件和系统的"三化",并简化系统。目前插装阀广泛应用于冶金、船舶和塑料机械等大流量系统中。

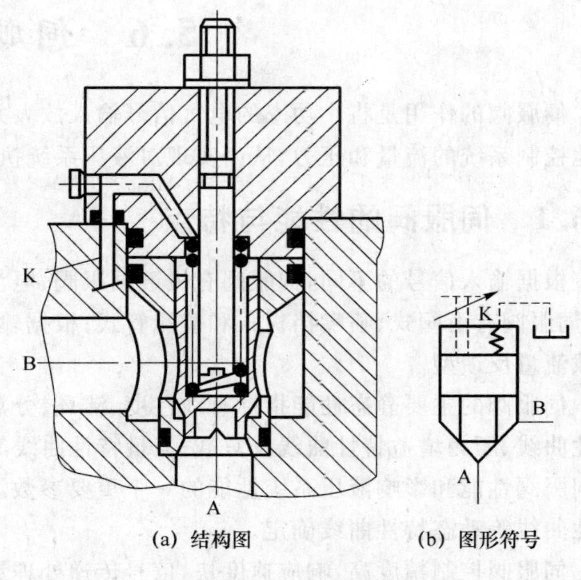

图5.28　二通插装流量阀

5.5.2　叠加阀

叠加阀是在板式阀集成化的基础上发展起来的一种新型的液压元件,它安装在板式换向阀和底板之间,具有液压阀和油路通道的双重功能。叠加阀组成的液压系统,阀之间以叠加阀阀体作为连接体,直接叠合再用螺栓结合而成。

图 5.29 所示的顺序节流阀是由顺序阀和节流阀复合而成的复合阀，由阀体 1、阀芯 2、节流阀调节杆 3 和顺序阀弹簧 4 等零件组成。顺序阀和节流阀共用一个阀芯，节流口开在顺序阀阀芯的控制边上，随顺序阀控制口的开闭而开闭。当油路 A 的压力大于顺序阀的设定值时，节流口打开；当油路 A 的压力小于顺序阀的设定值时，节流口关闭。

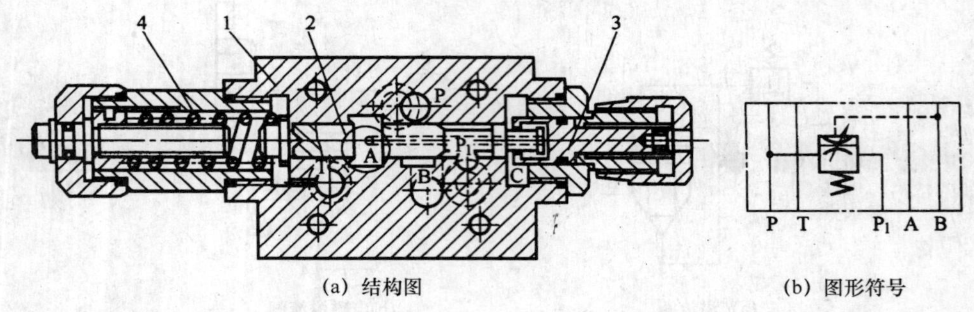

(a) 结构图　　(b) 图形符号

图 5.29　顺序节流阀

叠加阀可组成不同的叠加阀液压系统，具有“三化”程度高，设计、加工及装配周期短，结构紧凑，重新组装方便迅速，配置形式灵活，安全可靠、易于维修等优点，但由于回路形式较少，通径较小，不适于复杂和大功率的液压系统中。

5.6　伺服阀

伺服阀的作用是将小功率的电气信号输入放大并转化为大功率的液压能输出，连续、成比例地控制系统的流量和压力，从而实现对液压系统执行元件的控制。

5.6.1　伺服阀的性能与特点

根据输入信号的不同，伺服阀有机液伺服阀、电液伺服阀和气液伺服阀；根据结构形式不同，伺服阀有滑阀式、喷嘴挡板式和射流管式；根据输出特性不同，伺服阀有流量型、压力型和负载流量反馈型。

伺服阀的主要静态性能指标有线性度、滞环、分辨率、零漂和内泄漏等，可以根据空载流量特性曲线、压力增益特性曲线及负载-流量特性曲线等静态特性曲线确定。伺服阀的频宽是衡量伺服阀性能和影响液压系统性能的一个重要参数，可以根据频率响应特性曲线和阶跃响应特性曲线等动态特性曲线确定。

伺服阀控制精度高，响应速度快，信号传递处理灵活，易于实现远距离控制、计算机控制和自动控制。但其加工工艺复杂，加工精度要求高，成本高，对油液污染敏感，对过滤精度的要求高，维护保养困难。

5.6.2　电液伺服阀的工作原理

电液伺服阀既是电液转换元件，也是功率放大元件，主要由输入信号转换装置、液压放大器和检测反馈装置三部分组成。输入信号转换装置可以是比例电磁铁、力马达或力矩马达，它将输入电信号转换为力或力矩，产生位移或转角信号。液压放大器由先导级阀和功率级主阀组成，先导级阀可以是滑阀、锥阀、喷嘴挡板阀或插装阀，它接受转换装置的位移或转角信号，将机械量转换为液压力；主阀可以是滑阀或插装阀，它将先导级阀的液压力转换为流量或压力输出。检测反馈装置将先导阀或主阀控制口的压力、流量或阀芯的位移反馈到先导级阀或比例放大器的输入端，将输入输出进行比较，以提高阀的控制性能。

图 5.30 所示的喷嘴挡板式电液伺服阀是最为典型和普遍的电液伺服阀，由电磁和液压两部分组成。图中上半部分的电磁部分是一个动铁式力矩马达，下半部分的液压部分为两级——先导级的双喷嘴挡板阀和作为功率放大级的四边滑阀。固定在阀体上的弹簧管 6 支撑挡板 9 和衔铁 5 组成的挡板衔铁组件，将力矩马达与液压阀隔开，起密封作用。挡板 9 下端反馈弹簧杆 11 的末端为小球状，插入滑阀 12 中部的小凹槽内，传递滑阀阀芯对力矩马达的力反馈，为该阀的反馈装置。左右两块永久磁铁 4 与磁体 2、3 形成固定磁场，在气隙中产生固定磁通。

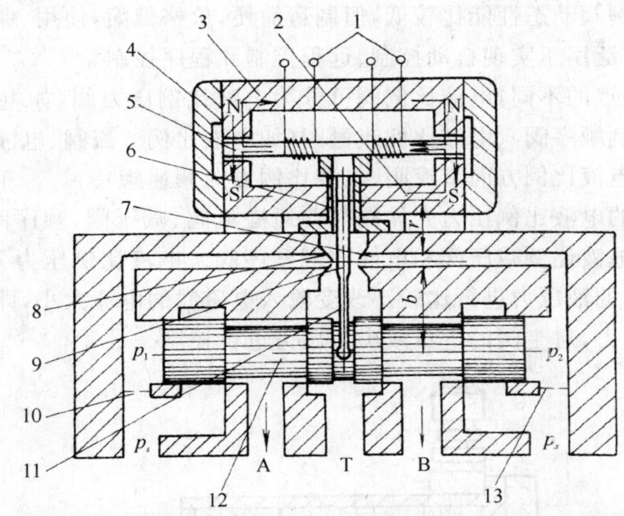

1. 线圈；2、3. 导磁体；4. 永久磁铁；5. 衔铁；6. 弹簧管；7、8. 喷嘴；
9. 挡板；10、13. 固定节流孔；11. 反馈弹簧杆；12. 主滑阀

图 5.30　喷嘴挡板式电液伺服阀

当线圈 13 中没有电流通过时，力矩马达无力矩输出，挡板 5 处于两喷嘴 6 中间位置，压力油从 P 口进入滑阀 9，部分油液经滤油器 8、固定节流孔 7 被引至左右喷嘴处，经喷射后流回油箱，阀芯处于中位，其两端台肩关闭阀口，油液不能进入 A 口或 B 口。当线圈 13 通入电流后，固定在弹簧管 12 上的衔铁 3 因受到电磁力矩的作用偏转，弹簧管上的挡板 5 也相应偏转，使挡板 5 与两喷嘴的间隙改变，间隙减小的一侧喷嘴腔的压力升高，间隙增大的一侧喷嘴腔的压力降低，主阀芯 9(滑阀芯)在压差作用下移动，开启阀口，P 口与 B 口或 A 口通，A 口或 B 口与 T 口通。与此同时，插入滑阀 9 中部小凹槽内的球头通过反馈弹簧杆 11 带动上部的挡板 5 一起向右移动，使右喷嘴与挡板的间隙逐渐减小。当作用在衔铁-挡板组件上的电磁力矩与作用在挡板下端因球头移动而产生的反馈弹簧杆变形力矩(反馈力)平衡时，滑阀便不再移动，并使其阀口一直保持在这一开度上。

通过线圈的控制电流越大，使衔铁偏转的转矩、挡板挠曲变形、滑阀两端的压差以及滑阀的位移量越大，伺服阀输出的流量也就越大。

5.6.3 电液伺服阀的应用

由于高精度和快速控制的能力，电液伺服阀不仅使用在航空航天和军事设备等领域，在机床、塑机、轧钢机和车辆等各种要求高精度控制的自动控制设备中，特别是系统要求高的动态响应、大的输出功率的场合广泛应用。

5.7 电液比例阀

电液比例阀是普通液压阀加上电-机械比例转换装置构成，其控制方式介于普通液压阀开关式控制和电液伺服控制之间，可以按给定的输入电信号连续地、按比例地控制液流的压力、流量和方向。与普通液压阀相比，电液比例阀价格较贵，但其性能好，系统更为简化。与电液伺服阀相比，电液比例阀动态性能比较低，但制造简便，价格低廉，使用、保养和维护容易，抗污染性能好，效率高，广泛用于实现自动控制、远程控制和程序控制。

按用途和工作特点的不同，电液比例阀可分为电液比例压力阀（如电液比例溢流阀、电液比例减压阀、电液比例顺序阀）、电液比例流量阀（如电液比例节流阀、电液比例调速阀）和电液比例方向流量阀（如电液比例方向节流阀、电液比例方向调速阀）。

如图 5.31 所示的电液比例压力先导阀与普通溢流阀、减压阀、顺序阀的主阀组合即可构成电液比例溢流阀、电液比例减压阀和电液比例顺序阀。电液比例压力先导阀将比例电磁铁的电磁吸力与阀芯上的液压力进行比较。改变输入电磁铁的电流大小，即可改变电磁吸力，以改变先导阀的前腔压力，对主阀的进口或出口压力进行控制。

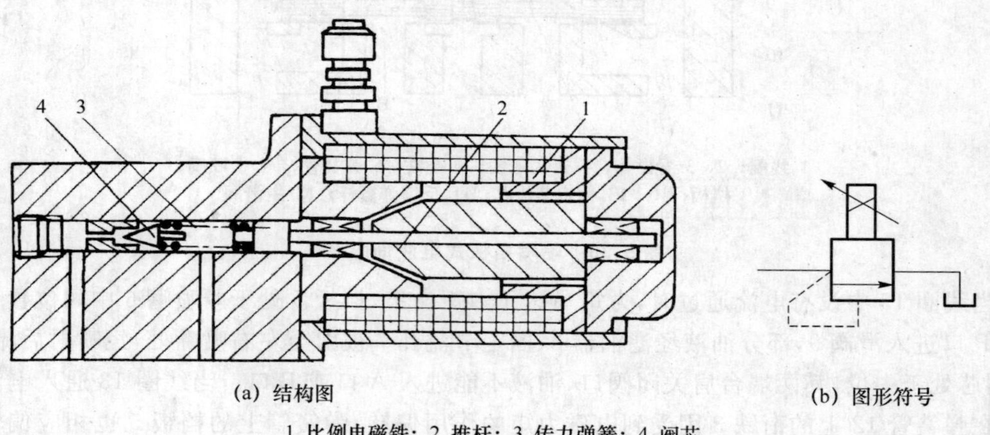

(a) 结构图　　(b) 图形符号

1. 比例电磁铁；2. 推杆；3. 传力弹簧；4. 阀芯

图 5.31　电液比例压力先导阀

电液比例阀的控制性能足以满足大多数工业应用的要求，广泛用于对控制性能要求不是很高的一般工业领域。早期的电液比例阀仅将普通液压控制阀的手调机构和电磁铁改换为比例电磁铁控制，阀体部分不变，控制形式为开环控制。现在已逐渐发展了带内反馈的新型结构，控制性能有了很大的提高。

习　题

5-1　举例说明什么是方向阀、压力阀和流量阀。

5-2　滑阀的控制方式有几种？

5-3　对单向阀有什么要求？

5-4　试分析图示回路中液控单向阀的作用。

5-5　何谓换向阀的“通”和“位”？并举例说明。

5-6　分别说明 O 型、M 型、P 型和 H 型三位四通换向阀在中间位置时的性能特点和应用场合。

5-7　先导式溢流阀的阻尼孔起什么作用？如果它被堵塞将会出现什么现象？直动式溢流阀的阻尼孔起什么作用？如果它被堵塞将会出现什么现象？

5-8　若减压阀在使用中不起减压作用，原因是什么？若出口压力调不上去，原因是什么？

5-9　溢流阀能否当顺序阀用？为什么？顺序阀能否当溢流阀用？为什么？

5-10　使用溢流阀时，进出油口能不能反接？为什么？

5-11　在图示的液压系统中，已知两溢流阀 1、2 的调定压力分别为 $p_{y1}=45\,\text{MPa}$，$p_{y2}=2.5\,\text{MPa}$，问活塞向左和向右运动时，液压泵可能达到的最大工作压力 p_{pmax} 分别是多少？

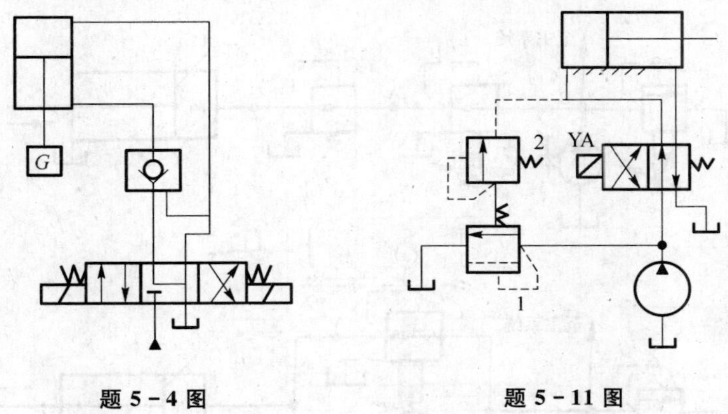

题 5-4 图　　　　题 5-11 图

5-12　图示回路中，若阀 1 的调定压力为 5 MPa，阀 2 的调定压力为 2.5 MPa，试回答下列问题：

(1) 阀 1 和阀 2 分别是什么阀？

(2) 当液压缸活塞运动时(无负载)，A 点和 B 点的压力值分别为多少？

(3) 当液压缸活塞运动至终点碰到挡块时，A 点和 B 点的压力值分别为多少？

5-13　图示的液压回路中，两液压缸的几何尺寸相同，活塞面积均为 $A=20\,\text{cm}^2$，两缸支承重物分别为 $G_1=8\,\text{kN}$，$G_2=4\,\text{kN}$，溢流阀调定压力 $p_y=5.5\,\text{MPa}$。要求两缸按如下顺序动作：缸 1 先动，上升到顶端后缸 2 再向上运动；在缸 2 运动时，缸 1 保持在顶端位置不动。试确定顺序阀的调整压力。

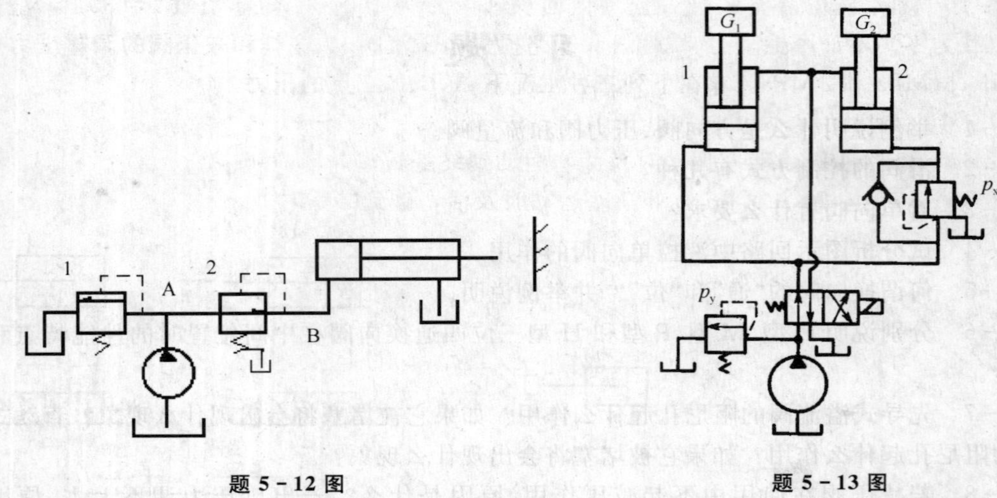

题 5-12 图 题 5-13 图

5-14 如图所示，两个减压阀分别为串联和并联，已知减压阀的调整压力 $p_{j1}=3\,\text{MPa}$，$p_{j2}=2\,\text{MPa}$，溢流阀的调整压力 $p_y=4\,\text{MPa}$，活塞运动时的外负载 $F=1.5\,\text{kN}$，液压缸无杆腔面积 $A_1=20\,\text{cm}^2$，不计一切损失，求：

(1) 活塞运动时和到达终点时，A、B、C 各点压力是多少？

(2) 若负载增加到 $F_1=5\,\text{kN}$，各阀的调整压力值不变，A、B、C 各点压力是多少？

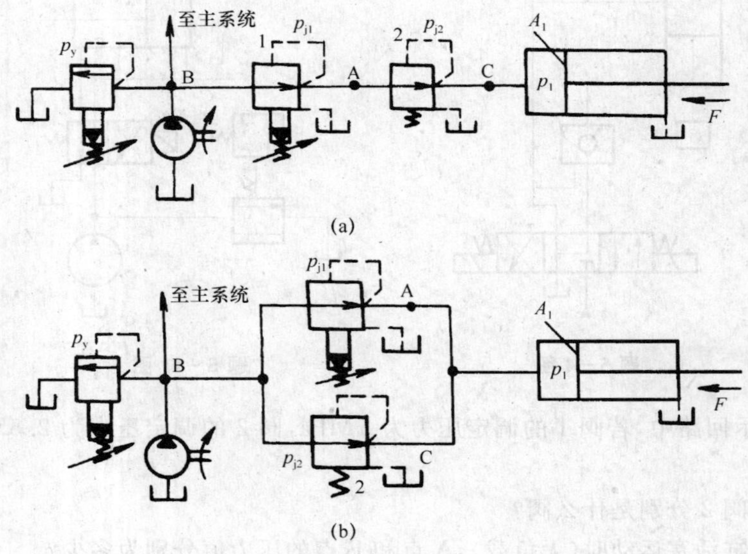

题 5-14 图

5-15 图示回路中，溢流阀的调整压力 $p_y=4\,\text{MPa}$，减压阀的调整压力 $p_j=2\,\text{MPa}$。试分析下列各情况，并说明减压阀阀口处于什么状态。

(1) 夹紧缸在夹紧工件前做空载运动时，A、B、C 点的压力各为多少？

(2) 当泵的出口压力等于溢流阀调压力时，夹紧缸使工件夹紧后，A、B、C 点的压力各为多少？

(3) 工作缸快进，工件不再夹紧，使泵压力降到 1.5 MPa 时，A、B、C 点的压力各为多少？

5－16　图示液压系统中，液压缸有效面积 $A_1=A_2=100\,\text{cm}^2$，缸Ⅰ负载 $F=30\,\text{kN}$，缸Ⅱ运动时负载为零。不计摩擦阻力、惯性力和管路损失。溢流阀、顺序阀和减压阀的调整压力分别为 4 MPa、3 MPa 和 2 MPa。求在下列三种工况下 A、B、C 三点的压力。

(1) 液压泵启动后，两换向阀处于中位；

(2) 1YA 通电，缸Ⅰ活塞运动时及活塞运动到终端后；

(3) 1YA 断电，2YA 通电，缸Ⅱ活塞运动时及活塞碰到挡铁时。

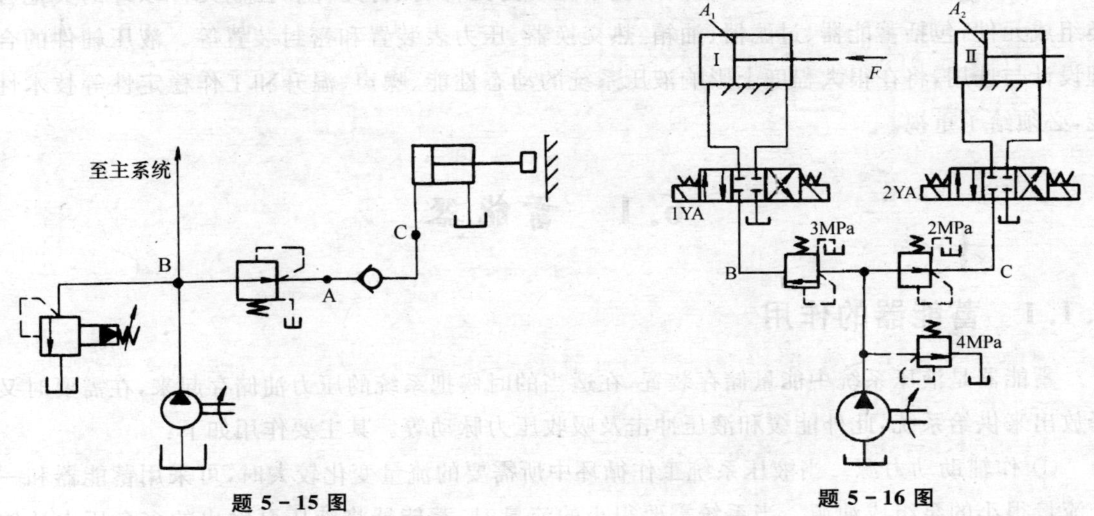

题 5－15 图　　题 5－16 图

第 6 章　液压辅助装置

液压系统中的辅助元件是指液压系统中除动力元件、执行元件和控制元件以外的其他各类组成元件，包括蓄能器、过滤器、油箱、热交换器、压力表装置和密封装置等。液压辅件的合理设计与选用，将在很大程度上影响液压系统的动态性能、噪声、温升和工作稳定性等技术性能，必须给予重视。

6.1　蓄能器

6.1.1　蓄能器的作用

蓄能器是液压系统中能量储存装置，在适当的时候把系统的压力油储存起来，在需要时又释放出来供给系统，此外能缓和液压冲击及吸收压力脉动等。其主要作用如下：

① 作辅助动力源　当液压系统工作循环中所需要的流量变化较大时，可采用蓄能器和一个流量很小的泵组成油源。当系统需要很小的流量时，蓄能器将液压泵输出的多余压力油储存起来；当系统短时期需要较大的流量时，蓄能器快速将储存的压力油释放出来，与泵一起向系统供油。这样可节省能源，降低温升。在要求防火、防爆等特殊场合或防止停电及驱动泵的原动机发生故障时，蓄能器可作应急能源短期使用。

② 保压和补充泄漏　有的液压系统需要较长时间保压，为了节能液压泵停止运转或卸载，蓄能器能把储存的压力油供给系统，补偿系统的泄漏，并在一段时间内维持系统的压力。

③ 吸收压力冲击和压力脉动　当液压泵突然启停，液压阀突然关闭或换向时，系统中产生压力冲击，可由安装在压力冲击处的蓄能器来吸收，使压力冲击峰值降低。在泵的出口处安装蓄能器，可以吸收液压泵工作时的压力脉动，有助于提高系统工作的平稳性。

6.1.2　蓄能器的分类及各自的特点

蓄能器有重力式、弹簧式和充气式 3 类。常用的是充气式，它又可分为气瓶式、活塞式和皮囊式 3 种。重力式蓄能器体积庞大，结构笨重，灵敏度不高，现已很少应用。弹簧式和充气式两种类型的结构简图和特点如表 6.1 所列。

表 6.1　蓄能器的种类及特点

名　称		结构简图及图形符号	特点和说明
弹簧式		弹簧 活塞 液压油 弹簧式	1. 利用弹簧的伸缩来储存、释放压力能； 2. 结构简单，反应灵敏，但容量小； 3. 供小容量、低压（$p \leqslant 1 \sim 1.2$ MPa）回路反冲之用，不适用于高压或高频的工作场合
气体隔离式	气瓶式	压缩空气 液压油 气瓶式	1. 利用气体的压缩和膨胀来储存、释放压力能，气体和油液在蓄能器中直接接触； 2. 容量大，惯性小，反应灵敏，轮廓尺寸小，但气体容易混入油内，影响系统工作平稳性； 3. 只适用于大流量的中、低压回路
	活塞式	气口 壳体 活塞 活塞式	1. 利用气体的压缩和膨胀来储存、释放压力能，气体和油液在蓄能器中由活塞隔开； 2. 结构简单，工作可靠，安装容易，维护方便，但活塞惯性大，活塞和缸壁间有摩擦，反应不够灵敏，密封要求较高； 3. 用来储存能量，或供中、高压系统吸收压力脉动之用
	皮囊式	充气阀 壳体 气囊 菌形阀 皮囊式	1. 利用气体的压缩和膨胀来储存、释放压力能，气体和油液在蓄能器中由皮囊隔开； 2. 带弹簧的菌状进油阀使油液能进入蓄能器又可防止皮囊自油口被挤出。充气阀只在蓄能器工作前皮囊充气时打开，蓄能器工作时则关闭； 3. 结构尺寸小，重量轻，安装方便，维护容易，皮囊惯性小，反应灵敏；但皮囊和壳体制造都较难； 4. 折合型皮囊容量大，可用来储存能量；波纹型皮囊只适用于吸收冲击

6.1.3 蓄能器的容积计算

蓄能器的总容积是指气腔和液腔容积之和，它的容量大小与其用途有关，下面以皮囊式为例进行说明。

蓄能器的容量 V_0 是由蓄能器的充气压力 p_0，工作时要求输出的油液体积为 V_w，系统的最高工作压力和最低工作压力 p_1 和 p_2 决定的。若最高和最低压力下的皮囊容积为 V_1 和 V_2。由气体状态方程有

$$p_0V_0^n=p_1V_1^n=p_2V_2^n=\text{const} \tag{6.1}$$

式中，n 为指数，其值由气体的工作条件决定；当蓄能器用来补偿泄漏，起保护作用时，它释放能量的速度缓慢，可认为气体在等温下工作，$n=1$；当蓄能器用作辅助油源时，它释放能量的速度迅速，可认为气体在绝热条件下工作，$n=1.4$。

由 $V_w=V_2-V_1$，可得

$$V_0=V_w\left(\frac{1}{p_0}\right)^k\Big/\left[\left(\frac{1}{p_2}\right)^k-\left(\frac{1}{p_1}\right)^k\right] \tag{6.2}$$

p_0 理论上可以与 p_2 相等，为保证系统压力为 p_2 时，蓄能器还能释放压力油，宜取 $p_0<p_2$。

6.1.4 蓄能器的选用与安装

蓄能器主要依据其容量和工作压力来进行选择。蓄能器在液压系统中的安装位置随其功用而定。安装蓄能器时应注意以下几点：

① 皮囊式蓄能器应垂直安放，油口向下，以利于气囊的正常伸缩。但空间位置受限制时也可倾斜或水平安装。

② 用于吸收液压冲击和压力脉动的蓄能器应尽可能安装在振源附近；用于补油保压时应尽可能靠近有关执行元件处。

③ 安装在管路中的蓄能器必须用支架或支承板加以固定。

④ 蓄能器与管路之间应安装截止阀，以便于蓄能器的充气检修。蓄能器与液压泵之间应安装单向阀，以防止液压泵停转或卸荷时，蓄能器内的压力油向液压泵倒流。

⑤ 用于短期大量供油时，最高压力一般不要超过最低压力的三倍，否则迅速压缩时气体温升很高，导致皮囊严重变形。

6.2 过滤器

6.2.1 液压油液的污染及其危害

液压油的污染程度直接影响到液压元件和系统的正常工作及可靠性。液压系统中有75％以上的故障是由于液压油被污染而造成的。所以液压油的污染是一个重要的问题，决不能掉以轻心。

1. 液压油液的污染及危害

液压油的污染就是有异物混入液压油中。如水、空气、化学物质、微生物、固体颗粒和由于

高温氧化液压油自身生成氧化物等。液压油被污染后将对系统及元件产生下述不良后果：

① 油液被污染的颗粒进入液压元件后，加速元件的磨损，堵塞缝隙，使泵和阀性能下降，寿命降低。

② 油液中侵入空气，引起气蚀，降低油液的弹性模量和润滑性。

③ 油液中混入水分后，加速油液的氧化、水与添加剂起作用产生黏性胶质，使滤芯堵塞。

④ 油液混入其他油品，改变了液压油的化学成分，从而影响液压系统工作性能。

⑤ 油液自身氧化生成的氧化物，使油变质，堵塞元件阻尼孔或节流孔，加速元件腐蚀使液压系统不能正常工作。

2. 液压油液的污染控制

为了延长液压元件的寿命，保证液压系统的正常工作和可靠性，必须对液压油污染进行控制。通常采用以下措施。

① 对液压元件和系统进行清洗：液压元件在加工的每道工序后都应清洗净化，装配后再仔细地清洗；系统在组装前，管道和油箱必须清洗，系统组装后再用系统工作时使用的油液进行全面的清洗，达到系统要求后将冲洗油液放掉。

② 防止外界污物侵入：拆卸液压元件时，应放在干净的地方，严禁用棉纱擦洗，以免油泥、纤维等污物进入液压系统；为防止外界灰尘从油箱进入系统，油箱上盖应密封并安装空气过滤器；因新油在分装、运输和储存等过程中受到各种污染，所以新油注入系统前必须要过滤；经常检查和定期更换活塞杆端部的防尘密封。

③ 采用合适的过滤器：液压系统中的某些部位应选择安装适用的过滤器。

④ 控制液压油的温度：液压油液温度过高会加速其氧化变质，缩短它的使用期限。

⑤ 保持系统所有部位良好的密封性：空气侵入系统将直接影响液压油液的物理、化学性能，一旦发生泄露应立即排除。

⑥ 定期检查和更换液压油：液压系统工作一定时间，要对液压油进行抽样检查，分析其污染度。若不符合要求，应立即更换。在更换新的工作介质前，整个系统必须先清洗一次。

6.2.2　过滤器的功用和类型

过滤器的功用就是滤去油液中杂质，维护油液的清洁，防止油液污染，保证液压系统正常工作。

过滤器按过滤材料的过滤原理来分，有表面型、深度型和吸附型 3 种。

(1) 表面型过滤器

整个过滤作用是由一个几何面来实现的，就象丝网一样把污物阻留在其外表面。滤芯材料具有均匀的标定小孔，可以滤除大于标定小孔的污物杂质。由于污物杂质积聚在滤芯表面，所以此种过滤器极易堵塞。最常用的有编网式和线隙式过滤器两种。

(2) 深度型过滤器

此种过滤器的滤芯由多孔可透性材料制成，材料内部具有曲折迂回的通道，大于表面孔径的杂质积聚在外表面，而较小的杂质进入过滤器材料内部，撞到通道壁上，滤芯的吸附及迂回曲折通道有利污染粒子的沉积和截留。这种滤芯材料有纸芯、烧结金属、毛毡、陶瓷和各种纤维类等。

(3) 吸附性过滤器

滤芯材料将油液中的有关杂质吸附在其表面，常与其他形式滤芯一起制成复合式滤油器，对加工金属的机床液压系统特别适用。

6.2.3 过滤器的安装

过滤器在液压系统中有以下几种安装位置。

① 安装在泵的吸油口：在泵的吸油口安装过滤器，防止大颗粒杂质进入泵内，为不影响泵的吸油性能，防止空穴现象，要求过滤器的通油能力为液压泵的两倍以上，压力损失小于0.01～0.035 MPa，过滤精度较低。

② 安装在泵的出口或精密的液压元件前：安装在泵的出口或精密的液压件前可保护泵和这些液压元件，但须选择过滤精度高，能承受油路上工作压力和冲击压力的过滤器，其压力降一般小于0.35 MPa。此种方式常用于过滤精度要求高的系统及伺服阀和调速阀前，以确保它们的正常工作。为防止过滤器堵塞时引起液压泵过载，它应安装在溢流阀之后或与差压式安全阀并联。

③ 安装在系统的回油路上：安装在回油路可滤去油液回油箱前侵入系统或系统生成的污物，通过不断循环，提高油箱中油液的清洁度。可采用滤芯强度低的过滤器，其压力降对系统影响不大。为了避免过滤器阻塞，常并联一安全阀或安装堵塞发讯装置。

④ 安装在独立的过滤系统里：在大型液压系统中，可专设由液压泵和过滤器组成的独立过滤系统，专门用来清洗系统中的杂质，还可以与加热器、冷却器和排气器等配合使用，通过不断循环，提高油液清洁度。专用过滤车也是一种独立的过滤系统，用于给设备加油时过滤和定期过滤油箱中的油液。

在使用过滤器时还应注意过滤器只能单向使用，按规定液流方向安装，以利于滤芯清洗和安全。清洗或更换滤芯时，要防止外界污染物侵入液压系统。

6.2.4 对过滤器的要求

选用过滤器时应考虑以下几个方面。

① 过滤器精度应满足系统的要求：过滤精度是表示过滤器对各种不同尺寸的污染颗粒的滤除能力，用绝对过滤精度、过滤比和过滤效率等指标来表征。

② 要有足够的通流能力：通流能力指在一定压力降下允许通过过滤器的最大流量，应结合过滤器在液压系统中的安装位置来选取。

③ 要有足够的机械强度：足够的机械强度保证不会因压力油的作用而破坏。

④ 使用方便易于清洗或更换滤芯，便于拆装和维护。

6.3 油 箱

6.3.1 油箱的功能和机构

1. 功 用

油箱在液压系统中主要功用是储存液压系统所需的足够油液，散发系统工作时所产生的热量，释放混在油液中的气体，为系统中元件的安装提供位置。

2. 结　构

液压系统中的油箱有总体式和分离式油箱，开式和闭式油箱，上置式、下置式和旁置式油箱等。总体式油箱是与机械设备机做在一起，利用机体空腔部分作为油箱。结构紧凑，各种漏油易于回收；但散热性差，易使邻近构件发生热形变，维修不方便。分离式油箱是一个单独的与主机分开的装备，它布置灵活，维修保养方便，可减少油箱发热和液压振动对主机工作精度的影响，应用广泛，特别是组合机床、自动线和精密设备，大多采用分离油箱。所谓开式油箱是油箱液面和大气相通的油箱，应用最广。闭式油箱则是油箱液面和大气隔绝的，它只在特殊场合下使用。所谓上置式、下置式和旁置式油箱则是就液压泵相对于油箱的安装位置而言的。

图 6.1 所示为分离式油箱结构简图。油箱的底面常是倾斜的，最低处设有放油塞 8。中间有隔板 7 和 9，分别允许油液从其上部或下部流过，阻挡杂质通过。吸油管 1 和回油管 4 各安装在油箱两端，回油管必须深入油面以下，端口应切成 45°并面向油箱壁面。油面指示器 6 用于监测液面高度。大尺寸的油箱要加焊角板和加强肋以增大刚度。当电机传动装置、液压泵和其他液压元件安装在油箱上盖板时，要采取局部加强措施。

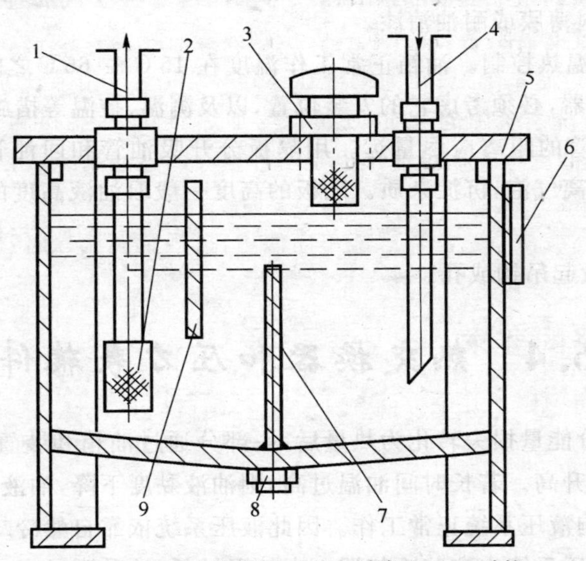

1. 吸油管；2. 网式过滤器；3. 空气过滤器；4. 回油管；
5. 顶盖；6. 油面指示器；7、9. 隔板；8. 放油塞

图 6.1　分离式油箱

6.3.2　油箱的设计

油箱的容量，即油面高度为油箱的 80%时的油箱有效面积，通常采取经验公式估算，其估算公式为

$$V=\xi q_{p} \tag{6.3}$$

式中　V——油箱的有效容积，单位为 L；

q_p——液压泵额定流量，单位为 L/min；

ξ——经验系数，低压系统为 2～4；中压系统为 5～7；高压系统为 10～12。

对功率较大且连续工作的系统，应按液压系统的热平衡原则进行验算。

6.3.3 油箱设计时应注意的问题

油箱设计时应注意以下几个方面的问题。

① 油箱应有足够的刚度和强度。

② 油箱有足够的有效容积。通常油箱的容量取液压泵每分钟流量的 3～8 倍即可。此外，还要考虑到液压系统回油到油箱时，不至溢出，油面高度一般不超过油箱高度的 80%。

③ 油箱中吸油管入口处应安装过滤器，要有足够的通流能力。因需经常清洗过滤器，所以在油箱结构上要考虑拆卸方便。

④ 易于散热、维护和保养，油箱底部做成适当斜度，以增大散热面积。在最低部位安设放油塞，以利于排放污油。大油箱为清洗方便应在侧面设计清洗窗孔。油箱箱盖上应安装空气滤清器。

⑤ 油箱内壁要加工，为了防锈、防凝水，新油箱内壁经喷丸、酸洗和表面清洗后，可涂一层与工作油液相容的塑料薄膜或耐油清漆。

⑥ 油箱要进行油温热控制。油箱正常工作温度在 15℃～ 65℃之间，在环境温度变化大的场合，应安装热交换器，必须考虑它的安装位置，以及测温、控温等措施。

⑦ 吸油管和回油管的距离应尽量远。用隔板分开吸油管和回油管，增加油液循环的距离，使油液足够时间分离气泡，沉淀杂质。隔板的高度一般取油液高度的 3/4。泄漏油管则应在油面以上。

⑧ 大、小油箱应设起吊钩或孔。

6.4 热交换器和压力表辅件

液压系统的大部分能量损失转化为热量后，一部分通过油箱和装置的表面向周围空间发散，大部分使油液温度升高。若长时间油温过高，则油液黏度下降，油液泄漏增加，密封材料老化，油液氧化，严重影响液压系统正常工作。因此液压系统依靠自然冷却不能使油温控制在正常工作温度时，需在液压系统中安装冷却器。在油温过低，油黏度过大，设备启动困难，压力损失大并引起过大的振动时，系统中应安装加热器。

热交换器是冷却器和加热器的总称，图形符号如图 6.2 所示。

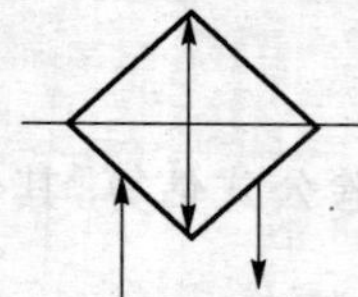

(a) 带冷却介质通道的冷却器

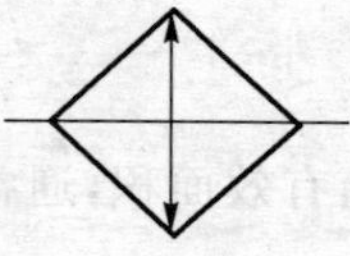

(b) 不带冷却介质通道的冷却器

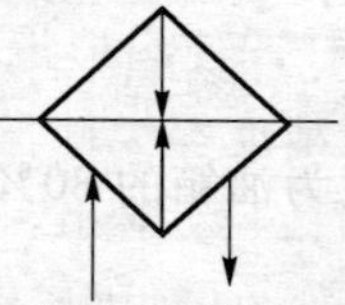

(c) 带加热介质通道的加热器

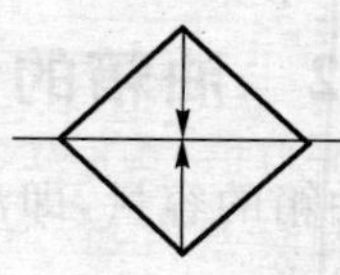

(d) 不带加热介质通道的加热器

图 6.2 加热器、冷却器图形符号

6.4.1　冷却器

根据冷却介质不同,冷却器有风冷式、水冷式和冷媒式 3 种。风冷式利用自然通风来冷却,常用在行走设备上。冷媒式是利用冷媒介质在压缩机中做绝热压缩,散热器放热,蒸发器中吸热原理,把热油的热量带走,使油冷却,此种方式常用于精密机床等设备上。水冷式是一般液压系统常用的冷却方式,水冷式利用水进行冷却。它有蛇形管式冷却器和多管式冷却器两种。

冷却器一般安放在回油管或低压管路上,如图 6.3 所示。冷却器安装在主溢流阀溢流口,溢流阀产生的热油直接获得冷却,不受系统压力影响,单向阀起保护作用,截止阀可在启动时使液压油液直接回油箱;也可直接安装在主回油路上,冷却速度快,但当系统回路有冲击压力时,冷却器要承受较高的压力,若直接与单独的液压泵相连,冷却器不受液压冲击的影响。

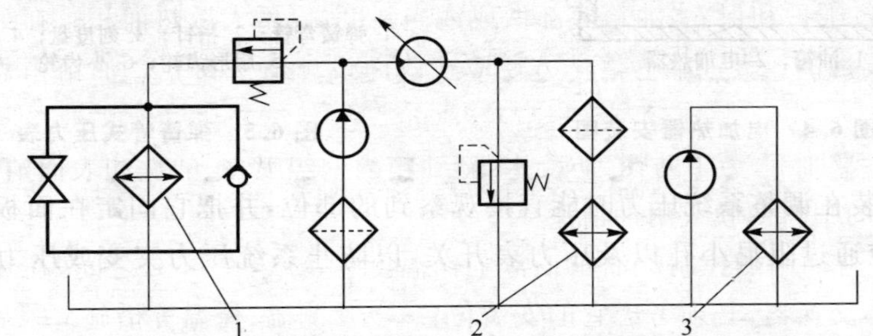

1. 冷却器装在主溢流阀溢流口；2. 冷却器直接装在主回油路上；3. 与单独的液压泵相连

图 6.3　冷却器在液压系统中的各种安装位置

6.4.2　加热器

油液加热的方法有用热水或蒸汽加热和电加热两种方式。由于电加热器使用方便,能按需要自动调节温度,故得到广泛应用。如图 6.4 所示,电热器 2 用法兰固定在油箱 1 的壁上。发热部分应全部浸入流动中的油液,以利于热量交换。电加热器功率不能太大,以免局部油液过度受热而变质,因此,应设置连锁保护装置,在没有足够的油液进行循环时,或者油液没有完全包围加热元件时,阻止加热器工作。

6.4.3　压力表

液压系统各工作点的压力一般都用压力表来观测,以便调整到要求的工作压力。在液压系统中最常用的是弹簧管式压力表,其工作原理如图 6.5 所示。当压力油进入弹簧弯管 1 时,产生管端变形,通过杠杆 4 使扇形齿轮 5 摆转,带动小齿轮 6,使指针 2 偏转,由表盘 3 读出压力值。压力表精度用精度等级衡量,即压力表最大误差占整个量程的百分数。压力表最大误差占整个量程的百分数越小,压力表精度越高。一般机械设备液压系统采用 1.5～4级精度等级的压力表。在选用压力表时,压力表量程约为系统最高工作压力的 1.5 倍左右的较适宜。

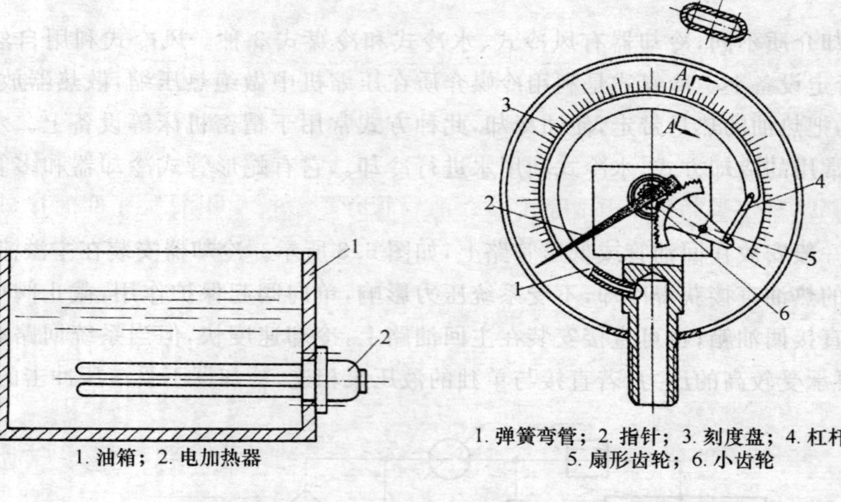

1. 油箱；2. 电加热器

图 6.4 电加热器安装图

1. 弹簧弯管；2. 指针；3. 刻度盘；4. 杠杆；5. 扇形齿轮；6. 小齿轮

图 6.5 弹簧管式压力表

压力表应安装在调整系统压力时能直接观察到的部位，并把它固定在面板上。压力表接入压力管道时，应通过阻尼小孔以及压力表开关，以防止系统压力突变或压力脉动而损坏压力表。

6.4.4 压力表开关

压力表开关用于接通和切断压力表与油路的通道，压力表开关相当于一个小型截止阀。压力表开关有一点、三点或六点等。多点压力表开关用一个压力表可与几个测压点油路相通，测出相应点的油压力。图 6.6 为压力表开关的结构图。

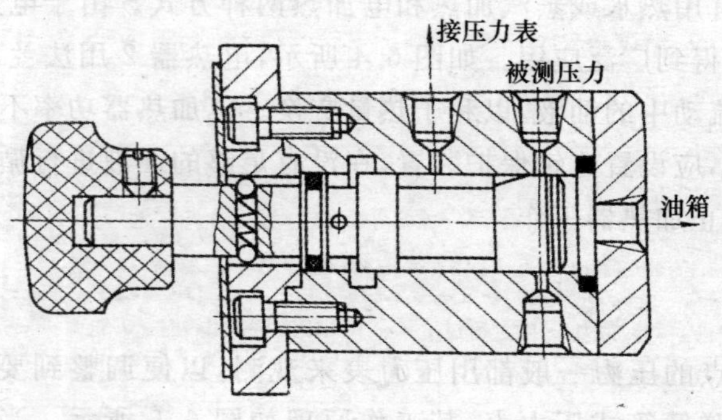

图 6.6 压力表开关

6.5 管 件

管件主要包括油管和管接头。它的主要功用是用来连接液压元件，输送液压油。管件应保证有足够强度、密封性能好、压力损失小且拆装方便等。

6.5.1 油管

1. 油管的种类

在液压系统中常用的油管有钢管、铜管、塑料管、尼龙管和橡胶软管等。主要根据工作环境和压力大小来选用油管。各种油管的特点及适用场合如表6.2所列。

2. 油管的的选用

油管规格尺寸主要指内径 d 和壁厚 δ。油管管径一般按使用液压元件的接口选取，然后进行流量和压力校核。

内径 d 可由下式计算

$$d \geqslant 4.61\sqrt{\frac{q}{v}} \tag{6.4}$$

式中 q——管内流量；

v——管中油液的流速，吸油管取 0.5～1.5 m/s，压油管取 2.5～5 m/s，回油管取 1.5～2.5 m/s，短管及局部收缩处取 5～7 m/s。

油管壁厚 δ 按下式计算

$$\delta \geqslant \frac{pd}{2\sigma_p} \tag{6.5}$$

式中 p——管内工作压力；

n——安全系数，对钢管来说，$p<7$ MPa 时，取 $n=8$；7 MPa$<p<17$ MPa 时，取 $n=6$；$p<1.75$ MPa时，取 $n=4$；

σ_p——管道材料的抗拉强度，钢管取 $\sigma_p=\frac{\sigma_b}{n}$，铜管取 $\sigma_p \leqslant 25$ MPa。

选用油管时，内径不宜过小，过小会使流速过高，压力损失大，易产生振动和噪声；也不能过大，过大会使液压装置不紧凑。在保证强度的前提下，尽量选用薄壁管，薄壁管易弯，规格多，易连接。

表6.2 各种油管的特点及用场合

种类		特点及适用场和
硬管	钢管	耐油、耐高压、强度高、抗腐蚀、工作可靠且价格低廉，但装配时不能任意弯曲，常在装拆方便处用做压力管道。中压以上用无缝钢管，低压用焊接钢管
	铜管	价高，承压能力一般不超过 6.5～10 MPa，抗冲击和振动能力差，易使油液氧化，易弯曲成各种形状，常用在液压系统装配不便处
软管	塑料管	耐油、价格便宜、装配方便、长期使用易老化，只适用于压力低于 0.5 MPa 的回油管、泄油管等
	尼龙管	乳白色半透明，可观察流动情况，加热后可随意弯曲成形或扩口，冷却后又能定形，安装方便，承压能力因材料而异
	橡胶软管	高压软管由耐油橡胶夹有几层编织钢丝制成，钢丝网层数越多耐压越高，价格昂贵，用于压力管路中相对运动间的连接。低压软管由耐油橡胶夹帆布制成，用于回油管路

6.5.2 管接头

管接头是油管与液压元件、油管与油管直接之间可拆卸的连接件。管接头必须在强度足够的前提下，在压力冲击和振动下要保持管路的密封性、连接牢固、外形尺寸小、加工工艺性好和压力损失小等要求。

管接头种类繁多，具体规格品种可查阅油管手册。管接头与其他元件用国家标准米制锥螺纹和普通细牙螺纹连接。液压系统中常用的几种管接头性能，如表 6.3 所列。

表 6.3 液压系统常用管接头

名　称	结构简图	特点和说明
焊接式管接头	球形头	1. 利用球面进行密封，制造简单，工作可靠； 2. 必须采用厚壁钢管，拆装不便； 3. 常用用于中、高压系统中
卡套式管接头	油管　卡套	1. 用卡套卡住油管进行密封，尺寸小，拆装方便； 2. 要求油管径向尺寸精度较高，适用于冷拔无缝钢管
扩口式管接头	油管　管套	1. 用油管管端的扩口在管套的压紧下进行密封，结构简单，可重复进行连接； 2. 适用于不超过 8 MPa 的中、低压系统
扣压式管接头		1. 用来连接高压软管； 2. 随管径不同工作压力范围 6～40 MPa
固定铰接管接头	螺钉 组合垫圈 接头体 组合垫圈	1. 是直角接头，优点是可以随意调整布管方向，安装方便，占空间小； 2. 接头与管子的连接方法，除本图卡套式外，还可用焊接式； 3. 中间有通油孔的固定螺钉把两个组合垫圈压紧在接头体上进行密封

液压系统的泄漏问题大都出现在管路的接头上，所以对接头形式、材料，管路的设计以及管路的安装都要认真对待，否则将影响液压系统的工作性能。

6.6 密封装置

液压传动是以液体为传动介质，依靠密封容积变化来传递力和速度的。系统如果密封不良，可能出现油液的内外泄漏以及外界灰尘和异物的浸入；如果密封过度，会降低密封件的使用寿命，增大液压元件内的运动摩擦阻力，降低系统的机械效率。密封装置的性能直接影响液压系统的工作性能和效率，是衡量液压系统性能的一个重要指标。

6.6.1　对密封装备的要求

对密封装备的要求有以下几点：

① 在工作压力范围内具有良好的密封性能，并随着压力的增加能自动提高密封性能。

② 密封装置与运动件之间摩擦系数小，耐磨性好。

③ 耐臭氧性和抗老化性好，寿命长。

④ 抗腐蚀能力强，能在工作介质中长期工作，其体积和硬度变化小。

⑤ 温度适应性好，高温下不软化、不分解，低温下不硬化、不脆裂。

⑥ 加工性能好，维护、使用方便，价格低廉。

6.6.2　密封装置的分类和特点

密封可分为非接触式密封和接触式密封。前者主要指间隙密封，是靠相对运动件配合面之间的微小间隙来进行密封的。它是最简单的密封形式，常用于柱塞、活塞或阀的圆柱配合中。后者指密封件密封。液压系统中密封装置种类很多，常用的有以下几种。

1. O形密封圈

O形密封圈是一种截面为圆形的耐油橡胶，如图6.7所示。O形密封圈密封原理是依靠O形密封圈预压缩，消除间隙而实现密封，随压力增加能自动地提高密封件与密封表面的接触应力，从而提高密封作用，并在磨损后具有自动补偿的能力。O形密封圈是液压系统中使用最广泛的一种密封件，它主要用于静密封和运动速度在0.005～0.03 m/s的往复运动密封以及低速回转密封装置。O形密封圈结构简单、密封性好、成本低，安装方便，高低压均可用。它一般安装在外圆或内圆上截面为矩形的沟槽内起密封作用，当静密封压力 $p>32$ MPa 或动密封 $p>7$ MPa时，O形密封圈会因产生弹性变形而被挤入密封偶合面间的缝隙而损坏。为了避免此种情况，常在O形密封圈低压侧安置树脂挡圈，当双向交替受压力油作用时，两侧各加一个挡圈，如图6.8所示。挡圈材料可为聚四氟乙烯树脂、尼龙1010或尼龙6等。

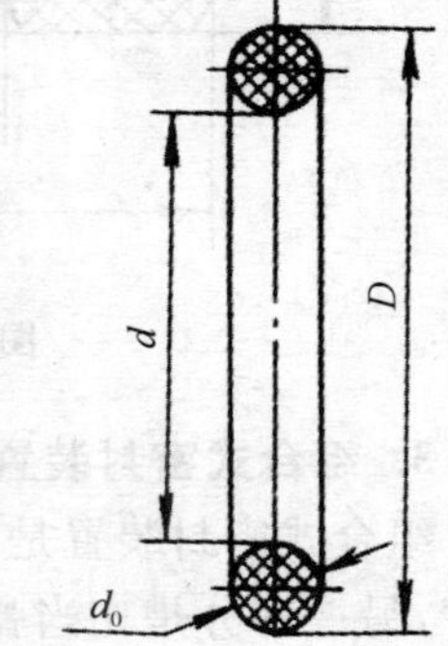

图6.7　O形密封圈

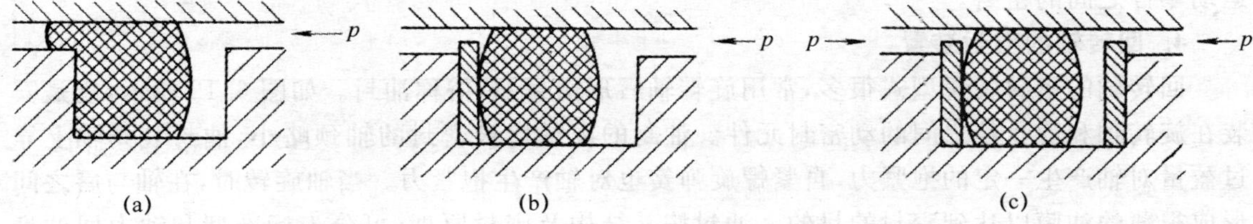

图6.8　O形密封圈的挡圈安装

2. 唇形密封圈

唇形密封圈是依靠密封圈的唇口受液压力作用下变形，使唇边贴紧密封副耦合面并呈线状接触而进行密封的。液压力越高，唇边贴得越紧，并且具有磨损后自动补偿的能力。这一类密封一般用于往复运动密封装置中。常见的有Y形、V形等。

(1) Y 形密封圈

Y 形密封圈的截面呈 Y 形,如图 6.9 所示,是一种典型的唇形密封圈。按其截面的高、宽比例,可分为宽型、窄型、Y_X 型等几类;按两唇的高度是否相等,可分为等高唇和不等高唇 Y 形密封圈。安装 Y 形密封圈时,唇口一定要对着压力高的一侧。Y 形密封圈结构简单,密封性好,摩擦阻力小,运动平稳,适用压力范围广,安装方便,价格低廉,使用寿命高于 O 形密封圈。

(2) V 形密封圈

V 形密封圈的截面呈 V 形,也是一种唇形密封圈,根据制作材料不同,分为纯橡胶 V 形密封圈和夹织物 V 形密封圈等。V 形密封圈由支承环、密封环和压环三部分组成,如图 6.10 所示。V 形密封圈主要用于液压缸活塞和活塞杆的往复动密封。它的使用寿命长,可根据使用压力的高低,选择密封环的数量,以满足密封要求;根据密封装置的不同使用要求,可交替安装不同材质的密封环,更换和维修密封圈方便。但 V 形密封圈的运动摩擦阻力大于 Y 形密封圈。安装 V 形密封圈时,必须将密封圈的 V 形口面向压力高的一侧。

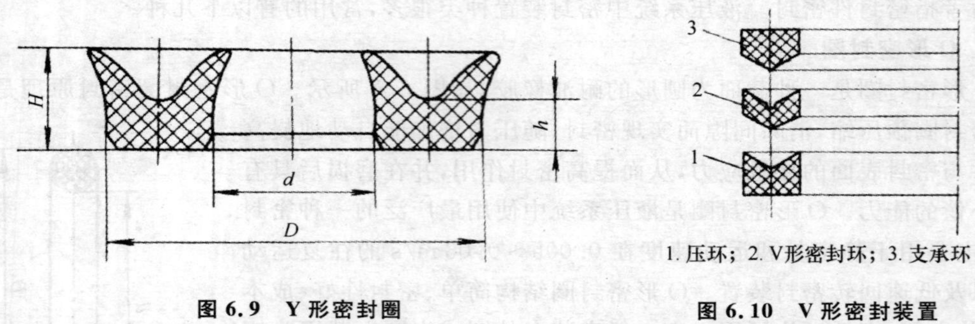

图 6.9 Y 形密封圈

图 6.10 V 形密封装置

3. 组合式密封装置

组合式密封装置是由二个或二个以上元件组成,其中一部分是润滑性能好,摩擦系数小的元件,另一部分是充当弹性体的元件,从而改善综合密封性能。最简单、最常见的是由钢和耐油橡胶压胶而成的组合密封垫圈,如图 6.11 所示。随着液压技术的发展,出现了聚四氟乙烯与耐油橡胶组成的橡塑组合密封装置。它耐高压、高温、高速、低摩擦系数且寿命长,用于往复运动零件之间的密封。

4. 回转轴的密封装置

回转轴的密封装置型式很多,常用旋转轴唇形密封圈,俗称油封。如图 6.12 所示,它是安装在旋转轴和静止件之间的动密封元件。油封的内径比被密封的轴颈略小,油封装到轴上靠过盈量对轴产生一定的抱紧力,自紧螺旋弹簧也对轴产生抱紧力。当轴旋转时,在轴与唇之间形成很薄的油膜以达到密封的目的。油封按其结构及密封原理,可分为标准型和动力回油型油封;按组件材质可分为骨架式和无骨架式两类。

5. 胶密封和带密封

胶密封是用密封胶涂敷在接合面上,将两接合面胶接在一起,堵塞泄露通道。密封胶具有良好的成膜性,对接缝、缺口及孔洞等起到良好的密封作用,并能承受一定的压力和振动。

带密封是一种介于固体密封和液态密封之间的密封。它是将密封带缠绕在螺纹上,填满螺纹副的间隙,形成泄露阻力。带密封操作简便,连接牢固,耐高压,不污染液压油液,不腐蚀螺纹。

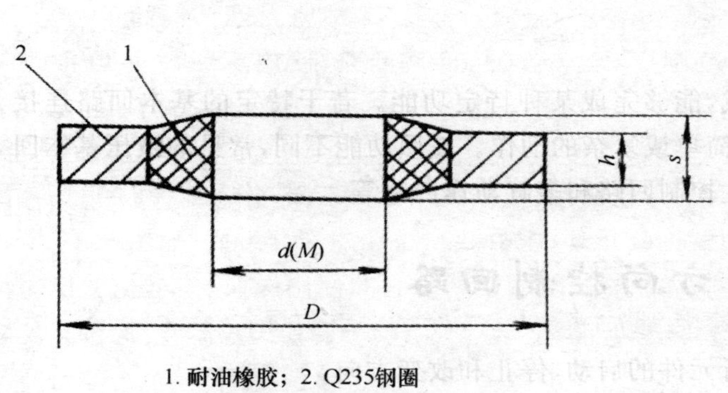

1. 耐油橡胶；2. Q235钢圈

图 6.11　组合密封垫圈

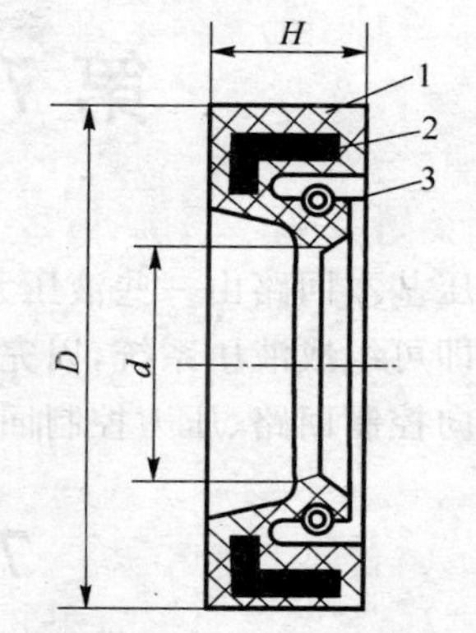

1. 橡胶本体；2. 金属加强环（骨架）；3. 自紧螺旋弹簧

图 6.12　回转轴用油封

习　题

6-1　滤油器分为哪些种类？安装时要注意什么？

6-2　根据哪些原则选用滤油器？

6-3　在液压缸活塞上安装 O 形密封圈为什么在其侧面安放挡圈？怎样确定用一个或两个挡圈？

6-4　O 形密封圈在使用过程中为什么会出现翻转，扭曲现象？可采取哪些措施加以解决？

6-5　举例说明油箱的典型结构及各部分的作用。

6-6　怎样确定油箱的容积？

6-7　油管接头的作用是什么？有哪几种常用的形式？接头处是如何密封的？

6-8　在一个由最高工作压力为 20 MPa 降到最低工作压力为 10 MPa 的液压系统中，假设蓄能器充气压为 9 MPa，供给 5 L 的液体，问需要多大容量的蓄能器？

6-9　一气囊式蓄能器容量为 2.5 L，气体的充气压为 2.5 MPa，当工作压力从 $p_1 = 7\,\text{MPa}$ 变化到 $p_2 = 5\,\text{MPa}$ 时，试求蓄能器能输出液体的体积。

6-10　某液压系统，液压泵供油量为 24 L/min，供油压力为 7×10^6 Pa。每间隔一段时间，蓄能器在 0.1 s 内供油 0.8 L。两次供油的最小时间间隔为 30 s。假定允许压力差为 10^6 Pa，确定蓄能器的容积。

6-11　在某一液压系统中，利用流量 0.4 L/s 的泵，最大压力为 70×10^5 Pa（表压力），在 0.1 s 周期内要提供 1 L 油，需油间隔的最小时间为 30 s，假定允许压力差为 10×10^5 Pa，试确定合适的蓄能器容积。

第7章　液压基本回路

液压基本回路由一些液压元件组成,能够完成某种特定功能。若干特定的基本回路连接或复合即可组成液压系统,以完成各种简单或复杂的动作。按照功能不同,常见的液压基本回路有方向控制回路、压力控制回路、速度控制回路和多缸动作回路等。

7.1　方向控制回路

方向控制回路控制液压系统中执行元件的启动、停止和改变方向。

7.1.1　换向回路

1. 简单换向回路

为使液压系统中的执行元件在其行程端点处迅速、平稳和准确地变换运动方向,简单换向回路可以采用标准的换向阀或双向变量泵。

(1) 采用换向阀的换向回路

对于依靠重力或弹簧力回程的单作用液压缸,采用二位三通换向阀即可实现换向。如图7.1所示,当电磁铁通电时,换向阀右位工作,推动活塞向右运动;当电磁铁断电时,换向阀处于左位,弹簧力推动活塞快速左行,实现换向。如果只要求接通或切断油路,采用二位二通换向阀即可。

对于双作用缸,采用二位四通或二位五通换向阀,可实现正反运动;采用三位四通或三位五通换向阀,还可以满足执行元件中途停止的要求或其他特殊的要求。

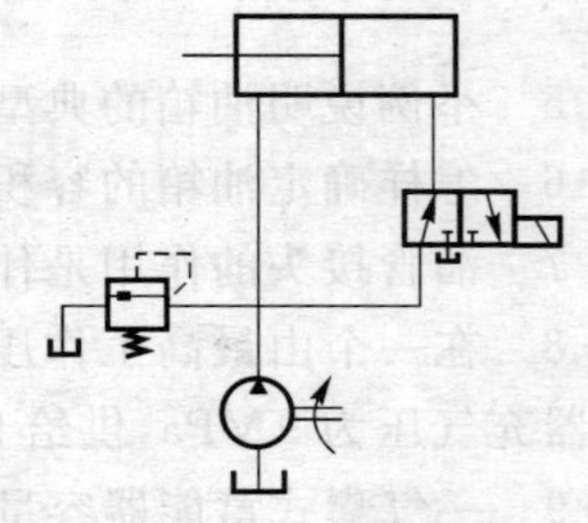

图7.1　采用二位三通换向阀的换向回路

在采用换向阀组成换向回路时,应考虑其操纵方式对换向平稳性和精度的影响。电磁换向阀动作快,但换向有冲击,不宜频繁切换;电液换向阀可控制换向速度,换向冲击小,但也不宜频繁切换。因此,电磁换向阀和电液换向阀一般用于自动化程度要求较高的换向回路中;而流量较大、换向平稳性要求较高的系统中,应采用以手动阀或机动阀为先导阀,以液动阀为主阀的换向回路。

(2) 采用双向变量泵的换向回路

在容积调速的闭式回路中,可采用双向变量泵控制供油方向以实现液压缸或液压马达的换向,如图7.2所示。当活塞右行时,单出杆双作用缸8的进油流量大于排油流量,辅助泵2通过单向阀4补充双向变量泵1吸油侧流量的不足;变更双向变量泵1的供油方向,活塞左行,排油流量大于进油流量,二位二通阀7右位和溢流阀6将泵1吸油侧多余的油液排回油箱。图7.2中溢流阀6和3可起到防止泵吸空和使活塞运动平稳的作用,而溢流阀5起防止系统过载的作用。

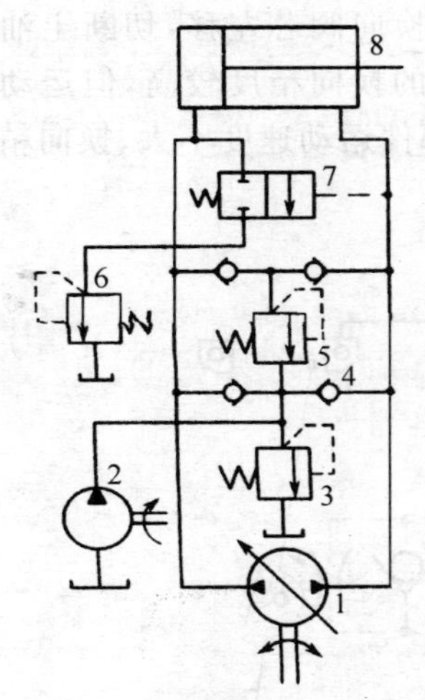

图 7.2　采用双向变量泵的换向回路

2. 复杂换向回路

当需要频繁、连续自动地换向且对换向要求较高时，需采用复杂换向回路。复杂换向回路中采用特殊设计的机液换向阀，以行程挡块推动机动先导阀，控制一个可调式液动换向阀来实现换向。按换向要求不同，复杂换向回路有时间控制制动式和行程控制制动式两种。

(1) 时间控制制动式换向回路

图 7.3 所示的时间控制制动式换向回路中，主油路只受换向阀 3 控制，而换向阀 3 的换向受控于先导阀 2。在换向过程中，例如，当换向阀 3 处于右端时，液压泵的压力油进入液压缸的左腔，使活塞右行，液压缸右腔的油经阀 3 和节流阀 1 流回油箱。当活塞带动工作台运动到终点时，工作台上的挡块通过杠杆使先导阀 2 换向，阀 2 切换至左位，压力油经单向阀 I_2 通向换向阀 3 右端，换向阀左端的油经节流阀 J_1 流回油箱，换向阀芯向左移动，阀芯上的制动锥面逐渐关小回油通道，活塞速度逐渐减慢，并在换向阀 3 的阀芯移过 l 距离后将通道闭死，使活塞停止运动。不考虑油液黏度变化的影响，调定节流阀 J_1 和 J_2 的开口大小，换向阀阀芯移过距离 l 所需的时间就确定不变。这种换向回路的制动时间可根据工作情况进行调整，能够减小冲击量、提高换向平稳性。但换向精度不高，主要用于工作部件运动速度较高，要求换向平稳、无冲击，但换向精度要求不高的场合，如用于平面磨床和插床、拉床和刨床液压系统中。

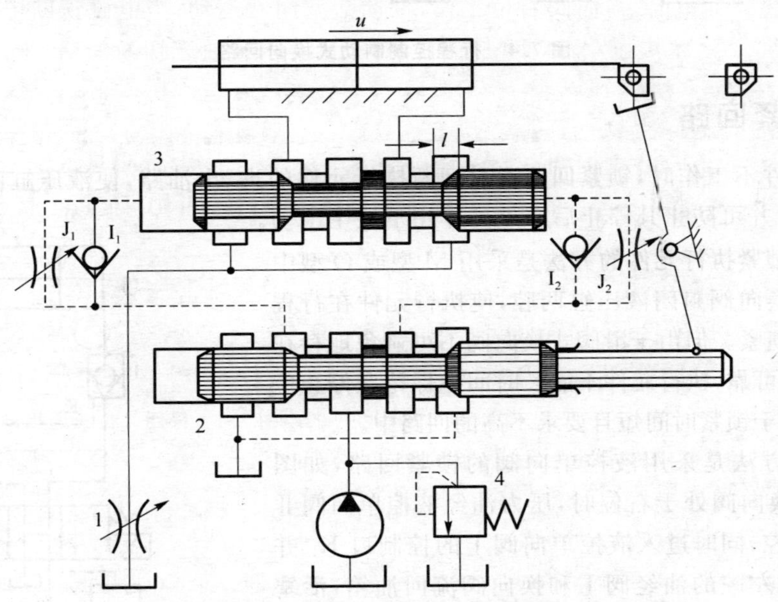

1. 节流阀；2. 先导阀；3. 换向阀；4. 溢流阀

图 7.3　时间控制制动式换向回路

(2) 行程控制制动式换向回路

图 7.4 所示的行程控制制动式换向回路中的主油路除受换向阀 3 控制外，还受先导阀 2 控制。在换向过程中，当先导阀 2 左移时，液压缸右腔的回油通道逐渐关小，使活塞速度逐渐

减慢，对活塞进行预制动，直至换向阀3的控制油路开始切换，换向阀芯左移，切断主油路通道，使活塞停止运动，并随即在相反的方向启动。这种换向回路的换向精度较高，但运动部件速度影响制动时间的长短和换向冲击的大小，宜用于主机工作部件运动速度不大、换向精度要求较高的场合，如磨床液压系统中。

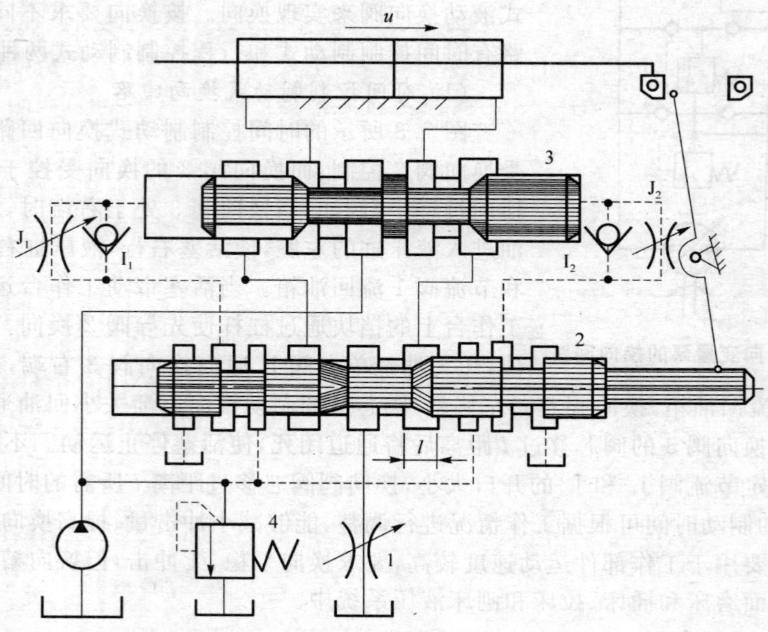

图 7.4 行程控制制动式换向回路

7.1.2 锁紧回路

在执行元件不工作时，锁紧回路通过切断执行元件的进、出油路，使液压缸活塞准确地在任意位置停止，并可防止其停止后在外力作用下发生窜动。

最简单的锁紧执行元件的方法是采用M型或O型中位机能的三位换向阀封闭液压缸两腔，使执行元件在行程的任意位置上锁紧。但由于滑阀式换向阀不可避免地存在泄漏，锁紧不够可靠，执行元件不能长时间地保持在停止位置不动，只适用于锁紧时间短且要求不高的回路中。

最常用的方法是采用液控单向阀的锁紧回路，如图7.5所示。当换向阀处于右位时，压力油经液控单向阀Ⅱ进入液压缸右腔，同时进入液控单向阀Ⅰ的控制口K_1并打开阀Ⅰ，使缸左腔的油经阀Ⅰ和换向阀流回油箱，活塞左行。反之，活塞右行。当H型或Y型中位机能的三位换向阀处于中位时，液控单向阀的控制口K_1和K_2卸压，阀Ⅰ和阀Ⅱ关闭，使活塞迅速、平稳、可靠且长时间地双向锁紧，不会因外力而移动。液控单向阀密封性能好，泄漏少，能使执行元件长期锁紧。这种回路常用于汽车起

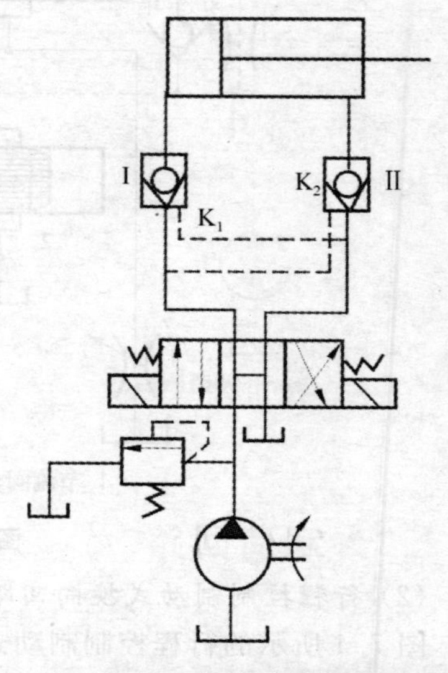

图 7.5 采用液控单向阀的锁紧回路

重机的支腿油路中，也用于矿山采掘机械的液压支架的锁紧回路中。

7.2 压力控制回路

压力控制回路利用压力控制元件控制系统的整体或局部压力，达到调压、卸荷、减压、增压、保压和平衡等目的，以保证执行元件能够获得所需要的力或转矩，并安全可靠地工作。

7.2.1 调压回路

调压回路能够保证液压系统整体或局部的压力保持恒定或不超过某一数值。一般使用溢流阀实现调压功能。

1. 单级调压回路

图7.6(a)所示的单级调压回路中，在泵1的出口处设置关联的溢流阀2，溢流阀开启，系统压力基本恒定。溢流阀的调定压力决定泵的出口压力。

2. 多级调压回路

图7.6(b)所示的远程调压的多级调压回路中，远程调压阀3接主溢流阀2的远控口，当二位二通电磁换向阀4关闭时，液压泵的出口压力由溢流阀2调定。当二位二通电磁阀通电切换后，油路接通，泵的出口压力由远程调压阀3调定。远程调压阀的调定压力应小于主溢流阀的调定压力，否则，不能实现二级调压。在溢流阀的遥控口通过多位换向阀的不同通口，并联多个调压阀，即可构成多级调压回路。

3. 无级调压回路

图7.6(c)所示的无级调压回路中，通过改变比例溢流阀1的输入电流可实现无级调压。无级调压回路使压力切换平稳，容易实现远距离控制或程控。

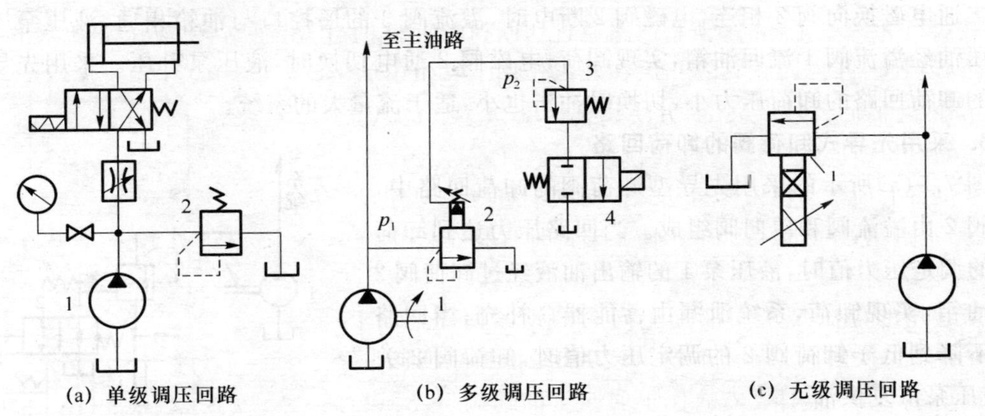

图7.6 调压回路

7.2.2 卸荷回路

在执行元件短时间停止工作时，卸荷回路能够不频繁启闭液压泵的驱动电机，而使液压泵在功率损耗近于零的情况下运转，以减少功率损失和系统发热，延长泵和电机的使用寿命。一般大于 3kW 的系统中必须设计卸荷回路。

1. 采用换向阀的卸荷回路

图 7.7(a)中的回路利用二位二通换向阀使泵卸荷。图 7.7(b)中的回路利用 M(或 H、K)型换向阀的中位机能,使泵输出的油液直接流回油箱,实现卸荷,但此回路切换时冲击大,只适用于低压小流量的系统。图 7.7(c)中的回路采用 M(或 H、K)型电液换向阀对泵进行卸荷,切换时冲击小,可用于高压大流量系统。应注意,图 7.7(c)的回路中需要在换向阀前面设置单向阀或在换向阀回油口设置背压阀,使系统保持较低的压力,以便操纵电液换向阀换向。

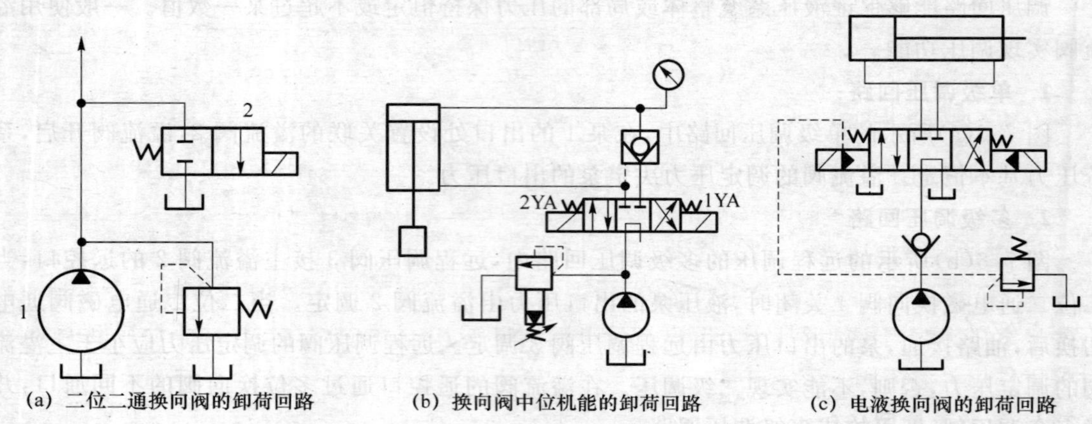

(a) 二位二通换向阀的卸荷回路　(b) 换向阀中位机能的卸荷回路　(c) 电液换向阀的卸荷回路

图 7.7 采用换向阀的卸荷回路

2. 采用先导型溢流阀的卸荷回路

图 7.8 所示的采用先导型溢流阀的卸荷回路中,先导式溢流阀 3 的遥控口直接与小型的二位二通电磁换向阀 2 相连,电磁阀 2 断电时,溢流阀 3 的遥控口与油箱相通,液压泵 1 输出的液压油经溢流阀 1 流回油箱,实现卸荷;电磁阀 2 通电切换时,液压泵升压。采用先导型溢流阀的卸荷回路的卸荷压力小,切换时冲击也小,适于流量大的系统。

3. 采用先导式卸荷阀的卸荷回路

图 7.9(a)所示的采用先导型卸荷阀的卸荷回路中,卸荷阀 2 由溢流阀和单向阀组成。当回路压力达到卸荷阀 2 的调定压力值时,液压泵 1 的输出油液经过卸荷阀 2 流回油箱,实现卸荷,系统泄漏由蓄能器 3 补充;当回路压力下降到低于卸荷阀 2 的调定压力值时,卸荷阀 2 关闭,液压泵恢复供油。

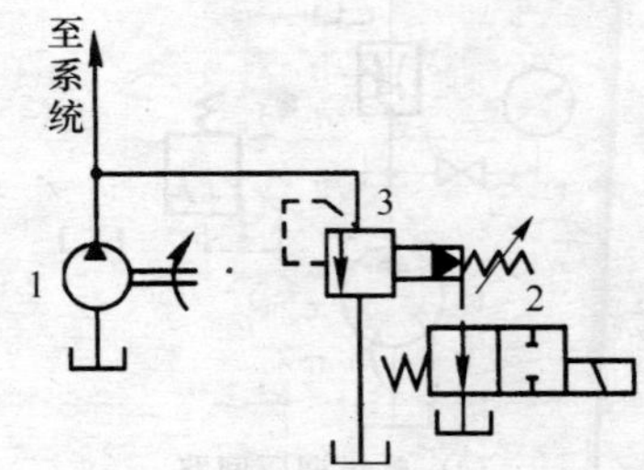

图 7.8 采用先导型溢流阀的卸荷回路

4. 采用压力补偿变量泵的卸荷回路

图 7.9(b)所示的采用压力补偿变量泵的卸荷回路中,当液压缸 4 的活塞运动到行程终点或换向阀 3 处于中位时,液压泵 1 的压力升高到压力补偿装置所需的压力时,泵的流量减小到只需补充液压缸 4 或换向阀 3 的泄漏,此时虽然泵 1 处于最高压力,但输出流量很小,功率损耗大为降低,实现卸荷。溢流阀 2 作安全阀用,以防止压力异常升高。

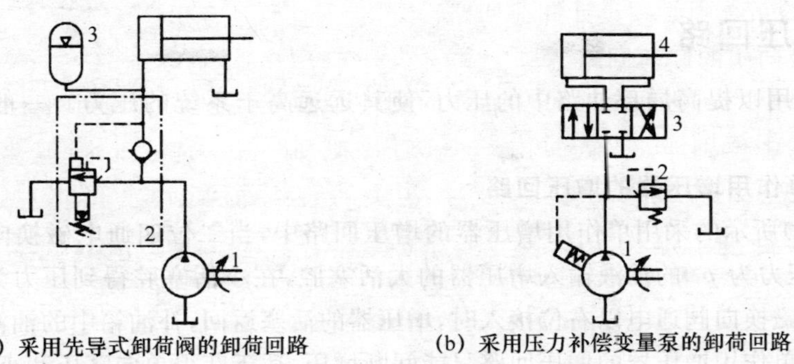

(a) 采用先导式卸荷阀的卸荷回路　(b) 采用压力补偿变量泵的卸荷回路

图 7.9　卸荷回路

7.2.3　减压回路

减压回路用于使液压系统某一部分的油路具有较低的稳定压力。一般用减压阀来实现减压功能。

1. 定值减压回路

图7.10(a)所示的定值减压回路中，在支路上串接定值减压阀2即可获得低于主油路压力的稳定压力。当主油路压力低于减压阀2的调整压力时，单向阀3可以防止油液倒流，起短时保压作用。溢流阀1限定了液压泵的最大工作压力。

2. 多级减压回路

图7.10(b)所示的二级减压回路中，先导式减压阀2的远控口通过二位二通换向阀3与远程调压阀4相接，当二位二通电磁换向阀3处于左位时，液压缸5的出口压力由减压阀2调定。当二位二通电磁阀3处于右位时，液压缸5的出口压力由远程调压阀4调定。远程调压阀4的调定压力应小于减压阀2的调定压力，否则，不能实现二级减压。

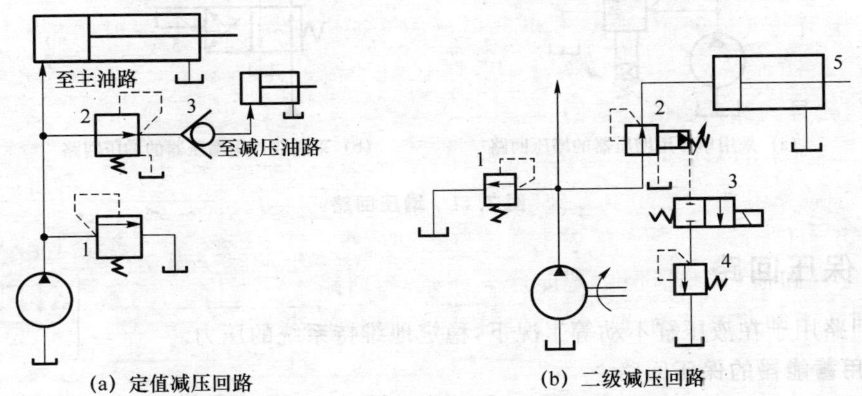

(a) 定值减压回路　(b) 二级减压回路

图 7.10　减压回路

减压回路采用比例减压阀可实现无级减压。

减压阀的最低调整压力不应小于0.5MPa，最高调整压力至少应比系统压力低一定数值，中压系统约低0.5MPa，中高压系统约低1MPa。当减压回路中的执行元件需要调速时，调速元件应放在减压阀的下游。减压回路不宜用于压力降和流量较大的场合。

7.2.4 增压回路

增压回路用以提高局部油路中的压力，使其远远高于系统的压力。一般采用增压器来实现增压功能。

1. 采用单作用增压器的增压回路

图 7.11(a)所示的采用单作用增压器的增压回路中，当二位四通电磁换向阀断电处于左位时，液压泵将压力为 p_1 的油液输入增压器的大活塞腔，在小活塞腔得到压力为 p_2 的高压油液。当二位四通电磁换向阀通电以右位接入时，增压器的活塞返回，补油箱中的油液经单向阀补入小活塞腔。采用单作用增压器的增压回路只能间断增压，适于获得单向高压和小流量的系统。

2. 采用双作用增压器的增压回路

图 7.11(b)所示的采用双作用增压器的增压回路中，当二位四通电磁换向阀 5 断电左位接通时，压力油经换向阀 5 和单向阀 1 进入增压器左端的大、小活塞腔，右端大活塞腔的油流回油箱，小活塞腔中经增压后的高压油经单向阀 4 输出至执行元件，单向阀 2、3 关闭；当增压器活塞移到右端时，换向阀通电右位接通，活塞左移，左端小活塞腔输出的高压油经单向阀 3 输出至执行元件。随着电磁阀的不断地通断电换向，增压器的活塞往复运动，交替输出高压油，可以连续增压。

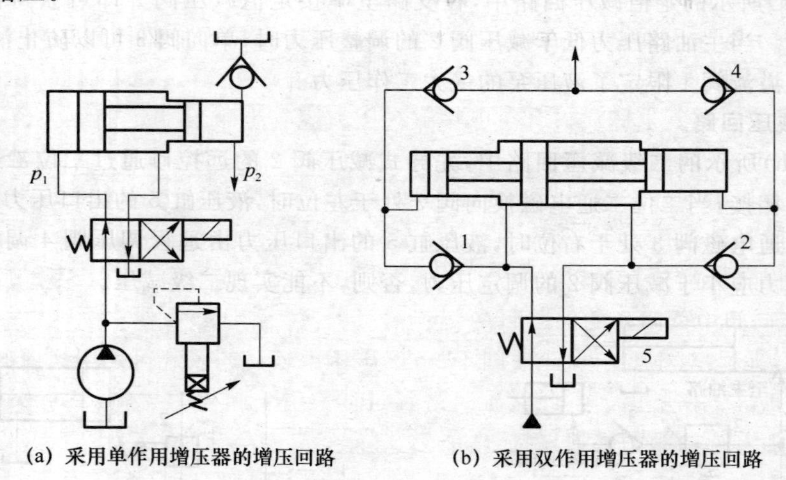

(a) 采用单作用增压器的增压回路　　(b) 采用双作用增压器的增压回路

图 7.11 增压回路

7.2.5 保压回路

保压回路用于在液压缸不动等工况下，稳定地维持系统的压力。

1. 采用蓄能器的保压回路

图 7.12(a)所示的采用蓄能器的保压回路中，当进给液压缸 8 快速运动时，泵压下降，单向阀 3 关闭，将夹紧油路和进给油路隔开，蓄能器 4 给夹紧液压缸 9 保压并补充泄漏。当夹紧缸压力达到预定值时，压力继电器 5 发讯号使阀 6 的电磁铁通电，进给液压缸 8 动作。此回路的保压时间长，应注意工作循环中必须向蓄能器 4 充液。

2. 采用辅助泵的保压回路

图 7.12(b)所示的采用辅助泵的保压回路中，当系统压力较低时，主泵 1 和辅助泵 2 同时

供油;当系统压力升高到卸荷阀 4 的调定压力时,主泵 1 卸荷,辅助泵 2 维持系统的压力为溢流阀 3 的调定值。小流量的辅助泵 2 的流量略高于系统的泄漏量即可。

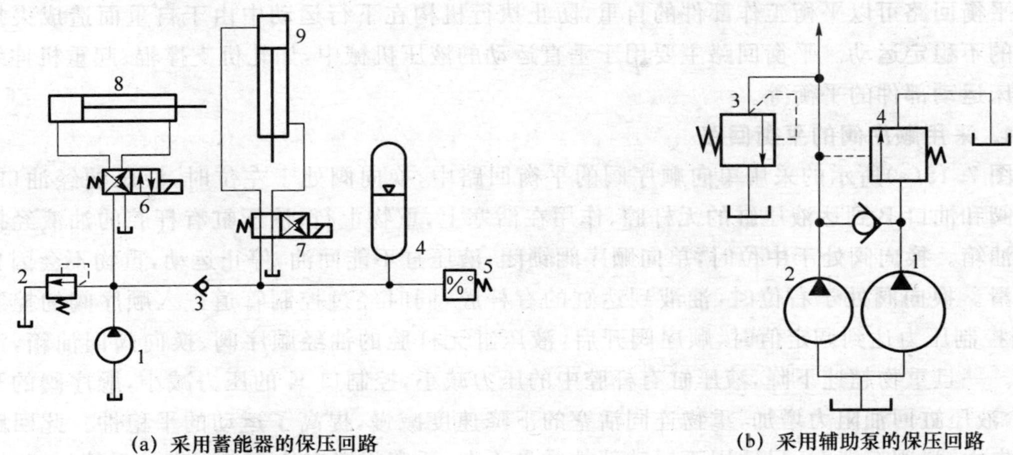

(a) 采用蓄能器的保压回路　　(b) 采用辅助泵的保压回路

图 7.12　保压回路

3. 采用液控单向阀和电接点压力表的保压回路

图 7.13 所示的保压回路中,在液压缸上腔安装电接点压力表监测保压压力的变化,从而发出电信号控制电路工作。图 7.13 所示的回路中,当电磁铁 2YA 通电时,三位四通电磁换向阀 3 右位接入,液压缸 6 上腔压力升至电接触式压力表 5 上触点调定的压力值,上触点接通,电磁铁 2YA 断电,换向阀切换成中位,液压泵 1 通过溢流阀 2 卸荷,液压缸由液控单向阀 4 保压。当缸 6 上腔压力下降至下触点调定的压力值时,压力表 5 发讯号使 2YA 通电,液压泵 1 给液压缸 6 上腔补油使压力上升,直至上触点调定值。此回路保压时间长,压力稳定性高,适用于液压机等保压性能较高的系统中。

4. 采用换向阀中位闭死的保压回路

如图 7.14 所示,对于要求保压时间不长,保压压力较高的系统可采用换向阀 A、B 口闭死的方法保持液压缸工作腔压力。此保压回路需同时采用泵卸荷的措施,具有保压和泵卸荷的双重功能。但随着换向阀的磨损,保压性能会下降。

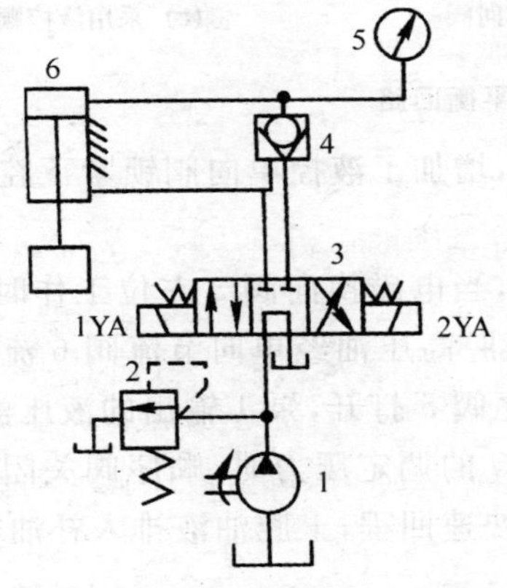

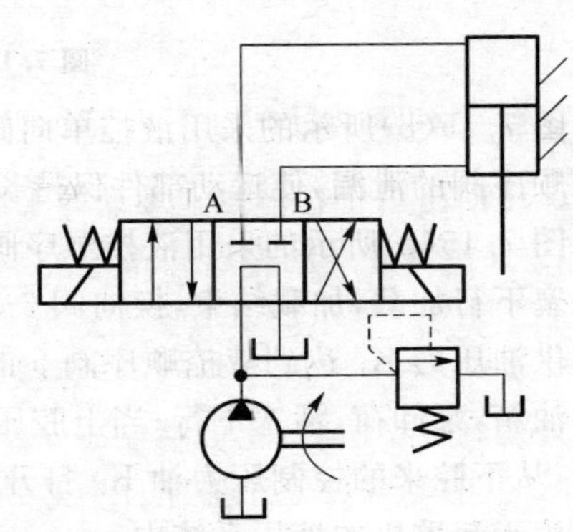

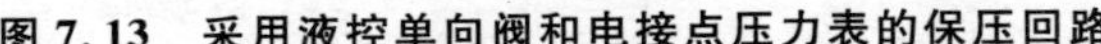

图 7.13　采用液控单向阀和电接点压力表的保压回路　　**图 7.14　采用换向阀中位闭死的保压回路**

7.2.6 平衡回路

平衡回路可以平衡工作部件的自重，防止执行机构在下行运动中由于自重而造成失控或失速的不稳定运动。平衡回路主要用于垂直运动的液压机械中，如轧机支撑辊、起重机伸缩臂和插床运动部件的平衡等。

1. 采用顺序阀的平衡回路

图 7.15(a)所示的采用单向顺序阀的平衡回路中，换向阀处于左位时，液压油经油口 A、单向阀和油口 B 到达液压缸的无杆腔，作用在活塞上，重物上行；液压缸有杆腔的油液经换向阀回油箱。换向阀处于中位时，单向顺序阀锁闭，液压缸不能回油，停止运动，重物不会因自重而下滑。换向阀处于右位时，油液到达缸的有杆腔，同时经过控制管道进入顺序阀的控制口 K，当控制压力达到调定值时，顺序阀开启，液压缸无杆腔的油经顺序阀、换向阀回油箱，活塞下降。一旦重物超速下降，液压缸有杆腔中的压力减小，控制口 K 的压力减小，顺序阀的开口减小，液压缸回油阻力增加，重物连同活塞的下降速度减慢，提高了运动的平稳性。此回路功率损失大，滑阀有泄漏，只适用于运动部件质量不大、活塞闭锁定位要求不高的系统。

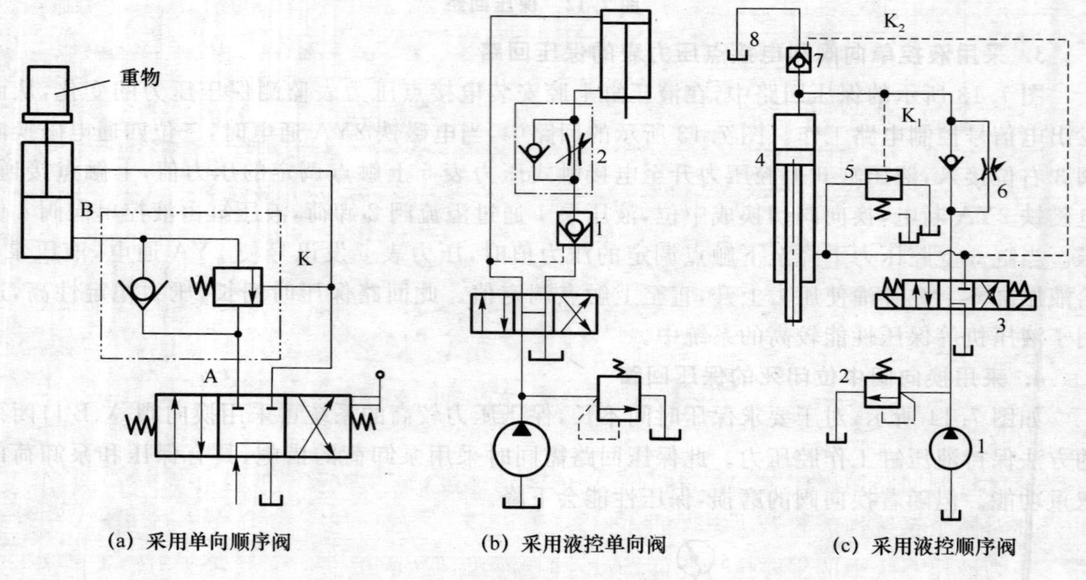

图 7.15 采用顺序阀的平衡回路

图 7.15(b)所示的采用液控单向阀的平衡回路中，增加了液控单向阀锁紧下腔油路，可以克服顺序阀的泄漏，使运动部件保持长期不下滑。

图 7.15(c)所示的采用液控顺序阀的平衡回路中，当电磁换向阀 3 左位工作时，液压缸 4 的活塞下行加载，加载结束，换向阀 3 切换至右位。上腔高压油经单向节流阀 6 流回油箱，当上腔供油压力 K_1 达到液控顺序阀 5 的调定值时，顺序阀 5 打开，泵 1 输出的液压油经顺序阀流往油箱，泵卸荷，活塞下行；当上腔压力低于顺序阀 5 的调定压力时，顺序阀关闭，下腔压力升高，从下腔来的控制压力油 K_2 打开充液阀 7，活塞快速回程，上腔油液排入补油箱 8。此回路常用于起重机的液压系统中。

2. 采用平衡缸的平衡回路

图 7.16 所示的采用平衡缸的平衡回路中，在油源 1 通过换向阀 2 向主缸 3 供油的同时，也供油给平衡缸 4 和 5 的下腔。主缸活塞带动滑块下行，平衡缸 4、5 下腔产生的背压与运动件的重量相平衡。液控单向阀 6 可以将运动件锁紧在任意位置。此回路适用于大功率、中型的液压机械中，如大吨位液压机、轧机的轧辊等。

3. 采用蓄能器的平衡回路

图 7.17 所示的采用蓄能器的平衡回路中，螺杆 2 带动主轴箱 1 升降，当主轴箱 1 下行时，液压缸 3 的有杆腔通过充液口向蓄能器 4 充液，使液压升高，蓄能器维持缸下腔压力并与主轴箱 1 的自重相平衡；当主轴箱 1 上行时蓄能器排液到缸的下腔。此回路结构简单，可用于小型轧机的压辊平衡装置。

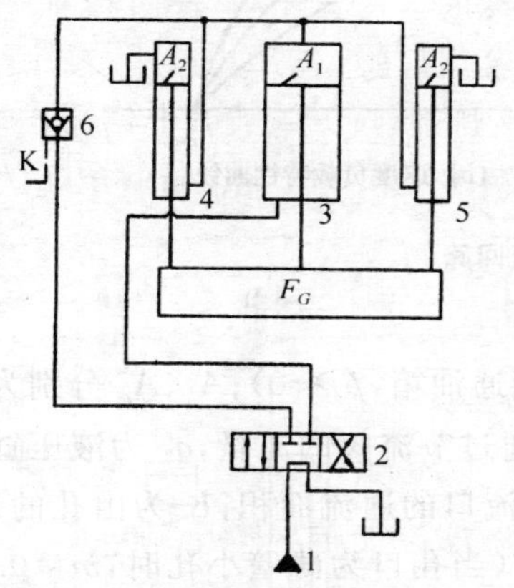

图 7.16　采用平衡缸的平衡回路

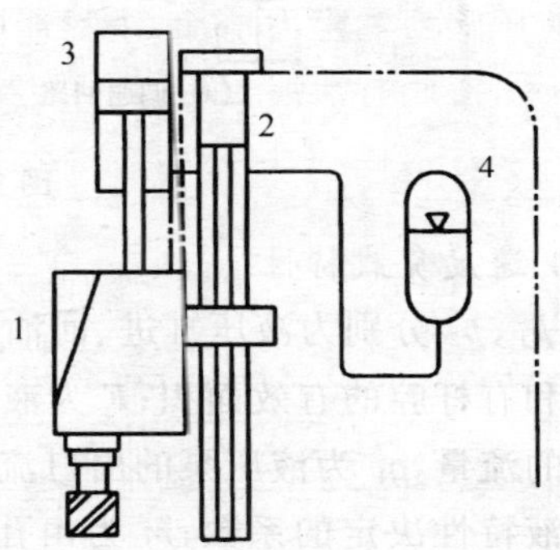

图 7.17　采用蓄能器的平衡回路

7.3　速度控制回路

速度控制回路用以控制、调节执行元件的运动速度，是液压系统的核心部分，其工作性能的好坏对整个系统性能起着决定性的作用。

作为液压系统中的主要执行元件，液压缸和液压马达的运动速度或转速与输入的流量及自身的几何参数有关。在不考虑油液压缩和泄漏的情况下，要调节或控制液压缸和液压马达的工作速度，可以通过改变进入执行元件的流量或改变执行元件的几何参数来实现。对于确定的液压缸，一般只能采用改变输入液压缸流量的方法来调速；对于液压马达，可以采用改变输入流量或改变马达排量的方法来调速。改变流量可使用流量阀或变量泵，改变排量可使用变量马达。

7.3.1　定量泵节流调速回路

节流调速回路采用定量泵和节流阀（调速阀）来调节进入液压缸或液压马达的流量，以调节速度。根据流量阀在油路中安装位置的不同，有进油路节流调速回路、回油路节流调速回路和旁油路节流调速回路 3 种。

1. 进油路节流调速回路

图 7.18(a)所示的进油路节流调速回路中，串联在液压泵和液压缸之间的节流阀控制进入液压缸的流量，以调节液压缸运动的速度，定量泵多余的油液通过溢流阀回油箱。节流阀和溢流阀联合使用起调速作用。泵的出口压力 p_b 即为溢流阀的调整压力 p_s，并基本保持定值。

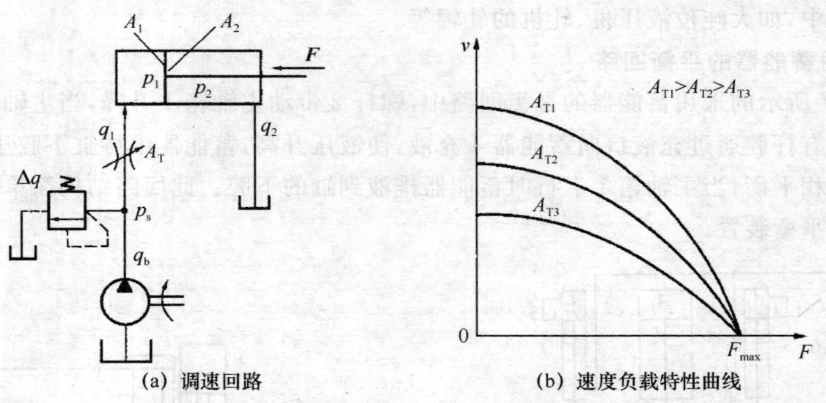

(a) 调速回路 (b) 速度负载特性曲线

图 7.18 进油路节流调速回路

(1) 速度负载特性

设 p_1、p_2 分别为液压缸进、回油腔压力(回油管直接通油箱，$p_2\approx 0$)；A_1、A_2 分别为液压缸无杆腔和有杆腔的有效面积；$\boldsymbol{F}$ 为液压缸的负载；q_1 为通过节流阀的流量，q_2 为液压缸有杆腔排出的的流量，q_b 为液压泵的出口流量；A_T 为节流阀节流口的通流面积；K 为由孔的形状、尺寸和油液特性决定的系数；m 为由孔口形状决定的指数(当孔口为薄壁小孔时，$m=0.5$；当孔口为细长孔时，$m=1$；当孔口为厚壁小孔时，$0.5<m<1$)，则液压缸的运动速度为：

$$v=\frac{q_1}{A_1}=\frac{KA_T}{A_1^{\,m+1}}(p_sA_1-F)^m \tag{7.1}$$

式(7.1)称为进油路节流调速回路的速度负载特性方程，由特性方程可画出回路速度负载特性曲线，如图 7.18(b)所示。

由式(7.1)和特性曲线可知：其他条件不变时，活塞的运动速度 v 与节流阀通流面积 A_T 成正比，调节节流阀通流面积 A_T 即可调节执行元件的运动速度，并可实现无级调速，其调速范围较大。当通流面积 A_T 调定后，运动速度 v 随负载 $\boldsymbol{F}$ 的增大而减小，减小程度称为速度刚度。特性曲线越陡，负载 $\boldsymbol{F}$ 的变化对速度 v 的影响越大，速度刚度越低；通流面积 A_T 一定时，负载 $\boldsymbol{F}$ 越小，速度刚度越高；负载一定时，通流面积 A_T 越小，速度刚度越高。

(2) 最大承载能力

由特性曲线图 7.18(b)可知，液压缸最大推力即回路的最大承载能力 $F_{max}=p_sA_1$。液压缸的面积 A_1 不变，当液压泵的供油压力已经由溢流阀调定时，液压缸的最大推力 $\boldsymbol{F}_{max}$ 不随节流阀通流面积的改变而改变，液压泵的全部流量经溢流阀流回油箱，因此，进油路节流调速回路属于恒推力或恒转矩调速的回路。

(3) 功率与效率

进油路节流调速回路的功率损失包括溢流损失和节流损失两部分，回路效率较低。回路的效率为

$$\eta=\frac{P_1}{P_b}=\frac{Fv}{p_b q_b}=\frac{p_1 q_1}{p_b q_b} \tag{7.2}$$

进油路节流调速回路适用于负载变化不大且对速度稳定性要求不高的小功率液压系统。

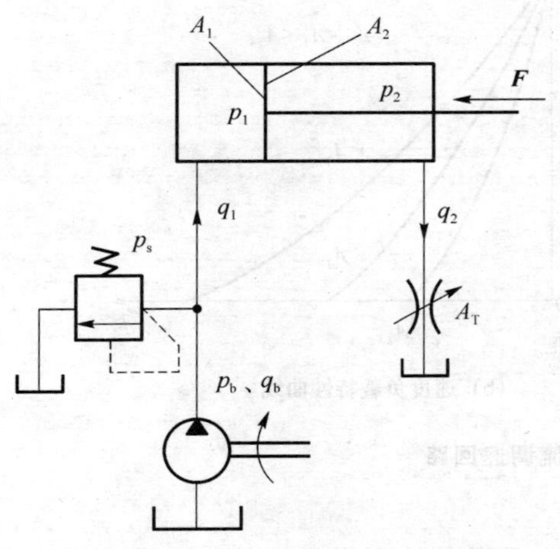

图 7.19　回油路节流调速回路

2. 回油路节流调速回路

图 7.19 所示的回油路节流调速回路中，串联在液压缸的回油路上的节流阀控制液压缸的排油量，以控制液压缸的进油量，调节液压缸运动速度，定量泵多余的油液通过溢流阀回油箱。泵的出口压力 p_b 即为溢流阀的调整压力 p_s，并基本保持定值；若忽略管路损失，泵的输出流量 q_b 也为定值。其速度负载特性方程为：

$$v=\frac{q_2}{A_2}=\frac{KA_T}{A_2^{m+1}}(p_s A_1-F)^m \tag{7.3}$$

比较式(7.1)和式(7.3)可知，回油路节流调速回路的速度负载特性与进油路节流调速回路基本相同，其速度、最大承载能力、功率特性与进油路节流调速回路也基本相同，若 $A_1=A_2$，则其速度负载特性、最大承载能力和功率特性与进油路节流调速回路完全相同。回油路节流调速回路与进油路节流调速回路在性能上的差别见表 7.1。

回油节流调速回路中的节流阀在液压缸的回油腔能形成一定的背压，能承受一定的与执行元件的运动方向相同的负载负值；可以有效地防止空气从回油路吸入，运动平稳性好；回路中油液经节流阀温升后，直接回油箱，经冷却后再入系统，对系统泄漏影响较小；但是，若停车时间较长，回油腔的油液会泄漏回油箱，重新启动时会引起工作机构瞬间的前冲现象。

回油路节流调速回路结构简单，价格低廉，但效率较低，只宜用在负载变化不大，低速、小功率场合，如某些机床的进给系统中。为了提高回路的综合性能，一般常采用进油节流阀调速，并在回油路上加背压阀，称为进、回油路节流调速回路。

3. 旁油路节流调速回路

图 7.20 所示的旁油路节流调速回路中，装在与液压缸并联的支路上的节流阀调节液压泵溢回油箱的流量，以控制进入液压缸的流量，调节液压缸运动速度。溢流阀作为安全阀使用，泵的出口压力随负载的变化而变化。

(1) 速度负载特性

速度负载特性方程式为

$$v=\frac{q_1}{A_1}=\frac{q_b-KA_T\left(\dfrac{F}{A_1}\right)^m}{A_1} \tag{7.4}$$

由速度负载特性曲线可知，节流阀开口开大，活塞运动速度减小；节流阀开口关小，活塞运动速度增大。通流面积 A_T 一定时，负载 $\boldsymbol{F}$ 增大，活塞运动速度明显下降，速度刚度较上两种回路更低，速度稳定性很差，但在重载高速时的速度刚度相对较高。负载 $\boldsymbol{F}$ 一定时，通流面积 A_T 越小，活塞运动速度越高，速度刚度越高。

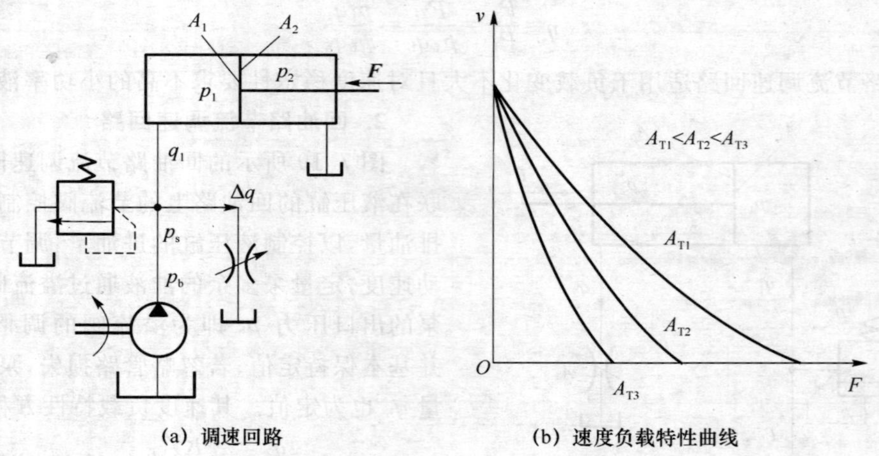

(a) 调速回路 (b) 速度负载特性曲线

图 7.20 旁油路节流调速回路

(2) 最大承载能力

由图 7.20(b)可知，旁油路节流调速回路的最大承载能力随节流阀通流面积的增加而减小。当液压缸的速度为零时，泵的全部流量经节流阀回油箱，继续增大节流阀面积已起不到调节速度的作用，只能使系统压力降低，其承载能力也随之下降。

(3) 功率与效率

回路的功率损失只有节流损失，回路效率较高。回路的效率为

$$\eta=\frac{P_1}{P_b}=\frac{p_1 q_1}{p_b q_b}=\frac{q_1}{q_b} \tag{7.5}$$

旁油路节流调速回路的速度负载特性较软，低速承载能力差，故应用比前两种回路少。由于其效率相对较高，系统的功率可以比前两种稍大。

4. 节流调速回路的比较

三种节流调速回路的性能比较如表 7.1 所列。

表 7.1 三种节流调速回路的性能比较

比较项目	进油路节流调速	回油路节流调速	旁油路节流调速
主要参数	p_1、p_2 等随 F 而变化，$p_2=0$，$p_b=p_s$ 为常数	p_1、p_2 等随 F 而变化，$p_1=p_b$ 为常数	p_1、p_2 等随 F 而变化，$p_1=p_b=p_s$ 为常数
速度负载特性	较 软		更软，较少应用
调速范围	较大，可达 100 以上		调速范围较小
最大承载能力	p_s 调定后，F_{max} 不随节流阀通流面积变化		F_{max} 随通流面积增大而减小，低速时承载能力差
系统输入功率	与负载和速度无关		与负载成正比
效 率	低速时，功率损失较大，效率低		低速高载时效率较低
泄漏的影响	对性能无影响		影响液压缸的运动速度

续表 7.1

比较项目	进油路节流调速	回油路节流调速	旁油路节流调速
发热的影响	油液发热后进入液压缸，影响液压缸泄漏，影响活塞运动速度	油液发热后回油箱冷却，对液压缸泄漏影响小	油液通过节流阀发热后回油箱冷却，对液压缸泄漏无影响
停车后启动冲击	停车后启动冲击小	停车后启动有冲击	
运动平稳性	平稳性较差	平稳性较好	平稳性较差
承受负值负载能力	不能承受负值负载	能承受负值负载	不能承受负值负载
应　用	轻载、负载变化小、速度稳定性要求不高的小功率系统	功率不大，但负载变化大、速度稳定性要求较高的系统	负载变化小，速度稳定性要求不高，高速、功率相对较大的系统

7.3.2　变量泵容积调速回路

容积调速回路通过改变变量泵和变量马达的排量以调节执行元件的运动速度。液压泵输出的压力油直接进入液压缸或液压马达，系统无溢流损失和节流损失，且供油压力随负载而变化，效率高、发热小，容积调速回路适用于工程机械、矿山机械和农业机械等大功率液压系统。

根据油液的循环方式，容积调速回路有开式回路和闭式回路两种如图 7.21 所示。在开式回路中，油液由泵输入给执行元件，回油直接返回油箱；油液能充分冷却并沉淀杂质、析出气体；但油箱体积较大，易污染，工作平稳性略差。在闭式回路中，泵将油液输入执行元件的进油腔并从执行元件的回油腔直接吸油，油液在系统内封闭循环；油、气隔绝，运动平稳，结构紧凑，只需很小的补油箱；但冷却条件差，需设辅助泵进行补油、冷却和换油。

根据液压泵和液压马达组合的不同，容积调速回路有变量泵-定量执行元件回路、定量泵-变量液压马达回路和变量泵-变量液压马达回路三种。

1. 变量泵-定量执行元件容积调速回路

图 7.21(a)所示的变量泵-液压缸容积调速回路中，调节变量泵 1 的流量即可调节液压缸 5 的运动速度；电磁阀 4 改变活塞运动方向；背压阀 6 使运动平稳；安全阀 2 起过载保护作用；单向阀 3 防止泵停止时液压缸中的油液倒流以及空气进入。图 7.21 (b)所示的变量泵-定量马达容积调速回路中，调节变量泵 1 的流量即可调节液压马达 2 的运动速度；安全阀 3 防止过载；补油辅助泵 4 补充油路泄漏，其流量为主泵的 10%～15%，压力为 0.3～0.5 MPa；低压溢流阀 5 调节补油泵压力，并将多余的油液溢回油箱。

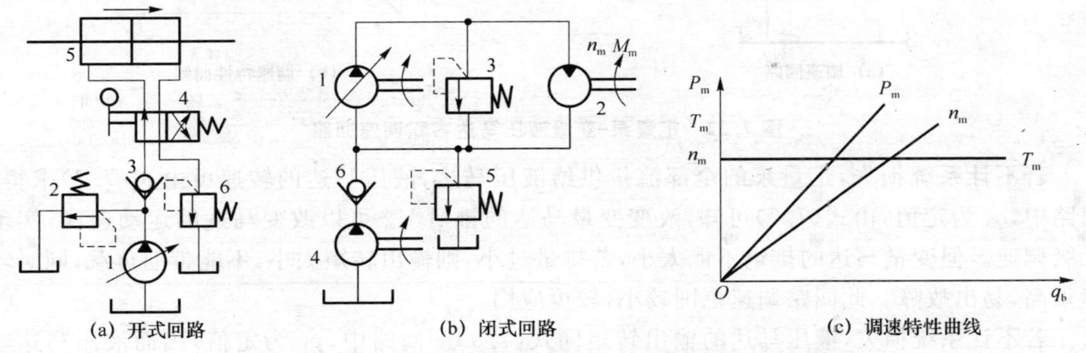

(a) 开式回路　(b) 闭式回路　(c) 调速特性曲线

图 7.21　变量泵-定量马达容积调速回路

忽略液压泵至液压缸(或液压马达)之间的压力损失和泄漏,可得

液压缸的运动速度 $$v=\frac{q_b}{A_1}=\frac{V_b n_b}{A_1} \tag{7.6}$$

液压马达的转速 $$n_m=\frac{q_b}{V_m}=\frac{V_b n_b}{V_m} \tag{7.7}$$

式中 q_b——变量泵的输出流量;

A_1——液压缸的有效面积;

V_b、V_m——分别为变量泵和定量液压马达的排量;

n_b、n_m——分别为变量泵和定量液压马达的转速。

A_1、V_m 为定值,从式(7.6)和(7.7)可知,调节变量泵的输出流量 q_b,即可调节液压马达的运动速度 n_m。液压马达最低工作速度取决于变量泵的最小排量,回路调速范围大,可实现连续的无级调速。

若不计系统损失,液压缸的输出推力为 $$F=p_b A_1 \tag{7.8}$$

液压马达的输出转矩为 $$T_m=\frac{p_b V_m}{2\pi} \tag{7.9}$$

式中,V_m 为定值,液压缸(或液压马达)的输出压力 p_b 由安全阀调定。可以看出,液压缸(或液压马达)的输出推力(或转矩)恒定,变量泵-定量执行元件容积调速回路属于恒推力(或转矩)调速的回路。液压缸(或液压马达)的输出功率等于变量泵的输入功率,回路的输出功率是随液压马达的转速呈线性变化,如图 7.21(c)所示。

2. 定量泵-变量液压马达容积调速回路

图 7.22 所示的定量泵-变量液压马达容积调速回路由定量泵 1 和变量液压马达 2 组成;安全阀 3 防止系统过载,其调定压力应高于最大负载所需工作压力;补油辅助泵 4 补充油路泄漏;低压溢流阀 5 调节补油泵压力,并将多余的油液溢回油箱。

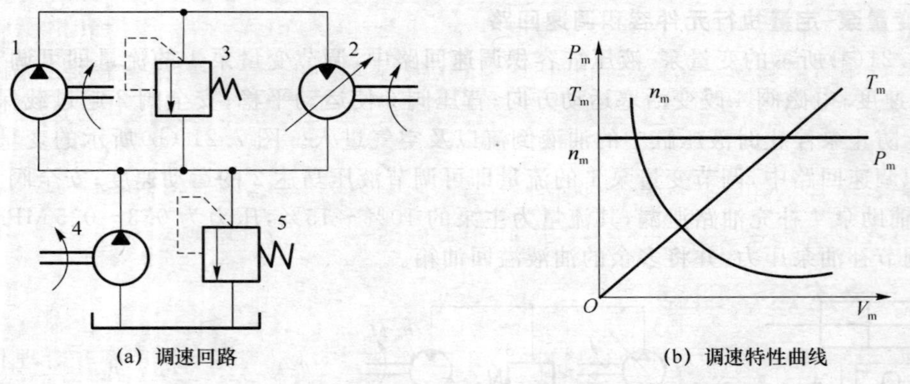

(a) 调速回路 (b) 调速特性曲线

图 7.22 定量泵-变量液压马达容积调速回路

若不计系统损失,定量泵的全部流量供给液压马达,液压马达的转速可由式(7.7)求得。回路中,q_b 为定值,由式(7.7)可知,改变变量马达的排量 V_m 可以改变马达的运动速度,实现无级调速。但变量马达的排量不能太小,若排量过小,则输出转矩太小,不能带动负载;同时转速很高,易出故障。此回路调速范围较小,较少应用。

若不计系统损失,液压马达的输出转矩同式(7.9)。回路中,p_b 为定值,因而液压马达输

出的转矩随马达排量的变化而变化。回路的输出功率不变，定量泵-变量液压马达容积调速回路属于恒功率调速的回路。调速特性曲线如图 7.22(b)所示。

3. 变量泵-变量液压马达容积调速回路

图 7.23 所示的变量泵-变量液压马达容积调速回路中，双向变量泵 1 可改变流量大小和供油方向，用以实现液压马达的调速和换向；双向变量马达 2 可正反旋转；辅助补油泵 4 可通过单向阀 6 和 8 实现双向补油；安全阀 3 通过单向阀 7 和 9 能实现马达正反转时的双向安全保护作用。此回路实际上是上述两种回路的组合，兼具两者的优点。液压泵和马达的排量都可改变，使调速范围扩大，也扩大了对马达转矩和功率输出特性的选择，即通过对液压泵和马达排量的适当调节，可达到工作部件对转矩和功率的要求，如图 7.23(b)所示。

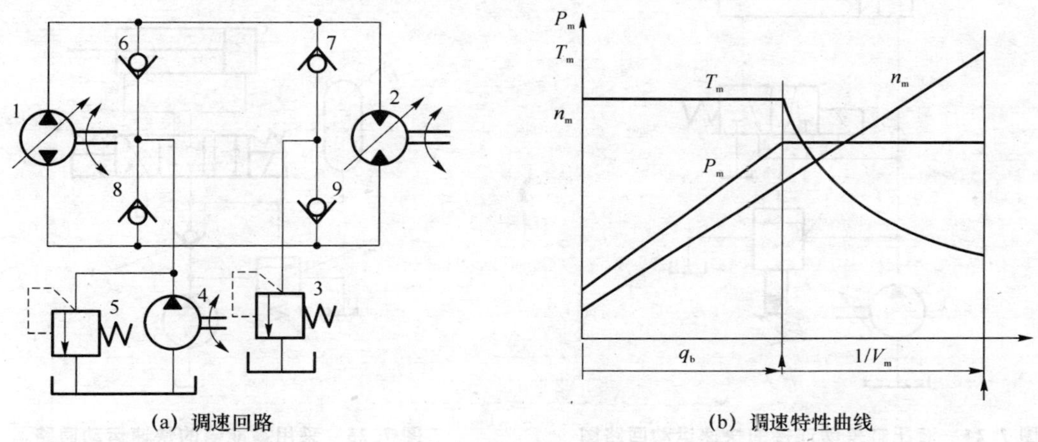

(a) 调速回路　　(b) 调速特性曲线

图 7.23　变量泵-变量液压马达容积调速回路

一般情况下，机械设备启动时所需转矩大，速度较低，可先把马达排量固定在最大值上(相当于定量马达)，再从小到大逐渐调节泵的排量，使马达转速逐渐升高，属恒转矩调速；高速时要求有恒功率输出并以不同的转矩和转速组合进行工作，可先把泵的排量固定在调好的最大值上(相当于定量泵)，逐渐从大到小调节马达的排量，使马达转速进一步升高达到所需要求，属恒功率调速。

变量泵-变量液压马达容积调速回路适用于调速范围大，要求低转速大转矩、高转速恒功率，且效率要求高的设备，如各种行走机械、牵引机械等大功率机械。

7.3.3　快速运动回路

快速运动回路使执行元件获得尽可能大的工作速度，以提高劳动生产率并合理利用功率。一般可以采用增加输入执行元件中的流量或减小执行元件的有效工作面积或同时增加输入执行元件中的流量、减小执行元件的有效工作面积等方法实现执行元件的快速运动。

1. 液压缸差动连接的快速运动回路

图 7.24 所示的液压缸差动连接的快速运动回路中，当换向阀 2 左位工作时，液压泵 1 输出的压力油同时通入液压缸 3 的左右两腔，无杆腔的有效面积 A_1 大于有杆腔的有效面积 A_2，活塞向右运动，有杆腔排出的油液与泵 1 输出的油液合流进入无杆腔，相当于在不增加泵流量的前提下增加了供给无杆腔的油液量，使活塞快速向右运动。这种回路比较简单经济，但液压

缸的速度加快有限,常需要和其他方法联合使用。

2. 采用蓄能器的快速运动回路

图 7.25 所示的采用蓄能器供油的快速运动回路中,当停止工作时,换向阀处于中位,液压泵经单向阀 3 向蓄能器 1 充油,当蓄能器油压达到卸荷阀 2 调定的预定值时,卸荷阀 2 打开,液压泵卸荷。重新工作时,蓄能器和液压泵同时向液压缸供油,实现快速运动。

这种回路可以用较小流量的液压泵来获得快速运动,主要用于短期需要大流量的场合。但实现快速运动的行程较短,蓄能器的充油使其无法连续工作。

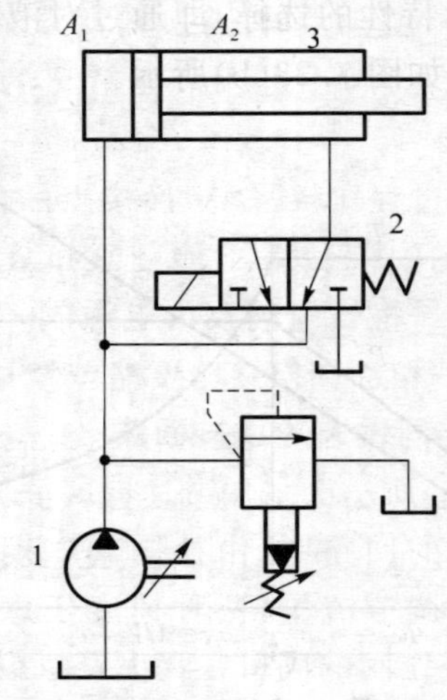

图 7.24　液压缸差动连接的快速运动回路图

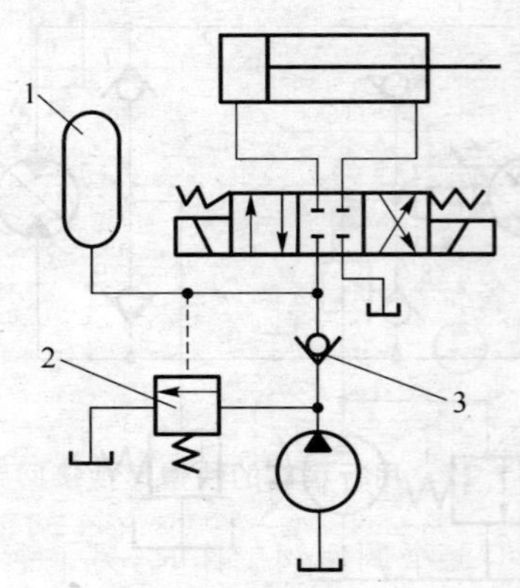

图 7.25　采用蓄能器的快速运动回路

3. 双泵供油的快速运动回路

图 7.26 所示的双泵供油的快速运动回路中,低压大流量泵 1 和高压小流量泵 2 组成双联泵,双泵供油和小泵 2 单独供油时的最高工作压力分别由外控顺序阀 3 和溢流阀 5 调定,顺序阀 3 的调定压力至少应比溢流阀 5 的调定压力低 10%～20%,比快速运动时所需压力大 0.8 MPa。快速运动阶段,换向阀 6 处于图示位置,外负载很小,系统压力低于顺序阀 3 的调定压力,两个泵同时向系统供油,活塞快速右行;到进给阶段,外负载增大,系统压力升高,当压力达到或超过顺序阀 3 的调定压力时,大流量泵 1 通过阀 3 卸荷,单向阀 4 关闭,小泵 2 单独供油,活塞慢速右移,有杆腔回油经节流阀 7 流回油箱,形成背压使工作进给速度平稳。

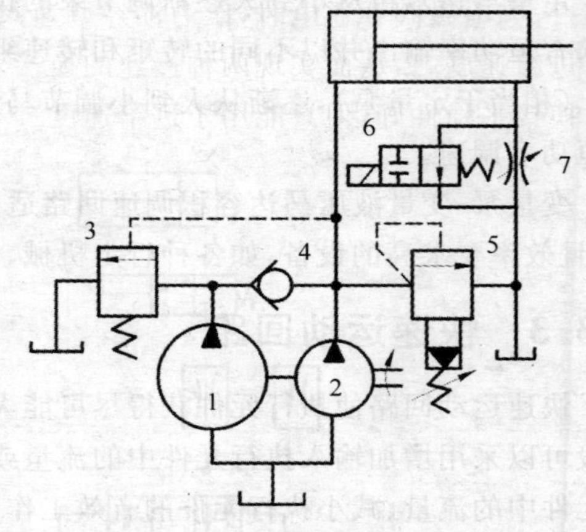

图 7.26　双泵供油的快速运动回路

双泵供油快速运动回路效率高,功率利用合理,快慢换接平稳,常用在执行元件快进和工进速度相差较大的场合,例如组合机床的液压系统。

7.3.4　速度换接回路

速度换接回路使执行元件在一个工作循环中，从一种运动速度变换到另一种运动速度。速度换接回路在实现速度切换时应平稳无冲击。

1. 快速与慢速的换接回路

图 7.27 所示的用行程阀的快慢速换接回路中，当电磁换向阀 2 右位接入时，活塞快进，至活塞杆上的挡块压下行程阀 6 时，行程阀 6 关闭，液压缸 7 右腔的油液经节流阀 5 流回油箱，活塞转为慢速工进；当电磁换向阀 2 左位接入时，压力油经单向阀 4 进入液压缸 7 的右腔，活塞快速返回。

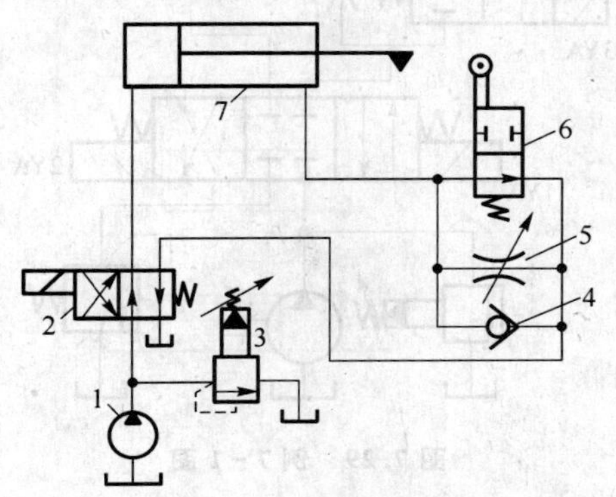

图 7.27　用行程阀的快慢速换接回路

速度换接过程比较平稳，换接点的位置精度高，但行程阀的安装位置不能任意布置，管路连接较复杂。如果将行程阀改为电磁阀，安装连接比较方便，但平稳性和换接精度略差。

2. 两种不同慢速的换接回路

图 7.28(a)所示的采用调速阀并联实现两种不同慢速换接的回路中，由换向阀 3 换接，两调速阀各自独立调节流量，两种速度任意调节，互不影响；但一个调速阀工作时，另一个调速阀无油通过，其减压阀的阀口在最大开口位置，速度换接时，阀口来不及关闭，大量油液通过使执行元件突然前冲。因此，采用调速阀并联实现两种不同慢速换接的回路不宜用于加工过程中的速度换接，只能用于速度预选的场合。

图 7.28(b)所示的采用调速阀串联实现两种不同慢速换接的回路中，调速阀 2 的流量比 1 小。当电磁阀 3 断电时，压力油经调速阀 1 进入液压缸左腔，实现由调速阀 1 控制的工作进给速度一；当电磁阀 3 通电时，压力油经调速阀 1 和 2 进入液压缸左腔，实现由调速阀 2 控制的工作进给速度二，从而实现两种慢速的换接。采用调速阀串联实现两种不同慢速换接回路的速度换接平稳性好，但只能用于进给速度二小于进给速度一的场合。

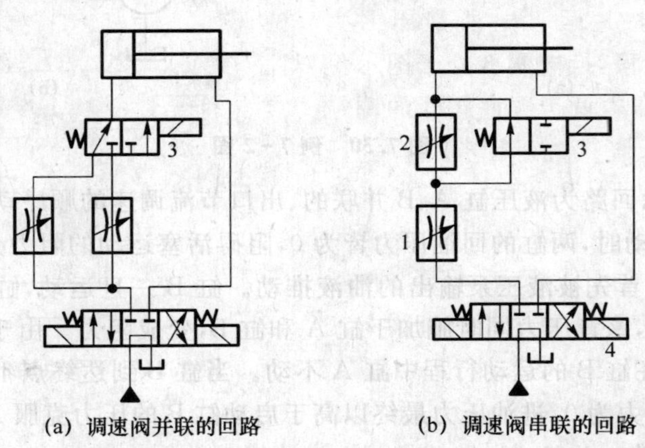

(a) 调速阀并联的回路　　(b) 调速阀串联的回路

图 7.28　两种不同慢速的换接回路

例 7-1　图 7.29 所示的调速回路中，已知液压缸无杆腔的面积 $A_1=50\ cm^2$，有杆腔面积

$A_2=25\,cm^2$，快进时液压泵的流量规格为 $q_p=32\,L/min$，工进速度 $v=0.6\,m/min$，切削力 $F=20\,kN$，背压阀的调整压力为 0.25 MPa，调速阀的压力降 $\Delta p=0.5\,MPa$，不计其他损失，试求：

(1) 溢流阀的调整压力；

(2) 工进时回路的最大效率。

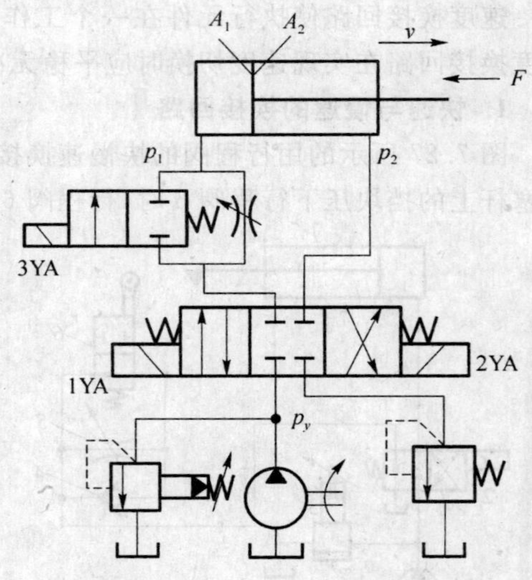

图 7.29 例 7-1 图

解：(1) 液压缸活塞的力平衡方程为

$$p_1A_1=p_2A_2+F$$

$$p_1=(p_2A_2+F)/A_1=4.15\,MPa$$

则溢流阀的调整压力为

$$p_y=p_1+\Delta p=4.65\,MPa$$

(2)输入功率

$$P_i=p_yq_p=2.48\,kW$$

输出功率 $P_0=Fv=0.2\,kW$

工进时回路的最大效率 $\eta=P_0/P_i=8.1\%$

例 7-2 图 7.30 中缸 A、B 完全相同，负载 $F_1>F_2$，用节流阀调节缸速，不计其他压力损失，试判断：

(1) 哪个缸先动？哪个缸速度快？为什么？

(2) 如将回路中节流阀口全打开，使该处降为零，两液压缸动作顺序及运动速度有何变化？

(3) 如将回路中节流阀改为调速阀，两液压缸的运动速度是否相等？

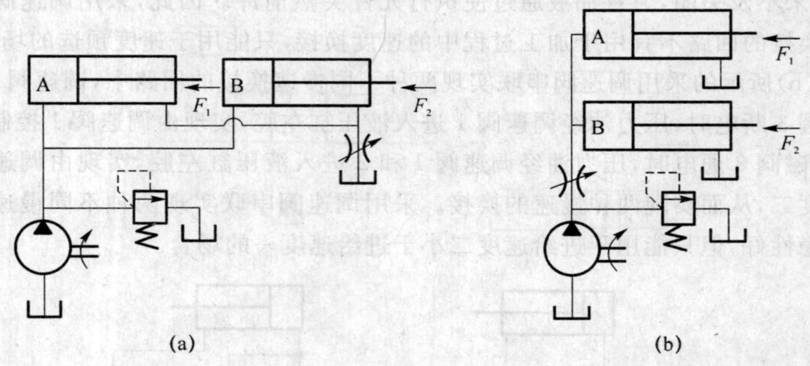

图 7.30 例 7-2 图

解：1. 图(a)所示回路为液压缸 A、B 并联的、出口节流调速的顺序动作回路。

(1) 活塞要动未动时，两缸的回油压力皆为 0，阻碍活塞运动的阻力只有负载 F_1 和 F_2，因此负载小的液压缸 B 首先被液压泵输出的油液推动。缸 B 一旦运动，缸 B、缸 A 的有杆腔同时产生相同的背压力，该背压力同时施加于缸 A 和缸 B，变成阻力。由于负载和背压力不变，泵的工作压力不变，在缸 B 的运动行程中缸 A 不动。当缸 B 到达终点不动时，缸 B 负载无穷大，缸 A、缸 B 的背压力为 0，进油压力最终以高于启动缸 B 的压力克服 F_1 而启动缸 A。即缸 B 先运动，缸 A 后运动。

液压缸运动时，负载越小，节流阀压差越大，节流阀流量越大，液压缸速度越高。即缸 B 的速度快于缸 A 的速度。

（2）如回路中节流阀口全打开，液压缸背压力为零，缸 A 和缸 B 的运动阻力分别只有 F_1 和 F_2，因此，仍是缸 B 先动，直至到达终点后，缸 A 才动。节流阀压降为 0，故缸 A 和缸 B 的速度相同。

（3）如将回路中节流阀改为调速阀，缸 A、B 的背压力即调速阀的压力差虽然不同，但只要压差大于调速阀启动、正常工作的最小压差值 0.4～0.5 MPa 以上，调速阀的流量便与其进出口压差无关，速度不变，即缸 A 和缸 B 的速度相同。

2. 图(b)所示回路为进口节流调速的顺序动作回路。

（1）由于负载 $F_1 > F_2$，缸 B 先动作，直至运动到终点不动后，节流阀出口压力上升，缸 A 的进油压力最终克服负载阻力，缸 A 开始动作。缸 B 运动时节流阀出口压力较低，入口压力由溢流阀调定，故节流阀压差相对较大，流量增加，缸 B 的速度快于缸 A 的速度。

（2）如回路中节流阀口全打开，缸 A 和缸 B 的速度相同。

（3）如将回路中节流阀改为调速阀，缸 A 和缸 B 的速度相同。

例 7－3　图 7.31 所示液压系统可实现“快进→Ⅰ工进→Ⅱ工进→快退→原位停止、泵泄荷”的工作循环，回答下列问题：

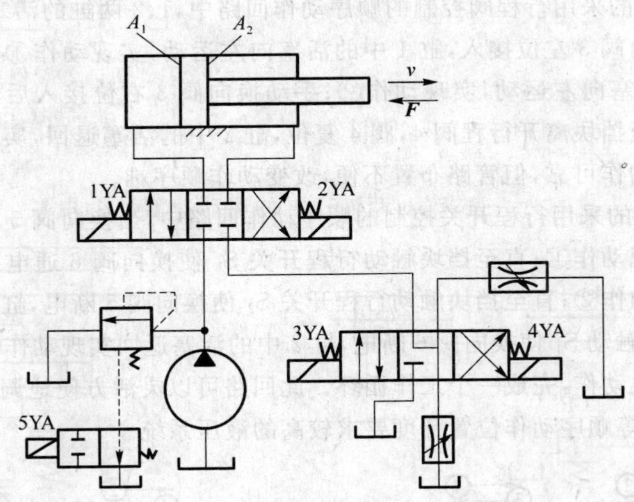

图 7.31　例 7－3 图

（1）编写电磁铁动作顺序表；

（2）若溢流阀调整压力为 2 MPa，液压缸有效面积 $A_1 = 100\ cm^2$，$A_2 = 80\ cm^2$，在工进中当负载 ***F*** 突然为零时，节流阀进口压力是多大？

（3）在工进时当负载 ***F*** 变化，活塞速度有无变化？为什么？

解：（1）电磁铁动作顺序表如下（“＋”通电，“－”断电）

工序	1YA	2YA	3YA	4YA	5YA
快进	＋	－	＋	－	＋
Ⅰ工进	＋	－	－	－	＋
Ⅱ工进	＋	－	－	＋	＋
快退	－	＋	＋	－	＋
停止、卸荷	－	－	－	－	－

(2) 液压缸活塞受力平衡方程为 $p_y A_1 = p_2 A_2 + F$

$F=0$ 时，$p_2 = p_y A_1 / A_2 = 4\,\text{MPa}$

(3) 工进时，当负载 $\boldsymbol{F}$ 变化，由活塞受力平衡方程得知，p_2 随之变化，即节流阀前后压差 $\Delta p(=p_2)$ 变化，通过节流阀的流量随之变化，活塞速度也变化。

7.4 多缸动作回路

多缸动作回路用于一个油源给多个执行元件供油的液压系统中，使多个执行元件实现预定的动作要求。

7.4.1 顺序动作回路

顺序动作回路使液压系统中的多个执行元件严格按照规定的顺序工作。

1. 行程控制顺序动作回路

图 7.32(a)所示的采用行程阀控制的顺序动作回路中，1、2 两缸的活塞均在左端。当推动手柄使手动电磁换向阀 3 左位接入，缸 1 中的活塞向左运动，实现动作①；直至挡块压下行程阀 4 后，缸 2 中的活塞向左运动，实现动作②；手动换向阀 3 右位接入后，缸 1 中的活塞先复位，实现动作③；直至挡块离开行程阀 4，阀 4 复位，缸 2 中的活塞退回，实现动作④，完成一个工作循环。此回路动作可靠，但管路布置不便，改变动作顺序难。

图 7.32(b)所示的采用行程开关控制的顺序动作回路中，当换向阀 5 通电换向时，缸 1 中的活塞向左运动实现动作①；直至挡块触动行程开关 S_1 使换向阀 6 通电换向，控制缸 2 中的活塞向左运动实现动作②；直至挡块触动行程开关 S_2 使换向阀 5 断电，缸 1 中的活塞返回，实现动作③；直至挡块触动 S_3 使换向阀 6 断电，缸 2 中的活塞返回实现动作④；直至挡块触动 S_4 使泵卸荷或引起其他动作，完成一个工作循环。此回路可以灵活方便地调整行程大小、改变动作顺序，多用于机床等顺序动作位置精度要求较高的液压系统。

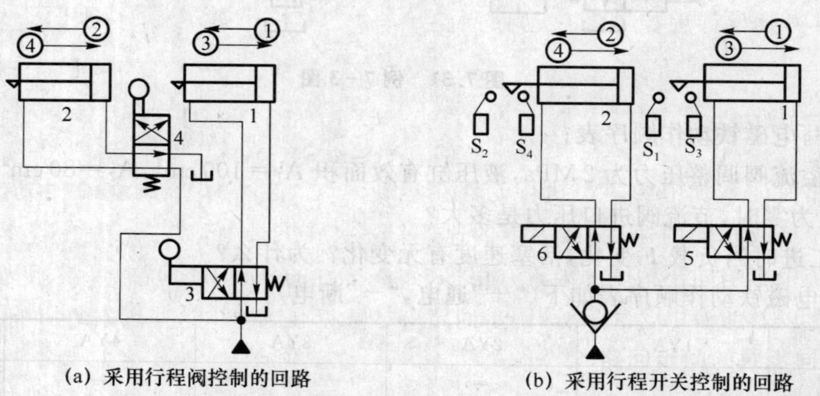

(a) 采用行程阀控制的回路　　(b) 采用行程开关控制的回路

图 7.32　行程控制顺序动作回路

2. 压力控制顺序动作回路

图 7.33 所示的采用顺序阀的压力控制顺序动作回路中，当换向阀 5 左位接入且单向顺序

阀 4 的调定压力大于液压缸 1 的最大前进工作压力时，压力油进入液压缸 1 的左腔，实现动作①；直至终点后压力上升，压力油打开顺序阀 4 进入液压缸 2 的左腔，实现动作②；当换向阀 5 右位接入且单向顺序阀 3 的调定压力大于液压缸 2 的最大返回工作压力时，压力油进入液压缸 2 的右腔，实现动作③；直至终点后压力上升，压力油打开顺序阀 3 进入液压缸 1 的右腔，实现动作④。

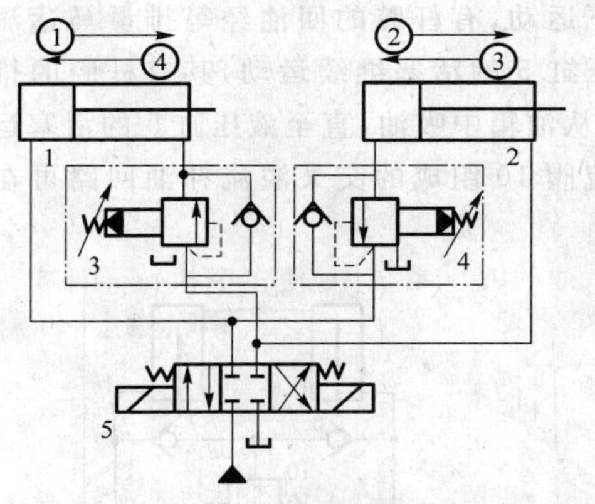

图 7.33　压力控制顺序动作回路

顺序阀的性能及调定压力值决定此回路动作的可靠性，为避免系统波动时顺序阀的误动作，顺序阀的调定压力一般至少应比前一动作时液压缸的最高工作压力高 0.8～1.0 MPa。此回路适用于执行元件数目不多、负载变化不大的场合。

采用压力继电器与电磁换向阀配合也可以组成压力控制顺序动作回路。

3. 时间控制顺序动作回路

图 7.34 所示的时间控制顺序动作回路中，电磁铁换向阀 1 通电左位接入时，液压缸 3 中的活塞实现动作①；同时，压力油通过延时阀 2 中的节流阀 B，推动换向阀 A 缓慢向左移动，延迟一定时间后，油路 a、b 接通，压力油得以进入液压缸 4，实现动作②；电磁铁换向阀 1 断电时，压力油同时进入液压缸 3 和 4 的右腔，使两液压缸中的活塞返回，实现动作③。液压缸 3 和 4 先后动作的时间差可通过调节节流阀 B 的开度来调节。此回路中，延时可靠性差，一般与行程控制顺序动作回路配合使用。

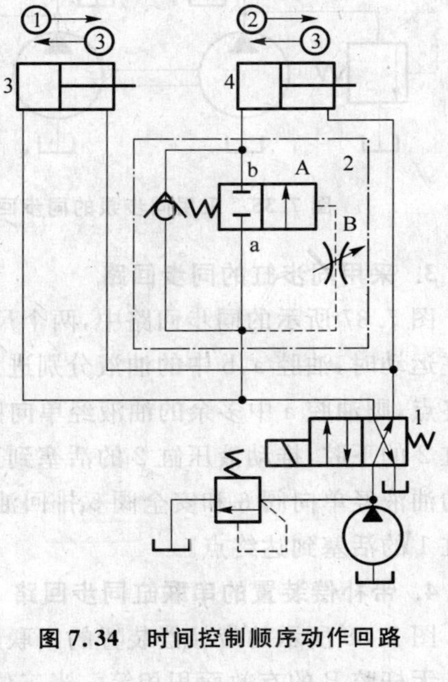

图 7.34　时间控制顺序动作回路

7.4.2　同步回路

同步回路保证系统中的多个执行元件在运动中以相同的位移或相同的速度（或固定的速比）运动。多缸系统中影响同步精度的因素有很多，如液压缸的外负载、泄漏、摩擦阻力、制造精度、结构弹性变形以及油液中含气量等，同步回路应尽量克服或减少这些因素的影响。

1. 采用同步泵的同步回路

图 7.35 所示的同步回路中，两换向阀同时动作，两个同轴等排量的泵分别向两个液压缸供油，实现同步运动。

2. 采用同步马达的同步回路

图 7.36 所示的同步回路中，压力油经三位四通阀 1 左位供给两个同轴等排量马达 2、3，马达 2、3 输出的相同流量的油液推动等面积液压缸 4、5 的活塞同步向上运动。若

液压缸 5 的活塞先到达行程终点，马达 3 排出的油经单向阀 7 和溢流阀 10 流回油箱，马达 2 排出的油继续推动液压缸 4 的活塞运动到终点。当压力油经三位四通阀 1 右位进入等面积液压缸 4、5 的无杆腔时，两活塞同步向下运动，有杆腔的回油经等排量马达流回油箱。若液压缸 4 的活塞先到达行程端点，液压缸 5 的活塞继续运动，其有杆腔的排油使马达 3 带动 2 同步回转，马达 2 通过单向阀 8 从油箱中吸油，直至液压缸 5 的活塞运动到行程终点。由此可见，单向阀 6、7、8、9 和溢流阀 10 组成的交叉溢流补油回路可在行程端点消除误差。

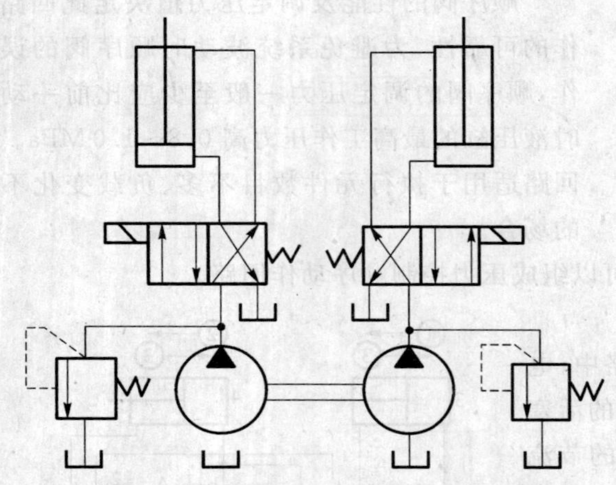

图 7.35　采用同步泵的同步回路

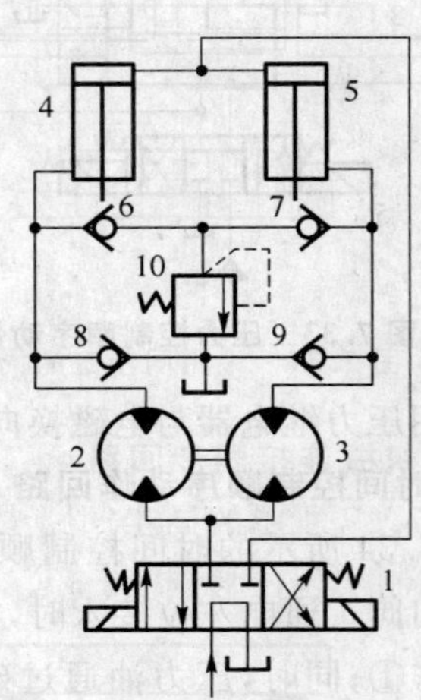

图 7.36　采用同步马达的同步回路

3. 采用同步缸的同步回路

图 7.37 所示的同步回路中，两个尺寸相同的双杆缸连接成同步缸 3，当同步缸 3 的活塞向左运动时，油腔 a、b 中的油液分别进入液压缸 1、2 使其同步上升。若液压缸 1 的活塞先到达终点，则油腔 a 中多余的油液经单向阀 4 和安全阀 5 排回油箱，油腔 b 中的油液继续进入液压缸 2 的下腔，推动液压缸 2 的活塞到达终点。若液压缸 2 的活塞先到达终点，则油腔 b 中多余的油液经单向阀 6 和安全阀 5 排回油箱，油腔 a 中的油液继续进入液压缸 1 的下腔，推动液压缸 1 的活塞到达终点。

4. 带补偿装置的串联缸同步回路

图 7.38 所示的带补偿装置的串联缸同步回路中，液压缸 1 有杆腔 A 的有效面积与液压缸 2 无杆腔 B 的有效面积相等。当三位四通 6 右位工作时，两液压缸同时向下运动。若液压缸 1 的活塞先达终点，触动行程开关 a 使阀 5 通电，压力油经阀 5 和液控单向阀 3 向液压缸 2 的 B 腔补油，使液压缸 2 的活塞继续下降到终点；若缸 2 活塞先到达终点，触动行程开关 b 使阀 4 通电，压力油经阀 4 打开液控单向阀 3，液压缸 1 的 A 腔中油液经液控单向阀 3 及阀 5 流回油箱，液压缸 1 的活塞继续下降到终点。

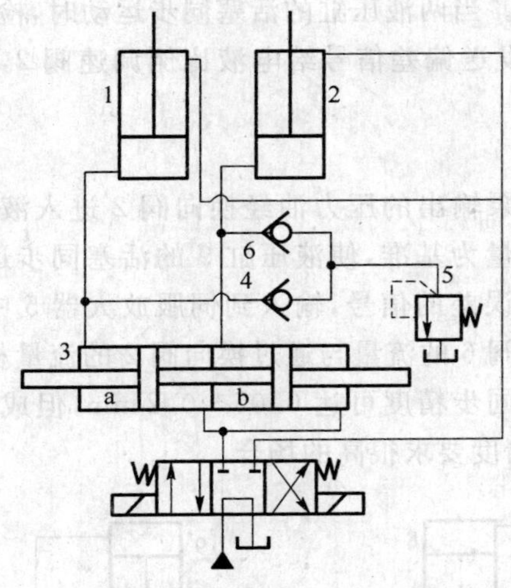

图 7.37　采用同步缸的同步回路

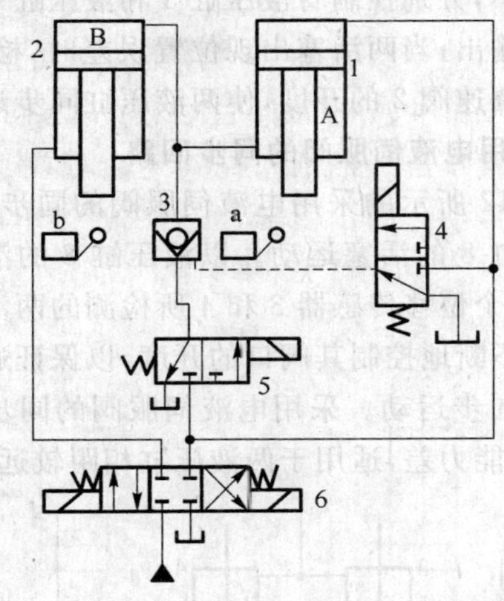

图 7.38　带补偿装置的串联缸同步回路

5. 机械连接同步回路

图 7.39 所示的同步回路中，用导轨、齿轮及齿条等机械零件，使两液压缸活塞杆成为刚性整体，强制实现位移同步。

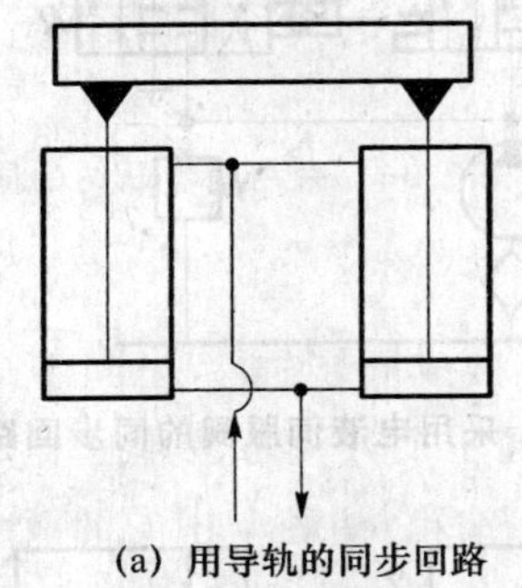

(a) 用导轨的同步回路

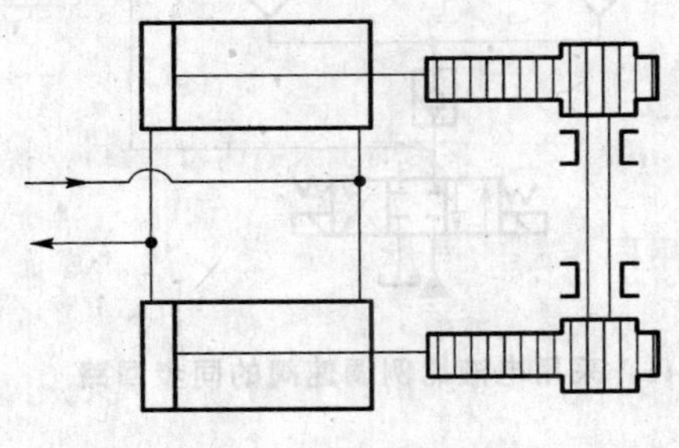

(b) 用齿轮和齿条的同步回路

图 7.39　机械连接同步回路

6. 采用分流集流阀的同步回路

图 7.40 所示的采用分流集流阀的同步回路中，当三位四通电磁换向阀 1 左位接入时，压力油经阀 1 和单向节流阀中的单向阀到达分流集流阀 3，阀 3 将其分成两股等量的油液进入液压缸 5 和 6 的无杆腔，使两液压缸的活塞同步上升；当换向阀 1 右位接入时，压力油经阀 1 进入两液压缸的有杆腔，打开液控单向阀 4，经起集流作用的阀 3 和换向阀 1 流回油箱，使两液压缸的活塞同步下降。若某个液压缸的活塞先到达行程终点，可通过阀内节流孔窜油，使各缸都能到达终点。

图 7.40　采用分流集流阀的同步回路

7. 采用电液比例调速阀的同步回路

图 7.41 所示的采用电液比例调速阀的同步回路中，普通调速阀 1 和电液比例调速阀 2 各自装在由单向阀组成的桥式

节流油路中，分别控制着液压缸 3 和液压缸 4 的运动。当两液压缸的活塞同步运动时，检测装置无信号输出；当两活塞出现位置误差时，检测装置发送偏差信号给电液比例调速阀 2，调节电液比例调速阀 2 的开度，使两液压缸同步运动。

8. 采用电液伺服阀的同步回路

图 7.42 所示的采用电液伺服阀的同步回路中，泵输出的压力油经换向阀 2 进入液压缸 8，使液压缸 8 的活塞运动。以液压缸 8 的活塞位移量为基准，使液压缸 9 的活塞同步运动。工作中，两个位移传感器 3 和 4 所检测的两活塞位置误差的信号，输入到伺服放大器 5 中，使伺服阀 6 不断地控制其阀口的开度，以保证通过伺服阀 6 的流量与通过换向阀 2 的流量相同，两液压缸同步运动。采用电液伺服阀的同步回路的同步精度可达 0.05～0.2 mm，但成本较高，抗污染能力差，适用于两液压缸相距较远而同步精度要求很高的场合。

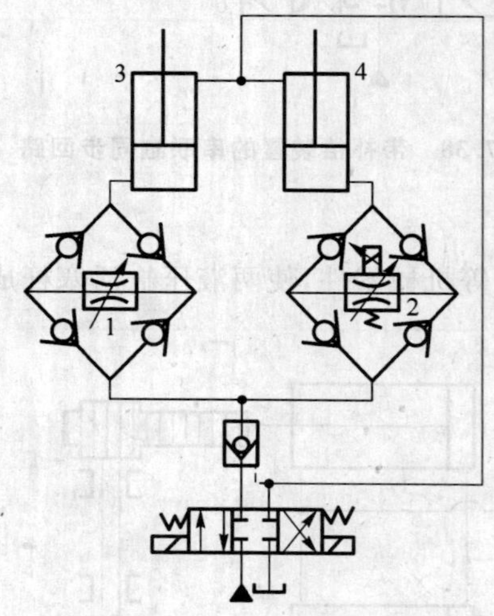

图 7.41 采用电液比例调速阀的同步回路

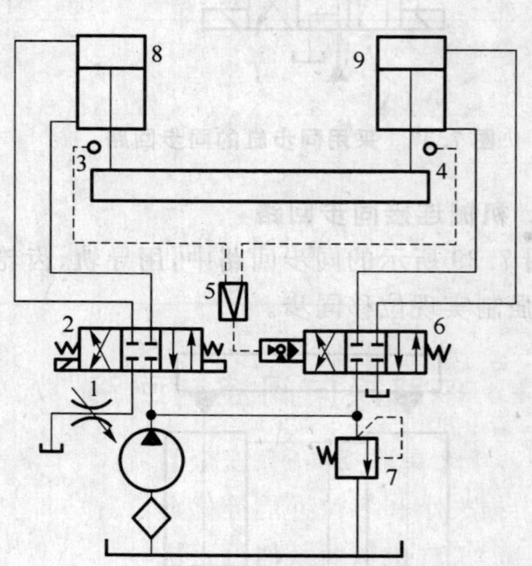

图 7.42 采用电液伺服阀的同步回路

7.4.3 互不干扰回路

互不干扰回路使系统中几个执行元件在完成各自的工作循环时互不影响。

图 7.43 所示的采用双泵供油实现多缸快慢速互不干扰回路中，液压缸 9、10 要各自完成“快进—工进—快退”自动工作循环。当电磁铁 1YA 和 2YA 通电时，换向阀 7、8 左位接入，低压大流量泵 2 供油，其供油压力由溢流阀 14 按各缸快进时所需的最高压力来调定，压力油经换向阀 5、阀 7 进入液压缸 9 的两腔，使液压缸 9 差动连接，实现快进；同时泵 2 的压力油经阀 6、阀 8 进入液压缸 10 的两腔，使液压缸 10 差动连接，实现快进；此时，高压小流量泵 1 的供油在阀 5 和阀 6 处被封闭。

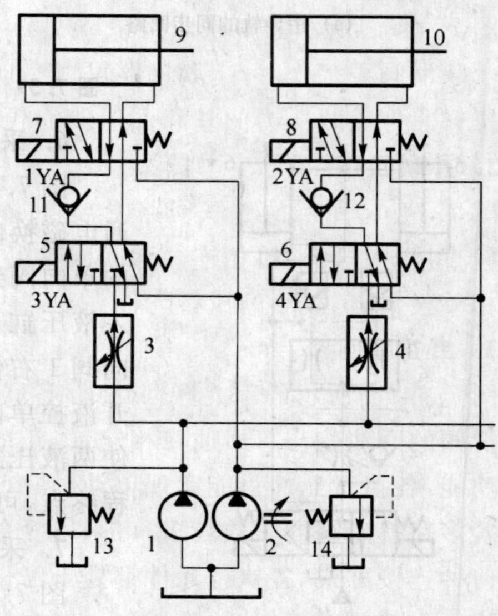

图 7.43 互不干扰回路

如果液压缸9先完成快进动作，挡块和行程开关使电磁铁3YA通电、1YA断电，大泵2进入液压缸9的油路被切断，由高压小流量泵1供油，其供油压力由溢流阀13按各缸工进时所需的最高压力来调定，压力油经调速阀3、阀5、单向阀11、阀7进入液压缸9的无杆腔，而液压缸9有杆腔中的油液经阀7、阀5流回油箱，液压缸9的活塞实现工进，不受液压缸10快进的影响。两液压缸都转为工进后，都由小泵1供油。若液压缸9先完成工进动作，挡块和行程开关使电磁铁1YA、3YA通电，液压缸9改由大泵2供油，压力油经阀7进入液压缸9的有杆腔，而液压缸9无杆腔中的油液经阀7、阀5流回油箱，使液压缸9的活塞快速返回，实现快退动作；此时液压缸10仍由小泵1供油继续工进运动，彼此互不干扰。当所有电磁铁都断电时，两液压缸都停止运动。其电磁铁动作顺序如表7.2所列。

表7.2　电磁铁动作顺序见表

电磁铁 / 工况	1YA	2YA	3YA	4YA
快进	+	+	—	—
工进	—	—	+	+
快退	+	+	+	+
停止	—	—	—	—

7.4.4　多路换向阀控制回路

由若干个单联换向阀、安全溢流阀、单向阀和补油阀等组合而成的多路换向阀具有结构紧凑、压力损失小和多位性能等优点，可以对多个执行元件的运动进行集中控制，主要用于起重运输机械、工程机械及其他行走机械。

按连接方式不同，多路换向阀控制回路有串联、并联和串并联三种。

1. 串联回路

图7.44(a)所示的串联回路中，从第一联滑阀开始，每一联的回油为下一联的进油，直至最后一联滑阀。工作时，串联回路可以实现多个执行元件的复合动作，泵的压力等于同时工作的各执行元件负载压力的总和。但外负载较大时，很难实现复合动作。

2. 并联回路

图7.44(b)所示的并联回路中，进油口的压力油直接通到各联滑阀的进油腔，各联滑阀的回油腔直接与总回油口相连。并联回路可实现执行元件的单动或复合动作。复合动作时，若负载相差很大，负载小的执行元件先动，复合动作变成顺序动作。

3. 串并联回路

图7.44(c)所示的串并联回路中，各联滑阀的进油腔与前一联滑阀的中位回油通道相通，各联滑阀的回油腔与总回油口相连，即几个滑阀的进油腔串联，回油腔并联。各滑阀之间具有互锁功能，各执行元件只能实现单动。

若多路换向阀的联数较多，可采用复合回路连接，即上述三种回路连接形式的组合。无论采用何种连接方式，各执行元件都处于停止位置时，液压泵可通过各联滑阀的中位自动卸载；任一执行元件要求工作时，液压泵立即恢复压力供油。

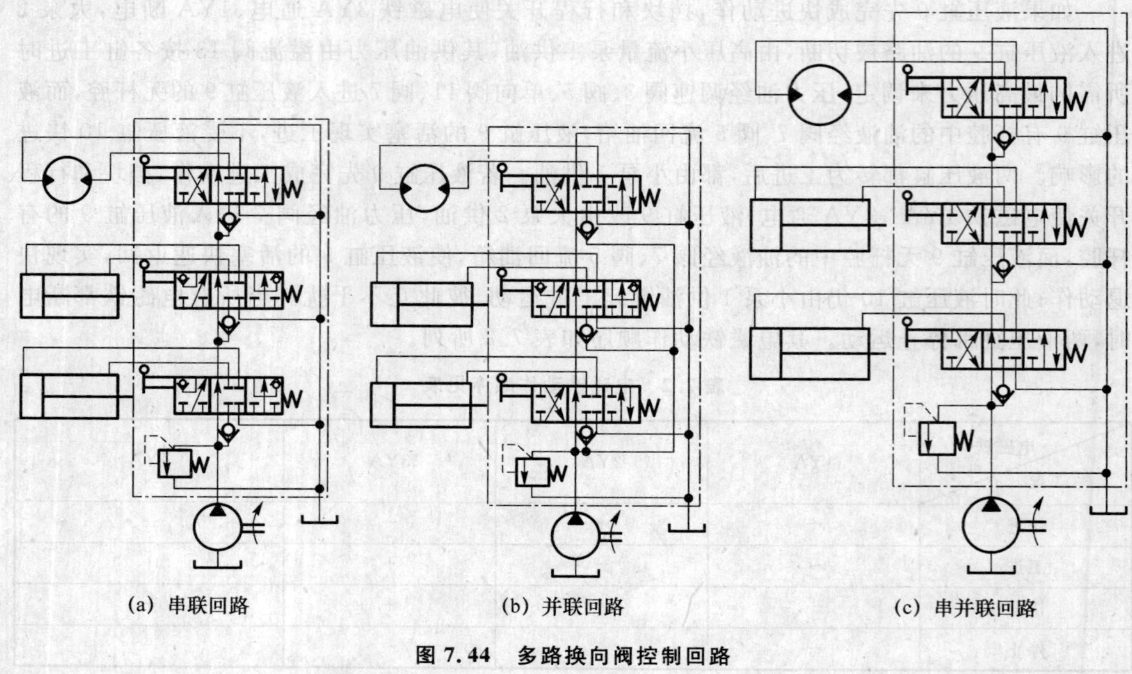

(a) 串联回路 (b) 并联回路 (c) 串并联回路

图 7.44 多路换向阀控制回路

7.5 液压基本回路故障分析与排除方法

7.5.1 方向控制回路常见的故障分析与排除方法

方向控制回路常见的故障分析与排除方法如表 7.3 所列。

表 7.3 方向控制回路的故障分析与排除方法

回 路	故障现象	故障原因	排除方法
单作用液压缸换向回路	1. 活塞杆不能运动； 2. 换向阀不能换向	1. 弹簧太硬、活塞杆密封过紧或其他原因产生的摩擦阻力大； 2. 换向阀出现故障	查明原因，予以排除
双作用液压缸换向回路	1. 液压缸不换向或换向不良； 2. 系统保压、卸荷；换向平稳性和精度等问题； 3. 返回行程噪声振动大，经常烧坏交流电磁铁； 4. 换向阀中位时，液压缸微动	1. 泵、阀、回路或液压缸等有故障； 2. 三位换向阀中位机能故障； 3. 电磁换向阀的规格或管路通径小； 4. 液压缸泄露；阀内泄露	1. 查明原因，予以排除； 2. 排除故障； 3. 正确选用； 4. 消除泄露
锁紧回路	1. 换向阀中位时，液压缸微动； 2. 异常高压使管路及缸损伤； 3. 液控单向阀不能迅速关闭	1. 内泄露过大； 2. 异常突发性外力作用； 3. 阀故障；换向阀中位机能不对	1. 减少泄露； 2. 加安全阀； 3. 排除故障，正确选用

7.5.2 压力控制回路常见的故障分析与排除方法

压力控制回路常见的故障分析与排除方法如表 7.4 所列。

表 7.4　压力控制回路常见的故障分析与排除方法

回　路	故障现象	故障原因	排除方法
调压回路	1. 二次调压回路有压力冲击； 2. 调压时升压时间长； 3. 遥控调压管路中动作迟滞； 4. 其他故障	1. 阀的安装不正确； 2. 遥控管路长； 3. 管路过长； 4. 溢流阀故障	1. 正确安装； 2. 缩短遥控管路，增背压阀； 3. 遥控管路＜5m； 4. 排除阀故障
卸荷回路	1. 不卸荷；不彻底或不正确卸荷； 2. 产生冲击； 3. 双泵供油回路电动机严重发热； 4. 压力不能上升到最高压力； 5. 压力回升滞后；卸荷过程不稳定	1. 换向阀故障； 2. 换向阀选用不当； 3. 单向阀未可靠关闭； 4. 卸荷阀的活塞与阀盖配合间隙过大； 5. 阀故障	1. 排除阀故障； 2. 正确选用； 3. 修复单向阀； 4. 换活塞，保证间隙； 5. 排除阀故障
减压回路	1. 液压缸停歇较长时间时，减压阀二次压力逐渐升高； 2. 缸速度调节失灵或速度不稳定； 3. 多级回路在压力转换时有冲击	1. 少量油液使先导阀处于工作状态； 2. 减压阀泄露大； 3. 阀的安装不正确	1. 加设安全阀； 2. 改变阀位置；密封； 3. 正确安装
增压回路	1. 不增压，或达不到所调增压力； 2. 不能调节增压压力的大小； 3. 增压后，压力缓慢下降； 4. 液压缸无动作	1. 增压缸或液控阀故障； 2. 减压阀故障； 3. 阀故障；密封破损； 4. 未通电；阀故障；无油	1. 拆修、更换； 2. 排除阀故障； 3. 拆修、更换； 4. ——排除
保压回路	1. 不保压，保压期间压力严重下降； 2. 出现冲击、振动和噪声	1. 液压缸和控制阀泄露； 2. 泄压过快	1. 少泄露、补油； 2. 降低活塞速度
平衡回路	1. 停位位置点不准确； 2. 液压缸停止后缓慢下滑； 3. 低负载下液压缸下行平稳性差； 4. 液压缸有杆腔产生增压； 5. 液压缸下行时发生振动	1. 停位信号传递时间长；有停位信号后继续回油； 2. 阀内泄露；密封处泄露； 3. 回路不合理； 4. 液压缸设计不合理； 5. 阀自身或系统共振	1. 检查元件；堵外部泄油通路； 2. 解决泄露； 3. 加单向顺序阀； 4. 合理设计； 5. 用外泄式；加粗缩短回油管；增设流量阀和节流阀

7.5.3　速度控制回路常见的故障分析与排除方法

速度控制回路常见的故障分析与排除方法如表 7.5 所列。

表 7.5　速度控制回路常见的故障分析与排除方法

回　路	故障现象	故障原因	排除方法
定量泵节流调速回路	1. 不能承受负值负载；冲击大；继电器不可靠发讯；调速范围窄；刚性差；易发热； 2. 爬行现象； 3. 泵启动时有冲击； 4. 快进转工进时有冲击； 5. 工进转快退时有冲击； 6. 快退转停止时有冲击	1. 节流调速的特性不同导致； 2. 背压小； 3. 负载启动；溢流阀不灵敏； 4. 流量突变；速度突变；瞬时压差大； 5. 压力突减；阀动作时间不同； 6. 与控制方式及换向阀有关；空气进入	1. 根据具体情况合理选择调速方式； 2. 提高背压； 3. 空载启动；选用灵敏的阀； 4. 选用正确转换方法；快进时提前卸载；提高减压阀灵敏性； 5. 选用合适的阀； 6. 正确选择；防止空气进入

续表 7.5

回 路	故障现象	故障原因	排除方法
变量泵容积调速回路	1. 液压马达产生超速运动； 2. 液压马达不能迅速停住； 3. 液压马达产生气穴； 4. 转速下降，输出转矩减小	1. 负载、干扰、冲击； 2. 惯性； 3. 制动后继续回转； 4. 零件磨损、密封失效	1. 加液控顺序阀； 2. 安装溢流阀； 3. 加单向阀； 4. 排除马达故障
快速运动回路	1. 电动机发热严重，甚至烧坏； 2. 大流量泵轴断裂； 3. 工作压力不能上升到最高； 4. 液压缸不能差动快进； 5. 差动连接速度控制不正常； 6. 快慢速换接不平稳，有冲击； 7. 蓄能器不能补油	1. 单向阀故障； 2. 单向阀故障； 3. 阀、泵、密封故障； 4. 有效推力小； 5. 进、出口压力不正常； 6. 同节流调速回路； 7. 充液时间短；蓄能器压力高	1. 排除阀故障； 2. 排除阀故障； 3. 排除各元件故障； 4. 增大有效面积减小压力损失； 5. 合理设计回路； 6. 同节流调速回路； 7. 确保充液时间足够；检查蓄能器充气压力
速度换接回路	1. 快进转成工进时产生冲击； 2. 两种工进换接中易前冲	1. 惯性导致气穴现象； 2. 减压阀开口大	1. 采用电液阀或行程阀； 2. 调整回路设计

7.5.4 多缸动作回路常见的故障分析与排除方法

多缸动作回路常见的故障分析与排除方法如表 7.6 所列。

表 7.6 多缸动作回路常见的故障分析与排除方法

回 路	故障现象	故障原因	排除方法
顺序动作回路	顺序动作错乱	各阀的调节压力不当或变化；阀、行程开关、压力继电器等故障	正确调整压力；排除各件故障
同步回路	不同步	液压缸有偏心负载和不稳定的变化负载；液压缸摩擦阻力不等；各液压缸缸径误差和加工精度差异较大；油液的清洁度和压缩性不同；系统的刚性和结构变形不一致	查明原因，对症解决

习 题

7-1 时间控制制动式换向回路有何特点？行程控制制动式换向回路有何特点？

7-2 图示为液动阀换向回路。在主油路中安装一节流阀，当活塞运动到终点时切换控制油路中的电磁阀 3，然后利用节流阀的进出口压差来切换液动阀 4，实现液压缸的换向。试判断图示两种方案是否都能正常工作。

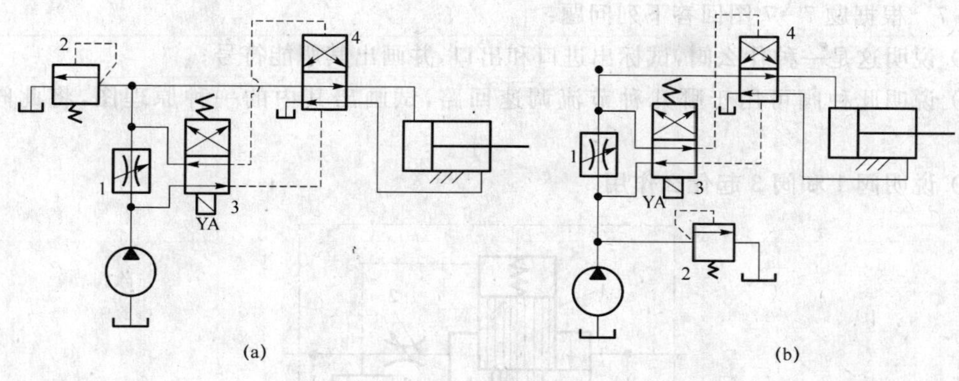

题 7－2 图

7－3　图示为一个压力分级调压回路，图中有关阀的压力值已调好，问该回路能够实现多少压力级？

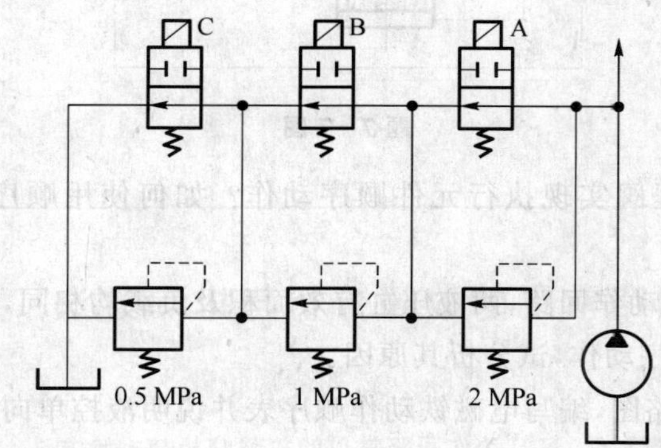

题 7－3 图

7－4　卸荷回路的功用是什么？卸荷回路可采用哪些液压元件实现？

7－5　平衡回路的作用是什么？可采用什么方法构成平衡回路？

7－6　进油路节流调速回路、回油路节流调速回路、旁油路节流调速回路分别有何特点？填写下表。

比较项目	进油路节流调速	回油路节流调速	旁油路节流调速
主要参数			
速度负载特性			
调速范围			
最大承载能力			
系统输入功率			
效率			
泄漏的影响			
发热的影响			
停车后启动冲击			
运动平稳性			
承受负值负载能力			
应　用			

7－7 根据题7－7图回答下列问题：

(1) 说明这是一种什么阀，试标出进口和出口，并画出其职能符号；

(2) 说明此种阀可用于哪几种节流调速回路，试画出其中的一种原理图，将此阀接入回路；

(3) 说明阀1和阀3起什么作用。

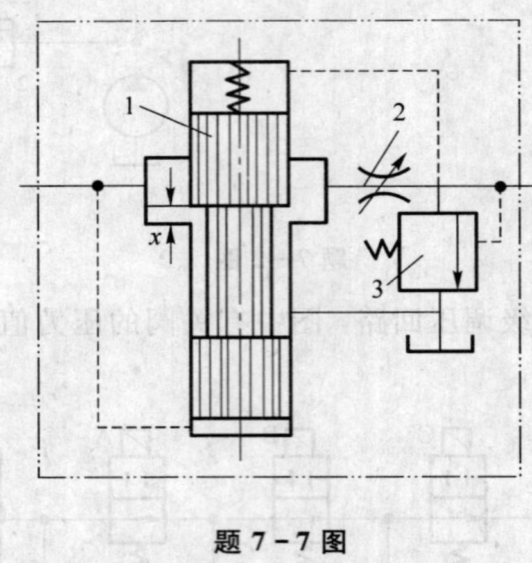

题7－7图

7－8 如何使用行程阀实现执行元件顺序动作？如何使用顺序阀实现执行元件顺序动作？

7－9 图示为一顺序动作回路，两液压缸有效面积及负载均相同，但在工作中发生不能按规定的A先动、B后动顺序动作，试分析其原因。

7－10 读懂图示回路图，编写电磁铁动作顺序表并说明液控单向阀的作用。

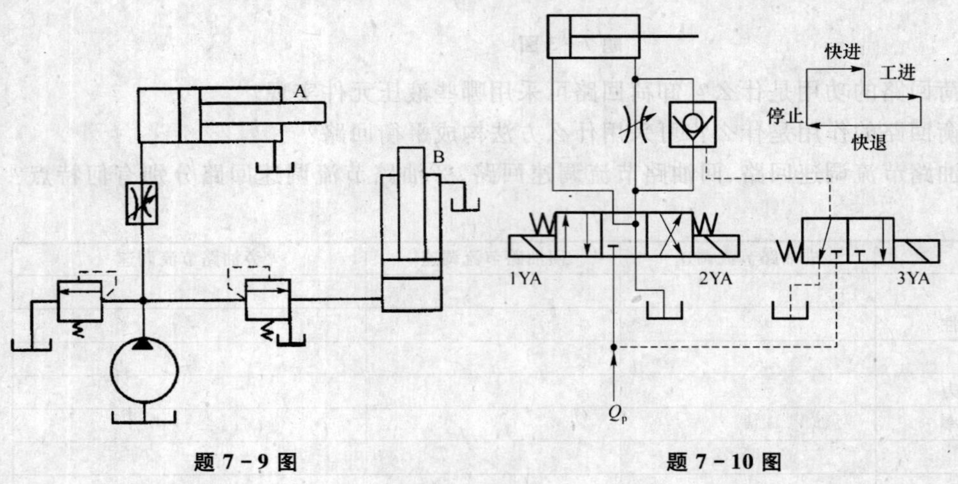

题7－9图 **题7－10图**

7－11 图示调速回路中，溢流阀调定压力为 $p_y=5\,\text{MPa}$，液压缸大腔面积 $A=100\,\text{cm}^2$，调速阀稳定工作的条件是两端压差至少为 $\Delta p=0.5\,\text{MPa}$，负载 F 在 0～28kN 之间变化。试计算负载在什么范围内变化时活塞运动速度基本稳定；在这个范围内负载为何值时回路效率最高。

7－12 图示为进油路节流调速回路，说明油液通过各元件上的功率损失，并用数学表达式列出各部分的功率损失以及系统回路的效率公式。

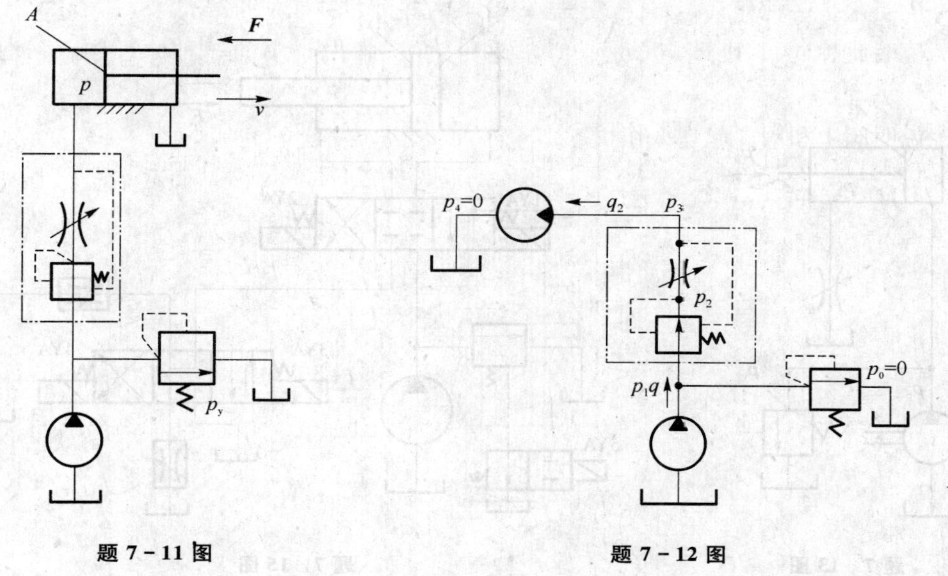

题 7-11 图　　　题 7-12 图

7-13　在图示的节流调速回路中，已知液压缸两腔面积 $A_1=100\,cm^2$，$A_2=50\,cm^2$，调速阀最小压差 $\Delta p=0.5$ MPa，当负载 F 从零变化到 40 kN 时，活塞向右运动的速度稳定不变。求：

(1) 溢流阀最小调整压力 p_y；

(2) 负载 $F=0$ 时，泵的工作压力 p_p 及液压缸回油腔压力 p_2。

7-14　由定量泵和变量液压马达组成的回路中，泵的排量为 $q_p=50\,cm^3/r$，转速 $n_p=1\,000\,r/min$，液压马达的排量变化范围为 $q_M=12.5\sim50\,cm^3/r$，安全阀的调定压力为 $p_y=8$ MPa。泵和马达的容积效率和机械效率都是 100%。求：

(1) 调速回路中马达的最高、最低转速；

(2) 在最高和最低转速下，马达能输出的最大转距；

(3) 最高和最低转速下能输出的最大功率。

7-15　在图示的回路中，完成下列问题。

(1) 填写实现"快进—Ⅰ工进—Ⅱ工进—快退—原位停、泵卸荷"工作循环的电磁铁动作顺序表；

(2) 若溢流阀调整压力为 3 MPa，液压缸有效工作面 $A_1=80\,cm^2$，$A_2=40\,cm^2$，在工进中当负载 F 突然为零时，节流阀进口压力为多大；

(3) 在工进时当负载 F 变化，分析活塞速度有无变化。说明理由。

7-16　由变量泵和定量马达组成的调速回路，变量泵的排量可在 $q_p=0\sim50\,cm^3/r$ 范围内改变。泵转速为 $n_p=1\,200\,r/min$，马达的排量为 $q_M=50\,cm^3/r$，安全阀的调定压力为 $p_y=8$ MPa。在理想情况下，泵和马达的容积效率和液压机械效率都是 100%。求：

(1) 液压马达最高和最低转速；

(2) 液压马达的最大输出转距；

(3) 液压马达的最高输出功率。

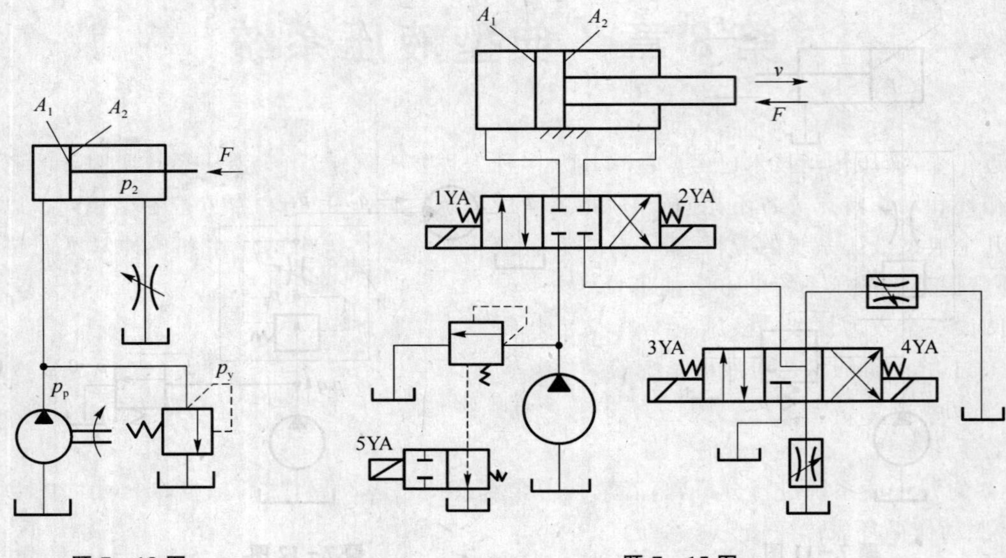

题 7-13 图　　　　题 7-15 图

7-17　由变量泵和定量马达组成的调速回路，变量泵的转速 $n_p=1\,500$ r/min，排量 $V_{pmax}=8$ cm^3/r，马达排量 $V_M=10$ cm^3/r，安全阀的调定压力为 4 MPa。在理想情况下，泵和马达的容积效率和液压机械效率都是100%。求：

(1) 当液压马达转速 $n_M=1\,000$ r/min 时泵的排量；

(2) 当液压马达负载转距 $T_M=8$ N·m 时马达的转速 n_M；

(3) 泵的最高输出功率。

7-18　图示的回路中，已知无杆腔活塞面积 $A=100$ cm^2，液压泵的供油量 $v=q_p/A=6.3$ m/min，溢流阀的调整压力 $p_y=5$ MPa。若作用在液压缸上的负载 F 分别为 0 kN、54 kN 时，不计一切损失，试分别确定

(1) 液压缸的工作压力 p 为多少？

(2) 液压缸的速度和溢流阀流量为多少？

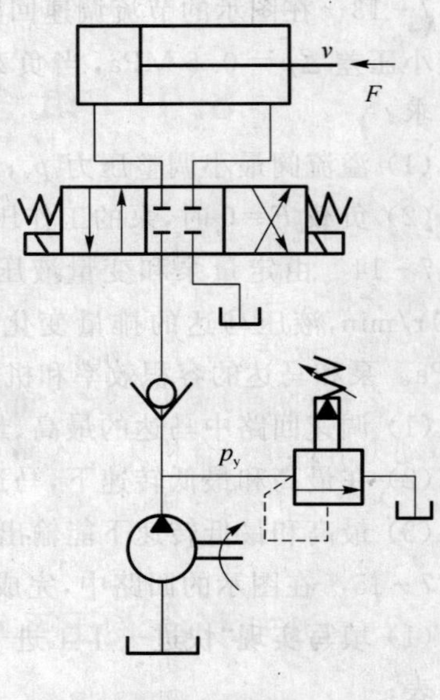

题 7-18 图

第8章 典型液压系统

近年来,液压传动技术已经广泛应用于多种工程技术领域,由于液压系统所服务的主机的工作循环和动作特点等各不相同,相应地各液压系统的组成、作用和特点也不尽相同。以下通过对几个典型液压系统的分析,进一步熟悉各液压元件在系统中的作用和各种基本回路的组成,并掌握分析液压系统的方法和步骤。

阅读一个较为复杂的液压系统图,大致可按以下步骤进行:

① 了解设备的工艺对液压系统的动作要求。

② 初步浏览整个系统,了解系统中包含有哪些元件,并以各个执行元件为中心,将系统分解为若干子系统。

③ 对每一子系统进行分析,搞清楚其中含有哪些基本回路,然后根据执行元件的动作要求,参照动作循环表读懂这一子系统。

④ 根据液压设备中各执行元件间互锁、同步和防干涉等要求,分析各子系统之间的联系。

⑤ 在全面读懂系统的基础上,归纳总结整个系统有哪些特点,以加深对系统的理解。

8.1 组合机床动力滑台液压系统

8.1.1 概　述

组合机床主要是由通用部件和某些专用部件所组成的高效率和自动化程度较高的专用机床。它能完成钻、镗、铣、刮端面、倒角和攻螺纹等加工及工件的转位、定位、夹紧和输送等动作。与之相对应的液压系统主要由通用滑台和辅助部分的液压系统组成。

动力滑台是组合机床的一种通用部件。动力滑台本身不带传动装置,可以根据加工需要配置各种工艺用途的切削头,例如安装动力箱和主轴箱、钻削头、铣削头、镗削头、镗孔和车端面等。

8.1.2 动力滑台液压系统工作原理

YT4543型组合机床液压动力滑台可以实现多种不同的工作循环,其中一种比较典型的工作循环是:快进→一工进→二工进→死挡铁停留→快退→停止。完成这一动作循环的动力滑台液压系统工作原理如图8.1所示。系统中采用限压式变量叶片泵供油,并使液压缸差动连接以实现快速运动。由电液换向阀换向,用行程阀、液控顺序阀实现快进与工进的转换,用二位二通电磁换向阀实现一工进和二工进之间的速度换接。为保证进给的尺寸精度,采用了死挡铁停留来限位。实现工作循环的工作原理如下:

1. 快　进

按下启动按钮,三位五通电液动换向阀5的先导电磁换向阀1YA得电,阀芯右移,换向阀左位进入工作状态,这时的主油路是:

进油路　滤油器 1→变量泵 2→单向阀 3→管路 4→电液换向阀 5 的 P 口到 A 口→管路 10,11→行程阀 17→管路 18→液压缸 19 左腔；

回油路　缸 19 右腔→管路 20→电液换向阀 5 的 B 口到 T 口→油路 8→单向阀 9→油路 11→行程阀 17→管路 18→缸 19→左腔；

这时形成差动连接回路。考虑到快进时，滑台的载荷较小，同时进油可以经阀 17 直通油缸左腔，系统中压力较低，所以变量泵 2 输出流量大，动力滑台快速前进，实现快进。

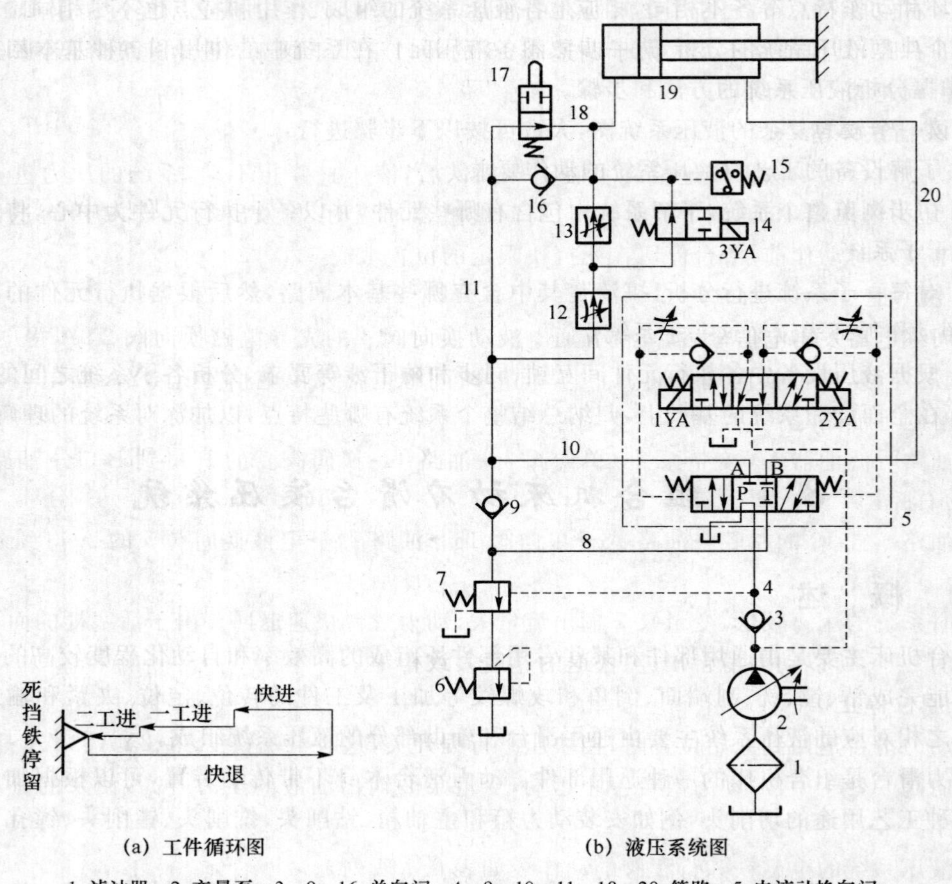

(a) 工件循环图　　(b) 液压系统图

1. 滤油器；2. 变量泵；3、9、16. 单向阀；4、8、10、11、18、20. 管路；5. 电液动换向阀；6. 背压阀；7. 顺序阀；12、13. 调速阀；14. 电磁阀；15. 压力继电器；17. 行程阀；19. 液压缸

图 8.1　YT4543 型组合机床动力滑台液压系统原理图

2. 一工进

在快进行程结束，滑台上的挡铁压下行程阀 17，行程阀上位工作，使油路 11 和 18 断开。电磁铁 1YA 继续通电，电液动换向阀 5 左位仍在工作，电磁换向阀 14 的电磁铁处于断电状态。进油路必须经调速阀 12 进入液压缸左腔，与此同时，系统回路压力升高，将液控顺序阀 7 打开，并关闭单向阀 9，切断液压缸差动连接的油路。回油经由顺序阀 7 和背压阀 6 回到油箱。这时的主油路是：

进油路　滤油器 1→变量泵 2→单向阀 3→电液换向阀 5 的 P 口到 A 口→油路 10→调速阀 12→二位二通电磁换向阀 14→油路 18→液压缸 19 左腔。

回油路　缸 19 右腔→油路 20→电液换向阀 5 的 B 口到 T 口→管路 8→顺序阀 7→背压阀 6→油箱。

因为工作进给时油压升高，所以变量泵 2 的流量自动减小，动力滑台向前作第一次工作进给，进给量的大小可以用调速阀 12 调节。

3. 二工进

在第一次工作进给结束时，滑台上的挡铁压下行程开关，使电磁阀 14 的电磁铁 3YA 得电，阀 14 右位接入工作，切断了该阀所在的油路，经调速阀 12 的油液必须经过调速阀 13 进入液压缸的右腔，其他油路不变。由于调速阀 13 的开口量小于阀 12，进给速度降低，进给量的大小可由调速阀 13 来调节。

4. 死挡铁停留

当动力滑台第二次工作进给终了碰上死挡铁后，液压缸停止不动，系统的压力进一步升高，达到压力继电器 15 的调定值时，经过时间继电器的延时，再发出电信号，使滑台退回。在时间继电器延时动作前，滑台停留在死挡块限定的位置上。

5. 快　退

时间继电器发出电信号后，三位五通电液动换向阀 5 的先导电磁换向阀 2YA 得电，1YA 失电，阀芯左移，电液换向阀 5 右位工作，同时时间继电器发出电信号让 3YA 断电，阀 14 复位。这时的主油路是：

进油路　滤油器 1→变量泵 2→单向阀 3→油路 4→换向阀 5 的 P 口到 B 口→油路 20→缸 19 的右腔；

回油路　缸 19 的左腔→油路 18→单向阀 16→油路 11→电液换向阀 5 的 A 口到 T 口→油箱。

这时系统的压力较低，变量泵 2 输出流量大，动力滑台快速退回。由于活塞杆的面积大约为活塞的一半，所以动力滑台快进、快退的速度大致相等。

6. 原位停止

当动力滑台退回到原始位置时，挡块压下行程开关，这时电磁铁 1YA、2YA、3YA 都失电，电液换向阀 5 处于中位，动力滑台停止运动，变量泵 2 输出油液的压力升高，使泵的流量自动减至最小。

该液压系统的电磁铁和行程阀的动作表如表 8.1 所列。

表 8.1　YT14543 型组合机床动力滑台液压系统电磁铁动作表

工况 \ 电磁铁	1YA	2YA	3YA
快　进	+		
一工进	+	—	—
二工进	+	—	+
死挡铁停留	—	—	—
快　退	—	+	—
原位停止	—	—	—

通过以上分析可以看出，为了实现自动工作循环，该液压系统应用了下列一些基本回路：

① 调速回路　采用了由限压式变量泵和调速阀的调速回路，调速阀放在进油路上，回油经过背压阀；

② 快速运动回路　应用限压式变量泵在低压时输出的流量大的特点，并采用差动连接来实现快速前进；

③ 换向回路　应用电液动换向阀实现换向，工作平稳、可靠，并由压力继电器与时间继电器发出的电信号控制换向信号；

④ 快速运动与工作进给的换接回路　采用行程换向阀实现速度的换接，换接的性能较好。同时利用换向后，系统中的压力升高使液控顺序阀接通，系统由快速运动的差动连接转换为使回油排回油箱；

⑤ 两种工作进给的换接回路　采用了两个调速阀串联的回路结构。

8.1.3 动力滑台系统特点

通过以上分析可知，动力滑台系统有以下特点：

① 采用限压式变量泵和调速阀组成的容积节流调速回路能保证稳定的低速运动(6.6 mm/min)，较好的速度刚度和较大的调速范围(100 以上)。回油路上加背压阀除了防止空气渗入系统外，还可以使滑台能承受一定的与运动方向一致的切削力。

② 采用限压式变量泵和液压缸差动连接两项措施来实现快进，一方面可以得到更快的快进速度，另一方面能量利用也比较合理。

③ 采用行程阀和顺序阀实现快进与工进的换接，不仅简化了油路，而且使动作可靠，转换的位置精度也比较高。由于工进速度低，采用布置比较灵活的电磁阀实现两种工进速度的换接，也可保证必要的换接精度。

④ 采用三位五通电液换向阀可提高滑台的换向平稳性。滑台停止运动时，M 型中位机能的换向阀使泵在低压下卸荷，减少能量损失。五通阀使滑台进、退时分别由两条油路回油，这样系统仅在工进时有一定背压，后退时没有背压。

8.2 XS-ZY-250A 型塑料注射成型机液压系统

8.2.1 概　述

塑料注射成型机简称注塑机。它能将颗粒状的塑料加热熔化成流动状态，以快速高压注入模腔，并保压一定时间，经冷却后成型为塑料制品。XS-ZY-250A 型注塑机属中小型注塑机，每次最大注射容量为 250 cm^3。该机要求液压系统完成的主要动作有：合模和开模、注射座整体前移和后退、注射、保压以及顶出等。根据塑料注射成型工艺，注塑机的工作循环如图8.2所示。

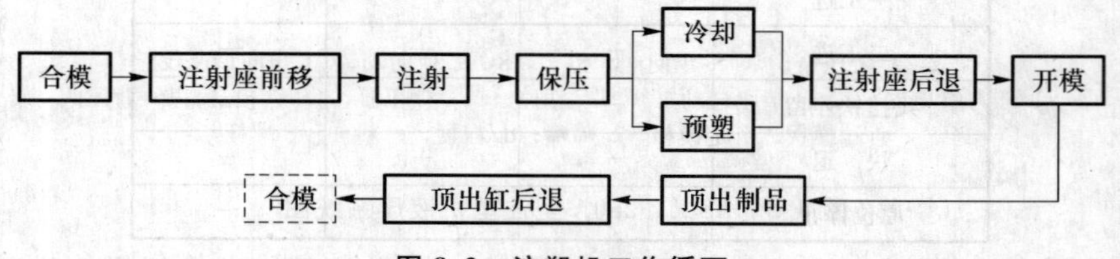

图 8.2　注塑机工作循环

注塑机对液压系统的要求是：

① 足够的合模力　熔融塑料通常以 40～150 MPa 的高压注入模腔，因此模具必须具有足够的合模力，否则会使模具离缝而产生塑料制品的溢边现象。

② 开模和合模速度可调节　由于既要考虑缩短空行程时间以提高生产率，又要考虑合模过程中的缓冲要求以防止损坏模具和制品，还要避免机器产生振动和撞击，所以合模机构在开模、合模过程中需要有多种速度。

③ 注射座整体前移和后退　为了适应各种塑料的加工需要，注射座移动液压缸应有足够的推力，以保证注射时喷嘴与模具浇口紧密接触。

④ 注射压力和注射速度可调节　根据塑料的品种、制品的几何形状及模具浇注系统的不同，注射成型过程中要求注射压力和注射速度可调节。

⑤ 保压　注射动作完成后，需要保压。一则，为使塑料紧贴模腔而获得精确的形状；再则，在制品冷却凝固而收缩的过程中，熔融塑料可不断补充进入模腔，防止因充料不足而出现残品。保压压力也要求可调。

⑥ 速度平稳　顶出制品时速度要求平稳。

以上各个动作分别由合模液压缸、注射座移动液压缸、注射液压缸和顶出液压缸来完成。

8.2.2 液压系统工作原理

图 8.3 所示为 XS－ZY－250A 型注塑机液压系统图。

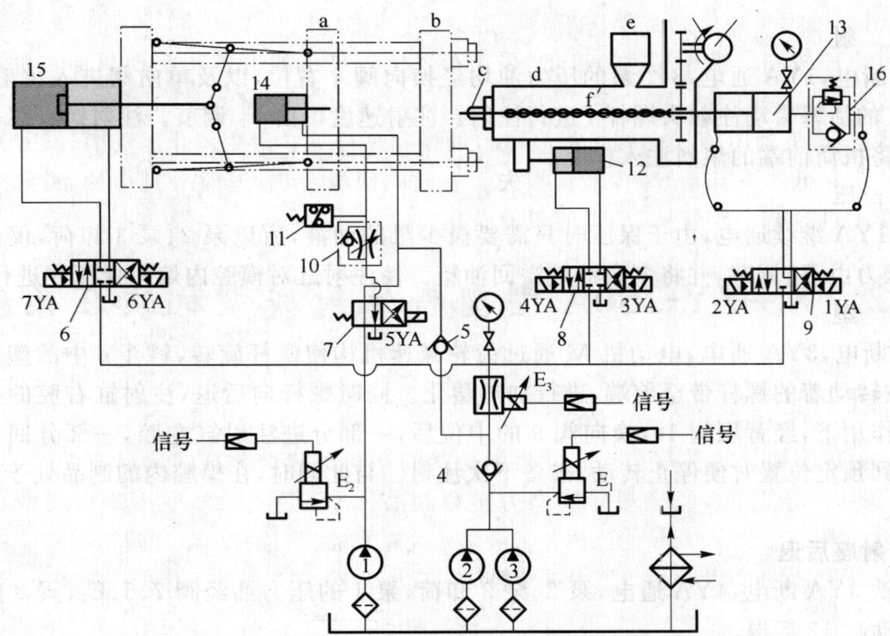

1、2、3. 液压泵；4、5. 单向阀；6、7、8、9. 换向阀；10. 单向调速伐；
11. 压力继电器；12. 注塑座移动缸；13. 注射缸；14. 顶出缸；15. 合模缸；16. 背压阀
a. 动模板；b. 定模板；c. 喷嘴；d. 料桶；e. 料斗；f. 螺杆

图 8.3　XS-ZY-250A 型注塑机液压系统图

该注塑机采用了液压-机械式合模机构。合模液压缸通过对称五连杆机构推动模板进行开模和合模。连杆机构具有增力和自锁作用,依靠连杆弹性变形所产生的预紧力来保证所需的合模力。系统通过比例阀对多级压力(指开合模、注射座前移、注射、顶出、螺杆后退时的压力)和速度(指开合模、注射时的速度)的控制,油路简单,使用的阀少、效率高,压力及速度变换时冲击小,噪声低,能实现远程控制或程控,也为实现计算机控制创造了条件。现将液压系统的工作原理说明如下。

1. 合 模

(1) 快速合模:电磁铁 7YA 通电,5YA 断电,泵 1 压力由电液比例压力阀 E_2 调整,其压力油经换向阀 7 左位、单向阀 5 到电液比例调速阀 E_3,泵 2、泵 3 压力由比例压力阀 E_1 调整,其压力油经单向阀 4 也到调速阀 E_3 与泵 1 压力油汇合,经换向阀 6 的左位至合模缸 15 左腔,推动活塞及连杆实现快速合模。

(2) 低压合模:电磁铁 7YA 通电,E_1 压力为零使泵 2、泵 3 卸荷,E_2 使泵 1 的压力降低。形成低压合模,这时合模缸的推力较小,即使在两个模板间有硬质异物,继续进行合模动作也不致损坏模具表面。

(3) 高压合模:电磁铁 7YA 通电,泵 2、泵 3 卸荷,E_2 使泵 1 压力升高,用来进行高压合模。高压油使模具闭合并使连杆产生弹性变形,牢固地锁紧模具。

2. 注射座前进

电磁铁 7YA 断电,3YA 通电,泵 2、泵 3 卸荷,泵 1 的压力油经换向阀 8 右位进入注射座移动液压缸 12 右腔,推动注射座整体向前移动,使喷嘴和模具贴紧,缸左腔的油经阀 8 回油箱。

3. 注 射

3YA 断电,1YA 通电,3 个泵的压力油均经换向阀 9 右位,以及单向阀进入注射缸 13 右腔,注射缸的活塞带动注射头螺杆 f 进行注射。注射速度可由 E_3 调节。注射螺杆以一定的压力和速度将机筒前端的熔料注入模腔。

4. 保 压

此时 1YA 继续通电,由于保压时只需要极少量的油液,所以泵 2、泵 3 卸荷,仅由泵 1 单独供油,压力由 E_2 调节,并将多余油液溢回油箱。使注射缸对模腔内熔料保压并进行补塑。

5. 预 塑

1YA 断电,3YA 通电,电动机 M 通过齿轮减速机构使螺杆旋转,料斗 e 中的塑料颗粒进入料筒,被转动着的螺杆带至前端,进行加热塑化。同时螺杆向后退,注射缸右腔的油液在螺杆反推力作用下,经背压阀 16,换向阀 9 的中位后,一部分进注射缸左腔,一部分回油箱。当螺杆后退到预定位置时便停止转动,准备下次注射。与此同时,在模腔内的制品处于冷却成型的过程中。

6. 注射座后退

电磁铁 3YA 断电,4YA 通电,泵 2、泵 3 卸荷,泵 1 的压力油经阀 7、5、E_3、阀 8 的左位使注射座移动缸 12 后退。

7. 开 模

(1) 慢速开模:4YA 断电,6YA 通电,泵 2、泵 3 卸荷、泵 1 压力油经阀 7、5、E_3、阀 6 右位使合模缸 15 慢速后退。

(2) 快速开模:6YA 通电,泵 1、2、3 的压力油同时经阀 E_3、阀 6 右位使合模缸 15 快速后退。

8. 顶　出

(1) 顶出缸 14 前进：6YA 断电，5YA 通电，泵 2、3 卸荷、泵 1 的压力油经阀 7 右位，单向调速阀 10 进入顶出缸 14 左腔，推动顶出杆顶出制品，其速度由阀 10 调节。

(2) 顶出缸后退：5YA 断电，泵 1 压力油经阀 7 进入顶出缸 14 右腔，左腔回油经阀 10 中单向阀、阀 7 回油箱。

9. 螺杆后退

为了拆卸和清洗螺杆，有时需要螺杆后退。2YA 通电，1YA 断电即可完成。

8.2.3　液压系统特点

注塑机液压系统中执行元件数量较多，是一种速度和压力变化较多的系统。该系统的特点有：

① 利用电液比例阀进行控制，使系统简单，元件数量大大减少。

② 自动工作循环主要靠行程开关来实现。

③ 在系统保压阶段，多余的油液要经过溢流阀流回油箱，所以有部分能量损耗。

如果把图 8.4 的定压溢流的节流调速系统用变压容积调速系统来代替，亦即如果用电液比例压力调节泵代替比例溢流阀来对系统实行压力控制，用电液比例流量调节泵代替流量阀来对系统实现速度控制，则可以避免不必要的溢流损失和节流损失，系统的输出便与负载功率和压力完全匹配，这样就变成一个节能型的高效系统了。

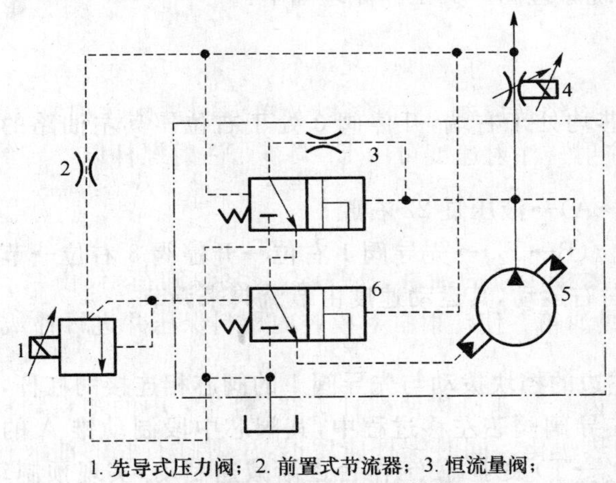

1. 先导式压力阀；2. 前置式节流器；3. 恒流量阀；
4. 比例节流阀；5. 泵；6. 恒压阀

图 8.4　节能型的高效系统

图 8.4 中前置式节流器 2、先导式压力阀 1 与恒压阀 6 构成泵 5 的压力控制回路。比例节流阀 4 和恒流量阀 3 构成泵 5 的流量控制回路。图中所示 3、6 两阀的位置是系统还未设定压力时的位置。如负载变化，使阀 4 压差偏大或偏小，则推动阀 3 左移或右移，使泵的排量减少或增大，最终使流量保持恒定。这时泵的输出压力仅比负载压力高出一个阀 4 的压差。在保压阶段，当系统压力达到阀 1 设定的最高压力时，阀 6 左移使泵排量迅速减小到接近于零，变成高压小流量的工况了。

总之，这个系统在流量控制阶段使泵的输出压力与负载相协调；在压力控制阶段使输出流量接近于零，仅消耗极小的功率。所以它的效率极高。

8.3　M1432A 型万能外圆磨床液压系统

8.3.1　液压系统的功能

M1432A 型万能外圆磨床主要用于磨削 IT5～IT7 精度的圆柱形或圆锥形外圆和内孔，

表面粗糙度在 $R_a1.25$～$R_a0.08$ 之间。该机床的液压系统具有以下功能：

① 能实现工作台的自动往复运动，并能在 0.05～4 m/min 之间无级调速，工作台换向平稳，起动制动迅速，换向精度高。

② 在装卸工件和测量工件时，为缩短辅助时间，砂轮架具有快速进退动作，为避免惯性冲击，控制砂轮架快速进退的液压缸设置有缓冲装置。

③ 为方便装卸工件，尾架顶尖的伸缩采用液压传动。

④ 工作台可作微量抖动：切入磨削或加工工件略大于砂轮宽度时，为了提高生产率和改善表面粗糙度，工作台可作短距离（1～3 mm）、频繁往复运动（100～150 次/min）。

⑤ 传动系统具有以下必要的联锁动作。

a. 工作台的液动与手动联锁，以免液动时带动手轮旋转引起工伤事故。

b. 砂轮架快速前进时，可保证尾架顶尖不后退，以免加工时工件脱落。

c. 磨内孔时，为使砂轮不后退，传动系统中设置有与砂轮架快速后退联锁的机构，以免撞坏工件或砂轮。

d. 砂轮架快进时，头架带动工件转动，冷却泵启动；砂轮架快速后退时，头架与冷却泵电机停转。

8.3.2 液压系统工作原理

图 8.5 为 M1432A 型外圆磨床液压系统原理图。其工作原理如下：

1. 工作台的往复运动

(1) 工作台右行

如图 8.5 所示，先导阀 1、换向阀 2 阀芯均处于右端，开停阀 3 处于右位。其主油路的运动情况如下。

进油路：液压泵 19→换向阀 2 左位（P→A）→液压缸 22 右腔；

回油路：液压缸 22 左腔→换向阀 2 右位（B→T_2）→先导阀 1 右位→开停阀 3 右位→节流阀 5→油箱。液压油推液压缸带动工作台向右运动，其运动速度由节流阀来调节。

(2) 工作台左行

当工作台右行到预定位置，工作台上左边的挡块拨动与先导阀 1 的阀芯相连接的杠杆，使先导阀芯左移，开始工作台的换向过程。先导阀阀芯左移过程中，其阀芯中段制动锥 A 的右边逐渐将回油路上通向节流阀 5 的通道（D_2→T）关小，使工作台逐渐减速制动，实现预制动；当先导阀阀芯继续向左移动到先导阀芯右部环形槽，使 a_2 点与高压油路 a_2' 相通，先导阀芯左部环槽使 a_1→a_1' 接通油箱时，控制油路被切换。这时借助于抖动缸 6 推动先导阀 1 向左快速移动（快跳）。其油路的运动情况如下。

进油路：油泵 19→精滤油器 21→先导阀 1 右位（a_2'→a_2）→抖动缸 6 左端。

回油路：抖动缸 6 右端→先导阀 1 左位（a_1→a_1'）→油箱。

因为抖动缸的直径很小，上述流量很小的压力油足以使之快速右移，并通过杠杆使先导阀芯快跳到左端，从而使通过先导阀到达换向阀右端的控制压力油路迅速打通，同时又使换向阀左端的回油路也迅速打通（畅通）。

这时控制油路的运动情况如下。

进油路：油泵 19→精滤油器 21→先导阀 1 左位（a_2'→a_2）→单向阀 I2→换向阀 2 右端。

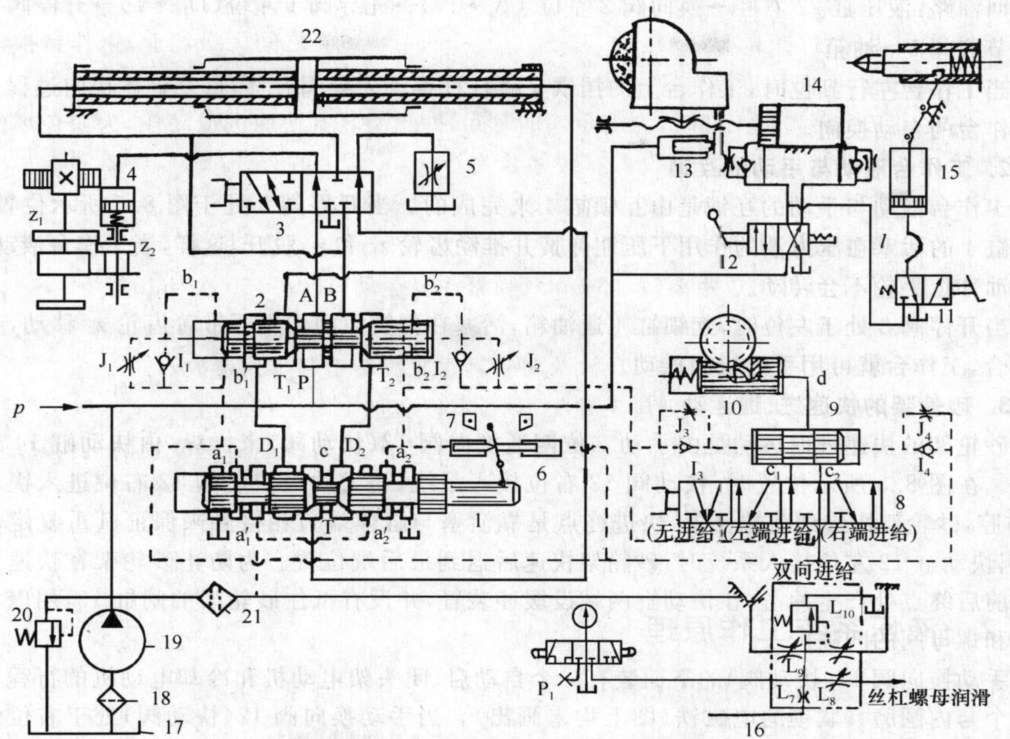

1. 先导阀；2. 换向阀；3. 开停阀；4. 互锁缸；5. 节流阀；6. 抖动缸；7. 挡块；8. 选择阀；9. 进给阀；10. 进给缸；11. 尾架换向阀；12. 快动换向阀；13. 闸缸；14. 快动缸；15. 尾架缸；16. 润滑稳定器；17. 油箱；18. 粗过滤器；19. 油泵；20. 溢流阀；21. 精过滤器；22. 工作台进给缸

图 8.5　M1432A 型万能外圆磨床

回油路：换向阀 2 左端回油路在换向阀芯左移过程中有三种变换。

① 首先，换向阀 2 左端 b_1'→先导阀 1 左位(a_1→a_1')→油箱。换向阀芯因回油畅通而迅速左移，实现第一次快跳。当换向阀芯 1 快跳到制动锥 C 的右侧关小主回油路（B→T_2）通道，工作台便迅速制动(终制动)。换向阀芯继续迅速左移到中部台阶处于阀体中间沉割槽的中心处时，液压缸两腔都通压力油，工作台便停止运动。

② 换向阀芯在控制压力油作用下继续左移，换向阀芯左端回油路改为：换向阀 2 左端→节流阀 J_1→先导阀 1 左位→油箱。这时换向阀芯按节流阀(停留阀)J_1 调节的速度左移。由于换向阀体中心沉割槽的宽度大于中部台阶的宽度，所以阀芯慢速左移的一定时间内，液压缸两腔继续保持互通，使工作台在端点保持短暂的停留。其停留时间在 0～5 s 内由节流阀 J_1、J_2 调节。

③ 最后，当换向阀芯慢速左移到左部环形槽与油路(b_1→b_1')相通时，换向阀左端控制油的回油路又变为换向阀 2 左端→油路 b_1→换向阀 2 左部环形槽→油路 b_1'→先导阀 1 左位→油箱。这时由于换向阀左端回油路畅通，换向阀芯实现第二次快跳，使主油路迅速切换，工作台则迅速反向启动(左行)。

这时的主油路运动情况如下。

进油路：油泵 19→换向阀 2 左位(P→B)→液压缸 22 左腔。

回油路：液压缸 22 右腔→换向阀 2 左位（A→T_1）→先导阀 1 左位(D_1→T)→开停阀 3 右位→节流阀 5→油箱。

当工作台左行到位时，工作台上的挡铁又碰杠杆推动先导阀右移，重复上述换向过程。实现工作台的自动换向。

2. 工作台液动与手动的互锁

工作台液动与手动的互锁是由互锁缸 4 来完成的。当开停阀 3 处于图 8.5 所示位置时，互锁缸 4 的活塞在压力油的作用下压缩弹簧并推动齿轮 z_1 和 z_2 脱开，这样，当工作台液动(往复运动)时，手轮不会转动。

当开停阀 3 处于左位时，互锁缸 4 通油箱，活塞在弹簧力的作用下带着齿轮 z_2 移动，z_2 与 z_1 啮合，工作台就可用手摇机构摇动。

3. 砂轮架的快速进、退运动

砂轮架的快速进退运动是由手动二位四通换向阀 12(快动阀)来操纵，由快动缸 14 来实现的。在图 8.5 所示位置时，快动阀 12 右位接入系统，压力油经快动阀 12 右位进入快动缸 14 右腔，砂轮架快进到前端位置，快进终点是靠活塞与缸体端盖相接触来保证其重复定位精度；当快动缸 12 左位接入系统时，砂轮架快速后退到最后端位置。为防止砂轮架在快速运动到达前后终点处产生冲击，在快动缸两端设缓冲装置，并设有抵住砂轮架的闸缸 13，用以消除丝杠和螺母间的间隙。

手动换向阀 12(快动阀)的下面装有一个自动启、闭头架电动机和冷却电动机的行程开关和一个与内圆磨具联锁的电磁铁(图上均未画出)。当手动换向阀 12(快动阀)处于右位使砂轮架处于快进时，手动阀的手柄压下行程开关，使头架电动机和冷却电动机启动。当翻下内圆磨具进行内孔磨削时，内圆磨具压另一行程开关，使联锁电磁铁通电吸合，将快动阀锁住在左位(砂轮架在退的位置)，以防止误动作，保证安全。

4. 砂轮架的周期进给运动

砂轮架的周期进给运动是由选择阀 8、进给阀 9、进给缸 10 通过棘爪、棘轮、齿轮、丝杠来完成的。选择阀 8 根据加工需要可以使砂轮架在工件左端或右端时进给，也可在工件两端都进给(双向进给)，也可以不进给，共四个位置可供选择。

图 8.5 所示为双向进给，周期进给油路的运动情况如下。

压力油从 a_1 点→J_4→进给阀 9 右端；进给阀 9 左端→I_3→a_2→先导阀 1→油箱。进给缸 10→d→进给阀 9→c_1→选择阀 8→a_2→先导阀 1→油箱，进给缸柱塞在弹簧力的作用下复位。

当工作台开始换向时，先导阀换位(左移)使 a_2 点变高压，a_1 点变为低压(回油箱)；此时周期进给油路的运动情况如下。压力油从 a_2 点→J_3→进给阀 9 左端；进给阀 9 右端→I_4→a_1 点→先导阀 1→油箱，使进给阀右移；与此同时，压力油经 a_2 点→选择阀 8→c_1→进给阀 9→d→进给缸 10，推进给缸柱塞左移，柱塞上的棘爪拨棘轮转动一个角度，通过齿轮等推砂轮架进给一次。

在进给阀活塞继续右移时堵住 c_1 而打通 c_2，这时油路的运动情况如下。进给缸 10 右端→d→进给阀 9→c_2→选择阀 8→a_1→先导阀 a_1'→油箱，进给缸在弹簧力的作用下再次复位。当工作台再次换向，再周期进给一次。若将选择阀转到其他位置，如右端进给，则工作台只有在换向到右端才进给一次，其进给过程不再赘述。

从上述周期进给过程可知，每进给一次是由一股压力油(压力脉冲)推进给缸柱塞上的棘爪拨棘轮转一角度。调节进给阀两端的节流阀 J_3、J_4 就可调节压力脉冲的时期长短，从而调节进给量的大小。

5. 尾架顶尖的松开与夹紧

尾架顶尖只有在砂轮架处于后退位置时才允许松开。为操作方便，采用脚踏式二位三通阀 11（尾架阀）来操纵，由尾架缸 15 来实现。由图 8.5 可知，只有当快动阀 12 处于左位、砂轮架处于后退位置，脚踏尾架阀处于右位时，才能有压力油通过尾架阀进入尾架缸推杠杆拨尾顶尖松开工件。当快动阀 12 处于右位（砂轮架处于前端位置）时，油路 L 为低压（回油箱），这时误踏尾架阀 11 也无压力油进入尾架缸 14，顶尖也就不会推出。

尾顶尖的夹紧是靠弹簧力。

6. 抖动缸的功用

抖动缸 6 的功用有两个，一是帮助先导阀 1 实现换向过程中的快跳；二是当工作台需要作频繁短距离换向时实现工作台的抖动。

当砂轮作切入磨削或磨削短圆槽时，为提高磨削表面质量和磨削效率，需工作台频繁短距离换向——抖动。这时将换向挡铁调得很近或夹住换向杠杆，当工作台向左或向右移动时，挡铁带杠杆使先导阀阀芯向右或向左移动一个很小的距离，使先导阀 1 的控制进油路和回油路仅有一个很小的开口。通过此很小开口的压力油不可能使换向阀阀芯快速移动，这时，因为抖动缸柱塞直径很小，所通过的压力油足以使抖动缸快速移动。抖动缸的快速移动推动杠带先导阀快速移动（换向），迅速打开控制油路的进、回油口，使换向阀也迅速换向，从而使工作台作短距离频繁往复换向——抖动。

8.3.3　液压系统特点

由于机床加工工艺的要求，M1432A 型万能外圆磨床液压系统是机床液压系统中要求较高且较复杂的一种。其主要特点是：

① 系统采用节流阀回油节流调速回路，功率损失较小。

② 工作台采用了活塞杆固定式双杆液压缸，保证左、右往复运动的速度一致，并使机床占地面积不大。

③ 系统在结构上采用了将开停阀、先导阀、换向阀、节流阀和抖动缸等组合一体的操纵箱。使结构紧凑、管路减短、操纵方便，又便于制造和装配修理。此操纵箱属行程制动换向回路，具有较高的换向位置精度和换向平稳性。

8.4　液压系统常见故障及其排除方法

8.4.1　常见故障的诊断方法

液压设备是由机械、液压和电气等装置组合而成的，故出现的故障也是多种多样的。某一种故障现象可能是由许多因素影响后造成的，因此分析液压故障必须能看懂液压系统原理图，对原理图中各个元件的作用有一个大体的了解，然后根据故障现象进行分析、判断，针对许多因素引起的故障原因需逐一分析，抓住主要矛盾，才能较好地解决和排除。液压系统中工作液在元件和管路中的流动情况，外界是很难了解到的，所以给分析、诊断带来了较多的困难，因此要求人们具备较强分析判断故障的能力。在机械、液压和电气诸多复杂的关系中找出故障原因和部位并及时、准确地加以排除。

1. 简易故障诊断法

简易故障诊断法是目前采用最普遍的方法，它是靠维修人员凭个人的经验，利用简单仪表根据液压系统出现的故障，客观地采用问、看、听、摸、闻等方法了解系统工作情况，进行分析、诊断并确定产生故障的原因和部位，具体做法如下：

① 询问设备操作者，了解设备运行状况。其中包括液压系统工作是否正常；液压泵有无异常现象；液压油检测清洁度的时间及结果；滤芯清洗和更换情况；发生故障前是否对液压元件进行了调节；是否更换过密封元件；故障前后液压系统出现过哪些不正常现象；过去该系统出现过什么故障，是如何排除的等；需逐一进行了解。

② 看液压系统工作的实际状况，观察系统压力、速度、油液、泄漏及振动等是否存在问题。

③ 听液压系统的声音，如冲击声；泵的噪声及异常声；判断液压系统工作是否正常。

④ 摸温升、振动、爬行及连接处的松紧程度判定运动部件工作状态是否正常。

2. 液压系统原理图分析法

根据液压系统原理图分析液压传动系统出现的故障，找出故障产生的部位及原因，并提出排除故障的方法。结合动作循环表对照分析、判断故障就很容易了。

3. 其他分析法

液压系统发生故障时，根据液压系统原理进行逻辑分析或采用因果分析等方法逐一排除，最后找出发生故障的部位，这就是用逻辑分析的方法查找出故障。为了便于应用，故障诊断专家设计了逻辑流程图或其他图表对故障进行逻辑判断，为故障诊断提供了方便。

8.4.2 常见故障与消除方法

1. 系统噪声、振动大的消除方法

系统有噪声，振动大的消除方法如表 8.2 所列。

表 8.2 系统噪声、振动大的消除方法

故障现象及原因	消除方法	故障现象及原因	消除方法
1. 泵中噪声和振动，引起管路和油箱的共振	1. 在泵的进出油口用软管； 2. 泵不装在油箱上； 3. 加大液压泵，降低电机转数； 4. 泵底座和油箱下塞进防振材料； 5. 选低噪声泵，采用立式电动机将液压泵浸在油液中	4. 管道内油流激烈流动的噪声	1. 加粗管道，使流速控制； 2. 少用弯头多采用曲率小的弯管； 3. 采用胶管； 4. 油流紊乱处不采用直角弯头或三通； 5. 采用消声器、蓄能器等
2. 阀弹簧引起的系统共振	1. 改变弹簧安装位置； 2. 改变弹簧刚度； 3. 溢流阀改成外泄油； 4. 采用遥控溢流阀； 5. 完全排出回路中的空气； 6. 改变管道长短、粗细和材质； 7. 增加管夹使管道不致振动； 8. 在管道的某部位装上节流阀	5. 油箱有共鸣声	1. 增厚箱板； 2. 在侧板、底板上增设筋板； 3. 改变回油管末端的形状或位置
		6. 阀换向产生的冲击噪声	1. 降低电液阀换向的控制压力； 2. 控制管路或回油管路增节流阀； 3. 选用带先导卸荷功能的元件； 4. 采用电气控制方法，使两个以上的阀不能同时换向
3. 空气进入液压缸引起的振动	1. 排出空气； 2. 对液压缸活塞、密封衬垫涂上二硫化钼润滑脂即可	7. 压力阀、液控单向阀等工作不良，引起管道振动噪声	1. 适当处装上节流阀； 2. 改变外泄形式； 3. 对回路进行改造，增设管夹

2. 系统压力不正常的消除方法

系统压力不正常的消除方法如表8.3所列。

表8.3　系统压力不正常的消除方法

故障现象及原因		消除方法
压力不足	1. 溢流阀旁通阀损坏； 2. 减压阀设定值太低； 3. 集成通道块设计有误； 4. 减压阀损坏； 5. 泵、马达或缸损坏、内泄大	1. 修理或更换溢流阀； 2. 重新设定减压阀； 3. 重新设计集成通道块； 4. 修理或更换减压阀； 5. 修理或更换泵、马达或缸
压力不稳定	1. 油中混有空气； 2. 溢流阀磨损、弹簧刚性差； 3. 油液污染、堵塞阀阻尼孔； 4. 蓄能器或充气阀失效； 5. 泵、马达或缸磨损	1. 堵漏、加油、排气； 2. 修理或更换溢流阀、弹簧； 3. 清洗、换油； 4. 修理或更换蓄能器或充气阀； 5. 修理或更换泵、马达或缸
压力过高	1. 减压阀、溢流阀或卸荷阀设定值不对； 2. 变量机构不工作； 3. 减压阀、溢流阀或卸荷阀堵塞或损坏	1. 重新设定各设定值； 2. 修理或更换变量机构； 3. 清洗或更换各阀

3. 系统动作不正常的消除方法

系统动作不正常的消除方法如表8.4所列。

表8.4　系统动作不正常的消除方法

故障现象及原因		消除方法
1. 系统压力正常，但执行元件无动作	1. 电磁阀中电磁铁有故障； 2. 限位或顺序装置不工作或调得不对； 3. 机械故障； 4. 没有指令信号； 5. 放大器不工作或调得不对； 6. 阀不工作； 7. 缸或马达损坏	1. 排除或更换电磁铁； 2. 调整、修复或更换； 3. 排除故障； 4. 查找、修复； 5. 调整、修复或更换放大器； 6. 调整、修复或更换阀； 7. 修复或更换缸或马达
2. 执行元件动作太慢	1. 泵输出流量不足或系统泄漏太大； 2. 油液黏度太高或太低； 3. 阀的控制压力不够或阀内阻尼孔堵塞； 4. 外负载过大； 5. 放大器失灵或调得不对； 6. 阀芯卡涩； 7. 缸或马达磨损严重	1. 检查、修复或更换； 2. 检查、调整或更换油； 3. 清洗、调整阀； 4. 检查、调整外负载； 5. 调整修复或更换放大器； 6. 清洗、过滤或换油； 7. 修理或更换缸或马达
3. 动作不规则	1. 压力不正常； 2. 油中混有空气； 3. 指令信号不稳定； 4. 放大器失灵或调得不对； 5. 传感器反馈失灵； 6. 阀芯卡涩； 7. 缸或马达磨损或损坏	1. 见表8.3； 2. 加油、排气； 3. 查找、修复； 4. 调整、修复或更换放大器； 5. 修理或更换传感器； 6. 清洗、滤油； 7. 修理或更换缸或马达

4. 系统液压冲击大的消除方法

系统液压冲击大的消除方法如表 8.5 所列。

表 8.5 系统液压冲击大的消除方法

现象	原因	消除方法
1. 换向时产生冲击	换向时瞬时关闭、开启，造成动能或势能相互转换时产生的液压冲击	1. 延长换向时间； 2. 设计带缓冲的阀芯； 3. 加粗管径、缩短管路
2. 液压缸在运动中突然被制动所产生的液压冲击	液压缸运动时，具有很大的动量和惯性，突然被制动，引起较大的压力增值故产生液压冲击	1. 液压缸进出油口处分别设置反应快且灵敏度高的小型安全阀； 2. 在满足驱动力时尽量减少系统工作压力，或适当提高系统背压； 3. 液压缸附近安装囊式蓄能器
3. 液压缸到达终点时产生的液压冲击	液压缸运动时产生的动量和惯性与缸体发生碰撞，引起的冲击	1. 在液压缸两端设缓冲装置； 2. 液压缸进出油口处分别设置反应快且灵敏度高的小型溢流阀； 3. 设置行程(开关)阀

5. 油温过高的故障分析和排除方法

油温过高现象产生的原因及排除方法如表 8.6 所列。

表 8.6 产生油温过高的故障分析和排除方法

故障现象	故障分析	排除方法
当系统不需要压力油时，而油仍在溢流阀的设定压力下溢回油箱	卸荷回路的动作不良	检查电气回路、电磁阀、先导回路和卸荷阀的动作是否正常
液压元件规格选用不合理	1. 阀规格过小，能量损失太大； 2. 用泵时，泵的流量过大	1. 根据系统的工作压力和通过阀的最大流量选取阀； 2. 合理选泵
冷却不足	1. 冷却水供应失灵或风扇失灵； 2. 冷却水管道中有沉淀	1. 消除故障； 2. 消除沉淀
散热不足	油箱的散热面积不足	改装冷却系统或加大油箱容量及散热面积
液压泵过热	1. 由于磨损造成功率损失； 2. 用黏度过低或过高的油工作	1. 修理或更换； 2. 选择适合本系统黏度的油加油液到推荐的位置
油液循环太快	油箱中液面太低	加油液到推荐的位置
油液的阻力过大	管道的内径和需要的流量不相适应或者由于阀门的内径不够大	装置适宜尺寸的管道和阀门或降低功率

习　题

8-1　YT4543 型动力滑台液压系统采用＿＿＿＿＿＿和＿＿＿＿＿＿组成的＿＿＿＿＿＿调速回路；用＿＿＿＿＿＿实现换向，用＿＿＿＿＿＿实现快速运动；用＿＿＿＿＿＿实现快进和工进的速度切换。

8-2　在 YT4543 型动力滑台液压系统中，液控顺序阀 7 的作用是＿＿＿＿＿＿，单向阀 3 的作用是＿＿＿＿＿＿，压力继电器 15 的作用是＿＿＿＿＿＿。

8-3　M1432A 型万能外圆磨床工作台的换向是由＿＿＿＿＿＿和＿＿＿＿＿＿所组成的换向回路完成的，换向过程分＿＿＿＿＿＿、＿＿＿＿＿＿、＿＿＿＿＿＿三个阶段。

8-4　YT4543 型动力滑台液压系统由哪些基本回路组成？如何实现差动连接？采用行程阀进行快慢速切换，有何特点？

8-5　在 SZ－250/160 注塑机液压系统中，是如何实现多级压力控制的？可否用别的方法实现多级压力控制？

8-6　某镗床液压系统如图所示，试分析该系统的工作原理。

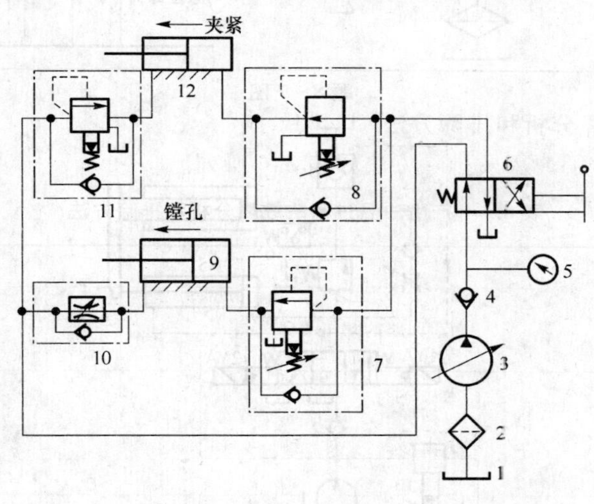

题 8-6 图

8-7　图示的液压系统是如何工作的？试根据其循环动作填写电磁铁动作顺序表（两个进给缸可分别进行各自的工作循环，互不约束）。

8-8　图示压力机液压系统能实现“快进→慢进→保压→快退→停止”的工作循环，读懂此液压系统图，并写出：

(1) 各工况的油液流动情况。

(2) 标出各元件的名称和功用。

(3) 若系统不能实现快进，试分析其原因。

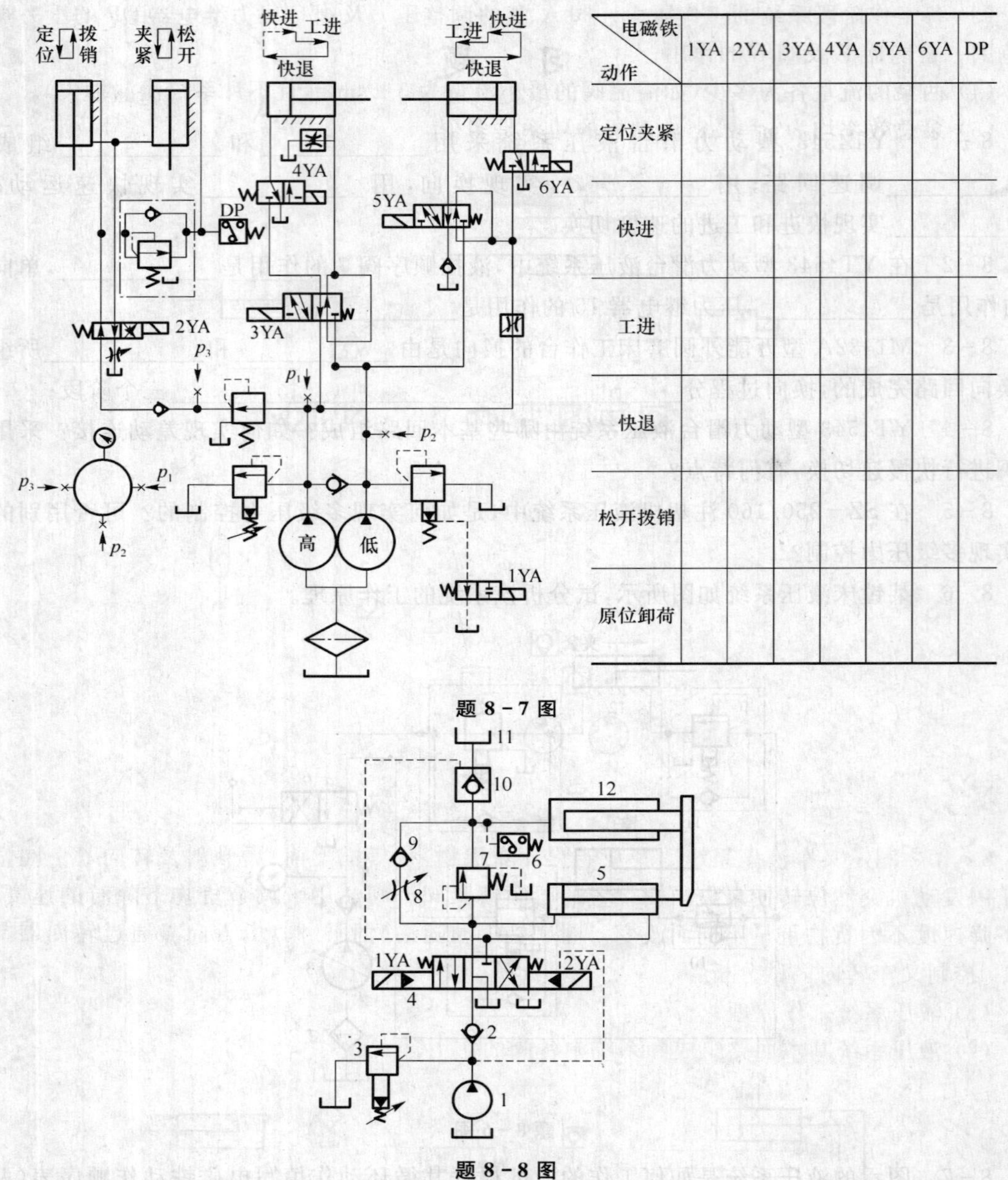

电磁铁 动作	1YA	2YA	3YA	4YA	5YA	6YA	DP
定位夹紧							
快进							
工进							
快退							
松开拔销							
原位卸荷							

题 8-7 图

题 8-8 图

8-9 如图所示组合机床液压系统的工作循环如下：

夹紧缸Ⅱ夹紧→保压→工作缸Ⅰ快进(差动)→工进→快退→夹紧缸Ⅱ松开→停止。已知工作缸Ⅰ大腔活塞面积 $A_1=50\,cm^2$，小腔有效面积 $A_2=25\,cm^2$，夹紧缸Ⅱ活塞面积 $A_3=100\,cm^2$，夹紧力 $F_4=3000\,N$。工作缸Ⅰ快进时负载 $F_1=5000\,N$，进油路压力损失为 0.6 MPa(不计回油压力为损失)，快进速度 $v=6\,m/min$。工进时，负载 $F_2=20000\,N$，进油路压力损失为，回油背压力为 0.6 MPa，工进速度 $v=0.1\,m/min$，快退时，负载 $F_3=5000\,N$，进油路压力损失为 0.4 MPa，回油背压力为 0.4 MPa，快退速度 $v=6\,m/min$。试问：

(1) 完成电磁铁动作表中的电磁铁得电情况；

(2) 写出工作缸快进、工进、快退时通路情况及泵的工作压力；

(3) 各工作阶段系统的工作压力。阀 A、B 的调整压力及阀 C 压力继电器 DP 的压力阀调整范围。蓄能器 E 及阀 F 的作用；

(4) 两泵的流量各为多少(如溢流阀的最小流量为 3 L/min,且不计系统泄漏损失)。

(5) 泵总效率均为 $\eta=0.8$,电动机的功率是多少。

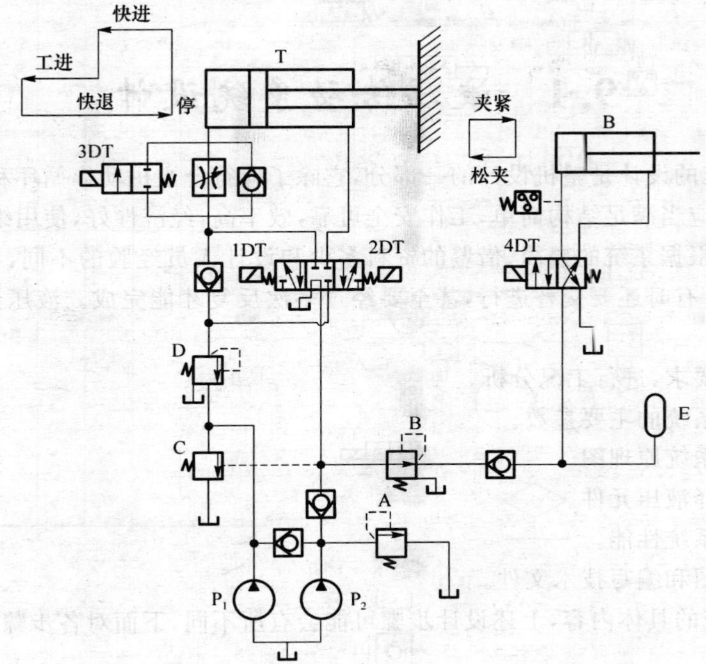

题 8－9 图

8－10　图示叉车液压系统。其功能有升降货物,装货框架前、后倾斜及转向等。阀 7 是防止因发动机突然停转使泵失压而设置的后倾锁紧阀。阀 8 用来调节货物下降时的速度,并使下降速度不因货物重量不同而改变。阀 9 是手动随动(伺服)阀,由方向盘通过转向器与垂臂 10 控制叉车转向。试分析：

(1) 液压系统工作原理；

(2) 液压系统基本回路组成和系统中各阀的作用。

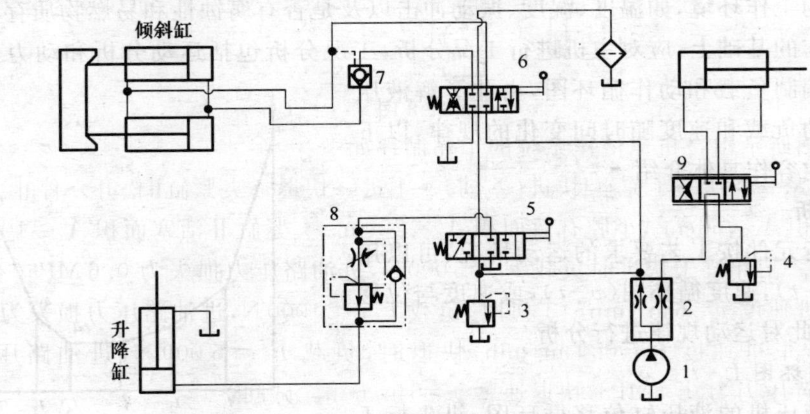

题 8－10 图

第 9 章　液压系统设计计算

9.1　液压传动系统设计

液压传动系统的设计是整机设计的一部分，它除了应符合主机动作循环和静、动态性能等方面的要求外，还应当满足结构简单，工作安全可靠，效率高，经济性好，使用维护方便等条件。液压系统的设计，根据系统的繁简、借鉴的资料多少和设计人员经验的不同，在做法上有所差异。各部分的设计有时还要交替进行，甚至要经过多次反复才能完成。液压系统设计的步骤大致如下：

① 明确设计要求，进行工况分析。

② 初定液压系统的主要参数。

③ 拟定液压系统原理图。

④ 计算和选择液压元件。

⑤ 估算液压系统性能。

⑥ 绘制工作图和编写技术文件。

根据液压系统的具体内容，上述设计步骤可能会有所不同，下面对各步骤的具体内容进行介绍。

9.1.1　工况分析

在设计液压系统时，首先应明确以下问题，并将其作为设计依据。

主机的用途、工艺过程、总体布局以及对液压传动装置的位置和空间尺寸的要求。

主机对液压系统的性能要求，如自动化程度、调速范围、运动平稳性、换向定位精度以及对系统的效率、温升等的要求。

液压系统的工作环境，如温度、湿度、振动冲击以及是否有腐蚀性和易燃物质存在等情况。

在上述工作的基础上，应对主机进行工况分析，工况分析包括运动分析和动力分析，对复杂的系统还需编制负载和动作循环图，由此了解液压缸或液压马达的负载和速度随时间变化的规律，以下对工况分析的内容作具体介绍。

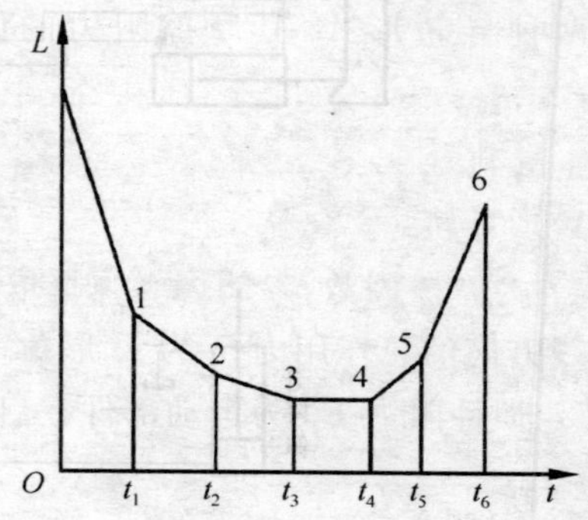

图 9.1　位移循环图

1. 运动分析

主机的执行元件按工艺要求的运动情况，可以用位移循环图（$L-t$），速度循环图（$v-t$），或速度与位移循环图表示，由此对运动规律进行分析。

(1) 位移循环图 $L-t$

图 9.1 为液压机的液压缸位移循环图，纵坐标 L 表示活塞位移，横坐标 t 表示从活塞启动到返回原位

的时间，曲线斜率表示活塞移动速度。该图清楚地表明液压机的工作循环分别由快速下行、减速下行、压制、保压、泄压慢回和快速回程六个阶段组成。

(2) 速度循环图 $v-t$(或 $v-L$)

工程中液压缸的运动特点可归纳为三种类型。图 9.2 为三种类型液压缸的 $v-t$ 图，第一种如图 9.2 中实线所示，液压缸开始作匀加速运动，然后匀速运动，最后匀减速运动到终点；第二种，如图 9.2 中虚线所示，液压缸在总行程的前一半作匀加速运动，在另一半作匀减速运动，且加速度的数值相等；第三种，如图 9.2 中双点画线所示，液压缸在总行程的一大半以上以较小的加速度作匀加速运动，然后匀减速至行程终点。$v-t$ 图的三条速度曲线，不仅清楚地表明了三种类型液压缸的运动规律，也间接地表明了三种工况的动力特性。

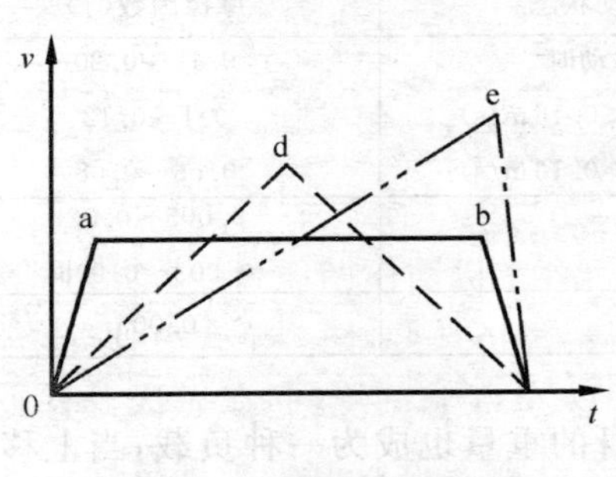

图 9.2　速度循环图

2. 动力分析

动力分析，是研究机器在工作过程中，其执行机构的受力情况，对液压系统而言，就是研究液压缸或液压马达的负载情况。

(1) 液压缸的负载及负载循环图

1) 液压缸的负载力计算

工作机构作直线往复运动时，液压缸必须克服的负载由以下六部分组成。

$$F=F_c+F_f+F_i+F_G+F_m+F_b \tag{9.1}$$

式中，F_c 为切削阻力；F_f 为摩擦阻力；F_i 为惯性阻力；F_G 为重力；F_m 为密封阻力；F_b 为排油阻力。

① 切削阻力 $\boldsymbol{F}_c$：为液压缸运动方向的工作阻力，对于机床来说就是沿工作部件运动方向的切削力，此作用力的方向如果与执行元件运动方向相反为正值，两者同向为负值。该作用力可能是恒定的，也可能是变化的，其值要根据具体情况计算或由实验测定。

② 摩擦阻力 $\boldsymbol{F}_f$：为液压缸带动的运动部件所受的摩擦阻力，它与导轨的形状、放置情况和运动状态有关，其计算方法可查有关的设计手册。图 9.3 为最常见的两种导轨形式，其摩擦阻力的值分为以下两种情况。

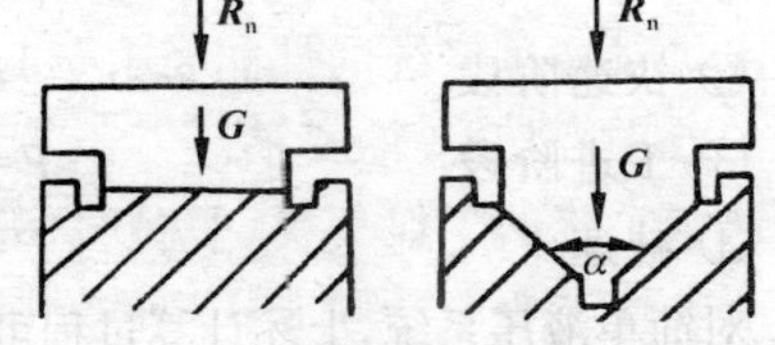

图 9.3　导轨形式

平导轨
$$F_f=f\Sigma F_n \tag{9.2}$$

V 形导轨
$$F_f=f\Sigma F_n/[\sin(\alpha/2)] \tag{9.3}$$

式中，f 为摩擦因数，参阅表 9.1 选取；ΣF_n 为作用在导轨上总的正压力或沿 V 形导轨横截面中心线方向的总作用力；α 为 V 形角，一般为 90°。

③ 惯性阻力 $\boldsymbol{F}_i$：为运动部件在启动和制动过程中的惯性力，可按下式计算

$$F_i=ma=\frac{G}{g}\frac{\Delta v}{\Delta t}(\mathrm{N}) \tag{9.4}$$

式中，m 为运动部件的质量(kg)；a 为运动部件的加速度(m/s²)；G 为运动部件的重量(N)；g

为重力加速度，$g=9.81(m/s^2)$；Δv 为速度变化值(m/s)；Δt 为启动或制动时间(s)，一般机床 $\Delta t=0.1\sim0.5\,s$，运动部件重量大的取大值。

表 9.1 摩擦因数 f

导轨类型	导轨材料	运动状态	摩擦因数(f)
滑动导轨	铸铁对铸铁	启动时	0.15～0.20
		低速($v<0.16\,m/s$)	0.1～0.12
		高速($v>0.16\,m/s$)	0.05～0.08
滚动导轨	铸铁对滚柱(珠)		0.005～0.02
	淬火钢导轨对滚柱(珠)		0.003～0.006
静压导轨	铸 铁		0.005

④ 重力 $\boldsymbol{F}_G$：垂直放置和倾斜放置的移动部件，其本身的重量也成为一种负载，当上移时，负载为正值，下移时为负值。

⑤ 密封阻力 $\boldsymbol{F}_m$：指装有密封装置的零件在相对移动时的摩擦力，其值与密封装置的类型、液压缸的制造质量和油液的工作压力有关。在初算时，可按缸的机械效率($\eta_m=0.9$)考虑；验算时，按密封装置摩擦力的计算公式计算。

⑥ 排油阻力 $\boldsymbol{F}_b$：为液压缸回油路上的阻力，该值与调速方案、系统所要求的稳定性和执行元件等因素有关，在系统方案未确定时无法计算，可放在液压缸的设计计算中考虑。

2）液压缸运动循环各阶段的总负载力

液压缸运动循环各阶段的总负载力计算，一般包括启动加速、快进、工进、快退、减速制动等几个阶段，每个阶段的总负载力是有区别的。

① 启动加速阶段：这时液压缸或活塞处于由静止到启动并加速到一定速度，其总负载力包括导轨的摩擦力、密封装置的摩擦力(按缸的机械效率 $\eta_m=0.9$ 计算)、重力和惯性力等项，即

$$F=F_f+F_i\pm F_G+F_m+F_b \tag{9.5}$$

② 快速阶段
$$F=F_f\pm F_G+F_m+F_b \tag{9.6}$$

③ 工进阶段
$$F=F_f+F_c\pm F_G+F_m+F_b \tag{9.7}$$

④ 减速
$$F=F_f\pm F_G-F_i+F_m+F_b \tag{9.8}$$

对简单液压系统，上述计算过程可简化。例如采用单定量泵供油，只需计算工进阶段的总负载力，若简单系统采用限压式变量泵或双联泵供油，则只需计算快速阶段和工进阶段的总负载力。

3）液压缸的负载循环图

对较为复杂的液压系统，为了更清楚地了解该系统内各液压缸(或液压马达)的速度和负载的变化规律，应根据各阶段的总负载力和它所经历的工作时间 t 或位移 L 按相同的坐标绘制液压缸的负载时间($F-t$)或负载位移($F-L$)图，然后将各液压缸在同一时间 t(或位移)的负载力叠加。

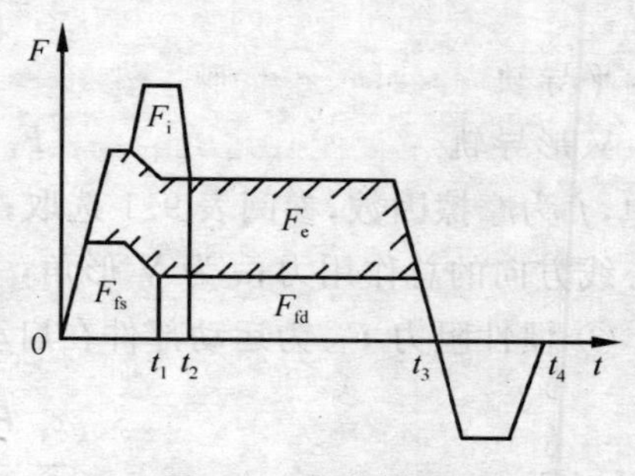

图 9.4 负载循环图

图 9.4 为一部机器的 $F-t$ 图，其中：$0\sim t_1$ 为启

动过程；$t_1 \sim t_2$ 为加速过程；$t_2 \sim t_3$ 为恒速过程；$t_3 \sim t_4$ 为制动过程。它清楚地表明了液压缸在动作循环内负载的规律。图中最大负载是初选液压缸工作压力和确定液压缸结构尺寸的依据。

(2) 液压马达的负载

工作机构作旋转运动时，液压马达必须克服的外负载为

$$M = M_e + M_f + M_i \tag{9.9}$$

1) 工作负载力矩 M_e

工作负载力矩可能是定值，也可能随时间变化，应根据机器工作条件进行具体分析。

2) 摩擦力矩 M_f

为旋转部件轴颈处的摩擦力矩，其计算公式为

$$M_f = GfR \quad (\mathrm{N \cdot m}) \tag{9.10}$$

式中，G 为旋转部件的重量(N)；f 为摩擦因数，启动时为静摩擦因数，启动后为动摩擦因数；R 为轴颈半径(m)。

3) 惯性力矩 M_i

为旋转部件加速或减速时产生的惯性力矩，其计算公式为

$$M_i = J\varepsilon = J\frac{\Delta\omega}{\Delta t} \quad (\mathrm{N \cdot m}) \tag{9.11}$$

式中，ε 为角加速度($\mathrm{r/s^2}$)；$\Delta\omega$ 为角速度的变化(r/s)；Δt 为加速或减速时间(s)；J 为旋转部件的转动惯量($\mathrm{kg \cdot m^2}$)，$J = GD^2/4g$。

式中，GD^2 为回转部件的飞轮效应($\mathrm{N \cdot m^2}$)。各种回转体的 GD^2 可查《机械设计手册》。

根据式(9.9)，分别算出液压马达在一个工作循环内各阶段的负载大小，便可绘制液压马达的负载循环图。

9.1.2 确定液压系统主要参数

1. 液压缸的设计计算

(1) 初定液压缸工作压力

液压缸工作压力主要根据运动循环各阶段中的最大总负载力来确定，此外，还需要考虑以下因素：

① 各类设备的不同特点和使用场合。

② 考虑经济和重量因素，压力选得低，则元件尺寸大，重量重；压力选得高一些，则元件尺寸小，重量轻，但对元件的制造精度，密封性能要求高。

所以，液压缸的工作压力的选择有两种方式，一是根据机械类型选；二是根据切削负载选。如表 9.2 和表 9.3 所列。

表 9.2 按负载选执行元件的工作压力

负 载/N	<5000	500～10000	10000～20000	20000～30000	30000～50000	>50000
工作压力/MPa	≤0.8～1	1.5～2	2.5～3	3～4	4～5	>5

表 9.3 按机械类型选执行元件的工作压力

机械类型	机床				农业机械	工程机械
	磨床	组合机床	龙门刨床	拉床		
工作压力/MPa	a≤2	3～5	≤8	8～10	10～16	20～32

(2) 液压缸主要尺寸的计算

液压缸的有效面积和活塞杆直径，可根据缸受力的平衡关系具体计算，详见第4章第4.2节。

(3) 液压缸的流量计算

液压缸的最大流量

$$q_{max}=A\cdot v_{max}\,(m^3/s) \tag{9.12}$$

式中，A 为液压缸的有效面积 A_1 或 A_2(m^2)；v_{max} 为液压缸的最大速度(m/s)。

液压缸的最小流量

$$q_{min}=A\cdot v_{min}\quad(m^3/s) \tag{9.13}$$

式中，v_{min} 为液压缸的最小速度。

液压缸的最小流量 q_{min}，应等于或大于流量阀或变量泵的最小稳定流量。若不满足此要求时，则需重新选定液压缸的工作压力，使工作压力低一些，缸的有效工作面积大一些，所需最小流量 q_{min} 也大一些，以满足上述要求。

流量阀和变量泵的最小稳定流量，可从产品样本中查到。

2. 液压马达的设计计算

(1)计算液压马达排量

液压马达排量根据下式决定

$$v_m=6.28T/\Delta p_m\eta_{min}\quad(m^3/r) \tag{9.14}$$

式中，T 为液压马达的负载力矩(N·m)；Δp_m 为液压马达进出口压力差(N/m^3)；η_{min} 为液压马达的机械效率，一般齿轮和柱塞马达取0.9～0.95，叶片马达取0.8～0.9。

(2) 计算液压马达所需流量

液压马达的最大流量

$$q_{max}=v_m\cdot n_{max}\quad(m^3/s) \tag{9.15}$$

式中，v_m 为液压马达排量(m^3/r)；n_{max} 为液压马达的最高转速(r/s)。

9.1.3 液压元件的选择

1. 液压泵的确定与所需功率的计算

(1) 液压泵的确定

1) 确定液压泵的最大工作压力

液压泵所需工作压力的确定，主要根据液压缸在工作循环各阶段所需最大压力 p_1，再加上油泵的出油口到缸进油口处总的压力损失 $\Sigma\Delta p$，即

$$p_B=p_1+\Sigma\Delta p \tag{9.16}$$

式中，$\Sigma\Delta_p$ 包括油液流经流量阀和其他元件的局部压力损失、管路沿程损失等，在系统管路未设计之前，可根据同类系统经验估计，一般管路简单的节流阀调速系统 $\Sigma\Delta p$ 为$(2\sim5)\times10^5$ Pa，用调速阀及管路复杂的系统 $\Sigma\Delta p$ 为$(5\sim15)\times10^5$ Pa，$\Sigma\Delta p$ 也可只考虑流经各控制阀的压力损失，而将管路系统的沿程损失忽略不计，各阀的额定压力损失可从液压元件手册或产品样本中查找，也可参照表 9.4 选取。

表 9.4　常用中、低压各类阀的压力损失(Δp_n)

阀　名	$\Delta p_n(\times10^5$ Pa)	阀　名	$\Delta p_n(\times10^5$ Pa)	阀　名	$\Delta p_n(\times10^5$ Pa)	阀　名	$\Delta p_n(\times10^5$ Pa)
单向阀	0.3～0.5	背压阀	3～8	行程阀	1.5～2	转　阀	1.5～2
换向阀	1.5～3	节流阀	2～3	顺序阀	1.5～3	调速阀	3～5

2）确定液压泵的流量 q_B

泵的流量 q_B 根据执行元件动作循环所需最大流量 q_{max} 和系统的泄漏确定。

① 多液压缸同时动作时，液压泵的流量要大于同时动作的几个液压缸(或马达)所需的最大流量，并应考虑系统的泄漏和液压泵磨损后容积效率的下降，即

$$q_B \geqslant K(\Sigma q)_{max} \qquad (m^3/s) \tag{9.17}$$

式中，K 为系统泄漏系数，一般取 1.1～1.3，大流量取小值，小流量取大值；$(\Sigma q)_{max}$ 为同时动作的液压缸(或马达)的最大总流量(m^3/s)。

② 采用差动液压缸回路时，液压泵所需流量为

$$q_B \geqslant K(A_1 - A_2)v_{max} (m^3/s) \tag{9.18}$$

式中，A_1，A_2 为分别为液压缸无杆腔与有杆腔的有效面积(m^2)；v_{max} 为活塞的最大移动速度(m/s)。

③ 当系统使用蓄能器时，液压泵流量按系统在一个循环周期中的平均流量选取，即

$$q_B = \sum_{i=1}^{Z} V_i K / T_i \qquad (m^3/s) \tag{9.19}$$

式中，V_i 为液压缸在工作周期中的总耗油量(m^3)；T_i 为机器的工作周期(s)；Z 为液压缸的个数。

3）选择液压泵的规格

根据上面所计算的最大压力 p_B 和流量 q_B，查液压元件产品样本，选择与 p_B 和 q_B 相当的液压泵的规格型号。

上面所计算的最大压力 p_B 是系统静态压力，系统工作过程中存在着过渡过程的动态压力，而动态压力往往比静态压力高得多，所以泵的额定压力 p_B 应比系统最高压力大 25%～60%，使液压泵有一定的压力储备。若系统属于高压范围，压力储备取小值；若系统属于中低压范围，压力储备取大值。

(2) 确定驱动液压泵的功率

① 当液压泵的压力和流量比较衡定时，所需功率为

$$p = p_B q_B / 10^3 \eta_B \qquad (kW) \tag{9.21}$$

式中，p_B 为液压泵的最大工作压力(N/m^2)；q_B 为液压泵的流量(m^3/s)；η_B 为液压泵的总效

率，各种形式液压泵的总效率可参考表9.5估取，液压泵规格大，取大值，反之取小值，定量泵取大值，变量泵取小值。

表9.5 液压泵的总效率

液压泵类型	齿轮泵	螺杆泵	叶片泵	柱塞泵
总效率	0.6～0.7	0.65～0.80	0.60～0.75	0.80～0.85

② 在工作循环中，泵的压力和流量有显著变化时，可分别计算出工作循环中各个阶段所需的驱动功率，然后求其平均值，即

$$P=\sqrt{t_1P_1^2+t_2P_2^2+\cdots+t_nP_n^2/(t_1+t_2+\cdots+t_n)} \tag{9.21}$$

式中，$t_1,t_2,\cdots t_n$ 为一个工作循环中各阶段所需的时间(s)；$P_1,P_2,\cdots P_n$ 为一个工作循环中各阶段所需的功率(kW)。

按上述功率和泵的转速，可以从产品样本中选取标准电动机，再进行验算，使电动机发出最大功率时，其超载量在允许范围内。

2. 阀类元件的选择

(1) 选择依据

阀类元件的选择依据为额定压力、最大流量、动作方式、安装固定方式、压力损失数值、工作性能参数和工作寿命等。

(2) 选择阀类元件应注意的问题

① 应尽量选用标准定型产品，除非不得已时才自行设计专用件。

② 阀类元件的规格主要根据流经该阀油液的最大压力和最大流量选取。选择溢流阀时，应按液压泵的最大流量选取；选择节流阀和调速阀时，应考虑其最小稳定流量满足机器低速性能的要求。

③ 一般选择控制阀的额定流量应比系统管路实际通过的流量大一些，必要时，允许通过阀的最大流量超过其额定流量的20%。

3. 蓄能器的选择

① 蓄能器用于补充液压泵供油不足时，其有效容积为

$$V=\Sigma A_iL_iK-q_{\mathrm{B}}t \quad (\mathrm{m}^3) \tag{9.22}$$

式中，A 为液压缸有效面积(m^2)；L 为液压缸行程(m)；K 为液压缸损失系数，估算时可取 $K=1.2$；q_{B} 为液压泵供油流量(m^3/s)；t 为动作时间(s)。

② 蓄能器作应急能源时，其有效容积为

$$V=\Sigma A_iL_iK \quad (\mathrm{m}^3) \tag{9.23}$$

当蓄能器用于吸收脉动缓和液压冲击时，应将其作为系统中的一个环节与其关联部分一起综合考虑其有效容积。

根据求出的有效容积并考虑其他要求，即可选择蓄能器的形式。

4. 管道的选择

(1) 油管类型的选择

液压系统中使用的油管分硬管和软管，选择的油管应有足够的通流截面和承压能力，同时，应尽量缩短管路，避免急转弯和截面突变。

① 钢管:中高压系统选用无缝钢管,低压系统选用焊接钢管,钢管价格低,性能好,使用广泛。

② 铜管:紫铜管工作压力在 6.5～10 MPa 以下,易变曲,便于装配;黄铜管承受压力较高,达 25 MPa,不如紫铜管易弯曲。铜管价格高,抗震能力弱,易使油液氧化,应尽量少用,只用于液压装置配接不方便的部位。

③ 软管:用于两个相对运动件之间的连接。高压橡胶软管中夹有钢丝编织物;低压橡胶软管中夹有棉线或麻线编织物;尼龙管是乳白色半透明管,承压能力为 2.5～8 MPa,多用于低压管道。因软管弹性变形大,容易引起运动部件爬行,所以软管不宜装在液压缸和调速阀之间。

(2) 油管尺寸的确定

① 油管内径 d 按下式计算

$$d=\sqrt{\frac{4q}{\pi v}}=1.13\times10^{3}\sqrt{\frac{q}{v}} \tag{9.24}$$

式中,q 为通过油管的最大流量(m^3/s);v 为管道内允许的流速(m/s),一般吸油管取 0.5～5(m/s);压力油管取 2.5～5(m/s);回油管取 1.5～2(m/s)。

② 油管壁厚 δ 按下式计算

$$\delta\geqslant p\cdot d/(2[\sigma]) \tag{9.25}$$

式中,p 为管内最大工作压力;$[\sigma]$为油管材料的许用压力,$[\sigma]=\sigma_b/n$;σ_b 为材料的抗拉强度,n 为安全系数,钢管 $p<7$ MPa 时,取 $n=8$;$p<17.5$ MPa 时,取 $n=6$;$p>17.5$ MPa 时,取 $n=4$。

根据计算出的油管内径和壁厚,查手册选取标准规格油管。

5. 油箱的设计

油箱的作用是储油,散发油的热量,沉淀油中杂质,逸出油中的气体。其形式有开式和闭式两种,开式油箱油液液面与大气相通;闭式油箱油液液面与大气隔绝。开式油箱应用较多。

(1) 油箱设计要点

① 油箱应有足够的容积以满足散热,同时其容积应保证系统中油液全部流回油箱时不渗出,油液液面不应超过油箱高度的 80%。

② 吸箱管和回油管的间距应尽量大。

③ 油箱底部应有适当斜度,泄油口置于最低处,以便排油。

④ 注油器上应装滤网。

⑤ 油箱的箱壁应涂耐油防锈涂料。

(2) 油箱容量计算

油箱的有效容量 V 可近似用液压泵单位时间内排出油液的体积确定。

$$V=K\Sigma q \tag{9.26}$$

式中,K 为系数,低压系统取 2～4,中、高压系统取 5～7;Σq 为同一油箱供油的各液压泵流量总和。

6. 滤油器的选择

选择滤油器的依据有以下几点。

① 承载能力:按系统管路工作压力确定。

② 过滤精度:按被保护元件的精度要求确定,选择时可参阅表 9.6。

③ 通流能力:按通过最大流量确定。

④ 阻力压降:应满足过滤材料强度与系数要求。

表 9.6 滤油器过滤精度的选择

系统	过滤精度/μm	元件	过滤精度/μm
低压系统	100～150	滑阀	1/3 最小间隙
70×10^5 Pa 系统	50	节流孔	1/7 孔径(孔径小于 1.8 mm)
100×10^5 Pa 系统	25	流量控制阀	2.5～30
140×10^5 Pa 系统	10～15	安全阀溢流阀	15～25
电液伺服系统	5		
高精度伺服系统	2.5		

9.1.4 液压系统性能的验算

为了判断液压系统的设计质量，需要对系统的压力损失、发热温升、效率和系统的动态特性等进行验算。由于液压系统的验算较复杂，只能采用一些简化公式近似地验算某些性能指标，如果设计中有经过生产实践考验的同类型系统供参考或有较可靠的实验结果可以采用时，可以不进行验算。

1. 管路系统压力损失的验算

当液压元件规格型号和管道尺寸确定之后，就可以较准确地计算系统的压力损失，压力损失包括：油液流经管道的沿程压力损失 Δp_L、局部压力损失 Δp_c 和流经阀类元件的压力损失 Δp_V，即

$$\Delta p=\Delta p_L+\Delta p_c+\Delta p_V \tag{9.27}$$

计算沿程压力损失时，如果管中为层流流动，可按下经验公式计算

$$\Delta p_L=4.3\upsilon\cdot q\cdot L\times10^6/d^4 \quad (\text{Pa}) \tag{9.28}$$

式中，q 为通过管道的流量(m^3/s)；L 为管道长度(m)；d 为管道内径(mm)；υ 为油液的运动黏度(m^2)。

局部压力损失可按下式估算

$$\Delta p_c=(0.05\sim0.15)\Delta p_L \tag{9.29}$$

阀类元件的压力损失 Δp_V 值可按下式近似计算

$$\Delta p_V=\Delta p_n(q_V/q_{V_n})^2 \quad (\text{Pa}) \tag{9.30}$$

式中，q_{V_n} 为阀的额定流量(m^3/s)；q_V 为通过阀的实际流量(m^3/s)；Δp_n 为阀的额定压力损失(Pa)。

计算系统压力损失的目的，是为了正确确定系统的调整压力和分析系统设计的好坏。

系统的调整压力为

$$p_0\geqslant p_1+\Delta p \tag{9.31}$$

式中，p_0 为液压泵的工作压力或支路的调整压力；p_1 为执行件的工作压力。

如果计算出来的 Δp 比在初选系统工作压力时粗略选定的压力损失大得多，应该重新调整有关元件、辅件的规格，重新确定管道尺寸。

2. 系统发热温升的验算

系统发热来源于系统内部的能量损失，如液压泵和执行元件的功率损失、溢流阀的溢流损

失、液压阀及管道的压力损失等。这些能量损失转换为热能，使油液温度升高。油液的温升使黏度下降，泄漏增加，同时，使油分子裂化或聚合，产生树脂状物质，堵塞液压元件小孔，影响系统正常工作，因此必须使系统中油温保持在允许范围内。一般机床液压系统正常工作油温为30℃～50℃；矿山机械正常工作油温 50℃～70℃；最高允许油温为 70℃～90℃。

(1) 系统发热功率 P 的计算

$$P=P_{B}(1-\eta) \quad (W) \tag{9.32}$$

式中，P_{B} 为液压泵的输入功率(W)；η 为液压泵的总效率。

若一个工作循环中有几个工序，则可根据各个工序的发热量，求出系统单位时间的平均发热量

$$P=\frac{1}{T}\sum_{i=1}^{n}P_{bi}(1-\eta)t_i \quad (W) \tag{9.33}$$

式中，T 为工作循环周期(s)；n 为工序的数量；t_i 为第 i 个工序的工作时间(s)；P_{bi} 为循环中第 i 个工序的输入功率(W)；η 为液压泵的总效率。

(2) 系统的散热和温升系统的散热量

系统的散热和温升系统的散热量可按下式计算

$$P'=\sum_{j=1}^{m}K_jA_j\Delta t_j \quad (W) \tag{9.34}$$

式中，K_j 为散热系数(W/m^2℃)，当周围通风很差时，$K\approx 8\sim 9$；周围通风良好时，$K\approx 15$；用风扇冷却时，$K\approx 23$；用循环水强制冷却时的冷却器表面 $K\approx 110\sim 175$；A_j 为散热面积(m^2)，当油箱长、宽、高比例为 1：1：1 或 1：2：3，油面高度为油箱高度的 80%时，油箱散热面积近似看成 $A=0.065\sqrt[3]{V^2}$(m^2)，式中 V 为油箱体积(L)；Δt_j 为液压系统的温升(℃)，即液压系统比周围环境温度的升高值；j 为散热面积的次序号。

当液压系统工作一段时间后，达到热平衡状态，则

$$P=P'$$

所以液压系统的温升为

$$\Delta t=\frac{P}{\sum_{i=1}^{m}K_jA} \quad (℃) \tag{9.35}$$

计算所得的温升 Δt，加上环境温度，不应超过油液的最高允许温度。

当系统允许的温升确定后，也能利用上述公式来计算油箱的容量。

3. 系统效率验算

液压系统的效率是由液压泵、执行元件和液压回路效率来确定的。液压回路效率 η_c 一般可用下式计算

$$\eta_c=\frac{\sum_{i=1}^{n}p_iq_i}{\sum_{j=1}^{m}p_{bj}q_{bj}} \tag{9.36}$$

式中，n 为执行元件的数量；p_i，q_i 为第 i 个执行元件的工作压力和流量；m 为液压泵的个数 p_{bj}，q_{bj} 为第 j 个液压泵的供油压力和流量。

液压系统总效率

$$\eta=\eta_b\eta_c\eta_m \tag{9.37}$$

式中，η_b 为液压泵总效率；η_m 为执行元件总效率；η_c 为回路效率。

9.1.5 绘制正式工作图和编写技术文件

经过对液压系统性能的验算和必要的修改之后，便可绘制正式工作图，它包括绘制液压系统原理图、系统管路装配图和各种非标准元件设计图。

正式液压系统原理图上要标明各液压元件的型号规格。对于自动化程度较高的机床，还应包括运动部件的运动循环图和电磁铁、压力继电器的工作状态。

管道装配图是正式施工图，各种液压部件和元件在机器中的位置、固定方式及尺寸等应表示清楚。

自行设计的非标准件，应绘出装配图和零件图。

编写的技术文件包括设计计算书，使用维护说明书，专用件、通用件、标准件、外购件明细表，以及试验大纲等。

9.2 液压系统设计计算举例

某厂汽缸加工自动线上要求设计一台卧式单面多轴钻孔组合机床，机床有主轴 16 根，钻 14 个 $\phi13.9$ mm 的孔，2 个 $\phi8.5$ mm 的孔，要求的工作循环是：快速接近工件，然后以工作速度钻孔，加工完毕后快速退回原始位置，最后自动停止；工件材料为铸铁，硬度 HB 为 240；假设运动部件重 $G=9\,800$ N；快进快退速度 $v_1=0.1$ m/s；动力滑台采用平导轨，静、动摩擦因数 $f_s=0.2$，$f_d=0.1$；往复运动的加速、减速时间为 0.2 s；快进行程 $L_1=100$ mm；工进行程 $L_2=50$ mm。试设计计算其液压系统。

9.2.1 负载分析

1. 计算切削阻力

钻铸铁孔时，其轴向切削阻力可用下式计算

$$F_c=25.5DS^{0.8}\text{硬度}^{0.6}\quad(\text{N})$$

式中，D 为钻头直径(mm)；S 为每转进给量(mm/r)。

选择切削用量：钻 $\phi13.9$ mm 孔时，主轴转速 $n_1=360$ r/min，每转进给量 $S_1=0.147$ mm/r；钻 $\phi8.5$ mm 孔时，主轴转速 $n_2=550$ r/min，每转进给量 $S_2=0.096$ mm/r。则

$F_c=14\times25.5D_1S_1^{0.8}$ 硬度$^{0.6}+2\times25.5D_2S_2^{0.8}$ 硬度$^{0.6}=14\times25.5\times13.9\times0.147^{0.8}\times240^{0.6}+2\times25.5\times8.5\times0.096^{0.8}\times240^{0.6}=30\,500$ (N)

2. 计算摩擦阻力

静摩擦阻力　$F_s=f_sG=0.2\times9\,800=1\,960$ N

动摩擦阻力　$F_d=f_dG=0.1\times9\,800=980$ N

3. 计算惯性阻力

$$F_i=\frac{G}{g}\cdot\frac{\Delta v}{\Delta t}=\frac{9\,800}{9.8}\times\frac{0.1}{0.2}=500\text{ N}$$

4. 计算工进速度

工进速度可按加工 $\phi13.9$ 的切削用量计算，即

$$v_2=n_1S_1=360/60\times0.147=0.88\ \mathrm{mm/s}=0.88\times10^{-3}\ \mathrm{m/s}$$

5. 各工况负载计算表

根据以上分析计算各工况负载如表 9.7 所示。

表 9.7　液压缸负载的计算

工　况	计算公式	液压缸负载 F/N	液压缸驱动力 F_0/N($F_0=F/\eta_{cm}$)
启　动	$F=f_sG$	1960	2180
加　速	$F=f_dG+G/g\Delta v/\Delta t$	1480	1650
快　进	$F=f_dG$	980	1090
工　进	$F=F_c+f_dG$	31480	35000
反向启动	$F=f_sG$	1960	2180
加　速	$F=f_dG+G/g\cdot\Delta v/\Delta t$	1480	1650
快　退	$F=f_dG$	980	1090
制　动	$F=f_dG-G/g\cdot\Delta v/\Delta t$	480	532

其中，取液压缸机械效率 $\eta_{cm}=0.9$。

6. 计算快进、工进时间和快退时间

快进时间　$t_1=L_1/v_1=100\times10^{-3}/0.1=1\,\mathrm{s}$

工进时间　$t_2=L_2/v_2=50\times10^{-3}/(0.88\times10^{-3})=56.6\,\mathrm{s}$

快退时间　$t_3=(L_1+L_2)/v_1=(100+50)\times10^{-3}/0.1=1.5\,\mathrm{s}$

7. 液压缸 $F-t$ 与 $v-t$ 图

根据上述数据绘液压缸 $F-t$ 与 $v-t$ 图见图 9.5。

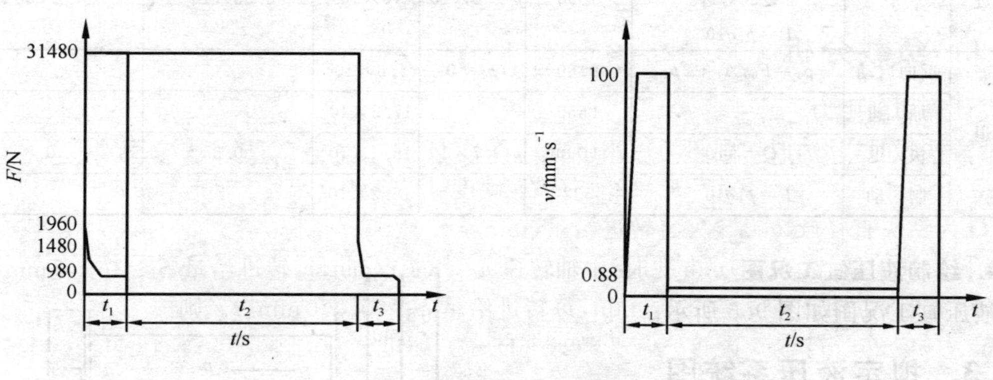

图 9.5　$F-t$ 与 $v-t$ 图

9.2.2　确定液压系统参数

1. 初选液压缸工作压力

由工况分析中可知，工进阶段的负载力最大，所以，液压缸的工作压力按此负载力计算，根据液压缸与负载的关系，选 $p_1=40\times10^5$ Pa。本机床为钻孔组合机床，为防止钻通时发生前冲现象，液压缸回油腔应有背压，设背压 $p_2=6\times10^5$ Pa，为使快进快退速度相等，选用 $A_1=2A_2$ 差动油缸，假定快进、快退的回油压力损失为 $\Delta p=7\times10^5$ Pa。

2. 计算液压缸尺寸

由式$(p_1A_1-p_2A_2)\eta_{cm}=F$得

$$A_1=\frac{F}{\eta_{cm}\left(p_1-\frac{p_2}{2}\right)}=\frac{31480}{0.9(40-6/2)\times10^3}=94\times10^{-4}\,m^2=94\,cm^2$$

式中，η_{cm}为液压缸机械效率，取$\eta_{cm}=0.9$。

则液压缸直径 $D=\sqrt{\frac{4A_1}{\pi}}=\sqrt{\frac{4\times94}{\pi}}=10.9\,cm$

取标准直径 $D=110\,mm$。

因为$A_1=2A_2$，所以$d=D/\sqrt{2}\approx80\,mm$。

则液压缸有效面积

$$A_1=\pi D^2/4=\pi\times11^2/4=95\,cm^2$$

$$A_2=\pi(D^2-d^2)/4=\pi(11^2-8^2)/4=47\,cm^2$$

3. 计算液压缸在工作循环中各阶段的压力、流量和功率

液压缸工作循环各阶段压力、流量和功率计算如表9.8所列。

表 9.8 液压缸工作循环各阶段压力、流量和功率计算表

工况		计算公式	F_0/N	p_2/Pa	p_1/Pa	$Q/(10^{-3}\,m^3/s)$	P/kW
快进	启动	$p_1=F_0/A+p_2$	2180	$p_2=0$	4.6×10^5		
	加速	$Q=Av_1$	1650	$p_2=7\times10^5$	10.5×10^5	0.5	
	快进	$P=p_1q10^{-3}$	1090		9×10^5		0.5
工进		$p_1=F_0/A_1+p_2/2$ $Q=A_1v_1$ $P=p_1q10^{-3}$	3500	$p_2=6\times10^5$	40×10^5	0.83×10^5	0.033
快退	反向启动	$p_1=F_0/A_1+2p_2$	2180	$p_2=0$	4.6×10^5		
	加速		1650		17.5×10^5		
	快退	$Q=A_2v_2$	1090	$p_2=7\times10^5$	16.4×10^5	0.5	0.8
	制动	$P=p_1q10^{-3}$	532		15.2×10^5		

4. 绘制液压缸工况图

液压缸工况图如图9.6所示。

9.2.3 拟定液压系统图

1. 选择液压回路

(1) 调速方式

由工况图9.6知，该液压系统功率小，工作负载变化小，可选用进油路节流调速，为防止钻通孔时的前冲现象，在回油路上加背压阀。

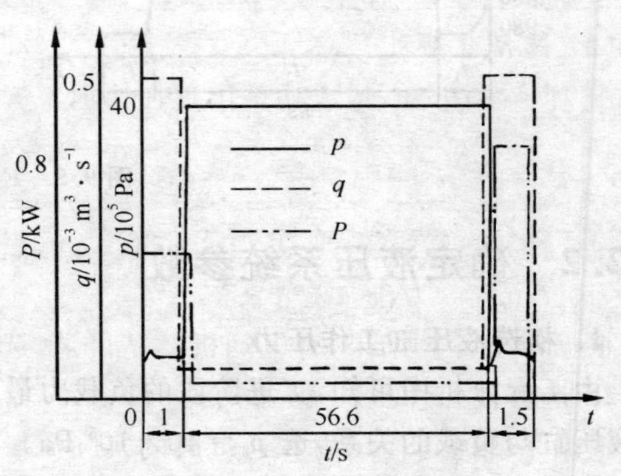

图 9.6 液压缸工况图

(2) 液压泵形式的选择

从 $q-t$ 图清楚地看出，系统工作循环主要由低压大流量和高压小流量两个阶段组成，最大流量与最小流量之比 $q_{max}/q_{min}=0.5/(0.83\times10^{-2})\approx60$，其相应的时间之比 $t_2/t_1=56$。根据该情况，选叶片泵较适宜，在本方案中，选用双联叶片泵。

(3) 速度换接方式

因钻孔工序对位置精度及工作平稳性要求不高，可选用行程调速阀或电磁换向阀。

(4) 快速回路与工进转快退控制方式的选择

为使快进快退速度相等，选用差动回路作快速回路。

2. 绘制液压系统图

在所选定基本回路的基础上，再考虑其他一些有关因素组成图 9.7 所示液压系统图。

9.2.4　选择液压元件

1. 选择液压泵和电动机

(1) 确定液压泵的工作压力

前面已确定液压缸的最大工作压力为 40×10^5 Pa，选取进油管路压力损失 $\Delta p=8\times10^5$ Pa，其调整压力一般比系统最大工作压力大 5×10^5 Pa，所以泵的工作压力

$$p_B=(40+8+5)\times10^5=53\times10^5\ \text{Pa}$$

这是高压小流量泵的工作压力。

由图 9.7 可知液压缸快退时的工作压力比快进时大，取其压力损失 $\Delta p'=4\times10^5$ Pa，则快退时泵的工作压力为

$$p_B=(16.4+4)\times10^5=20.4\times10^5\ \text{Pa}$$

这是低压大流量泵的工作压力。

(2) 液压泵的流量

由图 9.7 可知，快进时的流量最大，其值为 30 L/min，最小流量在工进时，其值为 0.5 L/min，根据式(9.17)，取 $K=1.2$，则

$$q_B=1.2\times30\times10^{-3}\,\text{m}^3/\text{s}=36\quad \text{L/min}$$

由于溢流阀稳定工作时的最小溢流量为 3 L/min，故小泵流量最少要取 3.5 L/min。

根据以上计算，选用 YYB-AA36/6B 型双联叶片泵。

(3) 选择电动机

由 $P-t$ 图可知，最大功率出现在快退工况，其数值用下式计算

$$P=\frac{p_{B_2}(q_1+q_2)10^{-3}}{\eta_B}=\frac{10^{-3}\times20.4\times10^5(0.6+0.1)\times10^{-3}}{0.7}=2\,\text{kW}$$

式中，η_B 为泵的总效率，取 0.7；$q_1=36$ L/min $=0.6\times10^{-3}$ m^3/s，为大泵流量；$q_2=6$ L/min $=0.1\times10^{-3}$ m^3/s，为小泵流量。

根据以上计算结果，查电动机产品目录，选与上述功率和泵的转速相适应的电动机。

2. 选其他元件

根据系统的工作压力和通过阀的实际流量选择元件、辅件，其型号和参数如表 9.9 所列。

表 9.9 所选液压元件的型号、规格

序号	元件名称	通过阀的最大流量/L·min⁻¹	规格		
			型 号	公称流量/L·min⁻¹	公称压力/MPa
1、2	双联叶片泵		YYB—AA36/6	36/6	6.3
3	三位五通电液换向阀	84	35DY—100B	100	6.3
4	行程阀	84	22C—100BH	100	6.3
5	单向阀	84	1—100B	100	6.3
6	溢流阀	6	Y—10B	10	6.3
7	顺序阀	36	XY—25B	25	6.3
8	背压阀	≈1	B—10B	10	6.3
9	单向阀	6	1—10B	10	6.3
10	单向阀	36	1—63B	63	6.3
11	单向阀	42	1—63B	63	6.3
12	单向阀	84	1—100B	100	6.3
13	滤油器	42	XU—40×100		
14	液压缸		SG—E110×180L		
15	调速阀		q—6B	6	6.3
16	压力表开关		K—6B		

习 题

9-1 填空题

1. 工况分析是指________分析和________分析。

2. 液压缸的工况图包括________、________、________。

3. 液压系统的效率取决于________、________和________。

9-2 判断题

1.( )双作用叶片泵在运转中,密封容积的交替变化可以实现双向变量。

2.( )液压泵的工作压力和输出流量应大于液压缸所需压力和流量。

3.( )液压缸的最低稳定速度与流量阀的最小稳定流量无关。

4.( )通过工况图的分析,可以合理地选择主要回路。

5.( )在系统设计时,通常调速已确定,供油方式也就随之确定了。

6.( )节流调速回路可以做成闭式循环形式。

7.( )在选择液压阀时,其所选阀的公称压力要小于实际工作压力。

8.( )液压系统中的能量损失将变为热能,使油温升高。

9.( )液压元件的配置形式采用管式配置时,安装和维修方便。

9-3 分析题

1. 设计一个液压系统一般应有哪些步骤?要明确哪些要求?

2. 设计液压系统要进行哪些方面的计算？

9－4　设计计算题

1. 设计一台卧式钻、镗组合机床液压系统。

该机床用于加工铸铁箱形零件的孔系，运动部件总重 $G=10\,000$ N，液压缸机械效率为 0.9，加工时最大切削力为 12 000 N，工作循环为："快进→工进→死挡铁停留→快退→原位停止"。行程长度为 0.4 m，工进行程为 0.1 m。快进和快退速度为 0.1 m/s，工进速度范围为 $3\times10^{4}\sim5\times10^{-3}$ m/s，采用平导轨，启动时间为 0.2 s。要求动力部件可以手动调整，快进转工进平稳、可靠。

2. 设计一台专用铣床液压系统。

该机床工作台的移动及工件的压紧采用液压传动。要求实现的工作循环为："夹紧→快进→工进→快退→原位停止→松开工件"，工进速度为 60 mm/min～1 000 mm/min，快速速度为 4.5 m/min，工进行程为 200 mm，工作行程为 400 mm，最大切削力为 9 000 N，工作台加速、减速时间为 0.05 s，工作台自重 1 000 N，采用平导轨。

3. 设计一台卧式单面多轴钻孔组合机床液压传动系统，要求它完成：(1)工件的定位与夹紧，所需夹紧力不超过 6 000 N；(2)机床进给系统的工作循环为："快进→工进→快退→停止"。机床快进、快退速度为 6 m/min，工进速度为 30 mm/min～120 mm/min，快进行程为 200 mm，工进行程为 50 mm，最大切削力为 25 000 N；运动部件总重量为 15 000 N，加速（减速）时间为 0.1 s，采用平导轨，静摩擦系数为 0.2，动摩擦系数为 0.1。（注：不考虑各种损失）

4. 设计一台小型液压机的液压传动系统，要求实现"快速空程下行→慢速加压→保压→快速回程→停止"的工作循环。快速往返速度为 3 m/min，加压速度为 40 mm/min～250 mm/min，压制力为 200 000 N，运动部件总重量为 20 000 N(不考虑各种损失)。

第 10 章　气压传动概述

10.1　气压传动系统的工作原理及组成

10.1.1　气压传动系统的工作原理

气压传动系统的工作原理是利用通过空气压缩机将电动机或其他原动机输出的机械能转化为空气的压力能，并配合控制元件和辅助元件的操作，由执行元件将空气的压力能转化为机械能从而对外做功。

如图 10.1 所示，电动机带动空气压缩机 1 产生压缩空气，通过后冷却器 2 对其进行降温，并经过油水分离器 3 进行分离并排出降温冷却的水滴、油滴、杂质储气罐 4、7 用来存储压缩空气，干燥器 5 用来进一步吸收水分和油分，过滤器 6 用来进一步去除灰尘和杂质。

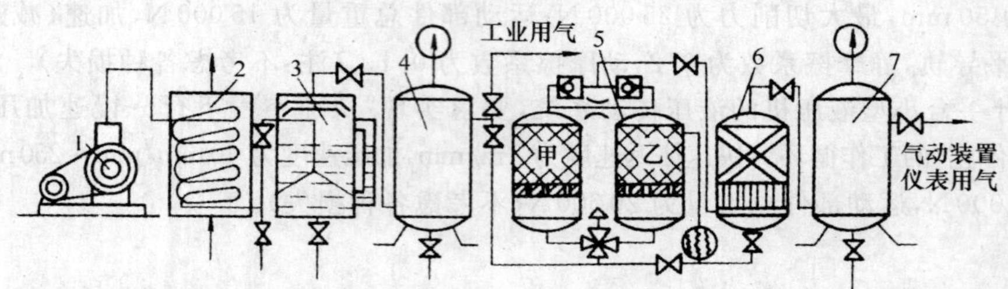

1. 空气压缩顶；2. 后冷却器；3. 油水分离器；4、7. 贮气罐；5. 干燥器；6. 过滤器

图 10.1　气压传动系统的组成

10.1.2　气压传动系统的组成

气压传动系统由气源发生装置、气动执行元件、气动控制元件及气动辅助元件组成。

① 气源发生装置：产生压缩空气的装置，其主体部分是空气压缩机。它将原动机提供的机械能转变为气体的压力能，作为气压传动系统的动力源。

② 气动执行元件：将压缩空气的压力能转变为机械能的能量转换装置，并且对外作功。包括作直线运动的气缸或作回转运动的气压马达等。

③ 气动控制元件：是用来控制压缩空气的流量、压力和运动方向，以便使执行机构完成预定的工作运动循环。它包括流量控制阀、压力控制阀、方向控制阀和逻辑元件等。

④ 气动辅助元件：是确保压缩空气的净化，元件的润滑，元件间的连接与消声等所需要的装置，它包括过滤器、消声器、油雾器以及各种管路附件等。

10.2　气压传动的特点

10.2.1　气压传动的优点

① 气动系统的维护简单：管道不易堵塞，不存在介质的变质、补充和更换等问题。

② 介质提取方便：工作介质为空气，可以从大气中提取，用过的空气可直接排入大气，不会污染环境。

③ 环境适应性好：气动元件根据不同场合，采用相应的材料，可以使元件在强振动、强冲击、强腐蚀和强辐射等恶劣的环境下进行正常工作。

④ 工作压力低：一般压缩空气的工作压力（通常不超过 1 MPa），因此对气动元件的材质和制造精度要求低、制造容易，成本低廉。

⑤ 工作介质性能好：空气黏度小，只有油的万分之一，而在压缩空气传输中的阻力损失一般仅为油路的十分之一，便于介质集中供应和远距离输送。对外泄漏不像液压传动那样造成压力明显降低和环境污染。

⑥ 容易控制：气动控制动作迅速，反应灵敏，可在较短的时间内达到所需的压力和速度，能实现过载保护，便于自动控制。

⑦ 可以实现无级调速。

10.2.2　气压传动缺点

气压传动存在以下主要的缺点。

① 由于空气具有可压缩性，其运动速度的稳定性较差。

② 气动系统的工作压力低，且结构尺寸不宜过大，故气动系统的输出力小，且传动效率低。

③ 工作介质空气本身无润滑性，系统中必须采取相应的措施提供润滑油加以润滑。

④ 噪声大。尤其在超声速排气时，需要加装消声器。

气压传动与其他传动的性能比较如表 10.1 所列。

表 10.1　气压传动与其他传动的性能比较

类型		操作力	动作快慢	环境要求	构造	负载变化影响	操作距离	无级调速	工作寿命	维护	价格
气压传动		中等	较快	适应性好	简单	较大	中距离	较好	长	一般	便宜
液压传动		最大	较慢	不怕振动	复杂	有一些	短距离	良好	一般	要求高	稍贵
电传动	电气	中等	快	要求高	稍复杂	几乎没有	远距离	良好	较短	要求较高	稍贵
	电子	最小	最快	要求较高	最复杂	没有	远距离	良好	短	要求更高	最贵
机械传动		较大	一般	一般	一般	没有	短距离	较困难	一般	简单	一般

习　题

10－1　填空题

1. 气压传动系统的工作原理是利用通过________将电动机或其他原动机输出的机械能

转化为空气的________，并配合控制元件和辅助元件的操作，由执行元件将空气的压力能转化为________从而对外做功。

2. 气压传动系统由________、________、________、________组成。

3. 气源发生装置是将________提供的机械能转变为气体的压力能，作为气压传动系统的动力源。

4. 气动控制元件包括________、________、________、________等。

5. 气动辅助元件包括________、________、________以及各种管路附件等。

10－2 简述气压传动的优点和缺点。

第11章 气源装置及气动元件

气动系统的元件及装置可分为以下几种：

① 执行元件 将压力能转换成机械能并完成做功动作的元件。

② 控制元件 控制气体的压力、流量及运动方向的元件。

③ 气动逻辑元件 能完成一定逻辑功能的气动元件。

④ 气源装置 压缩空气的发生装置以及压缩空气的存贮、净化等辅助装置。它为气动系统提供合乎质量要求的压缩空气。

⑤ 气动辅件 气动系统中的辅助元件。

11.1 执行元件

气动执行元件是将压缩空气的压力能转化机械能的装置。包括汽缸和气马达。它驱动机构作直线往复、摆动或回转运动，其输出为力或转矩。气动执行元件其结构形式与液压缸基本相同。

11.1.1 气缸的工作原理

气缸一般由缸筒、活塞、活塞杆、前后缸盖、密封件和紧固件等组成。普通气缸是在缸筒内只有一个活塞和一根活塞杆的气缸，有单作用气缸和双作用气缸两种。双作用气缸是指活塞的往复运动均由压缩空气来推动。普通型单活塞杆双作用气缸如图11.1所示。在单伸出活塞杆的动力缸中，因活塞右边面积比较大，当空气压力作用在右边时；工作行程速度慢，但作用力大；返回行程中，由于活塞左边的面积较小，所以作用力小但速度快。

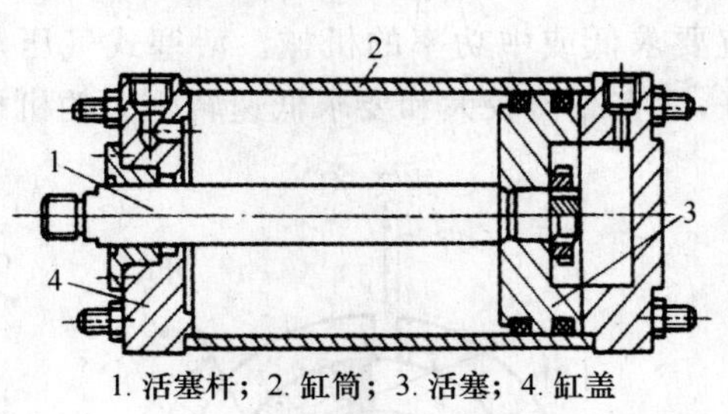

1. 活塞杆；2. 缸筒；3. 活塞；4. 缸盖

图11.1 双作用气缸

11.1.2 气缸的分类和选用

1. 气缸的分类

气缸可根据其结构、形状和使用条件的不同分类，常用分类方法如下。

(1) 按气缸的结构分

按气缸的结构可分为活塞式气缸、薄膜式气缸和伸缩式气缸3种。

(2) 按气缸的安装形式分

按气缸的安装形式分为固定式气缸、轴销式气缸、回转式气缸和嵌入式气缸4种。

(3) 按气缸的功能分

按气缸的功能分为普通气缸、缓冲气缸、气液阻尼缸、摆动气缸、冲击气缸和步进气缸

6种。

① 普通气缸：使用最为广泛。

② 缓冲气缸：气缸的端部设有缓冲装置，以利于减弱活塞运动到端点时对气缸端盖的撞击。

③ 气液阻尼缸：气缸和液压缸串联的组合缸，气缸产生驱动力，利用液压缸的阻尼调节作用，使活塞获得平稳运动。

④ 摆动气缸：将压缩空气的压力能转变成气缸输出轴的有限回转的机械能，用于气缸叶片轴回转角度小于360°的场合。

⑤ 冲击气缸：以活塞杆高速度运动形成冲击力的高能缸。

⑥ 步进气缸：可根据控制信号不同，使活塞杆伸出到不同的相应位置。

2. 气缸的选用

在选择和使用气缸时，主要考虑气缸输出力的大小，气缸行程的长度，其次还须考虑气缸的安装形式以及活塞的运动速度。

① 根据工作任务对机构运动要求，选择气缸的结构及安装方式。

② 根据工作机构所需力的大小来确定活塞杆的力。

③ 根据工作机构任务的要求，确定行程。

④ 根据气缸工作速度选择管路及控制元件。

11.1.3　气马达的工作原理

气马达是将压缩空气的压力能转换成旋转运动的机械能的装置。按结构形式可分为叶片式、活塞式和齿轮式等。最广泛使用的是叶片式马达和活塞式马达。叶片式气马达制造简单，结构紧凑，但低速起动转矩小，低速性能不好，适宜要求低或中功率的机械。活塞式气压马达在低速情况下有较大的输出功率，它的低速性能好，适宜载荷较大和要求低速转距大的机械。

图11.2为双向旋转叶片式马达的工作原理图。它的主要结构和工作原理与液压叶片马达相似，主要包括一个径向装有3～10个叶片的转子，偏心安装在定子内，转子两侧有前后端盖(图中未画出)，叶片在转子的径向槽内可自由滑动，叶片底部通有压缩空气，转子转动时靠离心力和叶片底部气压将叶片紧压在定子内表面上，定子内有半圆形的切沟，提供压缩空气及排出废气。

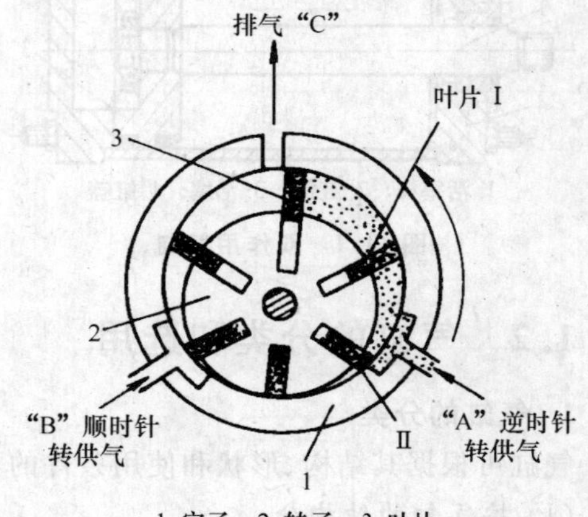

1. 定子；2. 转子；3. 叶片

图11.2　叶片式气马达的工作原理图

当压缩空气从进气口A进入气室后立即喷向叶片，作用在叶片的外伸部位，产生转矩带动转子逆时针转动，输出旋转的机械能，废气从排气口C排出，残余气体则经B口排出(二次排出)。若改变压缩空气输入方向，即可改变转子的转向。

气马达的有效转矩与叶片伸出的面积及其供气压力有关。叶片数目多，输出转矩虽然较均匀，且压缩空气的内泄露减少，但却减少了有效工作腔容积。所以叶片数目应选择适当。

11.2　控制元件

在气压传动系统中，控制元件是控制和调节压缩空气的压力、流量、流动方向和发送信号的重要元件，利用它们可组成各种气动控制回路，使气动执行元件按设计的程序正常工作。气动控制元件的功用、工作原理和液压控制元件的相似。控制元件按其用途和功能分为压力控制阀、流量控制阀和方向控制阀三大类。

11.2.1　压力控制阀

压力控制阀主要用来控制系统中气体的压力，满足各种压力要求。

1. 压力控制阀的分类

在气压传动系统中，所有压力控制阀都是利用空气压力和弹簧力相平衡的原理工作，可分为以下三类：

① 减压阀　又称调压阀、定值器（精密减压阀）等，起减压、稳压作用；

② 溢流阀　又称安全阀、限压切断阀等，起限压安全保护作用；

③ 顺序阀、平衡阀　根据气路压力不同进行某种控制。

2. 压力控制阀的特点

压力控制阀的符号及其特点如表 11.1 所列。

表 11.1　压力控制阀

名　称	符　号	特　点
减压阀	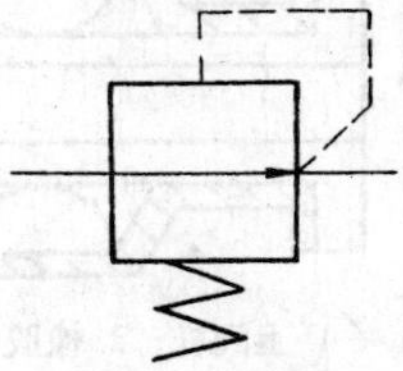	与分流滤气器、油雾器一起共同组成气动三大件
溢流阀	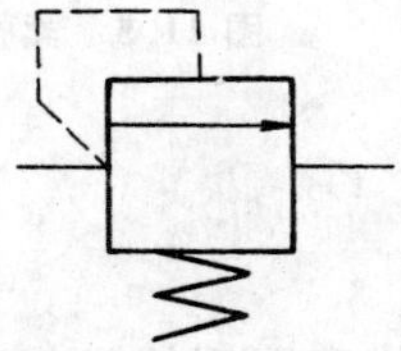	保证气动系统或贮气罐的安全，当压力超过一定值时，实现自动向外排气，使压力回到某一调定值范围内。根据系统的最高使用压力和排放流量选择
顺序阀	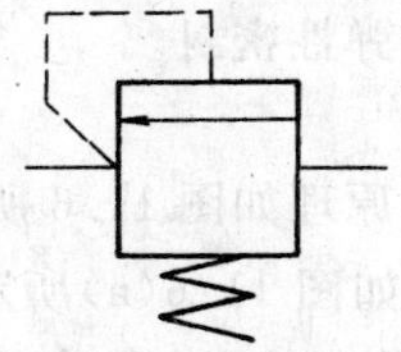	按调定的压力控制执行元件顺序动作或输出压力信号

11.2.2　流量控制阀

流量控制阀是通过改变可变节流口面积大小，调节压缩空气的流量，控制气动执行元件的运动速度。它包括节流阀、单向节流阀、排气节流阀和柔性节流阀等。

节流阀、单向节流阀和排气节流阀都是通过调节通流面积来调节阀的流量的。节流阀和单向节流阀与液压阀中同类阀相似，安装在系统中调节气流的流量，其符号如图 11.3 所示。

排气节流阀只能安装在元件的排气口处，用改变排气流量来调节执行机构的运动速度，如图 11.4 所示。在排气口上装有消声器的排气节流阀，结构简单，安装方便，并能降低排气噪声。

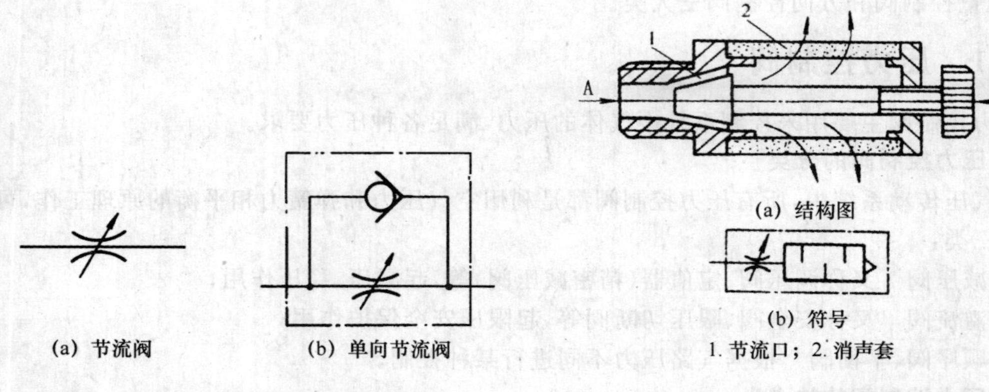

(a) 节流阀　(b) 单向节流阀

图 11.3　节流阀和单向节流阀的符号

(a) 结构图

(b) 符号

1. 节流口；2. 消声套

图 11.4　排气节流阀

柔性节流阀是依靠上下阀杆夹紧柔韧的橡胶管而产生节流作用，其工作原理如图 11.5 所示。也可利用气体压力代替阀杆压缩橡胶阀。柔性节流阀结构简单，动作可靠性高，对污染不敏感。

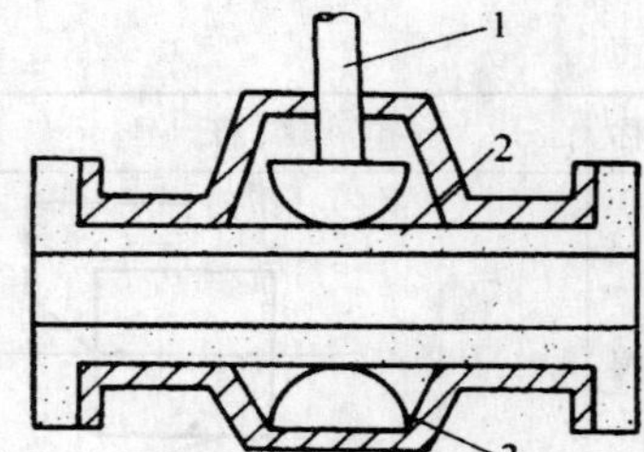

1. 上阀杆；2. 橡胶管；3. 下阀杆

图 11.5　柔性节流阀

11.2.3　方向控制阀

方向控制阀按其作用特性可分为单向型控制阀和换向型控制阀。

1. 单向型控制阀

单向型控制阀包括单向阀、或门型梭阀，与门型梭阀和快速排气阀。

(1) 单向阀

单向阀是一种简单的单向型方向阀。它的工作原理、结构和图型符号与液压系统中的单向阀基本相同。气动单向阀中阀芯和阀座之间最好采用平面弹性密封。

(2) 或门型梭阀

或门型梭阀的结构相当于两个单向阀的组合。它的工作原理如图 11.6 所示。当 P_1 腔进气 P_2 腔通大气时，将阀芯推向右边，气流从 P_1 进入通路 A，如图 11.6(a)所示；当 P_2 腔进气 P_1 腔通大气时，阀芯被推向左侧，气流从 P_2 进入通路 A，如图 11.6(b)所示；当 P_1 和 P_2 同时进气时，压力高的一端将阀芯推向另一端，压力低的一端被关闭，哪端压力高就与通路 A 相通，若气压力相等，则视压力加入的先后顺序而定。图 11.6(c)为该阀的图形符号。或门梭阀在逻辑回路和程序控制回路中广泛应用。

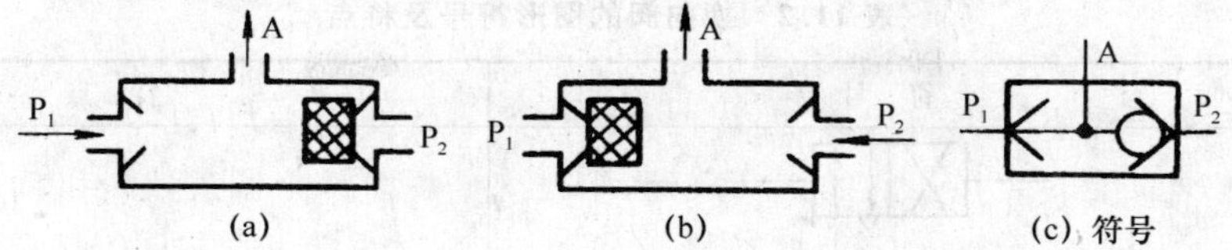

图 11.6　或门型梭阀

(3) 与门型梭阀

与门梭型梭阀又称双压阀，也相当于两个单向阀的组合。它的工作原理如图 11.7 所示。当 P_1 或 P_2 单独进气，另一端通大气时，阀芯被推向右侧或左侧，使 P_1 或 P_2 与 A 通路关闭，A 无输出，如图 11.7(a)、11.7(b)所示；当 P_1 和 P_2 同时进气时，气压低的一侧与 A 相通，使 A 有输出，如图 11.7(c)所示。图 11.7(d)为该阀的图型符号。与门型梭阀常使用于互锁回路中。

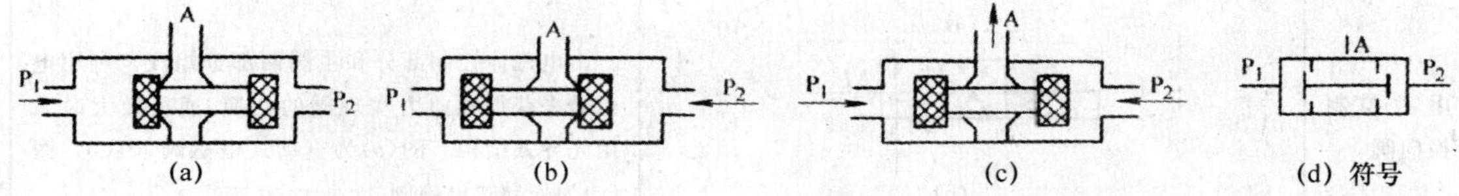

图 11.7　与门型梭阀

(4) 快速排气阀

快速排气阀简称快排阀，其工作原理如图 11.8 所示。当从 P 口进入压缩空气时，活塞上移开启阀口 2，并关闭阀口 1，使 P 口与 A 口接通，A 口有输出，如图 11.8(a)所示；当 P 口没有压缩空气进入时，活塞在两侧压差作用下迅速下降，开启阀口 1 并关闭阀口 2，使 A 口与 O 口接通，管道中的气体经 A 口通过排气口 O 排出，如图 11.8(b)所示。图 11.8(c)为该阀的图形符号。

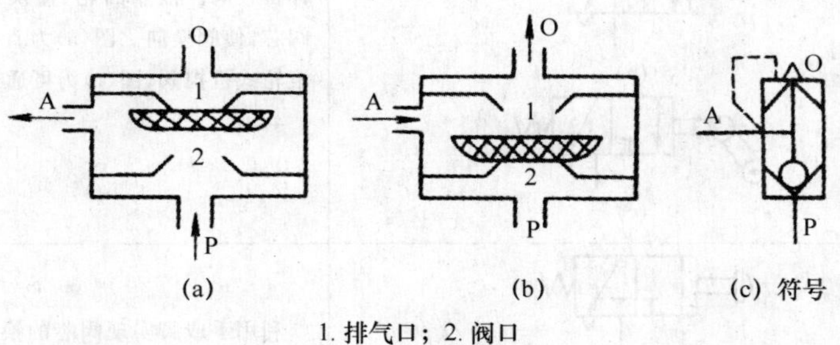

1. 排气口；2. 阀口

图 11.8　快速排气阀

快速排气阀常装在换向阀和气缸之间。通常气缸的排气是从气缸的腔室经管路及换向阀排出的，采用快速排气阀后，气缸不通过换向阀而快速排出气体，可加快气缸往复动作速度。

2. 换向型控制阀

换向型控制阀简称换向阀，它是改变气体通道使气体流动方向发生变化从而改变气动执行元件的运动方向。

换向阀分类和它们的图形符号及特点见表 11.2。

表 11.2 换向阀的图形符号及特点

名称	符号	特点
气压控制换向阀	(a) 2 1 (b)	利用气体压力来获得轴向力使主阀芯移动换向而使气体改变流动方向，操作安全可靠，适用于易燃、易爆、潮湿和多粉尘等场合。图(a)为加压或卸压控制，图(b)为差压控制
电磁控制换向阀	(a) (b) (c)	由电磁体控制部分和主阀两部分组成。利用电磁力来获得轴向力实现阀的切换，通径较大时采用先导式结构。图(a)为直动式电磁阀，图(b)、图(c)为先导式电磁阀
机械控制换向阀	(a) (b) (c)	多用于行程程序控制系统，作为信号阀使用，也称行程阀。依靠凸轮、撞块或其他机械外力推动阀芯，使阀换向。图(a)为直动式机控阀，图(b)为滚轮式机控阀，图(c)为可通过式机控阀
人力控制换向阀	(a) (b) (c)	利用手或脚实现阀芯的换向。人力控制换向阀的操作机构露在外部，为防止误操作，应有保护装置。(a)为按纽式，(b)为手柄式，(c)为脚踏式。按纽式无保持功能，去除操作力，阀芯靠弹簧复位。手柄式具有定位功能或自保持功能，要改变阀芯位置，须反向施加操作力。脚踏式的优点是脚操纵阀的同时，双手还可工作，可进一步提高工作效率

11.3 逻辑元件

气动逻辑元件是一种采用压缩空气为工作介质，通过元件内部的可动部件在气控信号作用下动作，改变气流方向从而实现一定的逻辑功能的气动控制元件。气动逻辑元件的种类很多，按工作压力可分为高压元件、低压元件和微压元件三种；按逻辑功能可分为是门元件、或门元件、与门元件、非门元件和双稳元件等；按结构形式可分为高压截止式逻辑元件、膜片式逻辑元件，滑柱式逻辑元件和球阀式逻辑元件等。

11.3.1 气动逻辑元件的特点

气动逻辑元件主要有以下几个特点：

① 由于元件流通孔道较大，元件抗污染能力较强，对气源的净化程度要求低；

② 元件在完成切换动作后，能切断气源和排气孔之间的通道，元件的无功耗气量低；

③ 带负载能力强，可带多个同类型元件；

④ 元件间的连接与匹配方便简单，调试容易，抗恶劣工作环境能力强；

⑤ 运算速度较慢，在强烈冲击和振动条件下，有可能出现误动作。

11.3.2 高压截止式逻辑元件

高压截止式逻辑元件是依靠控制气压信号推动阀芯或通过膜片变形推动阀芯动作，改变气流通路以实现一定逻辑功能的逻辑元件。这类元件特点是流量大，工作压力高、行程小，对气源净化要求低，便于实现集成安装和集中控制，拆卸方便。

1. 是门和与门元件

图 11.9 为是门和与门元件的工作原理图。当 a 为电信号输入孔，s 为信号输出孔，中间孔接气源 p 时为是门元件。当 a 输入孔无信号时，气源压力 p 使阀芯上移，封住 p 与 s 间通道，使输出孔 s 与放空孔相通，使 s 无输出。当有信号从 a 口输入时，由于驱动膜片 5 的面积大于阀芯 1 的面积，使阀芯下移，封住输出口与放空孔间通道，p 与 s 相通，s 有信号输出。元件的输入和输出信号之间保持相同的状态。

是门元件一般在将中间气源孔 p 换接另一输入信号 b 时，即成为与门元件。当 a、b 两孔中同时有输入信号时，s 才有输出。与门元件是一种无源元件，没有气源输入，输出信号的气压由输入信号来提供。

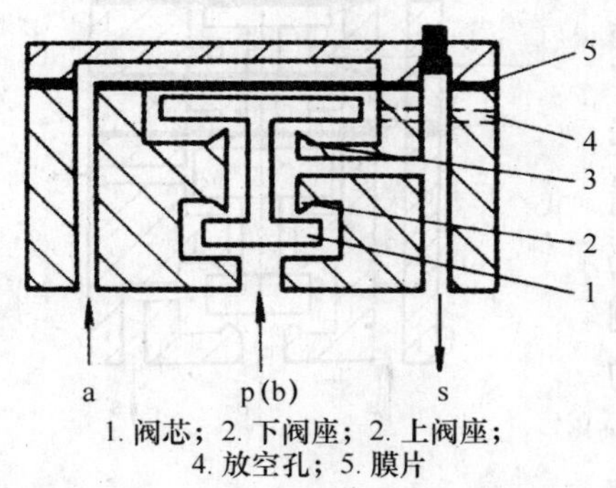

图 11.9　是门和与门元件原理图

2. 或门元件

图 11.10 为或门元件工作原理图。当 a 输入口有信号时，阀板下移，封闭下阀口，a 与 s 相通，输入(a)信号进入输出信号通道，使输出口 s 有输出；同样，当 b 输入口有气信号时，阀板上移，封闭上阀口，b 与 s 相通，输入信号 b 进入输出信号通道，使输出口 s 也有气信号输出。当 a、b 两个口均有输入时，阀板可能上移、下移或保持中位，输出口 s 仍然有气信号输出。

3. 非门和禁门元件

图 11.11 为非门和禁门元件的工作原理图。作为非门元件时，a 输入端有信号输入，阀芯下移，关住气源口 p，p、s 通路切断，输出端 s 无信号；当输入端 a 无信号输入时，阀芯在气源压力作用下上移，p、s 相通，输出端 s 有信号输出。

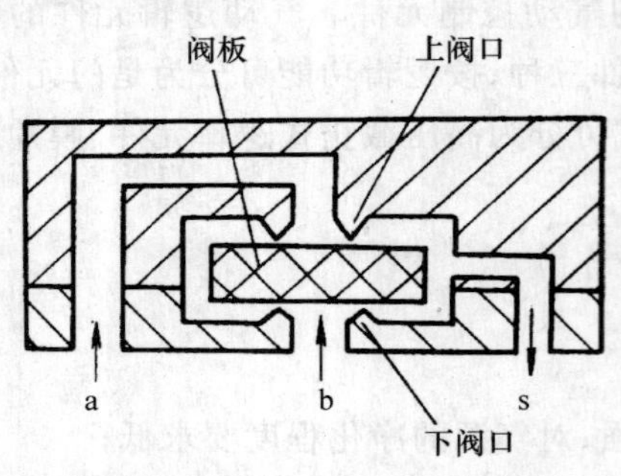

图 11.10 或门元件工作原理图

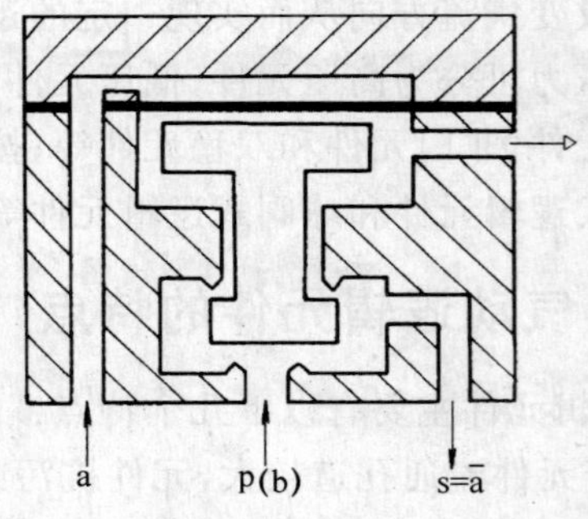

图 11.11 非门和禁门元件工作原理图

把非门元件中将气源口 p 改为信号 b，就变成了禁门元件的工作原理图。当 a、b 均有输入信号时，阀芯下移封住 b 孔，使 s 无输出；当 a 无输入而 b 有输入信号时，s 有输出，即 a 输入信号对 b 输入信号起“禁止”作用。

4. 或非元件

图 11.12 为或非元件的工作原理图。该元件是在非门元件的基础上增加两个信号输入端，具有三个输入口 a、b、c，一个输出口 s，有个气源口 p。三个输入口中任一个有气信号，阀芯都将下移，阀口关闭，p、s 通道切断，s 端无输出。当所有输入端都没有输入信号时，s 端才有输出。

5. 记忆元件

记忆元件分为单输出和双输出两种。单输出记忆元件称为单记忆元件，双输出记忆元件称为双稳元件，它们在逻辑回路中有很重要的作用。

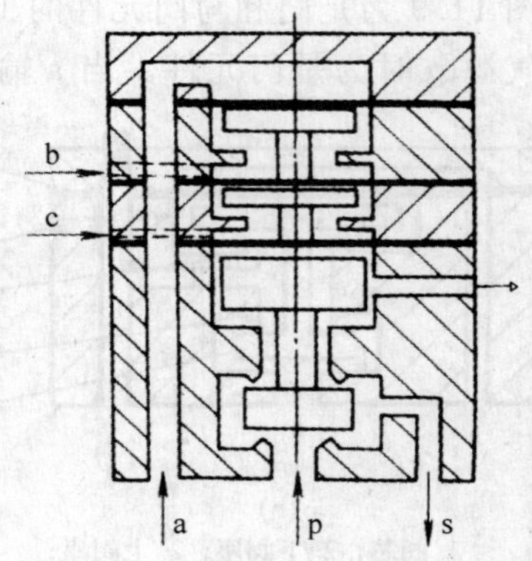

图 11.12 或非元件

图 11.13 为单记忆元件的工作原理图。当 a 有控制信号输入时，阀芯 2 上移，顶起活塞 4，打开气源通道，关闭排气口，使 s 有输出，撤去控制信号 a，阀芯仍保持原位，s 仍有输出，记忆了控制信号 a，当 b 有控制信号输入时，阀芯下移，活塞 4 下移，打开排气通道，切断气源，s 无输出。

图 11.14 为双稳元件工作原理图。当 a 有控制信号输入时，阀芯 2 带动滑块 4 右移，气源 p 与 s_1 口相通，s_2 口与排气口 o 相通，即 s_1 有输出，s_2 无输出。撤去控制信号 a，阀芯仍保持右位，s_1 保持有气输出，记忆了控制信号 a。当 b 有控制信号输入时，阀芯移至左端，s_2 与气源 p 相通，s_1 与排气口 o 相通，即 s_2 有输出，s_1 无输出。撤去控制信号 b，s_2 仍保持有气输出，记忆了控制信号 b。

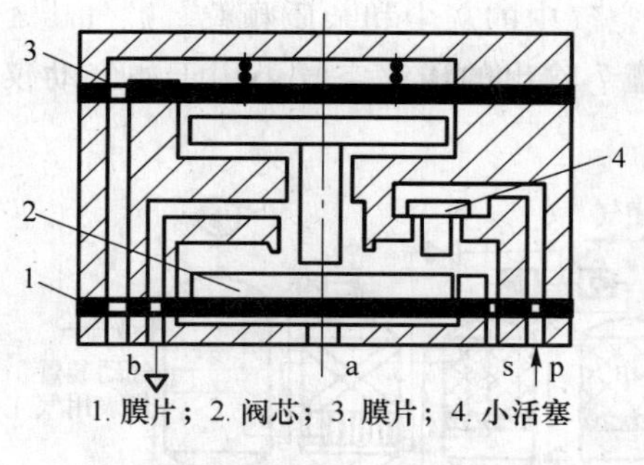

1. 膜片；2. 阀芯；3. 膜片；4. 小活塞

图 11.13 单记忆元件原理图

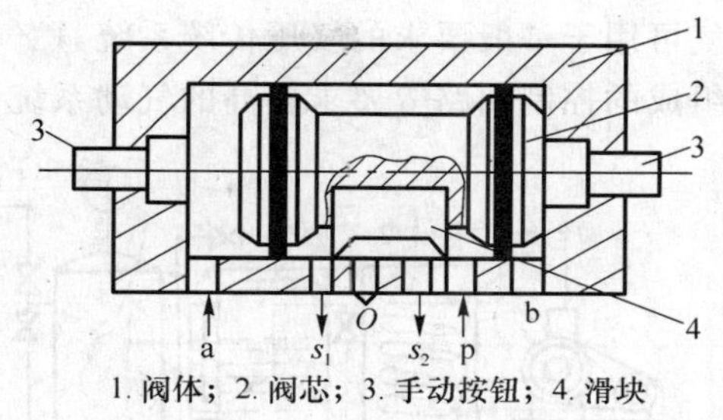

1. 阀体；2. 阀芯；3. 手动按钮；4. 滑块

图 11.14 双稳元件工作原理图

11.3.3 逻辑元件的应用

由气动逻辑元件组成的气动逻辑控制系统常用于一般工厂设备中，高压逻辑元件输出功率比较大，气源要求净化条件不高，但最好使用过滤后的气源，一定不要使加入油雾的气源进入逻辑元件。低压逻辑元件用于气动仪表配套的控制系统；微压逻辑元件用于预射流系统气动传感器配套的系统。

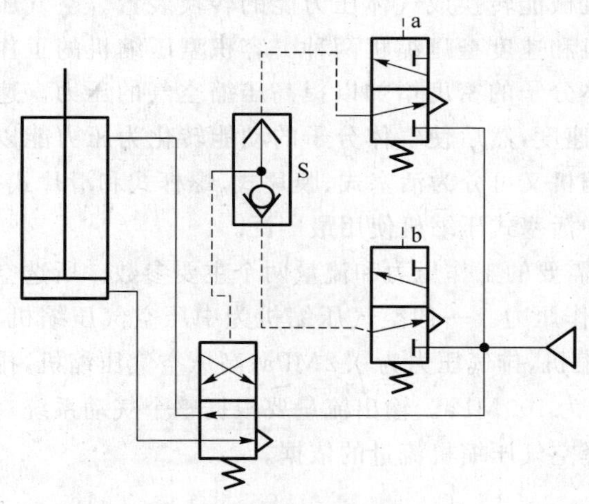

图 11.15 或门元件控制回路

下面以或门元件控制线路为例介绍逻辑控制系统的应用。图 11.15 为采用梭阀作或门元件的控制线路图。当信号 a 及 b 均无输入时，气缸处于原始位置。当信号 a 或 b 有输入时，梭阀 S 有输出，使二位四通阀克服弹簧力作用切换至上方位置，压缩空气即通过二位四通阀进入气缸下腔，活塞上移。当信号 a 或 b 解除后，二位三通阀在弹簧作用下复位，S 无输出，二位四通阀也在弹簧作用下复位，压缩空气进入气缸上腔，使气缸复位。

11.4 气源装置及辅助装置

11.4.1 气源装置

气源装置为气动系统提供具有足够压力和流量的压缩空气，并将其净化、处理及储蓄的一套装置。图 11.16 为气源系统组成示意图。

图 11.16 中，1 为空气压缩机，其吸气口装有空气过滤器，它产生压缩空气，压缩机输出的空气进入后冷却器 2，用以降温冷却压缩空气，使汽化的水、油凝结出来。油水分离器 3 用以分离并排出降温冷却凝结的水滴、油滴和杂质等。贮器罐 4 用以贮存压缩空气，稳定压缩空气的压力，并除去部分油分和水分。干燥器 5 用以进一步吸收或排除压缩空气的水分及油分，使

之变成干燥空气。过滤器 6 用以进一步过滤压缩空气中的灰尘和杂质颗粒。贮气罐 4 输出的压缩空气可用于一般要求的气压传统系统,贮气罐 7 输出的压缩空气可用于如气动仪表及射流元件组成的控制回路等要求较高的气动系统。

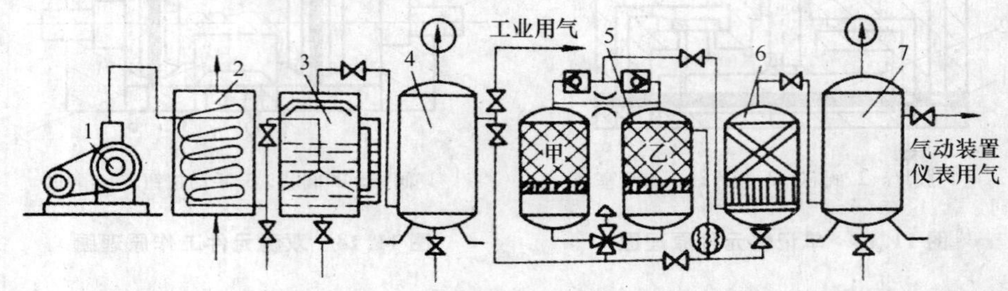

1. 空气压缩机; 2. 后冷却器; 3. 油水分离器; 4、7. 贮气罐; 5. 干燥器; 6. 过滤器

图 11.16 气源系统组成示意图

1. 空气压缩机

空气压缩机是气动系统的动力源,是将机械能转换成气体压力能的转换装置。空气压缩机的种类很多,按工作原理分为容积型压缩机和速度型压缩机两种。容积型压缩机的工作原理是通过压缩气体的体积,使单位体积内气体分子的密度增加以提高压缩空气的压力。速度型压缩机的工作原理是提高气体分子的运动速度,然后使气体分子的动能转化为压力能以提高压缩空气的压力。按结构形式,容积型压缩机又可分为活塞式、膜片式、螺杆式和滑片式;速度型又可分为离心式、轴流式和混流式。其中活塞式压缩机使用最广泛。

选择空气压缩机是根据气压传动系统所需要的工作压力和流量两个主要参数。所选空气压缩机的额定压力应等于或略高于所需的工作压力。一般空气压缩机为中压空气压缩机,额定排气压力为 1MPa。另外还有低压空气压缩机,排气压力为 0.2MPa;高压空气压缩机,排气压力为 10MPa;超高压空气压缩机,排气压力为 100MPa。输出流量要根据整个气动系统对压缩空气的需要再加一定的备用余量,作为选择空气压缩机流量的依据。

2. 后冷却器

后冷却器安装在空气压缩机出口管道上,其作用是使空气压缩机排出的压缩空气温度从 140℃～170℃的降至 40℃～50℃,使压缩空气中油雾和水汽达到饱和使其大部分凝结成滴而析出。后冷却器的冷却方式有水冷和风冷两种。风冷式是靠风扇产生的冷空气吹向带散热片的热空气导管;水冷式是通过强迫冷却水沿压缩空气流动方向的反方向流动来进行冷却。后冷却器多采用水冷方式,其结构形式有蛇形管式、列管式、散热片式、套管式和板式等。其中蛇形管式最为常用。

3. 除油器

除油器又称油水分离器,它安装在后冷却器后的管道上,用于分离压缩空气中所含的水分和油分等杂质,使压缩空气得到初步净化。除油器主要利用回转离心、撞击和水浴等方法使水滴、油滴及其他杂质颗粒从压缩空气中分离出来。除油器的结构形式有环行回转式,撞击折回式、离心旋转式、水浴式以及以上形式的组合使用等。

4. 储气罐

储气罐的主要作用是储存一定数量的压缩空气,调节用气量或当空压机停机或停电等意外事故发生时，实施紧急处理，减少气源输出气流脉动，保证气流连续性，减弱空气压缩机排出气流脉动引起的管道振动；进一步分离压缩空气中的水分和油分。储气罐一般采用圆筒状焊接结构，有立式和卧式两种，一般应用立式较多。在选择储气罐的容积 V_c 时，常以空压机的排气量为依据。参考公式如下：

当 $q<6\,\mathrm{m^3/min}$ 时，取 $V_c=0.2qm^3$；

当 $q=6\sim30\,\mathrm{m^3/min}$ 时，取 $V_c=1.5qm^3$；

当 $q>30\,\mathrm{m^3/min}$ 时，$V_c=0.1qm^3$。

目前，气压传动系统中多将冷却器、除油器和储气罐三者简化为一体形式。

5. 干燥器

干燥器是吸收和排除压缩空气中含有的水分、油分和颗粒杂质等，使湿空气变成干空气的装置。压缩空气的干燥方法主要有吸附法、离心法、机械降水及冷冻等方法。目前工业上常用冷冻法和吸附法。冷冻式空气干燥器是使湿空气冷却到其露点温度以下，使空气中水蒸气凝结成水滴并予以排除，然后再将压缩空气加热至环境温度后输出。冷冻式干燥器结构紧凑，使用维护方便，维护费用低，适用于空气处理量较大，露点温度不太低的场合。吸附式空气干燥器是利用硅胶、活性氧化铝、焦炭和分子筛等物质表面能吸附水分的特性来清除水分的。吸附式干燥器的干燥剂必须定期再生干燥，吸附剂的再生亦称脱附。吸附剂的再生方法有加热再生和无热再生两种。目前无热再生吸附式空气干燥剂应用广泛。

6. 常用气动三联件

分水过滤器、减压阀和油雾器一起依次无管化连接而成，称为气动三联件。三联件安装在气动系统的入口处。

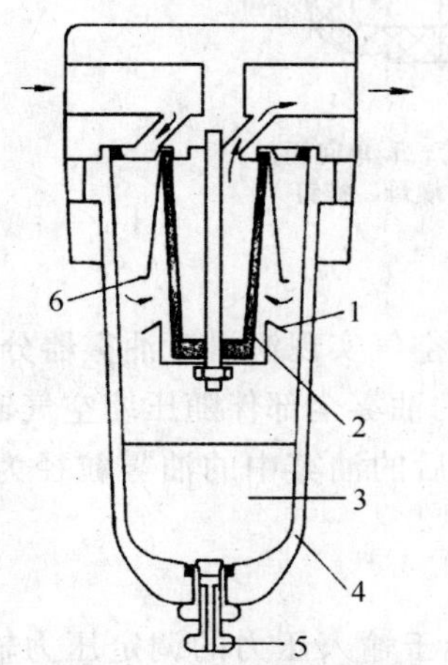

1. 挡水板；2. 滤芯；3. 冷凝物；4. 滤杯；5. 排放螺栓；6. 旋风挡板

图 11.17　分水过滤器

（1）分水过滤器

分水过滤器的作用是滤除压缩空气中的水分、油滴及杂质，以达到气动系统所需要的净化程度。目前，分水过滤器的种类很多，但工作原理及结构大体相同。图 11.17 是分水过滤器的工作原理图。

当压缩空气从输入口进入后，由导流板引入滤杯 4 中。旋风挡板 6 迫使气流沿切线方向产生强烈的旋转，这样混杂在空气中较大的水滴、油污及灰尘便获得较大的离心力，并与滤杯的内壁高速碰撞，而从气体中分离出来，沉淀于滤杯底部。然后，气体通过中间的滤芯 2，少量的灰尘、雾状水被拦截而滤去，洁净的空气便从输出口输出。挡水板 1 是为防止已沉积于滤杯底部的冷凝水再次被混入气流中输出。污水从排放螺栓 5 处放掉。

（2）油雾器

油雾器是气压系统中一种特殊的注油装置。当压缩空气流过时，它将润滑油喷射成雾状，随压缩空气一起流进需要润滑的部件，达到润滑的目的。图 11.18 为油雾器的结构原理图。

当压缩空气从输入口进入后，通过喷嘴 1 下端的小孔进入阀座 4 的腔室内，在截止阀的钢球 2 上下表面形成差压，由于泄露和弹簧 3 的作用，而使钢球处于中间位置，压缩空气进入存油杯 5 的上腔，油面受压，压力油经吸油管 6 将单向阀 7 的钢球顶起，钢球上部管道有一个方形小孔，钢球不能将上部管道封死，压力油不断流入视油器 9 内，再滴入喷嘴 1 中，被主管气流从上面小孔引射出来，雾化后从输出口输出。节流阀 8 可以调节流量，使滴油量在每分钟 0～120 滴内变化。

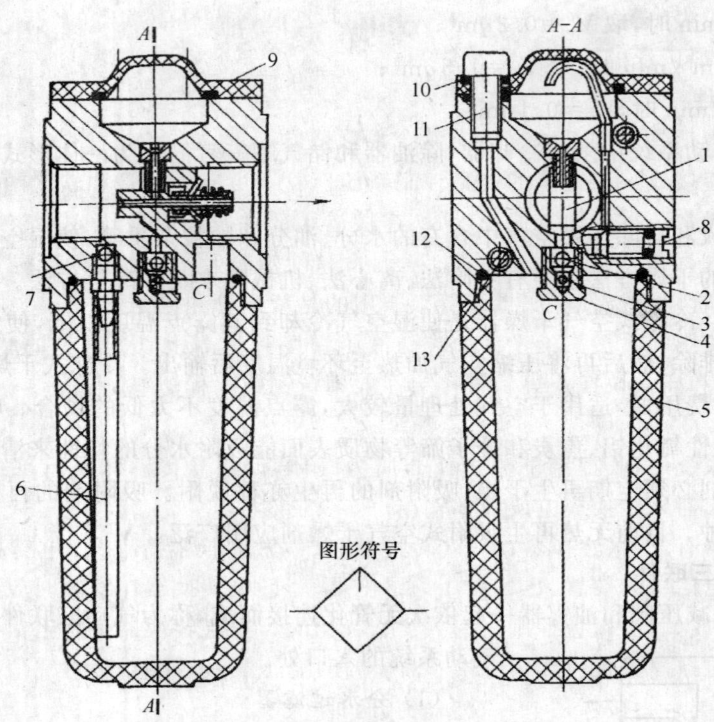

1. 喷嘴；2. 钢球；3. 弹簧；4. 阀座；5. 存油杯；6. 吸油管；7. 单向阀；8. 节流阀；9. 视油器；10、12. 密封垫；11. 油塞；13. 螺母、螺钉

图 11.18 油雾器

目前，气动控制阀、气缸和马达主要由这种带有油雾的压缩空气实现润滑。油雾器分为普通型和微雾型两种。普通型又称全量式油雾器，它能把雾化后的油雾全部伴随压缩空气输出，油雾粒径约为 20 μm；微雾型又称选择式油雾器，它仅能把雾化后的油雾中的油雾粒径为 2～3 μm的微雾随空气输出。

(3) 减压阀

气动三联件中所用的减压阀是将较高的输入压力调整到低于输入压力的调定压力输出，并保持输出压力稳定，以保证气动系统或装置的工作压力稳定，不受输出空气流量变化和气源压力波动的影响。减压阀起减压和稳压作用，工作原理与液压系统减压阀相同。

11.4.2 辅助装置

气动控制系统中，许多辅助元件往往是不可缺少的，如消声器、管道和接头等。

1. 消声器

气缸、气阀等工作时排气速度较高，接近声速，气体体积急剧膨胀，会产生刺耳的高频噪声。排气噪声随排气的速度、排气量和空气通道的形状变化。排气的速度越高、流量越大，噪声也越大。为了降低噪声，可以在排气口装设消声器。

消声器就是一种允许气流通过而使声能衰减的装置，能够降低气流通道上的空气动力性噪声。气动装置中的消声器主要有吸收型消声器、膨胀干涉型消声器和膨胀干涉吸收型消声器 3 种。对于消声器的基本要求是具有较好的消声频率特性；具有良好的空气动力性能；结构简单，经济耐用，无再生噪音。在选择消声器时，主要根据通过消声器的气流速度。吸收型消声器，是目前使用最广泛的一种。

2. 管道连接件

管道连接件包括管子和各种管接头。有了管路连接，才能把气动控制元件、气动执行元件以及辅助元件等连接成一个完整的气动控制系统。管子可分为硬管和软管两种。在一些固定不动的或不需要经常装拆的地方使用硬管；连接运动部件及临时使用或希望装拆方便的管路应使用软管。硬管有铁管、钢管、黄铜管、紫铜管和硬塑料管等；软管有塑料管、尼龙管、橡胶管、金属编织塑料管以及挠性金属导管等。常用的是紫铜管和尼龙管。

气动系统中使用的管接头的工作原理与液压管接头基本相似。常见的结构有卡套式、扩口螺纹式、卡箍式和插入快换式等。管接头一般用黄铜或工程塑料制成。

3. 转换器

在气压传动系统中，其控制部分工作介质为气体，但信号传感和执行部分不一定全用气体。可能通过转换器来装换成电或液体输出。

常用的转换器有气-电转换器、电-气转换器和气-液转换器等。气-电转换器是将压缩空气的信号转变成电信号的装置，也称做压力继电器。气-电转换器在安装时应避免在振动大的地方，且不能倾斜或倒置，以免控制失灵，发生误动作。电-气转换器是将电信号转变成气信号的装置。各种电磁换向磁也可作为电-气转换器使用。气-液转换器是将气信号转换成液压信号的装置，主要种类有直接作用式和换向阀式两种。

4. 自动排水器

自动排水器用于排除管道、除油器、储气罐及分水过滤器等处的积水，它可内置于过滤器等元件的壳件内，作为独立的元件安装在净化设备的排污口处，它既方便了不便人工操作地方的排水，又防止人工排水易被遗忘而造成工作介质被污染。自动排水器必须垂直安装。

习　题

11-1　判断题

1. 选择气缸时，主要考虑气缸的安装形式以及活塞的运动速度。（　）

2. 气动马达的有效转矩与叶片伸出的面积有关，因此叶片数目越多越好。（　）

3. 气动压力控制阀都是利用作用于阀芯上的流体（空气）压力和弹簧力相平衡的原理来进行工作的。（　）

4. 气动流量控制阀包括节流阀、单向节流阀、排气节流阀和柔性节流阀，都是通过改变控制阀的通流面积来实现流量的控制元件。（　）

5. 气动三大件通常组合使用，其安装次序依进气方向为空气过滤器、减压阀和油雾器。（　）

6. 空气过滤器又名分水滤气器、空气滤清器，它的作用是滤除压缩空气中的水分、油滴及

杂质,以达到净化气动系统的要求。 ( )

7. 干燥器只能吸收压缩空气中含有的水分和油分,不能排除颗粒杂质。 ( )

8. 消声器的作用是排除压缩气体高速通过气动元件排到大气时产生的刺耳噪声污染。 ( )

9. 气压传动系统中,其信号传感可通过转换器转换成电或液体进行。 ( )

11-2 选择题

1. 利用压缩空气使膜片变形,从而推动活塞杆作直线运动的气缸是( )。

A. 回转式气缸 B. 缓冲气缸 C. 薄膜式气缸 D. 伸缩式气缸

2. 下列气动元件是气动控制元件的是( )

A. 气马达 B. 顺序阀 C. 空气压缩机 D. 油雾器

3. 以下不是气动逻辑元件特点的是( )。

A. 抗污染能力强 B. 无功耗气量低 C. 带负载能力强 D. 运算速度快

4. 气源装置的核心元件是( )。

A. 气马达 B. 空气压缩机 C. 油水分离器 D. 减压阀

5. 中压空压机的输出压力为( )

A. 10 MPa~100 MPa B. 1~10 MPa C. 0.2~1 MPa D. 小于 0.2 MPa

6. 除油器安装在( )后的管道上。

A. 后冷却器 B. 干燥器 C. 干燥器 D. 油雾器

11-3 气源装置由哪些设备组成?

11-4 常用的气动辅件有哪些?

11-5 简述容积式空气压缩机的工作原理。

11-6 什么是气动三联件?各起什么作用?

第 12 章 气动基本回路

气动基本回路由各种相关的气动元件和管道组成，能够完成某种特定功能。若干特定的基本回路连接或复合即可组成气动系统，以完成各种简单或复杂的动作。按照功能不同，常见的气动基本回路有方向控制回路、压力控制回路和速度控制回路等。

12.1 方向控制回路

方向控制回路控制气动系统中各执行元件的启动、停止和改变方向。

12.1.1 单作用气缸换向回路

图 12.1(a)所示的采用二位三通电磁换向阀控制的单作用气缸换向回路中，通电时，活塞杆在气压作用下伸出；断电时，气缸无杆腔通大气，活塞杆在弹簧力作用下缩回。

图 12.1(b)所示的采用三位五通电气换向阀的单作用气缸换向回路中，在两电磁铁都断电时，电气换向阀的自动对中功能可使气缸停在任意位置，但定位精度不高、定位时间不长。

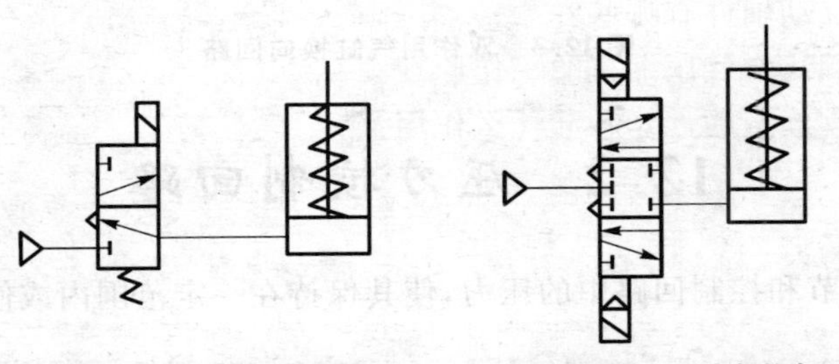

(a) 采用二位三通电磁换向阀　　(b) 采用三位五通电气换向阀

图 12.1 单作用气缸换向回路

12.1.2 双作用气缸换向回路

图 12.2 所示的双作用气缸换向回路中，可采用电控换向(图 12.2(a))、气控换向(图 12.2(b))和手控换向(图 12.2(c))三种无记忆功能的单控换向阀。有外控信号时，换向阀换向，气缸活塞杆伸出；无外控信号时，换向阀在弹簧力的作用下迅速复位，气缸活塞杆不论在什么位置都立即退回。

图 12.3 所示的双作用气缸换向回路中，图(a)采用的双电控二位换向阀和图(b)采用的双气控二位换向阀都有记忆功能。接通一侧的控制信号使阀换向后，便可切断信号，在另一侧相反的控制信号未接通之前，阀会一直维持原工作状态不变。使用时要注意两侧的控制信号不能同时接通。图(c)采用的三位五通电气换向阀增加了中位，无控制信号时阀能自动回复中

位，实现气缸活塞杆的伸出、退回和阀中位时的任意位置停止。

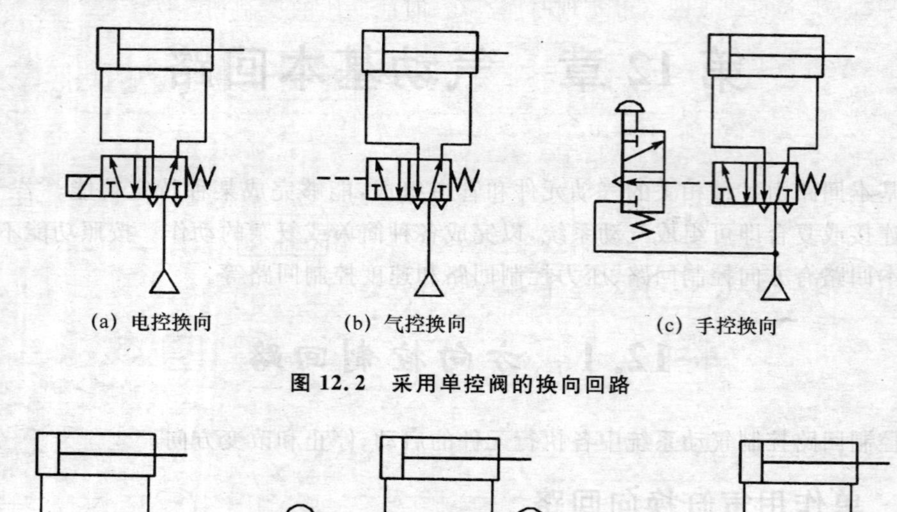

(a) 电控换向　(b) 气控换向　(c) 手控换向

图 12.2　采用单控阀的换向回路

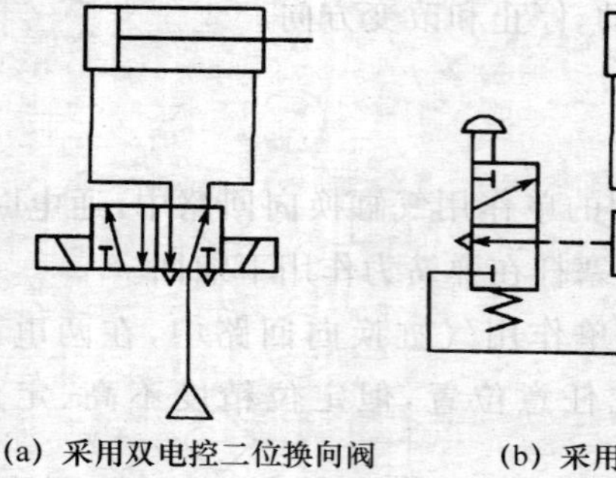

(a) 采用双电控二位换向阀

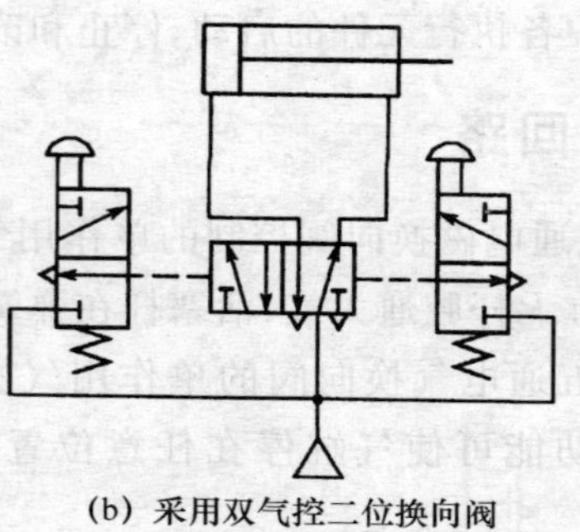

(b) 采用双气控二位换向阀

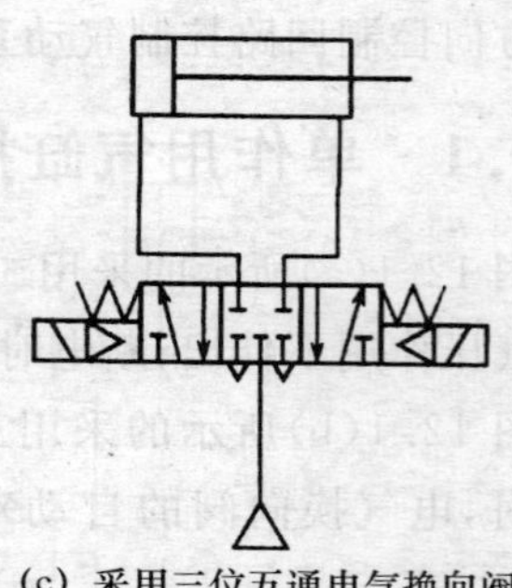

(c) 采用三位五通电气换向阀

图 12.3　双作用气缸换向回路

12.2　压力控制回路

压力控制回路调节和控制回路中的压力，使其保持在一定范围内或使回路得到高、低不同的压力。

12.2.1　调压回路

图 12.4(a)所示的压力控制回路用于控制系统中气罐的压力，使其保持在一定压力范围内。电机带动空压机 1 运转，压缩空气经单向阀 2 向气罐 4 充气，使罐内压力上升。当压力上升到调定的最高压力时，电接点压力表 3 使电机和空压机 1 停止运转，压力不再上升；当压力下降到调定的最低压力时，电接点压力表 3 使电机和空压机 1 运转，向气罐 4 再充气，使压力上升。此回路对电机及控制要求较高，常用于对小型空压机的控制。

图 12.4(b)所示的调压回路是常用的调压回路，由减压阀 1 和换向阀 2 构成，利用减压阀保证气缸得到所需要的稳定压力。

图 12.4(c)所示的调压回路利用快速排气阀 3 和减压阀 1、2 提供两种压力，减压阀 1 调定气缸有杆腔的压力，减压阀 2 调定无杆腔的压力。

图 12.4(d)所示的调压回路利用减压阀实现对不同的执行元件提供不同压力的控制。

图 12.4(e)所示的调压回路可实现时而高压、时而低压的控制和转换。

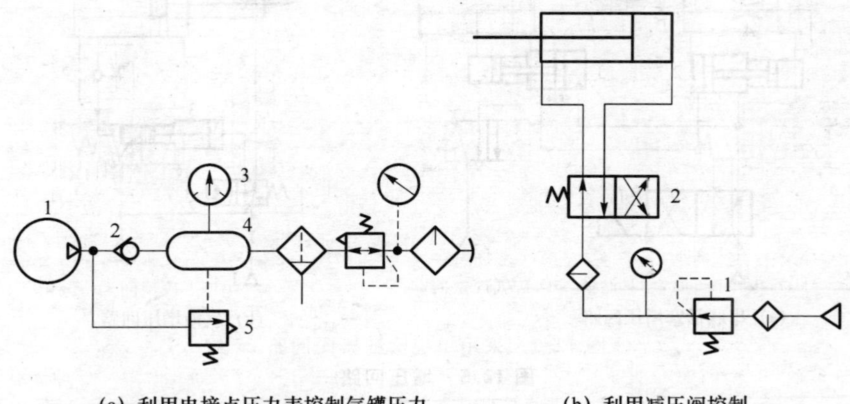

(a) 利用电接点压力表控制气罐压力　　(b) 利用减压阀控制

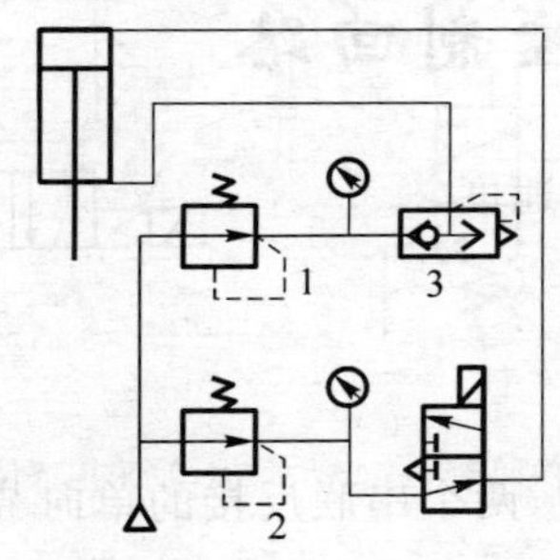

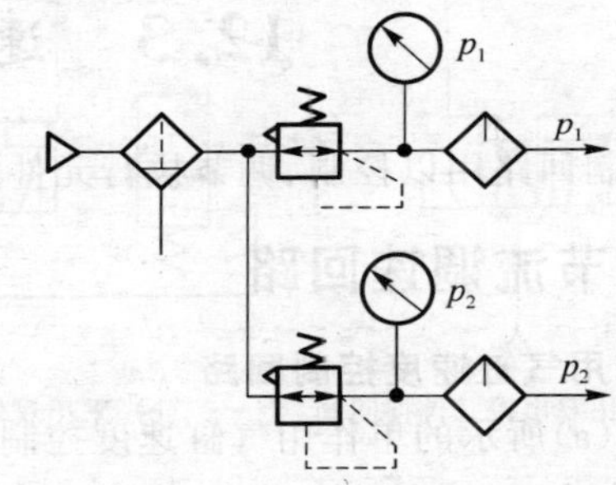

(c) 利用快速排气阀和减压阀　　(d) 利用减压阀对不同系统提供不同压力

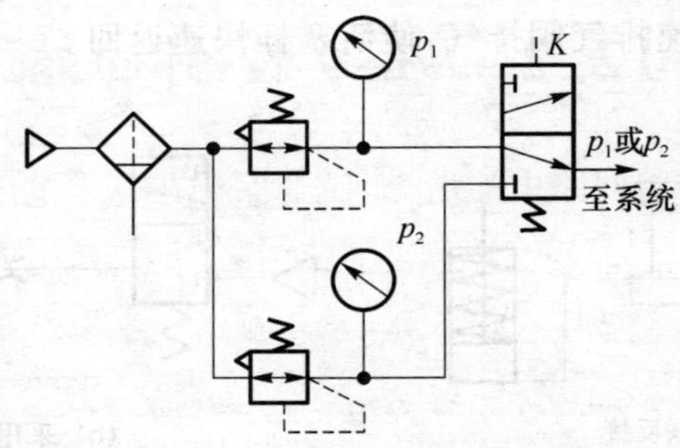

(e) 高、低压转换回路

图 12.4　调压回路

12.2.2　增压回路

图 12.5(a)所示的增压回路中，压缩空气经电磁阀 1 进入气缸 2、3 的大活塞端，推动活塞，把串联在一起的小活塞的液压油压入工作缸 5，使活塞在高压下动作，活塞的运动速度由节流阀 4 调节。

图 12.5(b)所示的增压回路中，当换向阀 2 右位工作时，从气源 1 来的压缩空气经电磁阀 2 进入气液增压缸 3 的 a 腔，使 b 腔的油增压后进入气液缸 4，获得大的推力。

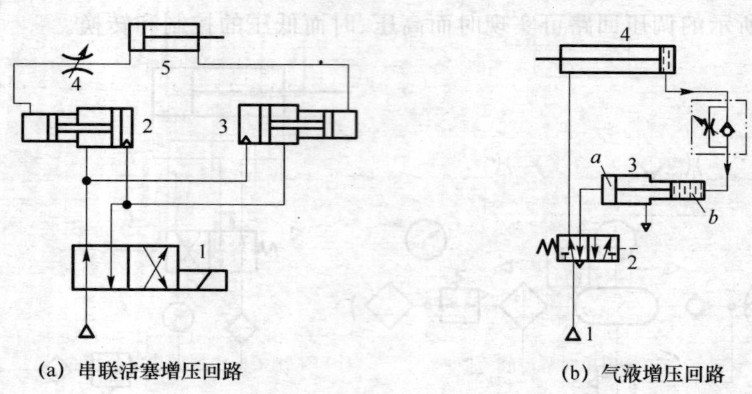

(a) 串联活塞增压回路 (b) 气液增压回路

图 12.5 增压回路

12.3 速度控制回路

速度控制回路用以控制、调节执行元件的运动速度。

12.3.1 节流调速回路

1. 单作用气缸速度控制回路

图 12.6(a)所示的单作用气缸速度控制回路中,两个串联反接的单向节流阀,分别控制单作用缸活塞杆伸出和缩回的速度。

图 12.6(b)所示的单作用气缸速度控制回路中,节流阀和快速排气阀串联,气缸活塞伸出时,节流阀调速;缩回时,快速排气阀排气,使活塞杆快速返回。

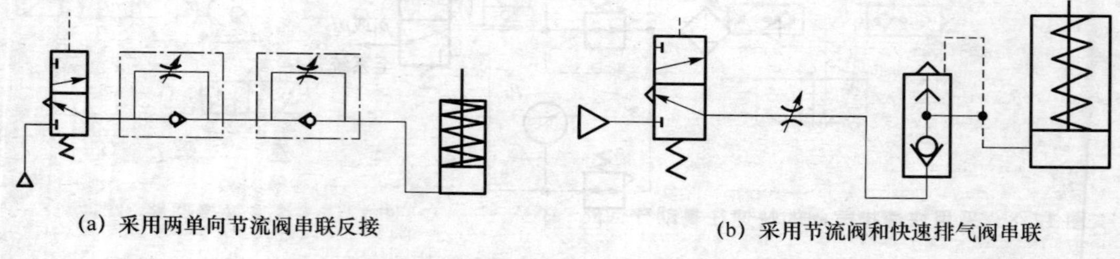
(a) 采用两单向节流阀串联反接 (b) 采用节流阀和快速排气阀串联

图 12.6 单作用气缸速度控制回路

2. 双作用气缸速度控制回路

图 12.7(a)所示的采用单向节流阀的双向调速回路中,气缸中的活塞向右运动时,气控换向阀 1 左位接入,气体经单向节流阀 2 的单向阀进入气缸无杆腔,有杆腔中的气流经单向节流阀 3 节流排气,以实现速度控制。取消图中任意一只单向节流阀,可得到单向调速回路。

图 12.7(b)所示的双向调速回路中,利用安装于电磁换向阀排气口处的带有消声器的节流阀实现气缸排气节流。

当外负载变化不大时,采用排气节流调速方式,进气阻力小,负载变化对速度影响小,调速效果好。

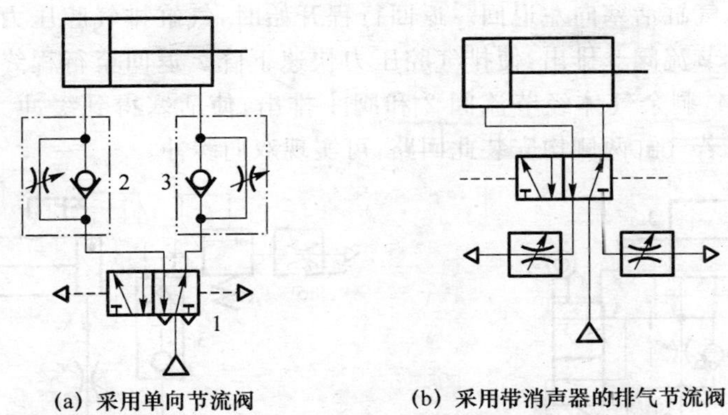

(a) 采用单向节流阀　　(b) 采用带消声器的排气节流阀

图 12.7　双作用气缸速度控制回路

3. 快速往复动作回路

图 12.8 所示的采用快速排气阀的快速往复动作回路，可实现快进—快退动作，适用于气缸速度不太快、负载不太大的场合。若将一只快速排气阀换成排气节流式调速阀，可实现气缸单向快速运动。

4. 速度换接回路

图 12.9 所示的速度换接回路中，二位二通阀 2、3 分别与速度控制阀 4、5 并联。当活塞运动到某一位置时，撞块压下行程开关 S，发出电信号，使二位二通阀 2 或 3 换向，改变排气通路，从而改变气缸速度。按需要确定行程开关的位置，可实现行程途中的速度变换。二位二通阀也可以用行程阀代替。

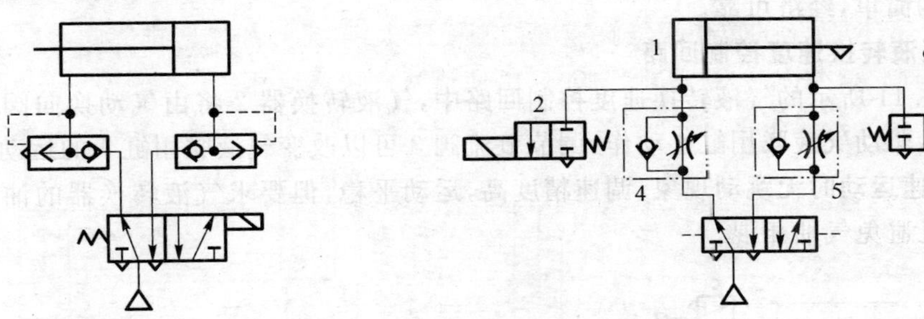

图 12.8　采用快速排气阀的快速往复动作回路　　图 12.9　速度换接回路

12.3.2　缓冲回路

缓冲回路可以在行程长、速度快及惯性大的情况下消除气缸的冲击。

图 12.10(a)所示的采用机控阀的缓冲回路中，采用机控换向阀实现气缸前进到终端时的缓冲。二位四通气控换向阀 1 左位接入时，活塞杆快速伸出，直至活塞杆上的挡块压下二位二通机控换向阀 4 的滚轮，使快速排气路关闭，气缸 3 排气腔的气流经单向节流阀 2 中的节流阀和换向阀 1 排入大气，使气缸活塞减速缓冲直至行程终点。在整个工作循环中，可实现快进—慢进缓冲—停止—快退动作。根据需要改变机控阀的位置可调整缓冲行程。此回路适用于惯性大的场合。

图 12.10(b)所示的采用快速排气阀、顺序阀和节流阀的缓冲回路中，二位四通气控换向

阀 1 在图示位置时，气缸活塞向左退回。返回行程开始时，气缸排气腔压力较高，气流经快速排气阀 3、顺序阀 4、节流阀 5 排出，使排气腔压力快速下降。返回至行程终端时，排气腔压力已无法打开顺序阀 4，剩余气体经节流阀 2 和阀 1 排出，使活塞得到缓冲。此回路适于行程长、速度快的场合。若气缸两侧均安装此回路，可实现双向缓冲。

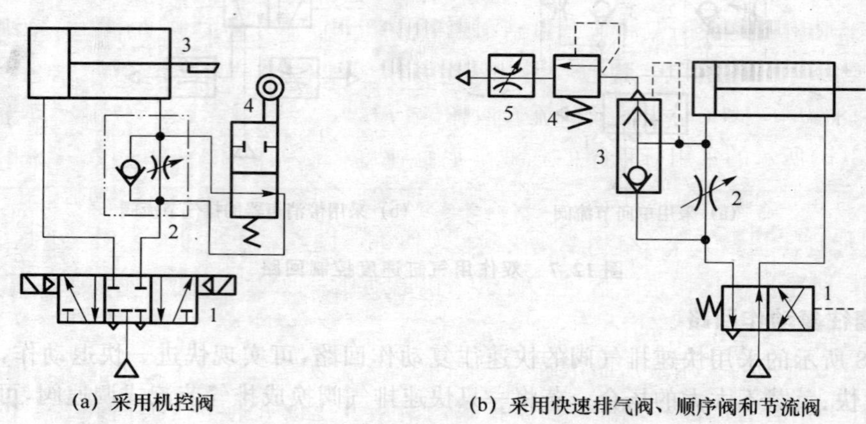

(a) 采用机控阀　　(b) 采用快速排气阀、顺序阀和节流阀

图 12.10　缓冲回路

12.3.3　气/液调速回路

气/液调速回路以气压为动力，利用气液转换装置或气液阻尼缸把气压传动变为液压传动，以更平稳、更有效地控制执行元件的运动速度。气/液调速回路充分利用了液压和气动的优点，结构简单，经济可靠。

1. 气液转换速度控制回路

图 12.11 所示的气液转换速度控制回路中，气液转换器 2 将由气动换向阀 1 输入的气压变成液压，驱动气液联用缸 4 动作，调节节流阀 3 可以改变气液联用缸 4 的运动速度。此回路启动和低速运动时无跳动现象，调速精度高，运动平稳，但要求气液转换器的油量大于液压缸的容积，且避免气油相混。

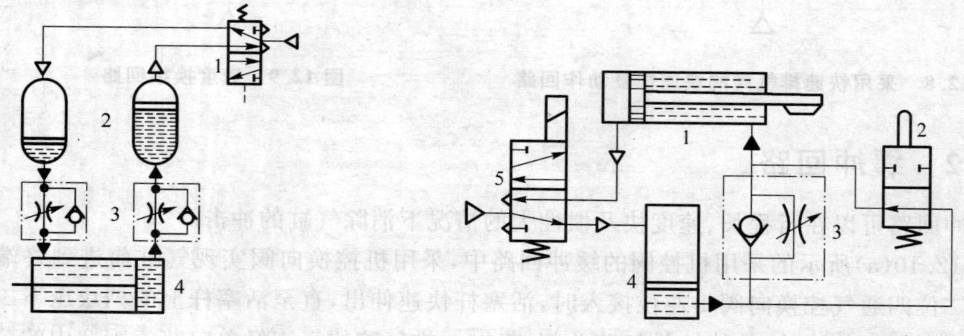

图 12.11　气液转换速度控制回路　　图 12.12　实现快进—慢进—快退的气液转换速度控制回路

图 12.12 所示的气液转换速度控制回路中，当气动电磁阀 5 通电时，气液联用缸 1 无杆腔进气，有杆腔中油液经行程阀 2 回至气液转换器 4，活塞杆快速前进；直至挡块压住行程阀 2，使油路切断，有杆腔的油经调速阀 3 的节流阀回至气液转换器 4，活塞杆慢进。当气动电磁阀

5 断电，通过气液转换器 4，油液经调速阀 3 的单向阀进入气液联用缸 1 的有杆腔，推动活塞杆迅速返回。在整个工作循环中，可实现快进—慢进—快退动作。此回路常用于金属切削机床上推动刀具进给和退回。

2. 气液阻尼缸速度控制回路

图 12.13(a)所示的采用双向速度控制阀的气液阻尼缸速度控制回路中，气液阻尼缸 1 的进退由气动换向阀 5 控制，其进退速度由双向速度控制阀 4 控制，可实现双向无级调速。油杯 2 用以补充漏油，单向阀 3 防止油液回流入油杯。

图 12.13(b)所示的采用行程阀的气液阻尼缸速度控制回路中，当电磁阀 6 通电，气液阻尼缸 1 快进；直至活塞杆上的挡块压住行程阀 4，速度控制阀 5 节流，阻尼缸 1 慢进。当电磁阀 6 断电，阻尼缸 1 快退。整个工作循环中，实现快进—慢进—快退动作。若去掉速度控制阀 5 中的单向阀，回路可实现快进—慢进—慢退—快退动作。改变撞块或行程阀的安装位置，可改变开始变速的位置。此回路适于较长行程场合。

图 12.13(c)所示的采用液压阻尼缸与气缸并联的气液阻尼缸速度控制回路中，液压阻尼缸 4 的活塞杆上空套着固连于气缸 5 活塞杆端的滑块。三位五通电气换向阀 8 左位接入时，气流通过梭阀 7 进入二位二通换向阀 3 使其工作，气缸 5 的活塞杆向右运动，直至杆端的滑块碰到定位调节螺母 6 时，气缸推动阻尼缸同步慢进右移，阻尼缸 4 右腔的油液经单向节流阀 2 的节流阀、换向阀 3 进入左腔，节流阀 2 控制运动速度，弹簧式蓄能器 1 补充阻尼缸中流量的变化。调节阻尼缸 4 活塞上的定位调整螺母可以改变气缸由快进变为慢进的变速位置。三位五通换向阀 8 处于中位时，液压阻尼缸 4 的油路被二位二通阀 3 切断，活塞停在此位置上不动。此回路结构紧凑，气液不易相混。

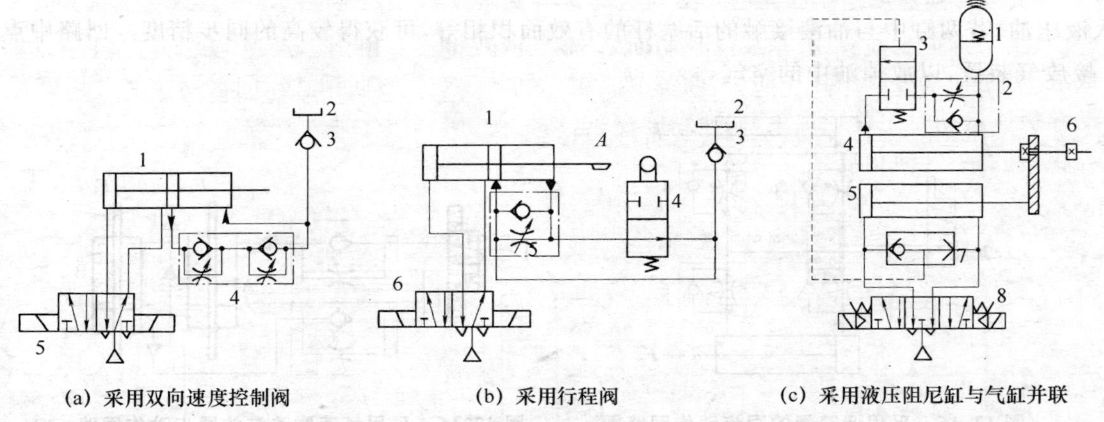

(a) 采用双向速度控制阀　(b) 采用行程阀　(c) 采用液压阻尼缸与气缸并联

图 12.13　气液阻尼缸速度控制回路

12.4　其他回路

12.4.1　同步动作回路

同步回路保证系统中的多个执行元件在运动中的位置保持同步。由于气体的可压缩性大，气压传动实现多个执行元件的同步动作比较困难。

1. 采用机械连接的同步动作回路

图 12.14(a)所示的同步动作回路中，利用刚性连接板 C 将 A、B 两气缸的活塞杆连接在一起，实现同步动作。此回路适用于两气缸的间距小、负载偏心不严重的场合。

图 12.14(b)所示的同步动作回路中，利用连杆机构辅助两气缸实现同步动作。

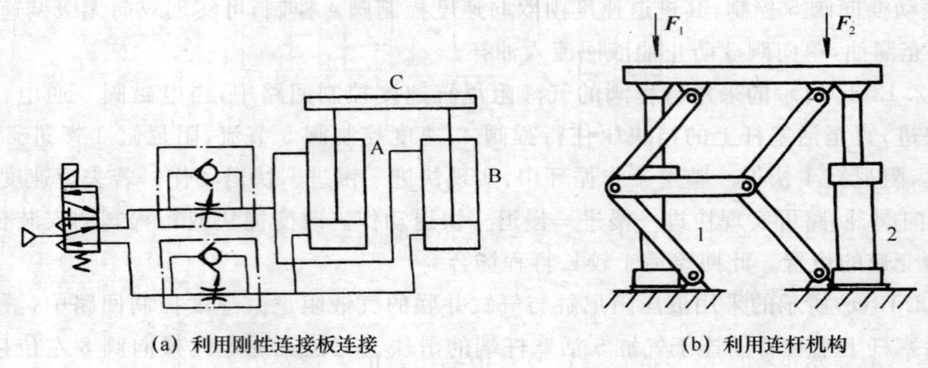

(a) 利用刚性连接板连接　　(b) 利用连杆机构

图 12.14　采用机械连接的同步动作回路

2. 采用调速阀的同步动作回路

图 2.15 所示的采用调速阀的同步动作回路中，排气节流式调速阀 3、4、5、6 可使气缸 1 和 2 同步动作。此回路适用于气缸直径足够大，且工作压力高、负载变化小的场合。

3. 采用气液联动缸的同步动作回路

图 12.16 所示的采用气液联动缸的同步动作回路中，气液联动缸 A 的下腔和 B 的上腔充入液压油，若两缸中与油液接触的活塞杆的有效面积相等，可获得较高的同步精度。回路中点 1 接放气装置，以放掉油中的空气。

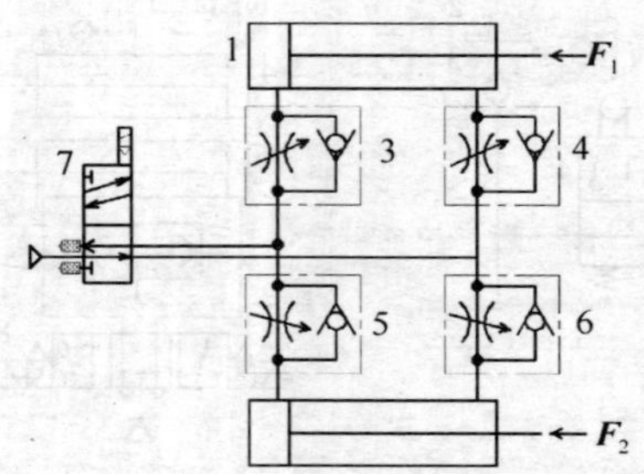

图 12.15　采用调速阀的同步动作回路图

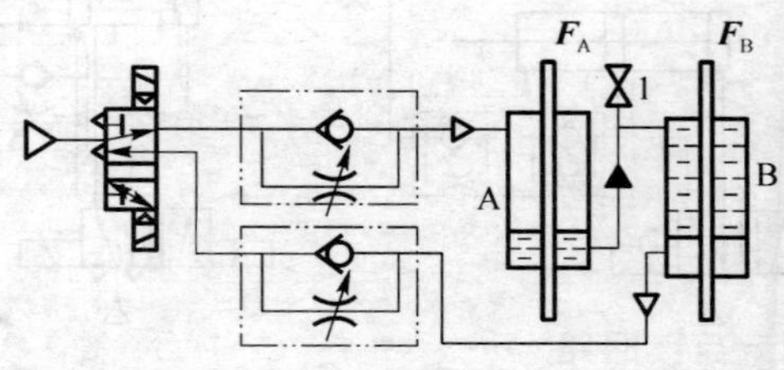

图 12.16　采用气液联动缸的同步动作回路

4. 采用气液阻尼缸的同步动作回路

图 12.17 所示的采用气液阻尼缸的同步动作回路中，两气缸活塞杆用刚性连接板 10 连接。当三位五通主阀 3 处于中位时，弹簧蓄能器 9 自动地对液压缸补充油液。当阀 3 的 a 侧通电时，气流进入气液阻尼缸 7、8 的下腔，使活塞杆伸出；同时，气流经梭阀 6 使二位二通阀 4、5 换向，弹簧蓄能器的补给回路被切断，气液阻尼缸 7、8 上下腔交叉排油、进油，实现等速同步上升。当阀 3 的 b 侧通电时，气液阻尼缸 7、8 的活塞杆同步返回。泄气阀 11 和 12 用于放

掉混入油中的空气。该回路可以保证加不等负荷 F_1、F_2 的工作台运动同步。

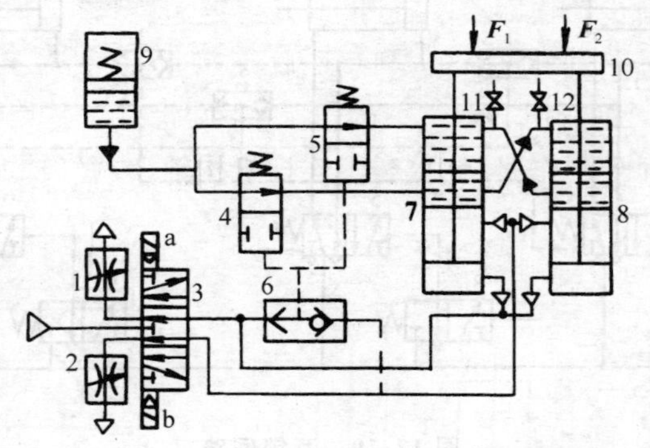

图 12.17　采用气液阻尼缸的同步动作回路

12.4.2　安全保护回路

安全保护回路可保障设备正常运转及保护操作者的人身安全。

1. 过载保护回路

图 12.18 所示的过载保护回路中，按下手动阀 5，主控阀 3 换向，气缸活塞杆向右运动。正常工作条件下，当活塞杆上的挡块压下行程阀 4 时，气流经行程阀 4、梭阀 2，使主控阀 3 切换到右位，活塞杆退回。如果在活塞杆向右运动的过程中超载，左腔压力升高超过预定值时，顺序阀 1 打开，气流经梭阀 2 将换向阀 3 切换至右位，使活塞杆返回，气缸左腔气体经阀 3 排出，实现过载保护。

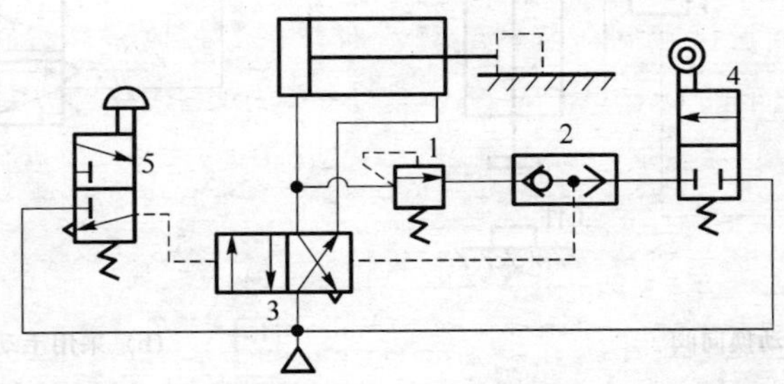

图 12.18　过载保护回路

2. 互锁回路

图 12.19 所示的互锁回路中，利用梭阀 1、2、3 及二位五通换向阀 4、5、6 实现互锁，保证一个气缸动作时，其他气缸不动作。如二位三通电磁阀 7 换向时，阀 4 也换向，使 A 缸活塞杆伸出；同时，阀 4 的输出气流使梭阀 1、2 动作，把阀 5 和 6 锁住，此时即使阀 8、9 有切换信号，B、C 缸的活塞杆也不会动作。只有将前动作缸的气控阀复位才能改变气缸的动作。

3. 双手操作安全回路

图 12.20(*a*)所示的采用手动换向阀的双手操作安全回路中，只有同时操作手动阀 1 和 2，主阀 3 才切换，气缸活塞才能下落以锻造或冲料。在锻造、冲压机械上，采用此回路，可确保安全，但要注意阀 1 和 2 应安装在单手不能同时操作的距离上，以免误操作。

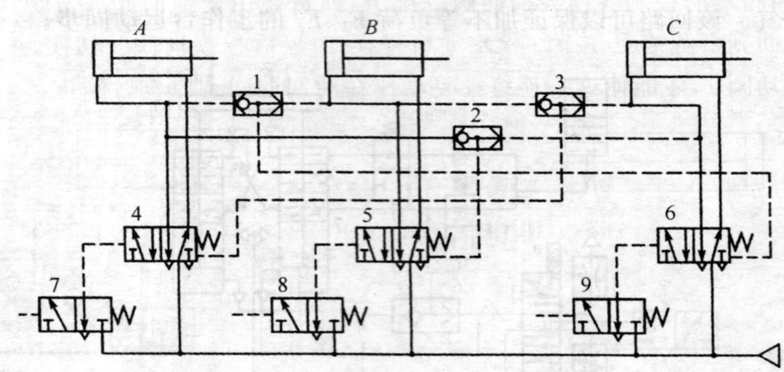

图 12.19 互锁回路

图 12.20(*b*)所示的采用手动换向阀与气容组合的双手操作安全回路中，只有当两手同时按下手动阀 1、2 时，气容 3 中的压缩空气经阀 2 及气阻 4 节流延迟一定时间后切换主阀 5，气缸活塞才能下落。若两手不同时按下手动阀，或其中一个手动阀因弹簧失效不能复位，气容 3 内的压缩空气将通过手动阀 1 的排气口排空，阀 5 无法切换，活塞也不能下落。此回路较前一回路更安全可靠。

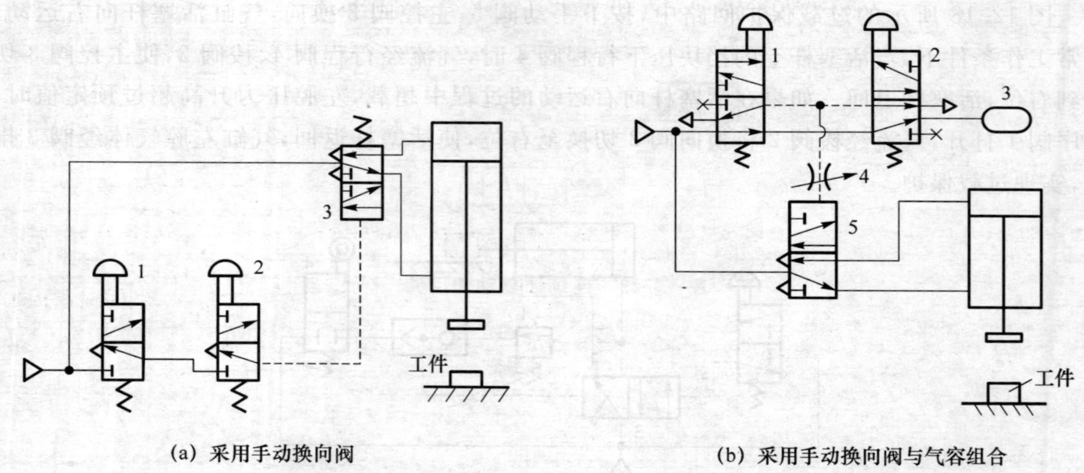

(a) 采用手动换向阀　　(b) 采用手动换向阀与气容组合

图 12.20 双手操作安全回路

12.4.3 往复动作回路

图 12.21(*a*)所示的行程控制的单往复回路中，按下二位三通手动换向阀 1，二位三通行程换向阀 3 切换，气缸活塞向右运动；直至挡块碰下行程阀 2，换向阀 3 复位，气缸活塞自动返回。

图 12.21(*b*)所示的压力控制的单往复回路中，按下二位三通手动换向阀 1，二位三通行程换向阀 3 切换，气缸活塞向右运动；同时，气压作用在顺序阀 2 上。当活塞运动到行程终点时，无杆腔压力升高并打开顺序阀 2，换向阀 3 复位，气缸活塞自动返回。

图 12.22 所示的连续往复动作回路中，按下二位三通手动换向阀 1，气流经手动阀 1 和换向阀 3 使二位五通单气控换向阀 4 切换，气缸活塞杆向右运动，二位二通行程换向阀 3 随之复位，将控制气路断开，换向阀 4 不能复位。当活塞杆前行到行程终点，挡块压下二位二通行程

换向阀 2 时，换向阀 4 的控制气体经换向阀 2 排出，弹簧作用使换向阀 4 复位，气缸活塞杆返回。当活塞杆返回到行程终点压下二位二通行程换向阀 3 时，换向阀 4 切换，重复上一循环动作。只有断开手动阀 1，才能使这一连续往复动作在活塞返回到原位后停止。

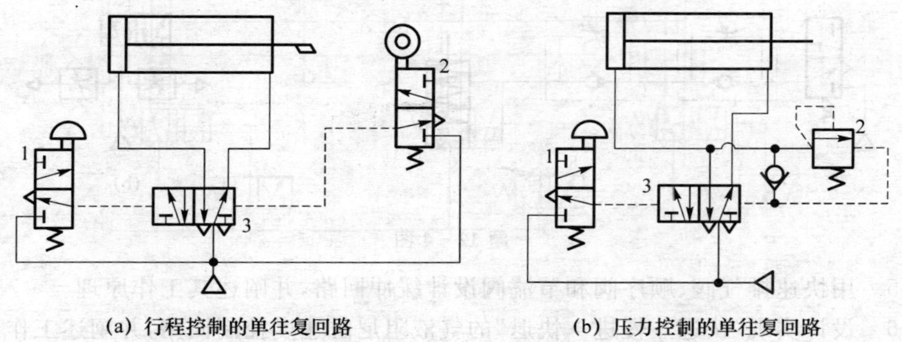

(a) 行程控制的单往复回路　(b) 压力控制的单往复回路

图 12.21　单往复动作回路

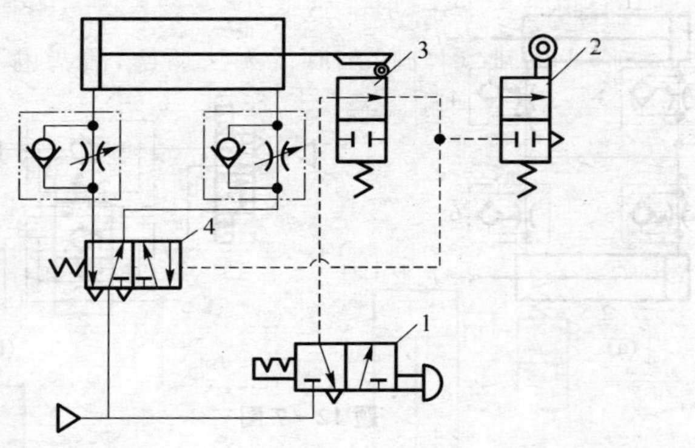

图 12.22　连续往复动作回路

习　题

12－1　如何实现气缸在运动中任意位置停止？

12－2　设计能实现气缸“快进—慢进—快退”的气动回路，并说明工作原理。

12－3　分析图示回路的工作过程和功能。

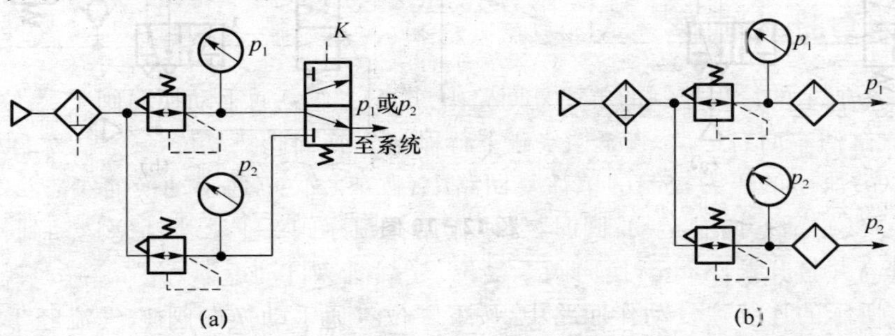

题 12－3 图

12-4 分析图示回路的工作过程和功能。

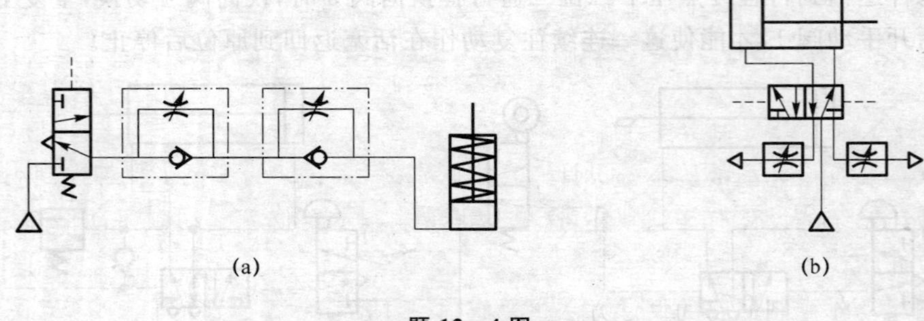

题 12-4 图

12-5 用快速排气阀、顺序阀和节流阀设计缓冲回路,并阐述其工作原理。

12-6 设计实现"快进—慢进—快退"的气液阻尼缸速度控制回路,并阐述工作原理。

12-7 分析图示回路的工作过程和功能。

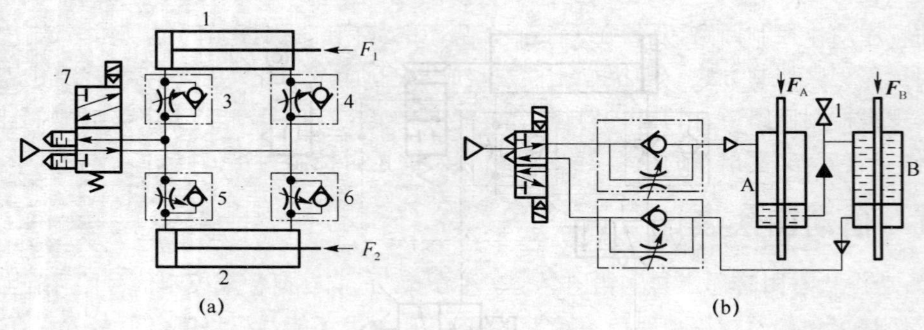

题 12-7 图

12-8 设计三个气缸的互锁回路并阐述工作原理。

12-9 设计一个双作用气缸的连续往复运动回路,并阐述工作原理。

12-10 分析图示回路的工作过程和功能。

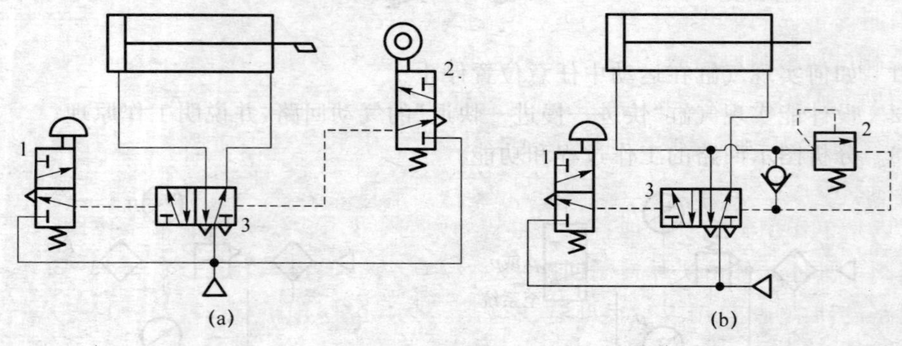

题 12-10 图

第13章　气压传动系统

虽然气动系统设计与液压系统设计有一定区别，但是设计的主要步骤却大同小异，前面的章节已对液压系统的设计有详细叙述，这里不再重复。本章仅就气动顺序动作控制回路的设计方法加以介绍。

气动顺序动作控制回路的设计方法主要有信号—动作状态图法（简称 $X-D$ 图法）和卡诺图法等，其中 $X-D$ 图法以其方便、实用的特点而被广泛采用，本章主要介绍这种设计方法。

13.1　气动传动系统设计

气动顺序动作控制回路，是指在一个工作循环中，所有的执行元件都只作一次往复运动。通常采用行程程序控制方式。即执行元件在完成某一动作后，由行程发信器发出相应信号，此信号输入逻辑控制回路中，由其作出判断后再发出有关执行信号，指令执行元件执行下一步动作，当动作完成后，又发出新的信号，直到完成预定的逻辑控制为止。

13.1.1　信动图法设计

信号-动作状态图简称 $X-D$ 线图。是一种图解法，可以把各个控制信号的存在状态和气动执行元件的工作状态较清楚地用图线表示出来；从图中还能分析出障碍信号的存在状态，以及消除障碍信号的各种可能性。其一般设计步骤如下：

① 根据生产自动化的工艺要求，列出工作程序图；

② 画信号-动作状态图（$X-D$ 线图），判别障碍信号；

③ 排除障碍，列出执行信号逻辑表达式；

④ 绘制逻辑控制原理图；

⑤ 绘制气动控制回路图。

在介绍信动图法设计之前，先介绍下行程程序控制回路的基本单元。

图13.1所示为行程程序控制回路的基本单元。其包括了普通气缸、主控换向阀（双气控二位四通阀）和行程发信器（二位三通常断式行程阀）组成的换向回路。实际工作中，基本单元的气缸可以是单作用气缸及其他各种气缸等，换向阀可用二位五通的及三位阀，气控的、电控的和单控阀。具体元件由实际控制回路决定。

在回路设计中规定，用大写字母 A、B、C 等表示气缸，用下标“1”与“0”表示气缸活塞杆的两种不同状态。如 A_1 表示气缸 A 活塞杆伸出状态，A_0 表示气缸 A 活塞杆的退回状态。控制气缸换向的主控换向阀也用与其控制的缸所相应的文字符号表示。

用带下标1、0的小写字母 a、b、c 等分别表示相应的气缸活塞杆伸出或退回到终端位置时所碰到的行程阀。如 a_1 为对应于缸 A 活塞杆伸出位置的行程阀及其输出信号，b_0 为对应于缸 B 活塞杆返回位置的行程阀及其输出信号。行程阀发出的信号称为原始信号。右上角带

* 号的信号是经过逻辑处理而排除障碍后的执行信号，如 a_0^*、a_1^*；而把不带 * 号的信号叫作原始信号，如 a_0、a_1 等。

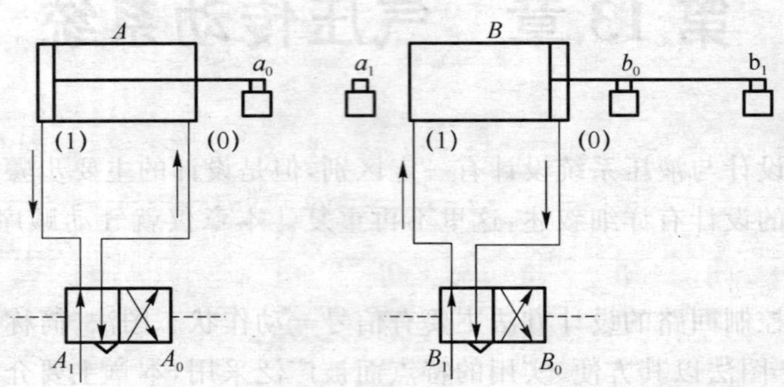

图 13.1 行程程序控制回路的基本单元

13.1.2 气动顺序控制回路设计举例

以气控冲孔机为例，介绍气动顺序控制回路的设计。气控冲孔机其工作顺序为：气缸 A 夹紧→气缸 B 冲孔→气缸 B 退回→气缸 A 退回。

1. 绘制工作程序图

行程程序可用工作程序图来表示气缸按对象的操作要求所完成的动作顺序。气控冲孔机的工作程序图如图 13.2 所示。图中，q 为启动信号。

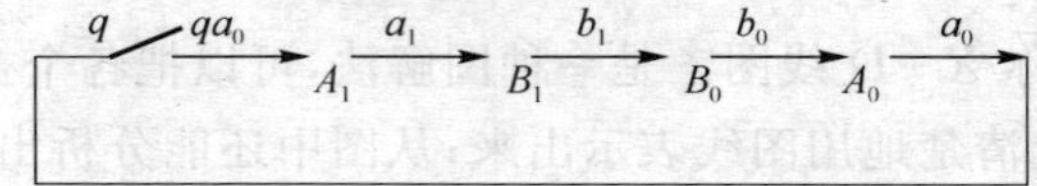

图 13.2 工作程序图

图中的箭头提示顺序动作的方向，箭头上方的小写字母表示行程阀发出的行程信号。如当 A_1 动作完成后发出 a_1 信号，B_1 动作完成后发出 b_1 信号。一般情况下，气缸的每一个动作总伴随有一个行程阀动作。按照程序动作的气缸依次发出行程信号，而该行程信号又命令下一个气缸动作。如 $A_1 \xrightarrow{a_1} B_1$ 表示当 A_1 动作完成后发出 a_1 信号，a_1 信号命令 B_1 动作。由此可见，气缸的动作顺序和行程阀发出的信号顺序是一致的。程序中的每一次动作称为一个节拍，图 13.2 所示的程序有五个节拍。

图 13.2 所示的程序框图可进一步省略图中的箭头和信号，可写成：$[A_1B_1B_0A_0]$。

2. *X*－*D* 线图的绘制

(1) 绘制方格图

在绘制 $X-D$ 线图时，首先要绘制方格图，其画法见图 13.3。

在方格的顶部两行分别按照工作程序从左至右依次填入程序序号(或节拍号)1、2、3、4 等及其相应的动作状态 A_1、B_1、B_0、A_0。在最右边留一栏作为“执行信号”填写执行信号表达式。

在方格图最左边纵栏从上至下分别填入程序序号、控制信号及其控制的动作状态(即 $X-D$ 组)。每个“$X-D$ 组”包括上下两行，上行为行程信号行，下行为该信号控制的动作状态。例如，$a_0(A_1)$表示是由信号 a_0 控制 A_1 动作。如果一个信号同时控制两个动作，则应在该节拍中分两格填写。

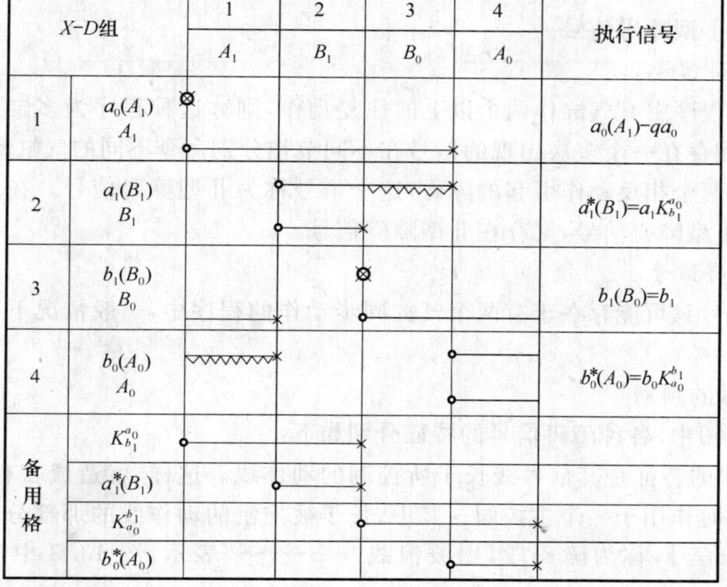

X-D组		1 A_1	2 B_1	3 B_0	4 A_0	执行信号
1	$a_0(A_1)$ A_1					$a_0(A_1)$-qa_0
2	$a_1(B_1)$ B_1					$a_1^*(B_1)=a_1K_{b_1}^{a_0}$
3	$b_1(B_0)$ B_0					$b_1(B_0)=b_1$
4	$b_0(A_0)$ A_0					$b_0^*(A_0)=b_0K_{a_0}^{b_1}$
备用格	$K_{b_1}^{a_0}$					
	$a_1^*(B_1)$					
	$K_{a_0}^{b_1}$					
	$b_0^*(A_0)$					

图 13.3 X-D 线图

方格下部的备用格可以根据具体情况填入中间记忆元件(如辅助阀)的输出信号、消障信号以及连锁信号等。例如,对于节拍 2 为中间记忆元件(如辅助阀)的输出信号 $K_{b_1}^{a_0}$,其用于节拍 2 的消障。

(2) 画动作状态线(D 线)

用水平粗实线画出各执行元件的动作状态线,如图 13.3 所示。动作状态线的起点是该动作程序的开始处,用符号"○"画出;动作状态线的终点是该动作状态变化的开始处,用符号"×"画出。例如,图中 A 缸从节拍 1 的起点开始伸出状态 A_1,A_1 在节拍 3 的终点终止,变换成缩回状态 A_0,A_1 的终点必然在 A_0 的起点处。

(3) 画信号线(X 线)

用水平细实线画各行程信号线,如图 13.3 所示。信号线的起点是与同一组中动作状态线的起点相同,用符号"○"画出;信号线的终点是和上一组程序中产生该信号的动作线终点相同,用符号"×"表示。这里要指出的是,实际上若考虑到阀的切换及气缸启动等的传递时间,信号线的起点应超前于它所控制动作的起点,而信号线的终点应滞后于产生该信号动作线的终点。当在 $X-D$ 图上反映这种情况时,则要求信号线的起点与终点都应伸出分界线,但因为这个值很小,因而除特殊情况外,一般不予考虑。

在图 13.3 中,符号"⊗"表示信号线的起点与终点重合,实际上即表示该信号是一个脉冲信号。该脉冲信号的宽度相当于行程阀发出信号、气控阀换向、气缸启动和信号传递时间的总和。

3. 障碍信号的判别及消除

气动程序控制回路中障碍信号有 3 种类型:Ⅰ型障碍信号、Ⅱ型障碍信号和滞消障碍信号。

(1) Ⅰ型障碍信号

在单往复程序中,若在某个主控阀的两个控制口上同时存在两个相互矛盾的输入信号,则称该障碍信号为Ⅰ型障碍信号。

(2) Ⅱ型障碍信号

在一个工作程序中有气缸作两个以上的往复动作,则称这种程序为多缸多往复程序。在这种程序中,可能存在一个多次出现的信号在不同节拍分别命令不同的气缸动作,或者分别命令同一个气缸的两个相反动作引起的障碍,这个信号称为Ⅱ型障碍信号。在多缸多往复程序中,可能既存在Ⅰ型障碍信号,又存在Ⅱ型障碍信号。

(3) 滞消障碍信号

滞消障碍信号只可能存在于有两个气缸同步动作的程序中,一般情况下滞消障碍能自行消失,无需排除。

1) 障碍信号的判别

在 X-D 线图中,各种障碍信号的特征分别如下:

① Ⅰ型障碍的特征是其信号线长于所控制的动作线。这样,就造成在有的行程段,存在两个控制信号同时作用于一个主控阀。其中,长于被控制的动作线的那部分信号线就是妨碍反相动作的障碍信号,称为障碍段,用波浪线"~~~~~~~~"表示,图 13.3 中,a_1、b_0 就是障碍信号。

② Ⅱ型障碍的特征是存在信号线而无动作线,或者信号线重复出现。

③ 滞消障碍的特征是信号线与所控制的动作线基本等长,仅比动作线多出一部分。

2) Ⅰ型障碍的消除

Ⅰ型障碍实质是控制信号存在时间长于所控制的动作状态存在时间,所以常用的消除障碍的方法就是缩短信号存在的时间,反映在 X-D 线图上就是缩短控制信号线的长度,使其短于此信号所控制的动作线长度,实质上就是使障碍段失效或消失。

常用的消障方法有如下 3 种。

① 脉冲信号消障法　脉冲信号法实质是将所有的障碍信号变为脉冲信号,常用的方法有机械法和脉冲回路法。

机械法就是利用机械式活络挡块或可通过式行程阀发出脉冲信号的消障方法,如图 13.4 所示。在图 13.4(a)中,当活塞杆伸出时,活络挡块使行程阀发出脉冲信号;而当活塞杆缩回时,行程阀则不发信号。在图 13.4(b)中,当活塞杆伸出时,压下单向滚轮式行程阀发出脉冲信号;而当活塞杆缩回时,由于行程阀头部具有可折性,因而不压下行程阀,行程阀不发出信号。

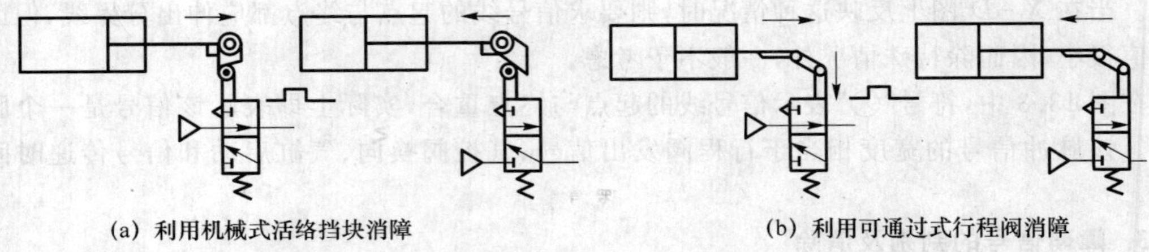

(a) 利用机械式活络挡块消障　　(b) 利用可通过式行程阀消障

图 13.4　机械法脉冲消障

安装行程阀时必须注意，行程阀的安装位置不能在行程的末端，而必须保留一段行程以便挡块或凸轮通过行程阀，因此在这种方法中，不能用行程阀来实现限位。机械法简单易行，节省气动元件及管路，适用于定位精度要求不高、执行机构速度不太快的场合。

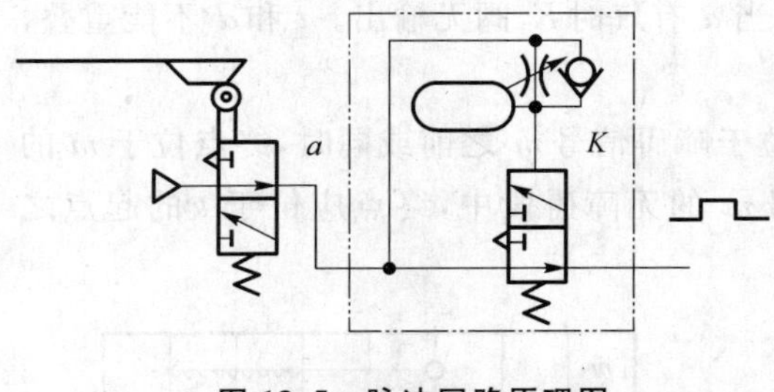

图 13.5　脉冲回路原理图

脉冲回路法就是利用脉冲回路或脉冲阀将障碍长信号变为脉冲信号的消障方法，如图 13.5 所示。当障碍信号 a 发出以后，脉冲阀 K 立即有信号输出，同时，信号 a 经其中的节流阀向气容充气，当充气压力上升到切换压力时，脉冲阀 K 换向，输出信号 a 被切断，从而使障碍信号 a 变为脉冲信号。调整脉冲阀 K 中的节流阀，可以调整脉冲信号的宽度，当然，调整得合适与否要在系统中检验。这种方法适用于定位精度要求较高的场合。

② 逻辑"与"消障法　逻辑"与"消障法是利用逻辑"与"门的性质，将长信号变成短信号，如图 13.6 所示。设 m 为障碍信号，引入的制约信号 x，把 m 和 x 相"与"得到消障后的执行信号 m^*，即

$$m^*=m\cdot x \tag{13.1}$$

制约信号 x 的起点应该位于障碍信号 m 开始之前，且制约信号 x 的终点应选在障碍信号 m 的无障碍段中。

制约信号 x 的选择原则：尽量选用系统中的其他原始信号作为制约信号 x，这样可以避免增加气动元件；选择其他原始信号的"非"信号；其他主控阀的输出信号；用中间记忆元件（辅助阀）输出信号。

实现逻辑"与"关系既可以用一个单独的逻辑"与"元件来实现，也可以用一个行程阀的两个信号或两个行程阀相串联来实现，如图 13.6 所示。

③ 中间记忆元件（辅助阀）消障法　如果在 $X-D$ 线图中无法找到符合条件的制约信号时，可以采用增加一个辅助阀，即中间记忆元件的方法来消障。这里的中间记忆元件，即双稳元件或单记忆元件。其方法是利用中间记忆元件的输出信号作为制约信号，和障碍信号 m 相"与"来消除障碍信号 m 中的障碍段（图 13.6）。

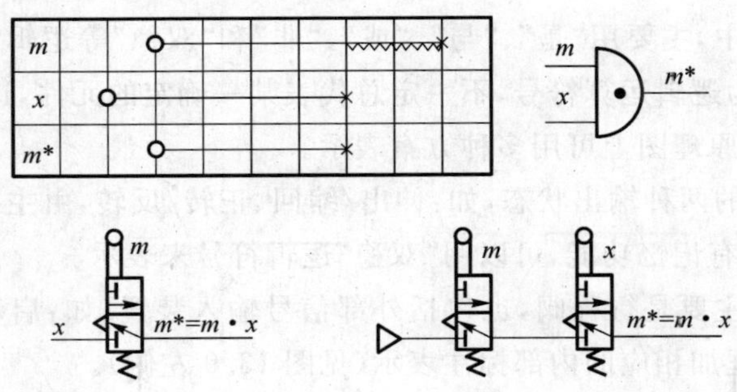

图 13.6　逻辑"与"消障法

用中间记忆元件（辅助阀）法消障时，其消障后执行信号的逻辑函数表达式为

$$m^*=m\cdot K_d^t \tag{13.2}$$

式中，m 指有障碍的信号；m^* 指消障后的执行信号；K_d' 指中间记忆元件(辅助阀)输出信号；t、d 指分别为辅助阀 K 的两个“通”和“断”控制信号。

图 13.7(a)为辅助阀消障的逻辑原理图，图 13.7(b)为其回路原理图。图中，辅助阀 K 为两位三通、双气控阀，当 t 有气时使 K 阀有输出，而当 d 有气时 K 阀无输出。t 和 d 不能重叠，应满足逻辑关系：

t 和 d 的选择原则是：“通”信号 t 的起点应该位于障碍信号 m 之前或同时，终点位于 m 的无障碍段中；“断”信号 d 的起点应该位于障碍信号 m 的无障碍段中，终点应位于 t 的起点之前。图 13.8 是辅助阀控制信号选择示意图。

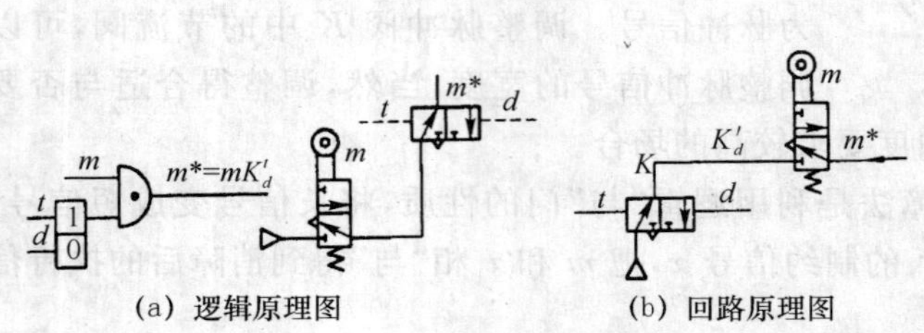

(a) 逻辑原理图 (b) 回路原理图

图 13.7 辅助阀消障法

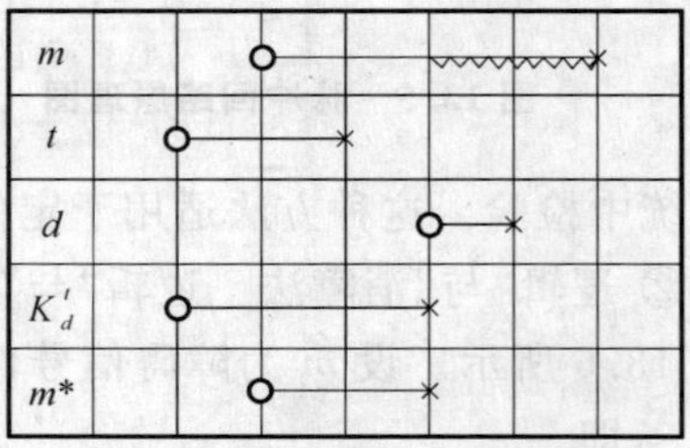

m
t
d
K'_d
m*

图 13.8 辅助阀控制信号选择示意图

在图 13.3 中障碍信号 a_1 和 b_0 都是采用中间记忆元件法来消障的。

最后还需要说明的是：在 $X-D$ 线图中，若信号线与动作线等长，则此信号可称为瞬时障碍信号，它不加排除也能自动消失障碍，仅使某个行程的开始比预定的程序产生稍微的时间滞后，一般均不需要考虑。在图 13.3 中消障后的执行信号 a_1^* (B_1)和 b_0^* (A_0)实际上也还是属于这种类型。

4. 绘制多缸单往复程序气动逻辑原理图

气动逻辑原理图是根据 $X-D$ 线图的执行信号表达式，并考虑系统所需要的手动、自动、复位等要求所画出的逻辑框图。当画出逻辑原理图后，再按它就可以较快地画出气动回路原理图。它是由 $X-D$ 线图转换成气动回路原理图的桥梁。

(1) 气动逻辑原理图的基本组成及符号

① 在逻辑原理图中，主要用“是”、“与”、“或”、“非”和“双稳”等逻辑符号表示。注意，其中任一逻辑符号可理解为逻辑运算符号，不一定总代表某一确定的元件，这是因为逻辑图上的某逻辑符号，在气动回路原理图上可用多种方案表示。

② 执行元件动作的两种输出状态，如：伸出/缩回、正转/反转，由主控阀及其输出表示，而主控阀常用双控阀，具有记忆功能，可以用“双稳”逻辑符号来表示。

③ 行程发信装置主要是行程阀，也包括外部信号输入装置，如：启动阀、复位阀等。这些原始控制信号用小方框加相应的内部标注表示(见图 13.9 左侧)。

(2) 气动逻辑原理图的绘制

根据 $X-D$ 线图中执行信号的逻辑表达式，利用上述符号按照下列步骤绘制：

① 把系统中每个执行元件两种输出状态与相应主控阀相连，从上而下依次画在图右侧。

② 把发信装置，如行程阀、启动阀等，大致对应其所控制的执行元件逐一画在图左侧。

③ 在图的中间布置反映执行信号相互之间的逻辑关系的逻辑符号，并标注相应的逻辑函数表达式。

图 13.9 是根据图 13.3 的 $X-D$ 线图而绘制的逻辑原理图。

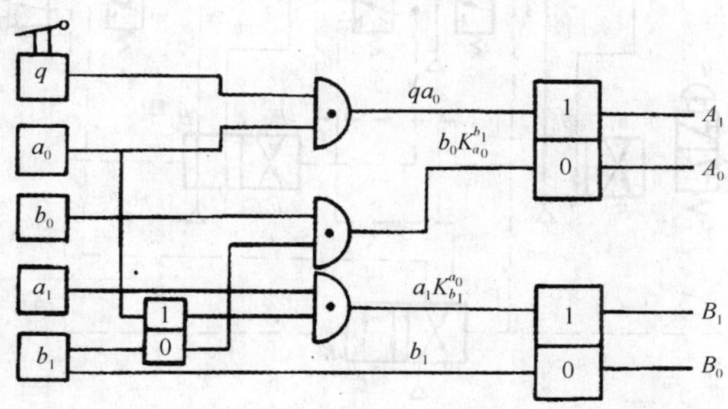

图 13.9　逻辑原理图

5. 绘制气动回路原理图

气动回路原理图是根据逻辑原理图绘制的，绘制时应注意以下几点：

① 要根据具体情况而选用气阀或逻辑元件。通常气阀及执行元件图形符号必须按《液压及气动图形符号》国家标准绘制。

② 一般规定工作程序图的最后程序终了时作为气动回路的初始位置（或静止位置），因此，气动回路原理图上气阀的供气及进出口连接位置，应按回路初始位置的状态连接。

③ 控制回路的连接一般用虚线表示，但对复杂的气动系统，为防止连线过乱，亦可用细实线代替虚线。

④ “与”、“或”、“非”、“双稳”等逻辑关系可用逻辑元件或二位换向阀来实现。行程阀与启动阀常采用二位三通阀。

⑤ 在回路原理图上应写出工作程序或对操作要求的文字说明。

⑥ 气动回路原理图的习惯画法中把系统中全部执行元件（如气缸、气马达等）水平排列，在执行元件的下面画上相对应的主控阀，而把行程阀直观地画在各气缸活塞杆伸缩状态对应的水平位置上。

图 13.10 是按图 13.9 逻辑原理图的要求，采用直观的习惯画法绘制而成的气动回路原理图。图中 q 为启动阀，K 为中间记忆元件（辅助阀）。在画气动回路原理图时要注意，无障碍的原始信号，如图中的 a_0，b_1，直接与气源相接（有源元件）。有障碍的原始信号，如图中的 a_1、b_0，若用逻辑回路法消障，不能直接与气源相接（无源元件）；若用辅助阀消障，则只须使它们通过辅助阀与气源串接。

最后还必须指出，以上的气动回路原理图仅是为了执行元件完成所需要的动作设计，它只是整个气动控制系统的一部分。一个完整的气动系统还应有气源装置、调速线路、手动及自动转换装置及显示装置等部分。

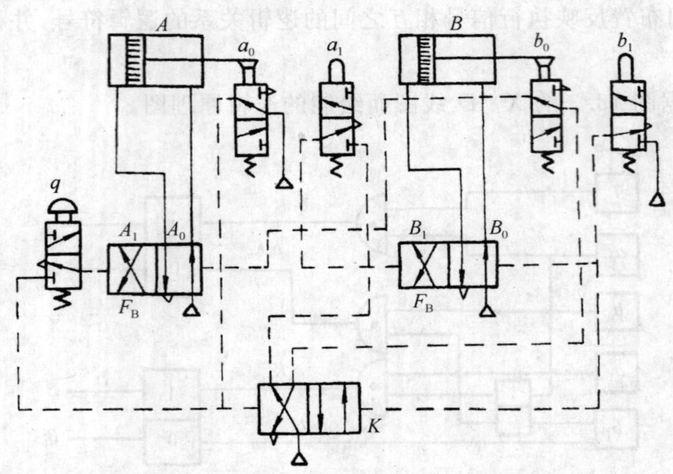

图 13.10 $A_1B_1B_0A_0$ 气动回路原理图

13.2 气动系统实例

气动技术是实现工业生产机械化、自动化的方式之一，由于气压传动本身所具有的独特优点，所以应用日益广泛。

以土木机械为例，随着人们生活水平的不断提高，土木机械的结构越来越复杂，自动化程度不断提高。由于土木机械在加工时转速高、噪声大，木屑飞溅十分严重。在这样的条件下采用气动技术非常合适，因此在近期开发或引进的土木机械上，普遍采用气动技术。下面以八轴仿形铣加工机床为例加以分析。

13.2.1 八轴仿形铣加工机床简介

八轴仿形铣加工机床是一种高效专用半自动加工木质工件的机床。其主要功能是仿形加工，如梭柄、虎形腿等异型空间曲面。工件表面经粗、精铣，砂光和仿形加工后，可得到尺寸精度较高的木质构件。

八轴仿形铣加工机床一次可加工 8 个工件。在加工时，把样品放在居中位置，铣刀主轴转速一般为 8000 r/min 左右。由变频调速器控制的三相异步电动机，经蜗杆蜗轮传动副控制降速后，可得工件的转速范围为 15～735 r/min 纵向进给由电动机带动滚珠丝杠实现，其转速根据挂轮变化为 20～1190 r/min 或 40～2380 r/min。工件转速、纵向进给运动速度的改变，都是根据仿形轮的几何轨迹变化，反馈给变频调速器后，再控制电动机来实现的。该机床的接料盘升降，工件的夹紧松开，粗、精铣，砂光和仿形加工等工序都是由气动控制与电气控制配合来实现的。

13.2.2 气动控制回路的工作原理

八轴仿形铣加工机床使用夹紧缸 B(共 8 只)，接料盘升降缸 A(共 2 只)，盖板升降缸 C，铣刀上、下缸 D，粗、精铣缸 E，砂光缸 F，平衡缸 G 共计 15 只气缸。其动作程序为：

启动 → 工件夹紧(B_1) → 托盘降(A_0) → 盖板下
　　　　　　　　　　　　　　　　　　　→ 铣刀下(D_0) → 粗铣(E_0) → 精铣(E_1)
　　　　　　　　　　　　　　　　　　　→ 平衡缸

→ 砂光进 → 砂光退 → 铣刀上 → 盖板上
　　　　　　　　　　　　　　→ 托盘升 → 工件松开
　　　　　　　　　　　　　　→ 平衡缸

该机床的气控回路如图 13.11 所示。先把动作过程分 4 方面说明如下：

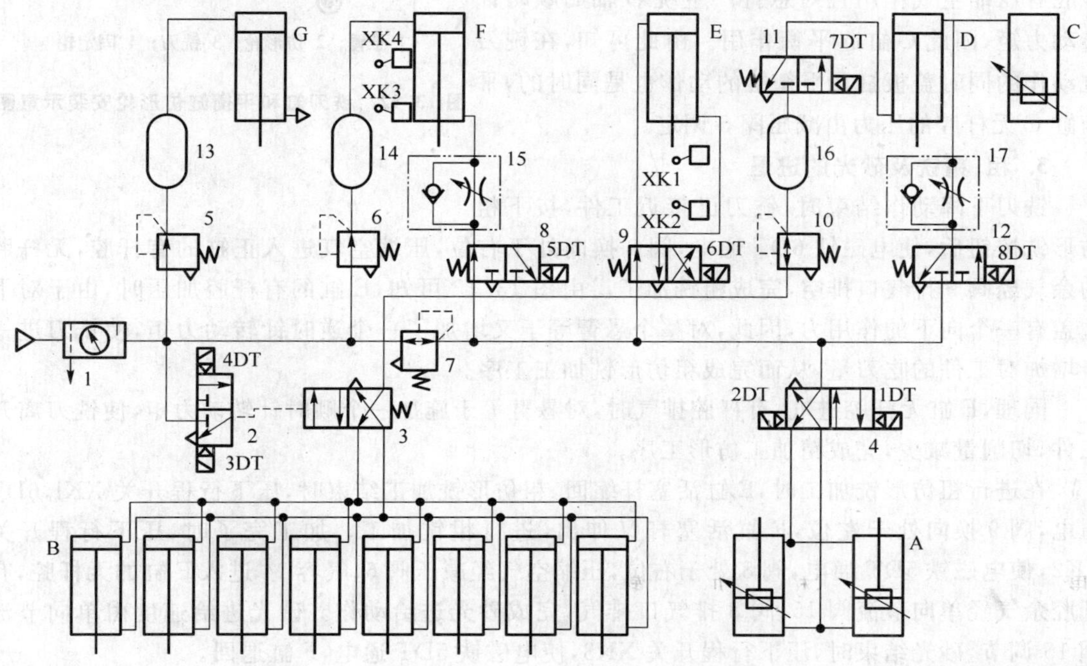

1. 气动三联件；2、3、4、8、9、11、12. 气控阀；5、6、7、10. 减压阀；13、14、16. 气容；15，17. 单向节流阀；
A. 托盘缸；B. 夹紧缸；C. 盖板缸；D. 铣刀缸；E. 粗、精铣缸；F. 砂光缸；G. 平衡缸

图 13.11　八轴仿形铣加工机床气控回路图

1. 接料托盘升降及工件加紧

按下接料托盘升按钮开关(电开关)后，电磁 1DT 通电，使阀 4 处于右位，A 缸无杆腔进气，活塞杆伸出，有杆腔余气经阀 4 排气口排空，此时接料托盘升起。托盘升至预定位置时，由人工把工件毛坯放在托盘上，接着按工件夹紧按钮使电磁铁 3DT 通电，阀 2 换向处于下位。此时，阀 3 的气控信号经阀 2 的排气口排空，使阀 3 复位处于右位，压缩空气分别进入 8 只夹紧气缸的无杆腔，有杆腔余气经阀 3 的排气口排空，实现工件夹紧。

工件夹紧后，按下接料托盘下降按钮，使电磁铁 2DT 通电，1DT 断电，阀 4 换向处于左位，A 腔有杆腔进气，无杆腔排气，活塞杆退回，使托盘返至原位。

2. 盖板缸、铣刀缸和平衡缸的动作

由于铣刀主轴转速很高，加工木质工件时，木屑会飞溅。为了便于观察加工情况和防止木屑向外飞溅，该机床有一透明盖板并由气缸 C 控制，实现盖板的上、下运动。在盖板中的木屑由引风机产生负压，从管道中抽吸到指定地点。

为了确保安全生产，盖板缸与缸力器同时动作。按下铣刀缸向下按钮时，电磁铁 7DT 通

电，阀 11 处于右位，压缩空气进入 D 缸的有杆腔和 C 缸的无杆腔，D 无杆腔和 C 缸有杆腔的空气经单向节流阀 17、阀 12 的排气口排空，实现铣刀下降和盖板下降的同时动作。由安装示意图 13.12 可见，在铣刀下降的同时悬臂绕固定轴 O 逆时针转动。而 C 缸无杆腔有压缩空气作用且对悬臂产生绕 O 轴的顺时针转动力矩，因此 C 缸起平衡作用。由此可知，在铣刀缸动作的同时盖板缸及平衡缸的动作也是同时的，平衡缸 C 无杆腔的压力由减压阀 5 调定。

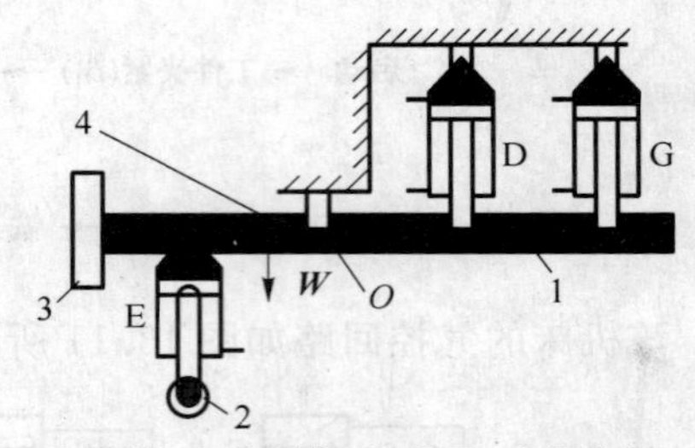

1. 悬臂；2. 仿形轮；3. 铣刀；4. 固定轮

图 13.12　铣刀缸和平衡缸仿形轮安装示意图

3. 粗、精铣及砂光的进退

铣刀下降动作结束时，铣刀已接近工件，按下粗仿形铣按钮后，使电磁铁 6DT 通电，阀 9 换向处于右位，压缩空气进入正缸的有杆腔，无杆腔的余气经阀 9 排气口排空，完成粗铣加工。由图 13.12 可知，E 缸的有杆腔加压时，由于对下端盖有一个向下的作用力，因此，对整个悬臂等于又增加了一个逆时针转动力矩，使铣刀进一步增加对工件的吃刀量，从而完成粗仿形铣加工工序。

同理，E 缸无杆腔进气，有杆腔排气时，对悬臂等于施加一个顺时针转动力矩，使铣刀离开工件，切削量减少，完成精加工仿形工序。

在进行粗仿形铣加工时，E 缸活塞杆缩回，粗仿形铣加工结束时，压下行程开关 XK1，6DT 通电，阀 9 换向处于左位，E 缸活塞杆又伸出，进行粗铣加工。加工完了时，压下行程开关 XK2，使电磁铁 5DT 通电，阀 8 处于右位，压缩空气经减压阀 6、气容 14 进入 F 缸的无杆腔，有杆腔余气经单向节流阀 15、阀 8 排气口排气，完成砂光进给动作。砂光进给速度由单向节流阀 15 调节，砂光结束时，压下行程开关 XK3，使电磁铁 5DT 通电，F 缸退回。

F 缸返回至原位时，压下行程开关 XK4，使电磁铁 8DT 通电，7DT 断电，D 缸、C 缸同时动作，完成铣刀上升，盖板打开，此时平衡缸仍起着平衡重物的作用。

4. 托盘升、工件松开

加工完毕时，按下启动按钮，托盘升至接料位置。再按下另一按钮，工件松开并自动落到接料盘上，人工取出加工完毕的工件。接着再放上被加工工件至接料盘上，为下一个工作循环做准备。

13.2.3　气控回路的主要特点

① 该机床气动控制与电气控制相结合，各自发挥自己的优点，互为补充，具有操作简便、自动化程度较高等特点；

② 砂光缸、铣刀缸和平衡缸均与气容相连，稳定了气缸的工作压力，在气容前面都设有减压阀，可单独调节各自的压力值；

③ 用平衡缸通过悬臂对吃刀量和自重进行平衡，具有气弹簧的作用，其柔韧性较好，缓冲效果好；

④ 接料托盘缸采用双向缓冲气缸，实现终端缓冲，简化了气控回路。

习　题

13－1　填空题

1.气动程序控制回路中障碍信号有____________、____________和____________。

2.信号线长于所控制动作线的障碍信号属于____________。

3. 常用的消障方法有____________、____________和____________三种。

13－2　分析题

1. 信动图法设计气动系统的一般步骤是什么？

2. 如何绘制信动方格图？

3. 如何在信动图中判断障碍信号？

13－3　设计题，设计气动行程程序：

a. $[A_1 B_1 A_0 D_1 B_0 C_1 D_0 C_0]$

b. $[A_1 B_1 B_0 B_1 A_0]$

要求写出逻辑函数表达式，并绘制逻辑原理图和气控回路图。

第 14 章　气压系统的安装调试、使用及维护

14.1　气动系统的安装与调试

14.1.1　气动系统的安装

1. 管道的安装

① 安装前要彻底清理管道内的粉尘及杂物。

② 管子支架要牢固，工作时不得产生震动。

③ 接管时要充分注意密封性，防止漏气，尤其注意接头处及焊接处。

④ 管路尽量平行布置，减少交叉，力求最短，转弯最少，并考虑到能自由拆装。

⑤ 安装软管时，其长度应有一定余量；在弯曲时，不能从端部接头处开始弯曲，并且要有一定的弯曲半径；在安直线段时，不要使端部接头和软管间受拉伸；安装软管时不允许有拧扭现象，且应尽可能远离热源或安装隔热板；管路系统中任何一段管道均应能拆装；管道安装的倾斜度、弯曲半径、间距和坡向均要符合有关规定。

2. 元件的安装

① 安装前应对元件进行清洗，必要时要进行密封试验。

② 应注意阀的推荐安装位置和标明的安装方向。

③ 逻辑元件应按控制回路的需要，将其成组地装在底板上，并在底板上开出气路，用软管接出。

④ 密封圈不要装的太紧，特别是 V 形密封圈，由于阻力特别大，所以松紧要合适。

⑤ 移动缸的中心线与负载作用力的中心线要同心，否则会引起侧向力，使密封件加速磨损，活塞杆弯曲。

⑥ 各种自动控制仪表、自动控制器及压力继电器等，在安装前应进行校验。

14.1.2　气动系统的调试

1. 调试前的准备

① 要熟悉说明书等有关技术资料，力求全面了解系统的原理、结构、性能和操作方法。

② 了解元件在设备上的实际位置，需要调整的元件的操作方法及调节旋钮的旋向。

③ 按说明书的要求准备好调试工具、仪表及补接测试管路等。

2. 空载试运转

空载试运转一般不少于 2 小时，注意观察压力、流量和温度的变化，如发现异常应立即停车检查，待排除故障后才能继续运转。

3. 负载试运转

负载试运转应分段加载，运转一般不少于 4 小时，分别测出有关数据，记入试运转记录。

14.2　气动系统的使用与维护

14.2.1　气动系统使用的注意事项

① 开车前后要放掉系统中的冰凝水并在开车前检查各调节旋钮是否在正确位置，行程阀、行程开关和挡块的位置是否正确、牢固。对导轨、活塞杆等外露部分的配合表面进行擦拭。

② 定期给油雾器注油。

③ 随时注意压缩空气的清洁度，对空气过滤器的滤芯要定期清洗。

④ 设备长期不用时，应将各手柄放松，防止弹簧永久变形而影响元件的调节性能。

14.2.2　压缩空气的污染及防止

压缩空气的质量对气动系统性能的影响极大，它如被污染将使管道和元件锈蚀、密封件变形和堵塞喷嘴，使系统不能正常工作。压缩空气的污染主要来自水分、油分和粉尘三个方面，其污染原因及防止方法如下：

1. 水　分

空气压缩机吸入的是含水分的湿空气，经压缩后提高了压力，当再度冷却时就要析出冷凝水，侵入到压缩空气中致使管道和元件锈蚀，影响其性能。

防止冷凝水侵入压缩空气的方法是：及时排除系统各排水阀中积存的冷凝水，经常注意自动排水器和干燥器的工作是否正常，定期清洗空气过滤器、自动排水器的内部元件等。

2. 油　分

油分这里是指使用过的因受热而变质的润滑油。压缩机使用的一部分润滑油成雾状混入压缩空气中，受热后引起汽化随压缩空气一起进入系统，将使密封件变形，造成空气泄漏，摩擦阻力增大，阀和执行元件动作不良，而且还会污染环境。

清除压缩空气中油分的方法有：较大的油分颗粒，通过除油器和空气过滤器的分离作用同空气分开，从设备底部排污阀排除；较小的油分颗粒，则可通过活性炭吸附作用清除。

14.2.3　气动系统的日常维护

气动系统日常维护的主要内容是冷凝水的管理和系统润滑的管理。对冷凝水的管理方法在前面已讲述，这里仅介绍对系统润滑的管理。

气动系统中从控制元件到执行元件，凡有相对运动的表面都需要润滑。如润滑不当，会使摩擦阻力增大导致元件动作不良，因密封面磨损会引起系统泄漏等危害。

润滑油的性质直接影响润滑效果。通常，高温环境下用高黏度润滑油，低温环境下用低黏度润滑油。如果温度特别低，为克服起雾困难可在油杯内装加热器。供油量是随润滑部位的形状、运动状态及负载大小而变化的。供油量总是大于实际需要量。一般以每 10 m^3 自由空气供给 1 mL 的油量为基准。

还要注意油雾器的工作是否正常，如果发现油量没有减少，需及时检修或更换油雾器。

14.2.4 气动系统的定期检修

定期检修的时间间隔，通常为三个月。其主要内容有：

① 查明系统各泄漏处，并设法予以解决。

② 通过对方向控制阀排气口的检查，判断润滑油是否适度，空气中的否有冷凝水。如果润滑不良，考虑油雾器规格是否合适，安装位置是否恰当，滴油量是否正常等。如果有大量冷凝水排出，考虑过滤器的安装位置是否恰当，排除冷凝水的装置是否合适，冷凝水的排除是否彻底。如果方向控制阀排气口关闭时，仍少量泄漏，往往是元件损伤的初期阶段，检查后，可更换受磨损元件以防止发生动作不良。

③ 检查安全阀、紧急安全开关动作是否可靠。定期修检时，必须确认它们动作的可靠性，以确保设备和人身安全。

④ 观察换向阀的动作是否可靠。根据换向时声音是否异常，判定铁芯和衔铁配合处是否有杂质。检查铁芯是否有磨损，密封件是否老化。

⑤ 反复开关换向阀观察气缸动作，判断过塞上的密封是否良好。检查活塞杆外露部分，判定前盖的配合处是否有泄漏。

上述各项检查和修复的结果应记录下来，作为设备出现故障查找原因和设备大修时的参考。

气动系统的大修间隔期为一年或几年。其主要内容是检查系统各元件和部件，判定其性能和寿命，并对平时产生故障的部位进行检修或更换元件，排除修理间隔期间内一切可能产生故障的因素。

14.3 气动系统主要元件常见故障及其排除方法

14.3.1 气源故障

气源的常见故障有空压机故障，减压阀故障，管路故障，压缩空气处理组件故障等。

1. 空压机故障

空压机故障有止逆阀损坏、活塞环磨损严重、进气阀片损坏和空气过滤器堵塞等。若要判断止逆阀是否损坏，只需在空压机自动停机十几秒后，将电源关掉，用手盘动大胶带轮，如果能较轻松地转动一周，则表明止逆阀未损坏；反之，止逆阀已损坏；另外，也可从自动压力开关下面的排气口的排气情况来进行判断，一般在空压机自动停机后应在十几秒左右后就停止排气，如果一直在排气直至空压机再次启动时才停止，则说明止逆阀已损坏，须更换。

当空压机的压力上升缓慢并伴有串油现象时，表明空压机的活塞环已严重磨损，应及时更换。

当进气阀片损坏或空气过滤器堵塞时，也会使空压机的压力上升缓慢，但没有串油现象。检查时，可将手掌放至空气过滤器的进气口上，如果有热气向外顶，则说明进气阀处已损坏，须更换；如果吸力较小，一般是空气过滤器较脏所致，应清洗或更换过滤器。

2. 减压阀故障

减压阀的故障有压力调不高，或压力上升缓慢等。压力调不高，往往是因调压弹簧断裂或膜片破裂而造成的，必须更换；压力上升缓慢，一般是因过滤网被堵塞引起的，应拆下清洗。

3. 管路故障

管路故障有管路接头处泄漏、软管破裂和冷凝水聚集等。管路接头泄漏和软管破裂时可从声音上来判断漏气的部位，应及时修补或更换；若管路中聚积有冷凝水时，应及时排掉，特别是在北方的冬季，冷凝水易结冰而堵塞气路。

4. 压缩空气处理组件故障

压缩空气处理组件（三联体）的故障有油水分离器故障，调压阀和油雾器故障。油水分离器的故障中又分为滤芯堵塞、破损，排污阀的运动部件动件不灵活等情况。工作中要经常清洗滤芯，除去排污器内的油污和杂质。

调压阀的故障与上述减压阀的故障相同。

油雾器的故障现象有不滴油、油杯底部沉积有水分和油杯口的密封圈损坏等。当油雾器不滴油时，应检查进气口的气流量是否低于起雾流量，是否漏气，油量调节针阀是否堵塞等；如果油杯底部沉积了水分，应及时排除；当密封圈损坏时，应及时更换。

14.3.2　气动执行元件(气缸)故障

由于气缸装配不当和长期使用，气动执行元件（气缸）易发生内、外泄漏，输出力不足和动作不平稳，缓冲效果不良，活塞杆和缸盖损坏等故障现象。

1. 气缸出现内、外泄漏

一般是因活塞杆安装偏心，润滑油供应不足，密封圈和密封环磨损或损坏，气缸内有杂质及活塞杆有伤痕等造成的。所以，当气缸出现内、外泄漏时，应重新调整活塞杆的中心，以保证活塞杆与缸筒的同轴度；须经常检查油雾器工作是否可靠，以保证执行元件润滑良好；当密封圈和密封环出现磨损或损环时，须及时更换；若气缸内存在杂质，应及时清除；活塞杆上有伤痕时，应换新。

2. 气缸的输出力不足和动作不平稳

一般是因活塞杆安装偏心，润滑油供应不足，密封圈和密封环磨损或损坏，气缸内有杂质及活塞杆有伤痕等原因造成的。对此，应调整活塞杆的中心；检查油雾器的工作是否可靠；供气管路是否被堵塞。当气缸内存有冷凝水和杂质时，应及时清除。

3. 气缸的缓冲效果不良

一般是因缓冲密封圈磨损或调节螺钉损坏所致。此时，应更换密封圈和调节螺钉。

4. 气缸的活塞杆和缸盖损坏

一般是因活塞杆安装偏心或缓冲机构不起作用而造成的。对此，应调整活塞杆的中心位置；更换缓冲密封圈或调节螺钉。

14.3.3　换向阀故障

换向阀的故障有阀不能换向或换向动作缓慢，气体泄漏及电磁先导阀有故障等。

1. 换向阀不能换向或换向动作缓慢

一般是因润滑不良、弹簧被卡住或损坏及油污或杂质卡住滑动部分等原因引起的。对此，应先检查油雾器的工作是否正常;润滑油的黏度是否合适。必要时,应更换润滑油,清洗换向阀的滑动部分,或更换弹簧和换向阀。

2. 气体泄漏

换向阀经长时间使用后易出现阀芯密封圈磨损、阀杆和阀座损伤的现象,导致阀内气体泄漏,阀的动作缓慢或不能正常换向等故障。此时,应更换密封圈、阀杆和阀座,或将换向阀换新。

3. 电磁先导阀有故障

若电磁先导阀的进、排气孔被油泥等杂物堵塞,封闭不严,活动铁芯被卡死,电路有故障等,均可导致换向阀不能正常换向。对前 3 种情况应清洗先导阀及活动铁芯上的油泥和杂质。而电路故障一般又分为控制电路故障和电磁线圈故障两类。在检查电路故障前,应先将换向阀的手动旋钮转动几下,看换向阀在额定的气压下是否能正常换向,若能正常换向,则是电路有故障。检查时,可用仪表测量电磁线圈的电压,看是否达到了额定电压,如果电压过低,应进一步检查控制电路中的电源和相关联的行程开关电路。如果在额定电压下换向阀不能正常换向,则应检查电磁线圈的接头(插头)是否松动或接触不实。方法是拔下插头,测量线圈的阻值(一般应在几百欧姆至几千欧姆之间),如果阻值太大或太小,说明电磁线圈已损坏,应更换。

14.3.4 气动辅助元件故障

气动输助元件的故障主要有油雾器故障,自动排污器故障及消声器故障等。

1. 油雾器故障

油雾器的故障有调节针的调节量太小、油路堵塞和管路漏气等都会使液态油滴不能雾化。对此,应及时处理堵塞和漏气的地方,调整滴油量,使其达到 5 滴/min 左右。正常使用时,油杯内的油面要保持在上、下限范围之内。对油杯底都沉积的水分,应及时排除。

2. 自动排污器故障

自动排污器内的油污和水分有时不能自动排除,特别是在冬季温度较低的情况下尤为严重。此时,应将其拆下并进行检查和清洗。

3. 消声器故障

当换向阀上装的消声器太脏或被堵塞时,也会影响换向阀的灵敏度和换向时间,故要经常清洗消声器。

习 题

14-1 填空题

1. 为了防止漏气,螺纹连接处在连接前应________。
2. 密封圈不要装得________,以免阻力太大。
3. 气动回路的调试必须在________进行。
4. 压缩空气的污染主要来自________、________和________三个方面。
5. 在压缩机吸气口安装________可减少进入压缩机中气体的灰尘量。
6. 消除气动噪声的主要方法是________。
7. 换向阀产生故障的主要原因是________、________、________、

____________、____________。

8. 气缸产生故障的主要原因是____________、____________、____________、____________、____________。

9. 调压阀产生故障的原因是____________和____________。

10. ____________是保持一次压力为恒定值的元件。

14-2　分析题

1. 在安装气动回路时，应注意什么问题？

2. 气动系统的调试内容有哪些？

3. 使用气动系统时，应注意哪些问题？

4. 气缸常见的故障有哪些？如何排除？

5. 油雾器常见的故障有哪些？

第 15 章　液压与气动实验

实验一　液压泵的性能实验

一、实验目的

1. 了解液压泵的主要性能；
2. 制液压回路图并构造实验回路；
3. 能够绘制泵的特性曲线；
4. 掌握小功率泵的测试方法。

二、实验内容

测试液压泵的以下特性：

1. 液压泵的流量-压力特性；
2. 液压泵的容积效率-压力特性曲线；
3. 液压泵的总效率-压力特性曲线。

三、实验仪器设备

Festo TP500 实验台。

四、实验方法

1. 液压泵的流量-压力特性

测定液压泵在不同工作压力下的实际流量，得出流量-压力特性曲线 $Q=f(P)$（即液压泵的流量特性）。液压泵因内泄漏将造成流量的损失。油液黏度降低、压力愈高，其漏损越大。

2. 液压泵的容积效率 η 容

泵的容积效率 $\eta_{容}$ 是在泵的额定压力下泵的实际流量 $Q_{实}$ 和理论流量 $Q_{理}$ 的比值。即：

$$\eta_{容}=\frac{Q_{实}}{Q_{理}}$$

在实际实验中，一般可用油泵在零压时的空载流量 $Q_{空}$ 代替理论流量 $Q_{理}$，即：

$$\eta_{容}=\frac{Q_{实}}{Q_{空}}$$

3. 液压泵的总效率 $\eta_{总}$

$$\eta_{容}=\frac{N_{出}}{N_{入}}$$

式中，$N_{入}$ 指液压泵的输入功率(kW)。

$$N_{入}=M\cdot n$$

式中，M 指泵在额定压力下的输入扭矩(N·m)；n 指泵在额定压力下的转速，r/min；$N_{出}$ 指液压泵的输入功率，KW。

且：

$$N_{出}=p\cdot Q$$

式中，p 指泵在额定压力下的输出压力，MPa；Q 指泵在额定压力下的流量，L/min。

4. 实验原理图

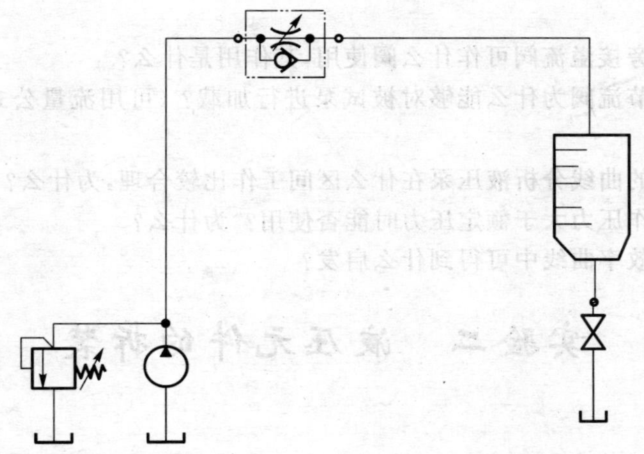

图 15.1　液压泵性能实验原理图

五、实验步骤

1. 按系统图在断电时正确构造液压回路；

2. 把系统中所有阀门的可调节旋钮调至零位，接通液压机组(让液压机组的启动压力最小)；

3. 关闭节流阀将旁接调压阀的压力调至高于泵的额定压力；

4. 然后改变节流阀的开度，作为泵的不同负载，对应测出压力、流量，注意节流阀每次调节后，运转 1～2 min 再测出有关数据。

5. 实验结束后将回路中元件的可调节旋钮调至零位，关电源，拆回路，将元件收纳到元件抽屉。

六、实验记录

1. 填写液压泵性能技术指标

型号规格：________　额定转速：________　额定压力：________

额定流量：________　理论流量：________

2. 填写实验记录表

压力(bar)	0	15	20	25	30	35	40	45	50
$t/L(s)$									
$Q(L/min)$									
η									

3. 绘制液压泵工作特性曲线

4. 分析实验结果

七、思考题

1. 实验回路中旁接溢流阀可作什么阀使用，其作用是什么？

2. 实验系统中节流阀为什么能够对被试泵进行加载？（可用流量公式 $Q=C\cdot A_{\tau}\cdot\Delta p\varphi$ 进行分析）

3. 根据所绘制的曲线分析液压泵在什么区间工作比较合理，为什么？

4. 液压泵的工作压力大于额定压力时能否使用？为什么？

5. 从液压泵的效率曲线中可得到什么启发？

实验二　液压元件的拆装

一、实验目的

液压元件是液压系统的重要组成部分，通过对液压元件的拆装可加深对齿轮泵、液压阀结构及工作原理的了解，并能对液压元件的加工及装配工艺有一个初步的认识。

二、实验内容

拆装下列元件：

1. 定量泵型号　CB－B 型齿轮泵；
2. 变量泵型号　YBN 型单作用变量叶片泵；
3. 液压马达型号　YM 型叶片式液压马达。

三、实验仪器设备

CB－B 型齿轮泵、YBN 型内反馈限压式变量叶片泵、YM 型叶片式液压马达。

四、实验方法

1. 定量泵型号：CB－B 型齿轮泵，结构图见图 15.2。

主要零件分析

① 泵体 3　泵体的两端面开有封油槽，此槽与吸油口相通，用来防止泵内油液从泵体与泵盖接合面外泄，泵体与齿顶圆的径向间隙为 0.13～0.16 mm。

② 端盖 1 与 4　前后端盖内侧开有卸荷槽（见图中虚线所示），用来消除困油。端盖 1 上

吸油口大，压油口小，用来减小作用在轴和轴承上的径向不平衡力。

③ 齿轮 2　两个齿轮的齿数和模数都相等，齿轮与端盖间轴向间隙为 0.03～0.04 mm，轴向间隙不可以调节。

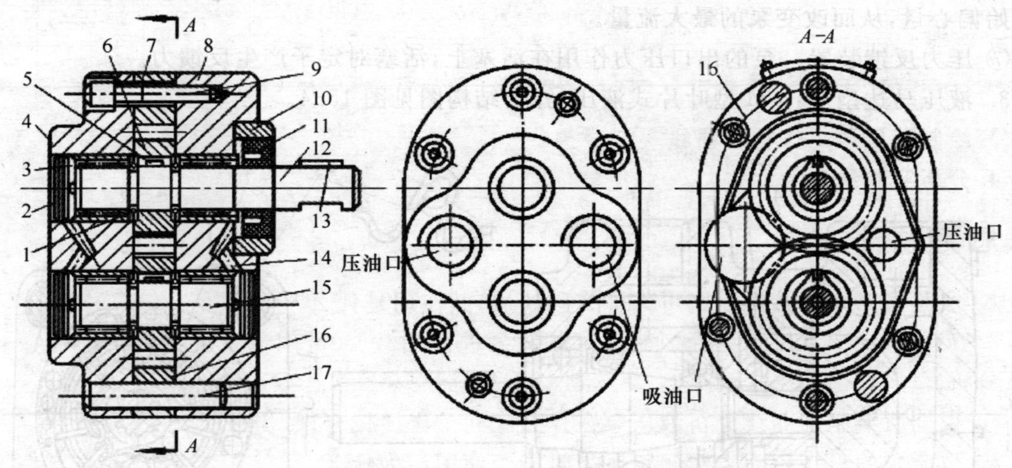

图 15.2　CB－B 型齿轮泵结构图

2. 变量泵型号：YBN 型单作用变量叶片泵，结构图见图 15.3。

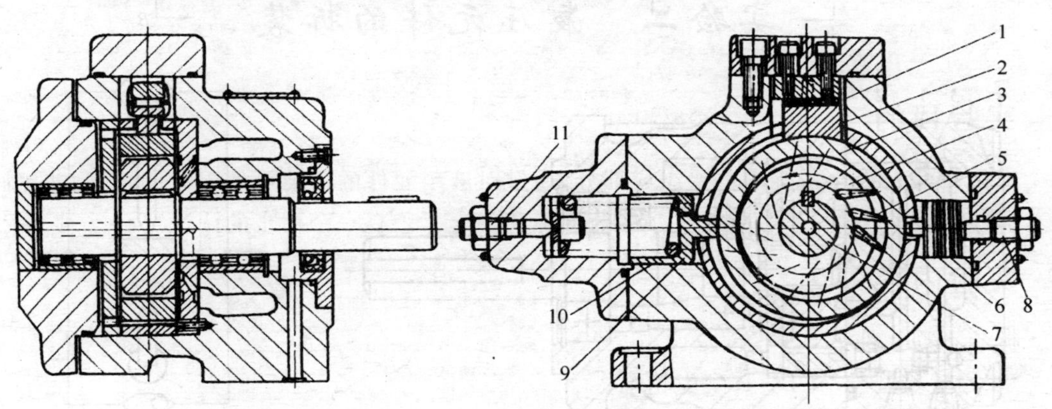

图 15.3　YBN 型内反馈限压式变量叶片泵

主要零件分析

① 定子和转子　定子 4 的内表面和转子 2 的外表面是圆柱面。转子中心固定，定子中心可以左右移动。定子径向开有 13 条槽可以安置叶片。

② 叶片　该泵共有 13 个叶片，流量脉动较偶数小。叶片后倾角为 24°，有利于叶片在惯性力的作用下向外伸出。

③ 配流盘　配流盘上有 4 个圆弧槽，其中一个为压油窗口 a，另为吸油窗口 c，其他两个 b、d 是通叶片底部的油槽。a 与 b 接通，c 与 d 接通。这样可以保证，压油腔一侧的叶片底部油槽和压油腔相通，吸油腔一侧的叶片底部油槽与吸油腔相通，保持叶片的底部和顶部所受的液压力是平衡的。

④ 滑块　支撑滑块 3 用来支持定子，并承受压力油对定子的作用力。

⑤ 压力调节装置　压力调节装置由调压弹簧 5、调压螺钉 6 和弹簧座组成。调节弹簧的预压缩量，可以改变泵的限定压力。

⑥ 最大流量调节装置　调节左侧螺钉可以改变定子 4 的原始位置，也改变了定子与转子的原始偏心量，从而改变泵的最大流量。

⑦ 压力反馈装置　泵的出口压力作用在活塞上，活塞对定子产生反馈力。

3. 液压马达型号：YM 型叶片式液压马达，结构图见图 15.4。

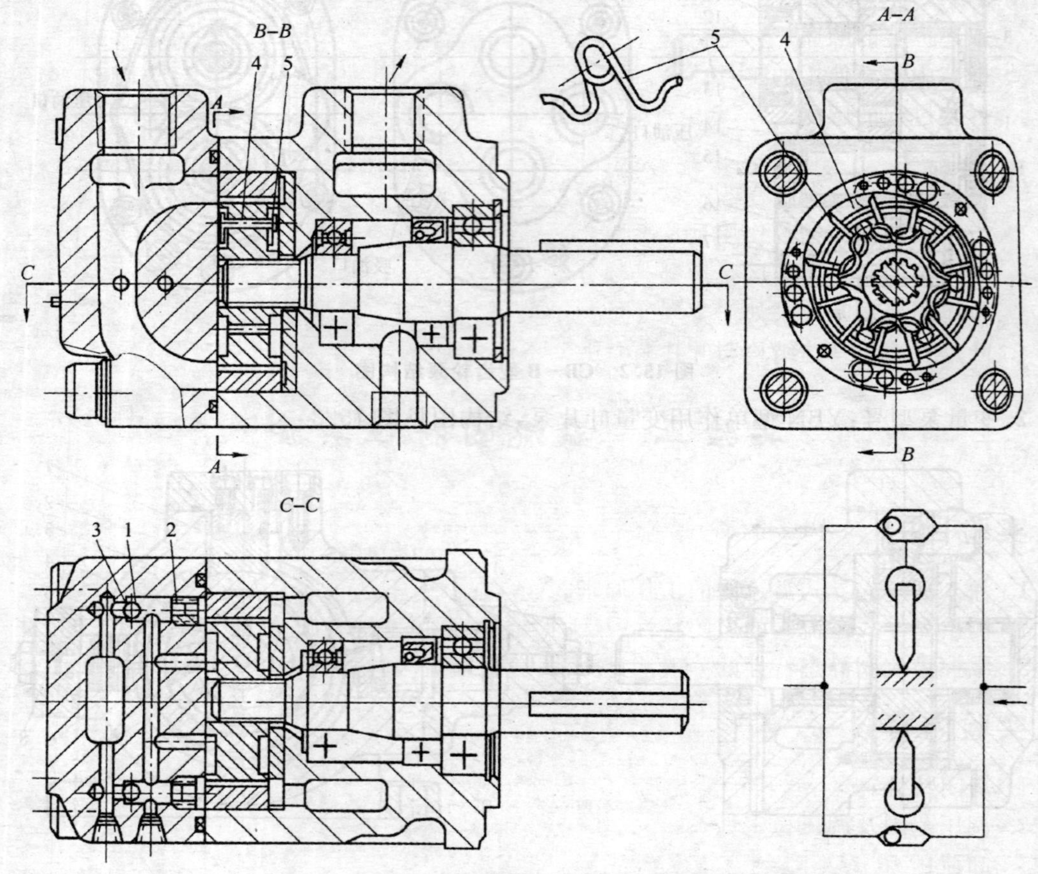

图 15.4　叶片式液压马达

五、实验步骤

1. CB－B 型齿轮泵拆卸步骤

① 松开 6 个紧固螺钉，分开端盖 1 和 4；从泵体 3 中取出主动齿轮及轴、从动齿轮及轴；

② 分解端盖与轴承、齿轮与轴、端盖与油封。此步可不做。

装配顺序与拆卸相反。

2. YBN 型单作用变量叶片泵拆卸步骤

① 松开固定螺钉，拆下弹簧压盖，取出弹簧及弹簧座；

② 松开固定螺钉，拆下滑块压盖，取出支撑滑块等；

③ 松开固定螺钉，拆下传动轴左右端盖，取出定子、转子传动轴组件和配流盘；

④ 分解以上各部件。

拆卸后清洗、检验、分析，装配与拆卸顺序相反。

六、实验记录

1. 在齿轮油泵、单作用叶片泵(变量)、叶片马达中选一种，画出工作原理简图，说明其主要结构组成及工作原理；

2. 叙述拆装的顺序；

3. 拆装中主要使用的工具；

4. 拆装过程的感受。

七、思考题

1. 齿轮泵的卸荷槽的作用是什么？

2. 液压泵的密封工作区是指哪一部分？

3. 单作用变量叶片泵如何实现变量？

4. 叶片式液压马达结构与叶片泵有哪些不同之处？

实验三 溢流阀特性实验

一、实验目的

1. 深入理解先导式溢流阀的工作原理；

1. 测出先导式溢流阀的启闭特性、压力稳定性、调压范围及卸荷压力等主要静态特性；

2. 掌握溢流阀静态特性的一般测试方法:分析溢流阀的静态性能。

二、实验内容

1. 启闭特性；

2. 调压范围及调压稳定性；

3. 卸荷压力。

三、实验设备仪器

Festo TP500 实验台。

四、实验方法

1. 启闭特性

启闭特性是指溢流阀在调压弹簧调整好以后，阀芯在开启过程及闭合过程中压力和流量之间的关系。

开启压力:把被试阀的压力调至一定值，系统流量为该阀额定流量。调节系统压力从低压逐渐升高。当通过被试阀溢流量为其 1%时，系统压力值称为被试阀的开启压力。

闭合压力:把被试阀的压力调至一定值，系统供油量为其额定流量。调节系统压力使其逐渐下降，当通过被试阀的溢流量为其额定量的1%时，系统压力值称为被试阀的闭合压力。

2. 调压范围及调压稳定性

调压范围给定了溢流阀使用的压力范围。在某个调定压力下长期工作时，它的压力会发生变化，希望调压范围较宽，而压力波动越小越好。

3. 卸荷压力

先导式溢流阀在远程控制下卸荷，通过额定流量时引起的压力损失。

实验原理图如图 15.5 所示。

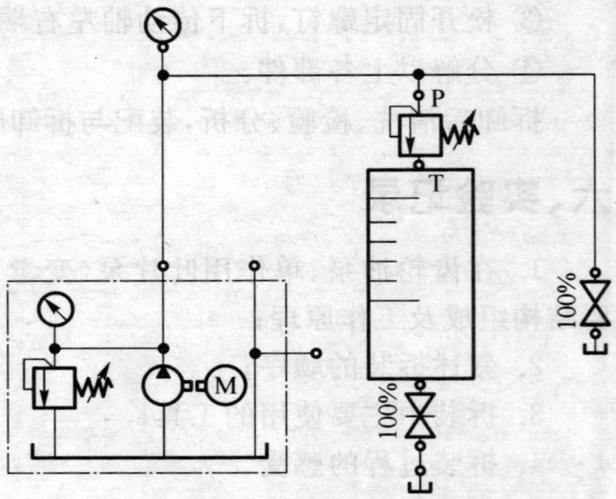

图 15.5 溢流阀特性实验原理图

五、实验步骤

1. 按系统图在断电时正确构造液压回路；
2. 把系统中所有阀门的可调节旋钮调至零位，接通液压机组(让液压机组的启动压力最小)；
3. 关闭节流阀将旁接调压阀的压力调至高于泵的额定压力；
4. 然后改变节流阀的开度，按照开启压力或闭合压力的数据表测出对应的压力、流量，注意节流阀每次调节后，运转 1～2 分钟再测出有关数据。
5. 实验后将回路中元件的可调节旋钮调至零位，关电源，拆回路，将元件收纳到元件抽屉。

六、实验记录

1. 填写溢流阀性能技术指标。

型号规格：________ 额定压力：________ 开启压力：________

额定流量：________ 闭合压力：________

2. 填写实验记录表。

测定开启压力

压力(bar)	35	40	42.5	45	47.5	50
t/L (s)						
Q(L/min)						

测定闭合压力

压力(bar)	50	47.5	45	42.5	40	35
t/L(s)						
Q(L/min)						

3. 绘制溢流阀工作特性曲线。

4. 分析实验结果。

七、思考题

1. 实验油路中溢流阀起什么作用？
2. 当通过被试阀的试验流量不同时对被试阀的卸荷压力有什么影响？
3. 溢流阀的启闭特性有何意义？启闭特性好坏对使用性能有何影响？

实验四　压力顺序控制回路

一、实验目的

1. 了解压力控制阀的特点；
2. 掌握顺序阀的工作原理、职能符号及其运用；
3. 了解压力继电器的工作原理及职能符号；
4. 会用顺序阀或行程开关实现顺序动作回路。

二、实验内容

1. 压力控制的顺序回路；
2. 行程控制的顺序回路。

三、实验设备仪器

Festo TP500 实验台。

四、实验方法

液压系统中有两个或两个以上的执行元件，需要按一定顺序进行工作时，可以用顺序回路，压力控制和行程控制是常用的两种方法。

1. 压力控制的顺序回路

利用液压系统工作时负载压力的差别来控制工作部件动作的先后顺序。所以主要元件为顺序阀或压力继电器，如图 15.6 所示。

2. 行程控制的顺序回路

利用工作部件运动到一定位置（即经过一定的行程）时发出信号，使下一步动作开始，以完成顺序动作。主要元件为行程阀或行程开关，如图 15.7 所示。

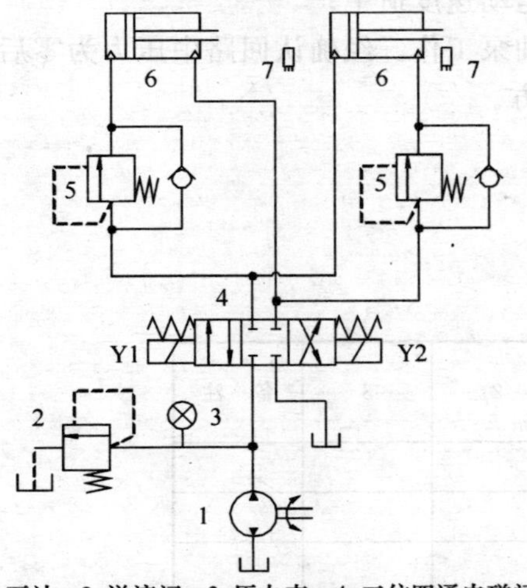

1. 泵站；2. 溢流阀；3. 压力表；4. 三位四通电磁阀；5. 顺序阀；6. 液压油缸；7. 接近开关

图 15.6　压力控制顺序回路

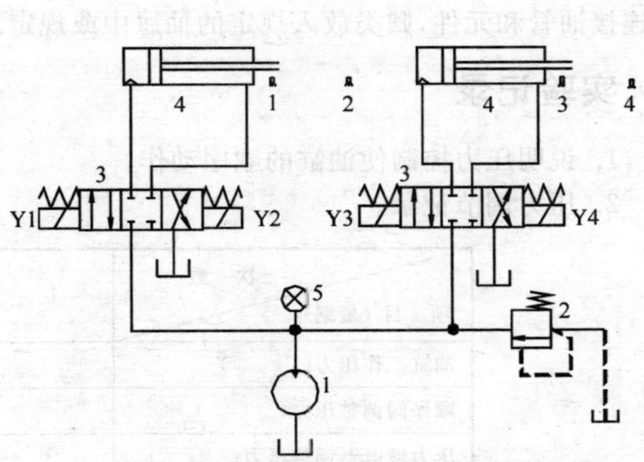

1. 泵站；2. 溢流阀；3. 三位四通电磁换向阀；4. 液压油缸；5. 压力表

图 15.7　行程控制顺序回路

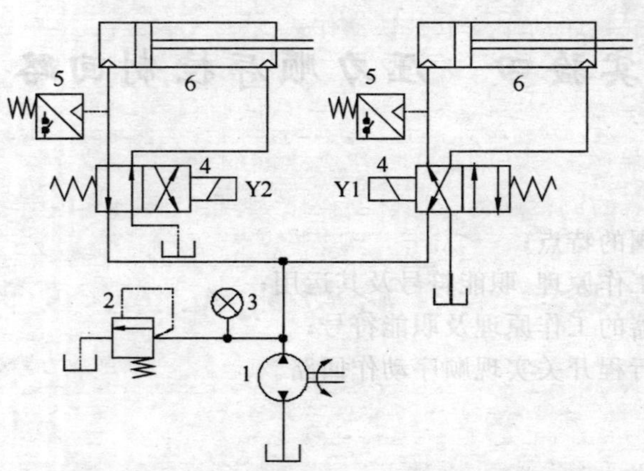

1. 泵站；2. 溢流阀；3. 压力表；4. 二位四通单电磁阀；
5. 压力继电器；6. 液压油缸

图 15.8 压力继电器控制顺序回路

五、实验步骤

1. 根据实验内容，设计实验所需的回路，所设计的回路必须经过认真检查，确保正确无误；

2. 按照检查无误的回路要求，选择所需的液压元件，并且检查其性能的完好性；

3. 将检验好的液压元件安装在插件板的适当位置，通过快速接头和软管按照回路要求，把各个元件连接起来（包括压力表）。（注：并联油路可用多孔油路板）；

4. 将电磁阀及行程开关与控制线连接；

5. 按照回路图，确认安装连接正确后，旋松泵出口自行安装的溢流阀。经过检查确认正确无误后，再启动油泵，按要求调压。不经检查，私自开机，一切后果由本人负责；

6. 系统溢流阀做安全阀使用，不得随意调整；

7. 根据回路要求，调节顺序阀，使液压油缸左右运动速度适中；

8. 实验完毕后，应先旋松溢流阀手柄，然后停止油泵工作。经确认回路中压力为零后，取下连接油管和元件，归类放入规定的抽屉中或规定地方。

六、实验记录

1. 说明压力控制使油缸的顺序动作。

2. 压力调节记录。

次　数 项　目（量纲）	1	2	3	备　注
油缸工作压力（　　）				
顺序阀调整压力（　　）				
压力继电器调整压力（　　）				

3. 行程控制使油缸顺序动作及电磁铁动作表。

七、思考题

1. 说明顺序阀的调整压力与油缸工作压力之间的关系。
2. 说明压力继电器的调整压力与油缸工作压力、顺序阀启开压力的关系。

实验五　砂轮切割机回路设计

一、实验目的

1. 比较带负载时的调速阀和节流阀；
2. 学会用 3/2 换向阀作为切换器；
3. 能够理解各种液压元件的工作原理及常见故障分析和排除；
4. 能够对实验参数进行分析。

二、实验内容

砂轮切割机回路设计。

三、实验设备仪器

Festo TP500 实验台。

四、实验方法

砂轮切割机的进刀由一个双作用油缸来驱动。

在切割圆形材料时，工作阻力从零上升到最大值，然后又下降到零。用一个流量控制阀调节进刀速度，当阻力上升时，相应地减慢进刀速度。

首先使用一个单向节流阀，在不同负载情况下测试前向冲程时间，然后使用一个调速阀进行同样测量。

在空负载的情况下，把这两个阀门的前向冲程时间都调为 5s。工作阻力通过一个可调的溢流阀来模拟，请您测量一下阻力压力各为 10、20、30、40 和 45 bar 时的冲程时间。比较前向冲程时间，并造出一个合适的阀门。

设计一个回路，使两个阀门在相同溢流阀整定值时，仅通过换向阀，便可测得这两个流量控制阀的有关数据。

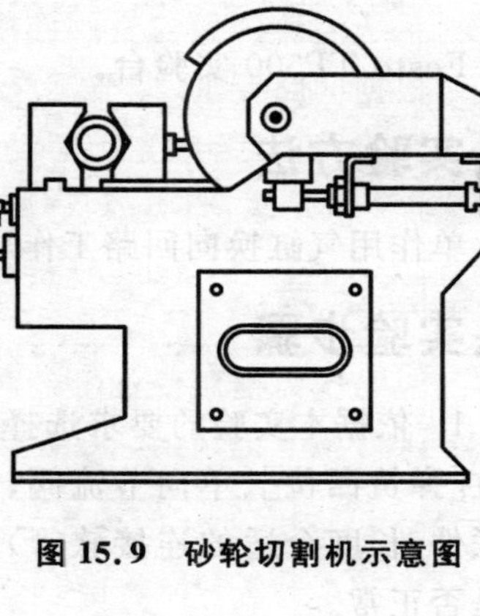

图 15.9　砂轮切割机示意图

五、实验步骤

1. 熟悉实验设备使用方法；
2. 测量所要求的参数；
3. 根据项目要求，设计回路；

4. 选择相应元器件，在实验台上组建回路并检查回路的功能是否正确；

5. 观察运行情况，对使用中遇到的问题进行分析和解决；

6. 完成实验经老师检查评估后，关闭油泵，拆下管线，将元件放回原来位置。

六、实验记录

1. 记录所用液压元件；

2. 绘制液压回路图；

3. 记录回路运行情况。

七、思考题

分析比较调速阀和节流阀的异同。

实验六　单作用气缸的换向回路

一、实验目的

1. 熟悉常用气动元件的工作原理、性能和使用方法。

2. 掌握简单气动回路的设计过程。

3. 掌握换向回路的特点。

二、实验内容

单作用气缸的换向回路。

三、实验设备仪器

Festo TP500 实验台。

四、实验方法

单作用气缸换向回路工作原理如图 5.10 所示。

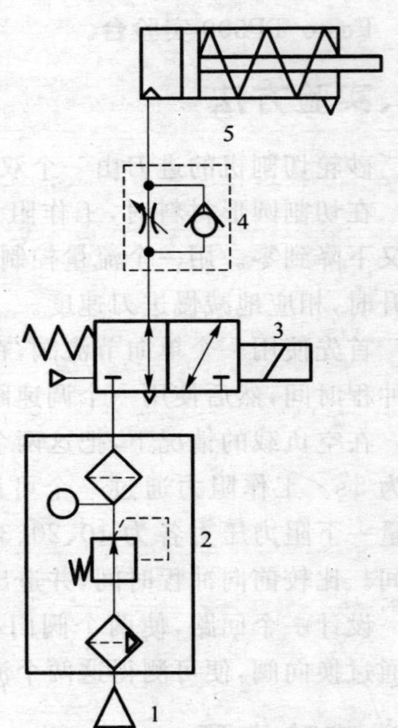

1. 气源；2. 三联件；3. 二位三通单电磁阀；4. 单向节流阀；5. 单作用气缸

图 15.10　单作用气缸换向回路

五、实验步骤

1. 依据本实验的要求选择所需的气动元件（单作用气缸[弹簧回位]、单向节流阀、二位三通单电磁换向阀、三联件、长度合适的连接软管）；并检验元器件的实用性能是否正常。

2. 在看懂原理图的情况下，按照原理图搭接实验回路。

3. 将二位三通单电磁换向阀的电源输入口插入相应的电器控制面板输出口。

4. 确认连接安装正确稳妥，把三联件的调压旋钮旋松，通电，开启气泵。待泵工作正常，再次调节三联件的调压旋钮，使回路中的压力在系统工作压力以内。

5. 当二位三通电磁换向阀通电时，右位接入，气缸左腔进气，气缸伸出，失电时气缸靠弹簧的弹力回位（在缸的伸缩过程中通过调节回路中的单向节流阀控制气缸动作的快慢）。

6. 实验完毕后，关闭泵，切断电源，待回路压力为零时，拆卸回路，清理元器件并放回规定的位置。

六、思考题

1. 若把回路中单向节流阀拆掉重做一次实验，气缸的活塞运动是否会很平稳，而且冲击效果是否很明显？回路中用单向节流阀的作用是什么？

2. 采用三位五通双电磁换向阀是否能实现缸的定位？想一想主要是利用了三位五通双电磁阀的什么机能？

附录　习题解析

第 1 章

1-5　7500 N

第 2 章

2-17　$°E_{50}=3$、$\nu_{50}=19.83\times10^{-6}\ m^2/s$、$\mu=17.85\times10^{-8}\ Pa\cdot s$、$\nu_{40}=30.9\times10^{-6}\ m^2/s$

2-19　$x=\dfrac{4(W+F)}{\rho g\pi d^2}-h$

2-20　8350 Pa

第 3 章

3-16　10 kW、5 kW

3-18　泵所需要的最大功率为：1.5 kW

3-19　(1) 0.93，(2) 37 L/min

3-20　(1) 0.95 mm，(2) 在保证转子和定子之间的最小间隙为 0.5 mm 时的最大排量为 41.94 cm^3/r

第 4 章

常用液压缸的类型及特点

4-1　填空题

1. 执行元件
2. 压力能，往复直线运动或摆动
3. 活塞式，柱塞式，摆动式
4. 单作用式，双作用式，组合式
5. 增压，步进，增速
6. 单杆式，双杆式，缸体，活塞杆

4-2　选择题

1. A　2. C、B　3. D、C　4. A　5. D、A

4-3　判断题

1. √　2. √　3. ×　4. ×　5. ×　6. √　7. √　8. √

4-4　分析题

1. 答：用差动联结的单活塞杆液压缸叫作差动液压缸。差动液压缸可以获得较小的牵引力和相等的往返速度，而且可以使用小流量泵得到较快的运动速度，所以在机床上应用较多，如在组合机床上用于要求推力不大、速度相同的快进和快退工作循环中。

2. 答：(1) 单活塞杆液压缸带动机床工作台的往复运动速度不相等，常用于实现机床的快速退回和慢速进给；双活塞杆液压缸带动机床工作台的往复运动速度相等，常应用于驱动外圆磨床工作台做直线往复运动。

(2) 单活塞杆液压缸的活塞两端有效面积不等，因此活塞在两个方向的作用力不相等，即无杆腔进油产生的推力大于有杆腔进油所产生的推力。当无杆腔进油时,用于驱动机床工作部件做工进进给运动,克服较大外负载的作用;当有杆腔进油时,用于驱动机床工作部件做快速退回运动,只是克服摩擦力的作用。

双活塞杆液压缸活塞的两端有效面积相等,因此活塞在两个方向上的作用力大小相等。比单活塞杆液压缸产生的推力小。

(3) 单活塞杆液压缸工作台的运动范围等于活塞杆行程 L 的 2 倍。双活塞杆液压缸,当缸体固定时,工作台往复运动范围为 L 的 3 倍,占地面积较大,故用于小型设备上;当活塞杆固定时,工作台往复运动范围约等于 L 的 2 倍,常用于中型和大型的设备上。

3. 答:(1) 柱塞缸只有一个油口,工作时压力油进入缸内,柱塞左端面则会受到压力油作用,产生一个向右的推力,克服负载向右移动。柱塞伸出后不能自行缩回,回程必须依靠弹簧力、重力等外力,因此,柱塞缸是单作用液压缸。

(2) 在大行程设备中,为了获得双向运动,柱塞常成对使用,为了减轻柱塞重量,减小柱塞的弯曲变形,柱塞常做成空心的,还可以在缸筒内设置辅助支承,以增强刚性。

(3) 柱塞缸结构简单,制造容易,维修方便,常用于长行程机床,如龙门刨床、导轨磨床、大型拉床等。

4-5　$A_1/A_2=4/3$

液压缸的设计与计算

4-6　填空题

1. 液压缸的内径,缸的长度,活塞杆直径

2. 有效工作负载,摩擦阻力,惯性力

4-7　选择题:A

4-8　判断题

1. √　2. ×　3. ×

4-9　分析题

1. 答:计算液压缸内经和活塞杆直径均与设备的类型有关。例如机床类,对于动力较大的机床(拉床、刨床和组合机床等)一定要满足牵引力的要求,计算时以力为主;对于轻载高速的机床(磨床和研磨机等)一定要满足速度要求,计算时以速度为主。换句话说,计算时各有侧重。

因为活塞和活塞杆要与其它零件相配,如密封圈等,而密封圈已标准化,有专门的生产厂家生产,所以活塞和活塞杆应标准化,以便选取标准件。

2. 答:液压缸的壁厚一般由结构和工艺的需要确定。在中、低压系统中,缸壁强度不是主要问题,通常不用计算。压力较高时,则需要对缸体壁厚进行验算。

3. 答:(1) 尽量使用活塞杆在受拉状态下承受最大负载,或在受压状态下具有良好的纵向稳定性。

(2) 考虑液压缸行程终了处的制动问题和液压缸的排气问题。缸内无排气装置或缓冲装置,系统中须有相应的措施。但是并非所有的液压缸都要考虑这些问题。

(3) 正确确定液压缸的安装、固定方式。如承受弯曲的活塞杆不能用螺纹连接,要用止口连接。液压缸不能在两端用键或销定位,只能在一端定位,为的是不致阻碍它在受热时的膨胀。如冲击载荷使活塞杆压缩,定位件须设置在活塞杆端,如为拉伸则设置在缸盖端。

(4) 液压缸各部分的结构需根据推荐的结构形式和设计标准进行设计，尽可能做到结构简单、紧凑、加工、装配和维修方便。

4-10 计算题

1. (1) $p_L=1.5$ MPa，(2) $p_P=2.5$ MPa

2. 60～70 mm

3. 112.82 mm，79.788 mm

液压缸的结构设计

4-11 填空题

1. 缸体与端盖，活塞和活塞杆，液压缸的密封，缓冲装置，排气装置

2. 缸体，端盖，导向套

3. 法兰连接，半环连接，内螺纹连接，外螺纹连接

4. 法兰连接

5. 小

6. 泄漏

7. 相对运动零件配合面间

8. 磨损，温度变化

9. O形，V形

10. 环形间隙式，圆锥环状缝隙式，节流沟式

4-12 选择题

1. D、B 2. A

4-13 判断题

1. × 2. × 3. √

4-14 分析题

1. 答：缸体是液压缸的主体，其内孔一般采用镗削、铰孔、滚压或研磨等精密加工工艺制造。端盖装在缸体两端，与缸体形成密封油腔，同样承受很大的液压力，因此，端盖及其连接件都应具有足够的强度。导向套对活塞杆或柱塞起导向和支撑作用，有些液压缸不设导向套，直接用端盖孔导向，这种结构简单，但磨损后必须更换端盖。

2. 答：液压缸的密封装置主要用来防止液压油的泄漏。液压缸高压腔中的油液向低压腔泄露称为内泄露，液压缸中的油液向外部泄露称为外泄露。由于液压缸存在内泄露和外泄露，使得液压缸的容积效率降低，从而影响液压缸的工作性能，严重时使系统压力上不去，甚至无法工作；并且外泄露还会污染环境。因此，为了防止泄露的产生，液压缸中需要密封的地方必须采取相应得密封措施。

液压缸中需要密封的部位有：活塞、活塞杆和端盖等处。

常见的密封方式有三种：1)间隙密封 这是一种简单的密封方式，它依靠相对运动零件配合面间的微小间隙来防止泄露。由环形缝隙公式可知泄漏量与间隙的三次方成正比，因此可用减小间隙的方法来减小泄漏。一般间隙量为 0.01～0.05mm，这就要求配合面加工的精度很高。一般间隙密封活塞的外圆表面上开有几道宽 0.3～0.5mm、深 0.5～1mm、间距 2～5mm 的环形沟槽。间隙密封的特点是结构简单、摩擦力小、耐用，但对零件的加工精度要求较高、并且难以完全消除泄漏。只适用于低压、小直径的快速液压缸。2)活塞环密封 它是依靠

装在活塞环形槽内的弹性金属环紧贴缸体内壁实现密封,它的密封效果较间隙密封较好,使用的压力和温度范围较宽,能自动补偿磨损和温度变化的影响,能在高速条件下工作,摩擦力小,工作可靠,寿命长,但不能完全密封。活塞环的加工复杂,缸体内表面加工精度要求较高,一般用于高压、高速和高温的场合。3)密封圈密封 这是液压系统中应用最广泛的一种密封。密封圈有O形、V形、Y形及组合式等四种,其材料为耐油橡胶、尼龙、聚氨酯等。

3. 答:液压缸在使用时,具有一定的运动惯量,为了避免活塞行程两端撞击缸盖,一般液压缸中设有缓冲装置。缓冲装置的原理是使活塞或缸体走向行程终端时,在出油腔产生足够的阻力,从而降低液压缸的运动速度。

常见的缓冲装置有:环形间隙式、圆锥环状缝隙式、节流沟式。环形间隙式缓冲装置,当柱塞进入缸体时,被密封的油液必须通过间隙才能排除,增大了回有阻力,使活塞运动速度降低,由于节流面积不变,缓冲作用随活塞速度降低而减弱。圆锥环状缝隙式缓冲装置,节流面积随行程的增大而减小,缓冲作用不会随活塞速度降低而减弱,缓冲效果好。节流沟式缓冲装置,当活塞进入缸盖后,节流面积越来越小,缓冲压力变化较平稳。

4. 答:液压传动系统往往会混入空气,使系统工作不稳定,产生振动、爬行或前冲等现象,严重时会使系统不能正常工作。因此,设计液压缸时,必须考虑空气的排除。

对于速度稳定性要求较高的液压缸和大型液压缸,常在液压缸的最高处设置专门的排气装置,如排气塞、排气阀等。当松开排气塞或阀的锁紧螺钉后,低压往复运动几次,带有气泡的油液就会排出,空气排完后拧紧螺钉,液压缸便可正常工作。

5. 答:液压缸工作时出现爬行的原因及排除方法如下:

(1) 外界空气进入缸内 应设置排气装置或开动系统强迫排气;

(2) 密封压得太紧 应调整密封,但不得泄漏;

(3) 活塞与液压缸不同轴,活塞杆不直 应校正或更换,使同轴度小于0.04mm;

(4) 缸内壁拉毛,局部磨损严重或腐蚀 应适当修理,严重者重新磨缸内孔,按要求重配活塞;

(5) 安装位置有偏差 应校正;

(6) 双活塞杆两端螺母拧得太紧 应调整。

6. 答:(1) 液压缸工作时出现漏油的原因:

① 活塞杆表面损伤或密封圈损坏造成活塞杆处密封不严;② 管接头密封不严;③ 缸盖处密封不良。

(2) 相应的排出方法:

① 检查并修复活塞杆和密封圈;② 检查密封圈及接触面;③ 检查并修正。

第5章

5-1 答:方向控制阀利用阀芯与阀体间相对位置的改变,实现油路间的通断,以控制和改变液压系统中液流的方向;从功能上看,方向控制阀有单向阀、换向阀等。压力控制阀控制和调节液压系统的压力或利用压力变化作为信号来控制其它元件的动作;按其功能和用途不同可分为溢流阀、减压阀、顺序阀和压力继电器等。流量控制阀通过改变节流口通流面积或通流通道的长短来实现对流量的控制,以改变执行机构的运动速度;流量控制阀包括节流阀、调速阀、溢流节流阀和分流集流阀等。

5-2 答:有开关或定值控制、伺服控制、电液比例控制和数字控制等。

5-3　答:要求主要是:油液单方向通过时压力损失要小;反向不通时密封性要好;动作灵敏,工作时无撞击和噪声。

5-4　答:通电时,液压缸向上或向下运动;断电时,三位四通电磁阀处于中位,液控单向阀将液压缸回油路切断,使液压缸定在某一位置,防止重物下滑。

5-5　答:换向阀的“位”指阀芯的工作位置。阀芯有两个或三个不同的工作位置的换向阀称为“二位阀”或“三位阀”。换向阀的“通”指换向阀的通油口数目。阀体上有两个、三个、四个各不相通且可与系统中不同油管相连的油道接口的换向阀分别称为“二通阀”、“三通阀”、“四通阀”。

5-6　答:O型:P、A、B、T四口全封闭;液压缸闭锁,液压泵不卸荷,可用于多个换向阀并联工作。其锁紧精度不高,换向过程中冲击较大。

M型:P、T口相通,A与B口均封闭;液压泵卸载,活塞闭锁不动,但锁紧精度不高。启动平稳,换向时有冲击,不宜用于多个换向阀并联的系统中。

P型:P、A、B互通,T封闭;泵与缸两腔相通,可组成差动回路。换向平稳,但在中位和活塞到死点时液压阀不卸载。

H型:P、A、B、T四油口互通;液压泵卸载,液压缸浮动,可用于手动机构。换向时比O型阀平稳,但冲击较大,换向精度低。

5-7　答:先导式溢流阀的阻尼孔的作用是使油液流过时产生压降,使阀芯顶端油液的压力小于其底端油液的压力,通过这个压差作用使阀芯开启,使主阀弹簧刚度降低,溢流阀在溢流量变化时,溢流阀控制压力变化较小。如果它被堵塞,先导阀就失去对主阀的压力调节作用,当进油压力很低时,就能将主阀打开溢流,而主阀弹簧力很小,系统无法建立压力。直动式溢流阀的阻尼孔的作用是对阀芯运动形成阻尼,避免阀芯产生振动,使阀工作平稳。如果它被堵塞,该阀就失去调压作用,主阀芯始终关闭不会溢流,将产生超压事故。

5-8　答:当减压阀的负载压力小于减压阀的调定压力或减压阀入口压力小于其调定压力时,减压阀口全开,减压阀不起作用。

减压阀出口压力调不上去的原因有:无负载;虽有负载,但由其决定的压力值小于减压阀的欲调定值;进出油口压差低于0.5 MPa;减压阀进出油口接反。

5-9　答:虽然溢流阀和顺序阀在结构上基本相同,但由于溢流阀是内部泄油,而顺序阀是外部泄油,所以溢流阀不能直接作顺序阀用。如果将溢流阀进行适当的改造,即把溢流阀的泄油通道堵死,另钻一小孔,变为外部泄油,并把泄露油引回油箱,溢流阀可以作为顺序阀使用。顺序阀可以做溢流阀使用,只要将其入口和液压泵相连,出口连接油箱即可,但性能稍差。

5-10　答:将溢流阀进出油口接错后,溢流阀始终不能开启,将产生超压现象,损坏液压元件。

5-11　解:当YA断电时,活塞右移。远程调压阀2进出油口压力相等,始终关闭,不起调压作用。系统压力由溢流阀1决定,即 $p_{pmax}=p_{y1}=4.5$ MPa。

当YA通电时,活塞左移。远程调压阀2的出油口接油箱,起调压作用。系统压力由远程调压阀2决定,即 $p_{pmax}=p_{y2}=2.5$ MPa。

5-12　解:(1) 阀1是溢流阀,阀2是减压阀。

(2) 当活塞无负载运动时,负载压力 $p_L=0$,p_L 小于两阀的调定压力,因此,减压阀芯未动,阀口全开,溢流阀口关闭,减压阀口相当于通道,其进出口油压相等,即 $p_B=p_A=p_L=0$ MPa。

(3) 当液压缸运动至终点碰到挡块时，泵仍在输出压力油，使负载压力 p_L 升高，当升到 $p_L=p_j$ 时，减压阀动作，阀口关小，维持出口压力为调定压力值，$p_B=p_j=2.5$ MPa。液压缸停止运动，少量泄露油液经减压阀阀口通向导阀并泄回油箱，泵仍在输出压力油，直至将溢流阀顶开溢流，即 $p_A=p_y=5$ MPa。

5-13 解：升起重物 G_1 所需压力为 $p_1=G_1/A=4$ MPa

升起重物 G_2 所需压力为 $p_2=G_2/A=2$ MPa

顺序阀的调整压力应比先动作的缸 1 的最大工作压力 p_1 高(0.8～1.0) MPa。取顺序阀的调整压力 $p_X=p_1+1.0=5$ MPa

当缸 1 达到顶端后，压力油使顺序阀接通，缸 2 上升。缸 2 在上升时，泵的压力为 5 MPa，小于溢流阀的调定压力，缸 1 的重物能保持在原来的顶端位置。

5-14 解：对图(a)所示的两减压阀串联的情况：

(1) 活塞运动时 $p_L=F/A_1=0.75$ MPa

$$p_A=p_B=p_C=p_L=0.75 \text{ MPa}$$

活塞到达终点时 $p_C=p_{j2}=2$ MPa　$p_A=p_{j1}=3$ MPa　$p_B=p_y=4$ MPa

(2) 负载增加到 $F_1=4$ kN 时，$p_L=F/A_1=2.5$ MPa

$p_{j2}<p_L$，因此不能推动活塞运动。$p_C=p_{j2}=2$ MPa　$p_A=p_{j1}=3$ MPa　$p_B=p_y=4$ MPa；

对图(b)所示的两减压阀并联的情况：

(1) 活塞运动时 $p_L=F/A_1=0.75$ MPa

由于 $p_L<p_{j1}$，$p_L<p_{j2}$，两减压阀开口均最大，$p_B=p_A=p_C=p_L=0.75$ MPa

活塞到达终点时，p_L 升高。当 $p_L>p_{j2}$时，减压阀 2 的先导阀打开，减压阀口减小直至完全关闭。减压阀 1 的阀口仍全开，压力油使 p_L 继续升高，当上升到 $p_L=p_{j1}$时，减压阀 1 的阀口关小，处于平衡状态，维持出口压力为调定压力值。所以 $p_C=p_A=p_{j1}=3$ MPa，溢流阀处于工作状态：$p_B=p_y=4$ MPa

(2) 负载增加到 $F_1=4$ kN 时，$p_L=F/A1=2.5$ MPa

$p_{j2}<p_L$，减压阀 2 的阀口完全关闭。压力油经减压阀 1 进入液压缸，由于 $p_L<p_{j1}$，减压阀 1 的阀口全开，因此 $p_A=p_C=p_B=p_L=2.5$ MPa

当活塞运动到终点位置时，$p_C=p_A=p_{j1}=3$ MPa，$p_B=p_y=4$ MPa

5-15 解：(1) 夹紧工件前夹紧缸空载运动，由于夹紧缸的负载压力为 0，减压阀全开，$p_A=p_B=p_C=0$ MPa。

(2) 当泵的出口压力等于溢流阀调压力时，夹紧缸使工件夹紧后，$p_B=p_y=4$ MPa；C 点的压力随夹紧力压力上升，当 A 点的压力等于减压阀的调整压力时，减压阀开始起作用稳定其出口压力，此时，$p_A=p_C=p_j=2$ MPa。

(3) 工作缸快进，泵压力降到 1.5 MPa，则 $p_B=1.5$ MPa，因为 $p_B<p_y$，溢流阀关闭。单向阀逆向截止，夹紧液压缸保压，$p_C=2$ MPa。A 点的压力由 2 MPa 下降至 1.5 MPa。

5-16 解：(1) 液压泵启动后，两换向阀处于中位时，顺序阀打开，减压阀口关小，A 点压力升高，溢流阀打开，则 $p_A=4$ MPa，$p_B=4$ MPa，$p_C=2$ MPa

(2) 1YA 通电，缸 I 活塞运动时，$p_B=F/A_1=3$ MPa

活塞运动到终端后，$p_A=p_B=4$ MPa，pC=2 MPa

(3) 1YA 断电，2YA 通电，缸 II 活塞运动时，$p_C=0$ MPa，$p_A=p_B=0$ MPa

活塞碰到挡铁时，$p_C=2\ \mathrm{MPa}$，$p_A=p_B=4\ \mathrm{MPa}$

第6章

6-8 解：蓄能器容量的计算公式为

$$V_0=V_W\left(\frac{p_2}{p_0}\right)^{\frac{1}{n}}\Bigg/\left[1-\left(\frac{p_2}{p_0}\right)^{\frac{1}{n}}\right]$$

式中 V_W——蓄能器所输出(排出)液体体积，$V_W=5\ \mathrm{L}$；

p_0——蓄能器的充气压，$p_0=90\times10^5\ \mathrm{Pa}$；

p_1——蓄能器维持的最高压，$p_1=200\times10^5\ \mathrm{Pa}$；

p_2——蓄能器维持的最低压，$p_2=100\times10^5\ \mathrm{Pa}$。

设蓄能器慢速输油时，属等温过程时，上述公式中指数 $n=1$，则代入各量数值有

$$V_0=\left[5\times\left(\frac{100\times10^5}{90\times10^5}\right)\Bigg/\left(1-\frac{100\times10^5}{200\times10^5}\right)\right]\mathrm{L}=11.1\ \mathrm{L}$$

设蓄能器快速输油时，属绝热过程，则上述公式中 $n=1.4$，则代入各量数值有

$$V_0=\left[5\times\left(\frac{100\times10^5}{90\times10^5}\right)^{\frac{1}{1.4}}\Bigg/\left(1-\frac{100\times10^5}{200\times10^5}\right)^{\frac{1}{1.4}}\right]\mathrm{L}=13.8\ \mathrm{L}$$

故根据绝热过程输油的要求，蓄能器容量应取13.8 L以上。

6-9 解：若蓄能器用于补油保压、慢速输油时，属等温过程，则多变指数 $n=1$，其输出液体体积计算公式为

$$V_W=V_0p_0^{\frac{1}{n}}\left[\left(\frac{1}{p_2}\right)^{\frac{1}{n}}-\left(\frac{1}{p_1}\right)^{\frac{1}{n}}\right]$$

$$=V_0P_0\left[\frac{1}{p_2}-\frac{1}{p_1}\right]$$

式中 V_W——蓄能器输出液体体积；

V_0——蓄能器的容积，$V_0=2.5\ \mathrm{L}$；

p_0——蓄能器充气压，$p_0=2.5\ \mathrm{MPa}$；

p_1——蓄能器维持的最高工作压力，$p_1=7\ \mathrm{MPa}$；

p_2——蓄能器维持的最低工作压力，$p_2=5\ \mathrm{MPa}$。

将各已知量代入上式有

$$V_W=2.5\times2.5\times\left(\frac{1}{5}-\frac{1}{7}\right)\mathrm{L}=0.36\ \mathrm{L}$$

若蓄能器按快速、大量排油考虑、则属绝热过程，多变指数 $n=1.4$，则上式变为

$$V_W=2.5\times2.5^{\frac{1}{1.4}}\left[\left(\frac{1}{5}\right)^{\frac{1}{1.4}}-\left(\frac{1}{7}\right)^{\frac{1}{1.4}}\right]\mathrm{L}=0.33\ \mathrm{L}$$

6-10 解：蓄能器最高工作压力为液压泵供油压力，即 $p_2=7\times10^6\ \mathrm{Pa}$，最小工作压力 $p_3=p_2-\Delta p=(7-1)\times10^6=6\times10^6\ \mathrm{Pa}$。因排液时间为0.1 s，按绝热过程处理，即

$$p_2V_2^{1.4}=p_3V_3^{1.4}=\mathrm{const}$$

考虑到 $\Delta V=V_3-V_2=0.8\ \mathrm{L}$，则有

$$70V_2^{1.4}=60(V_2+0.8)^{1.4}$$

所以 $V_2=6.925\ \mathrm{L}$

对于充液，时间不少于 30 s，视为等温过程，并取充气压力 $p_1=0.9p_3=5.4\times10^6$ Pa，故有

$$V_1=\frac{p_2V_2}{p_1}=\frac{7\times10^6}{5.4\times10^6}\times6.925=8.98\,\text{L}$$

取 $V_1=10\text{L}$

6-11　蓄能器容积 $V=12.2\text{L}$。

第 7 章

7-1　答：不考虑油液黏度变化的影响，调定节流阀的开口大小，换向阀阀芯移过距离所需的时间就确定不变。时间控制制动式换向回路的制动时间可根据工作情况进行调整，能够减小冲击量、提高换向平稳性。但换向精度不高，主要用于工作部件运动速度较高，要求换向平稳、无冲击，但换向精度要求不高的场合，如用于平面磨床和插、拉、刨床液压系统中。行程控制制动式换向回路的换向精度较高，但运动部件速度影响制动时间的长短和换向冲击的大小，宜用于主机工作部件运动速度不大、换向精度要求较高的场合，如磨床液压系统中。

7-2　答：图(a)中，溢流阀 2 装在节流阀 1 的后面，节流阀始终有油液流过。活塞在行程终止后，溢流阀溢流，节流阀出口处的压力和流量为定值，控制液动阀换向的压力差不变。因此，回路可正常工作。

图(b)中，液压力推动活塞到达终点后，泵输出的油液全部经溢流阀 2 回油箱，不再有油液流经节流阀，截留法两端压力相等，没有压力差使液动阀动作。因此，回路不能正常工作。

7-3　答：本回路用 3 个二位二通电磁阀串联，每个阀并联一个溢流阀，各溢流阀的调定压力为前一级溢流阀的 2 倍。该回路可实现从 0 到 3.5 MPa、级差为 0.5 MPa 的 8 级压力组合。具体见下表。

换向阀动作（"＋"通电，"－"断电）									
	A	－	－	－	－	＋	＋	＋	＋
	B	－	－	＋	＋	－	－	＋	＋
	C	－	＋	－	＋	－	＋	－	＋
系统压力(MPa)		0	0.5	1.0	1.5	2.0	2.5	3.0	3.5

7-4　答：在执行元件短时间停止工作时，卸荷回路能够不频繁启闭液压泵的驱动电机，而使液压泵在功率损耗近于零的情况下运转，以减少功率损失和系统发热，延长泵和电机的使用寿命。卸荷回路可采用换向阀、先导型溢流阀、先导式卸荷阀或压力补偿变量泵等液压元件来实现。

7-5　答：平衡回路可以平衡工作部件的自重，防止执行机构在下行运动中由于自重而造成失控、失速的不稳定运动。平衡回路主要用于垂直运动的液压机械中，如轧机支撑辊、起重机伸缩臂、插床运动部件的平衡等。可采用顺序阀、平衡缸或蓄能器等液压元件构成平衡回路。

7-6　略

7-7　答：(1) 溢流节流阀，其职能符号如图(a)所示。

(2) 该阀只用于进油路节流调速回路，回路应用如图(b)所示。

(3) 阀 1 为压差式溢流阀，其上下两腔分别与节流阀前后压力相通，靠调节溢流口开度使节流阀两端压差基本保持不变。阀 3 是安全阀，当系统压力超过其调整值时，该阀打开，以防止系统过载。

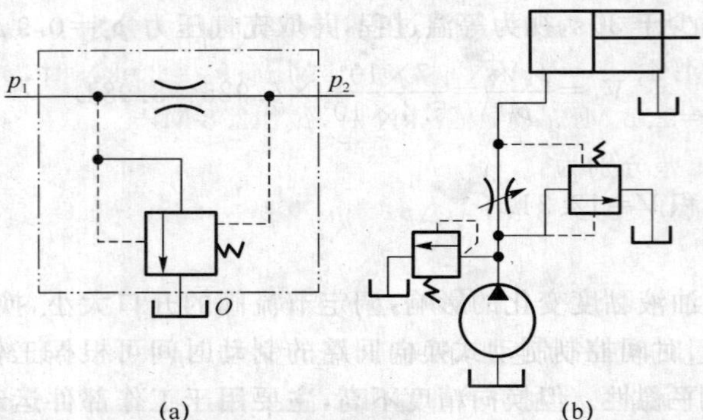

7-8 答：采用行程阀控制的顺序动作回路如图所示，A、B两缸的活塞均在右端。当推动手柄使手动电磁换向阀C左位接入，缸A中的活塞向左运动，实现动作①；直至挡块压下行程阀D后，缸B中的活塞向左运动，实现动作②；手动换向阀C右位接入后，缸A中的活塞先复位，实现动作③；直至挡块离开行程阀D，阀D复位，缸B中的活塞退回，实现动作④，完成一个工作循环。此回路动作可靠，但管路布置不便，改变动作顺序难。

采用顺序阀的压力控制顺序动作回路如图所示，当换向阀左位接入且单向顺序阀D的调定压力大于液压缸A的最大前进工作压力时，压力油进入液压缸A的左腔，实现动作①；直至终点后压力上升，压力油打开顺序阀D进入液压缸B的左腔，实现动作②；当换向阀右位接入且单向顺序阀C的调定压力大于液压缸B的最大返回工作压力时，压力油进入液压缸B的右腔，实现动作③；直至终点后压力上升，压力油打开顺序阀C进入液压缸A的右腔，实现动作④。

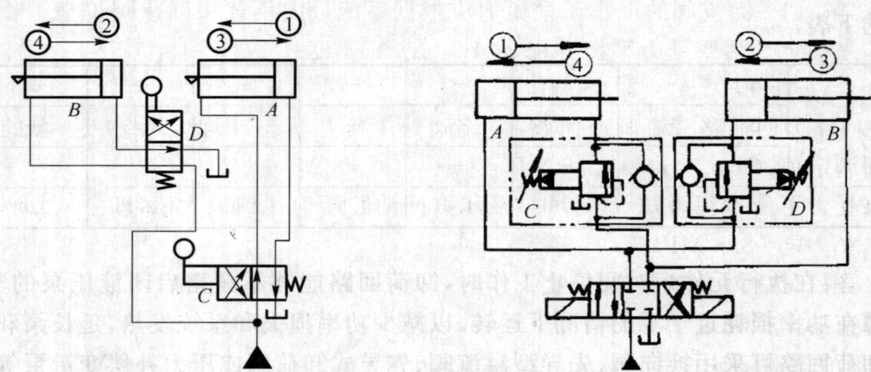

7-9 答：图中所示两缸并联回路，缸A需实现节流调速，液压泵的输出压力由溢流阀的调定压力决定。当顺序法的调整压力等于或低于溢流阀调定压力时，缸A、B将同时动作；当顺序阀调整压力高于溢流阀调定压力时，缸B不能动作。

7-10 答：图示回路可实现“快进→工进→快退→停止”的工作循环。液控单向阀的作用是实现液压缸快进与工进速度间的换接及液压缸的反向退回。

电磁铁动作顺序表如下：

工序	1YA	2YA	3YA
快进	+	−	+
工进	+	−	−
快退	−	+	−
停止	−	−	−

7-11　解：液压缸大腔压力 $p=F/A$，在不同负载时压力分别为：

$F_1=0$ 时，$p_1=0$ MPa；$F_2=10$ kN 时，$p_2=1$ MPa；$F_3=20$ kN 时，$p_3=2$ MPa；

$F_4=25$ kN 时，$p_4=2.5$ MPa；$F_5=28$ kN 时，$p_5=2.8$ MPa。

对应调速阀两端压差分别为：

$\Delta p_1=p_y-p_1=(3.0-0)=3$ MPa；$\Delta p_2=p_y-p_2=(3.0-1)=2$ MPa；$\Delta p_3=p_y-p_3=(3.0-2)=1$ MPa；

$\Delta p_4=p_y-p_4=(3.0-2.5)=0.5$ MPa；$\Delta p_5=p_y-p5=(3.0-2.8)=0.2$ MPa

调速阀要保持通过的流量为定值，两端压差至少为 $\Delta p=0.5$ MPa。当负载在 0～25 kN 范围内变化时，调速阀两端压差为 3～0.5 MPa，满足调速阀正常工作条件，活塞运动速度不变。在该范围内，负载越大，回路效率越高，即 $F_4=25$ kN 时，回路效率最高。

当负载超过 25 kN 时，随着调速阀两端压差逐渐减小，减压阀开口处于最大而不起减压作用，通过节流阀的流量必将逐渐减小，活塞运动速度减小。

7-12　解：系统的有效负载功率 $P=p_3\cdot q_2$

消耗在调速阀上的功率 $P_{ts}=(p_1-p_3)\cdot q_2$

消耗在节流阀上的功率 $P_{jl}=(p_2-p_3)\cdot q_2$

消耗在减压阀上的功率 $P_{jy}=(p_1-p_2)\cdot q_2$

消耗在溢流阀上的功率 $P_{yl}=p_1\cdot(q-q_2)$

液压泵的输出功率 $P_p=p_1\cdot q$

系统回路的效率 $\eta=P/P_p=(p_3\cdot q/)/(p_1\cdot q)$

7-13　解：(1) 溢流阀的最小调整压力应根据系统最大负载和调速阀正常工作时所需的最小压力差来确定。活塞受力平衡方程 $p_yA_1=\Delta pA_2+F$

则 $p_y=(\Delta pA_2+F)/A_1=4.25$ MPa

(2) 此回路为回油路节流调速回路，溢流阀处于常开状态，因此，$F=0$ 时，泵的工作压力仍为溢流阀调定值，即 $p_p=p_y=4.25$ MPa

由活塞受力平衡方程可知，$F=0$ 时，液压缸回油腔压力达到最大值，即

$p_2=p_yA_1/A_2=8.5$ MPa

7-14　解：(1) 马达的最高转速 $n_{Mmax}=n_pq_p/q_{Mmin}=4\,000$ r/min

最低转速 $n_{Mmin}=n_pq_p/q_{Mmax}=1\,000$ r/min

(2) 输出的转距 $T_{Mmax}=p_yq_{Mmax}/(2\pi)=79.6$ N·m

$T_{Mmin}=p_yq_{Mmin}/(2\pi)=19.9$ N·m

(3) 恒功率回路，在液压马达的调速范围内起最大输出功率为一定值。

$P_{0Mmax}=P_{iMmax}=p_{pmax}Q_p/60=p_yQ_p/60=p_yn_pq_{pmax}/60=6.67$ kW

7-15　解：(1) 电磁铁动作顺序表

工况＼电磁铁	1YA	2YA	3YA	4YA	5YA
快进	+	−	+	−	+
Ⅰ工进	+	−	−	−	+
Ⅱ工进	+	−	−	+	+
快退	−	+	+	−	+
原位停、泵泄荷	−	−	−	−	−

(2) 液压缸受力平衡方程为 $p_yA_1=p_2A_2+F$

$F=0$ 时，$p_2=pyA_1/A_2=6$ MPa

(3) 工进时，负载 F 变化，活塞速度变化。因为当 F 变化时，由活塞受力平衡方程可知 p_2 发生变化，即节流阀前后压力差 $\Delta p(=p_2)$ 发生变化，由节流阀流量方程 $q=K-A_T\cdot\Delta p^m$ 可知，通过节流阀的流量随之变化，活塞的运动速度 $v=q/A_2$ 也将变化。

7-16 解：(1) 最低转速 $n_{\mathrm{Mmin}}=n_pq_{\mathrm{pmin}}/q_M=0$

最高转速 $n_{\mathrm{Mmax}}=n_pq_{\mathrm{pmax}}/q_M=1\,200$ r/min

(2) 液压马达的最大输出转距 $T_{\mathrm{Mmax}}=p_{\mathrm{Mmax}}q_M/(2\pi)=p_yq_M/(2\pi)=63.7$ N·m

(3) 液压马达的最高输出功率 $P_{0\mathrm{Mmax}}=p_{\mathrm{Mmax}}Q_{\mathrm{Mmax}}/60=p_yQ_{\mathrm{pmax}}/60=p_yn_pq_{\mathrm{pmax}}/60=8$ kW

7-17 解：在理想情况下，泵和马达的容积效率和液压机械效率都是100%，计算中不再计入。

(1) 当液压马达转速 $n_M=1\,000$ r/min 时泵的排量

$$V_p=n_M\cdot V_M/n_p=6.67\ \mathrm{cm^3/r}$$

(2) 当液压马达负载转距 TM=8N·m 时，马达前后压力差为

$$\Delta p=2\pi T_M/V_M=5.03\ \mathrm{MPa}>p_y$$

即此时安全阀开启，液压泵输出油液从安全阀返回泵的进口，进入液压马达的流量为零，其转速 $n_M=0$。

(3) 泵的最高输出功率 $P_{\mathrm{pmax}}=p_yV_{\mathrm{pmax}}n_p=800$ W

7-18 解：(1) 当负载 $F=0$ 时，液压缸压力 $p=F/A=0$ MPa

当负载 $F=54$ kN 时，液压缸压力 $p=F/A=5.4$ MPa

(2) 当负载 $F=0$ 时，溢流阀关闭，液压泵输出的全部流量进入液压缸，活塞快速运动，其速度为 $v=q_p/A=6.3$ m/min

当负载 $F=54$ kN 时，$p>p_y$，溢流阀打开，液压泵输出的油液全部经溢流阀溢流，进入液压缸的流量为0，活塞不运动，即 $v=0$；溢流阀的溢流量为 $q_y=q_p=63$ L/min。

第8章

8-1

1. 限压式变量泵，调速阀，进油节流，电液动换向阀，差动连接，行程换向阀
2. 背压，防止油液回流，提供压力信号
3. 机动先导阀，液动换向阀，迅速制动，停留，迅速反向启动

第9章

9-1 1. 运动，动力

2. 负载循环图，负载图，速度图
3. 液压泵，执行元件，液压回路

第10章

10-1 填空题

1. 空气压缩机，压力能，机械能
2. 气源发生装置，气动执行元件，气动控制元件，气动辅助元件
3. 原动机
4. 流量控制阀，压力控制阀，方向控制阀，逻辑元件

5. 过滤器，消声器，油雾器

10－2 （略）

第11章

11－1

1. × 2. × 3. √ 4. × 5. √ 6. √ 7. ×8. ×9. √

11－1

1. C 2. B 3. D 4. B 5. C 6. A

11－3 答：主要由空气压缩机，后冷却器，除油器，储器罐，干燥器，气动三联件即分水过滤器、减压阀、油雾器等组成。

11－4 答：气动控制系统中，常用辅助元件有消声器、管道连接件、转换器等。

11－5 答：容积型压缩机的工作原理是压缩气体的体积，使单位体积内气体分子的密度增加以提高压缩空气的压力。按结构形式，容积型压缩机又可分为活塞式、膜片式、螺杆式、滑片式。

11－6 答：气动三联件是由分水过滤器、减压阀、油雾器一起依次无管化连接而成，安装在气动系统的入口处。

分水过滤器的作用是滤除压缩空气中的水分、油滴及杂质，以达到气动系统所需要的净化程度。油雾器是当压缩空气流过时，将润滑油喷射成雾状，随压缩空气一起流进需要润滑的部件，达到润滑的目的。减压阀是将较高的输入压力调整到低于输入压力的调定压力输出，并保持输出压力稳定，以保证气动系统或装置的工作压力稳定，不受输出空气流量变化和气源压力波动的影响，起减压和稳压作用。

第12章

12－1 答：单作用气缸换向回路中，采用三位五通电气换向阀；双作用气缸换向回路中，采用三位五通电气换向阀可使气缸停在任意位置。

12－2 答：图示的气液转换速度控制回路中，当气动电磁阀5通电时，气液联用缸1无杆腔进气，有杆腔中油液经行程阀2回至气液转换器4，活塞杆快速前进；直至挡块压住行程阀2，使油路切断，有杆腔的油经调速阀3的节流阀回至气液转换器4，活塞杆慢进。当气动电磁阀5断电，通过气液转换器4，油液经调速阀3的单向阀进入气液联用缸1的有杆腔，推动活塞杆迅速返回。在整个工作循环中，可实现快进—慢进—快退动作。

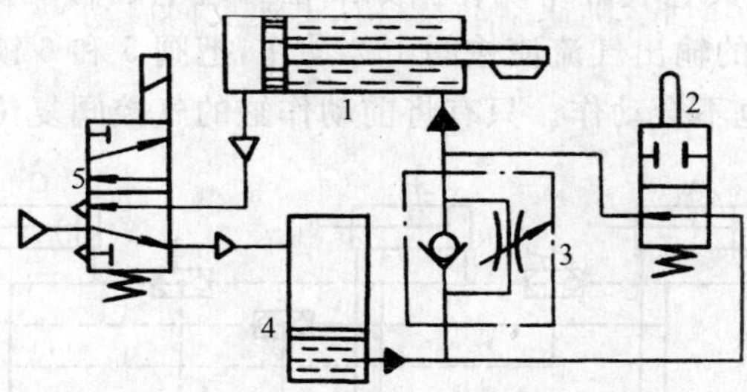

12－3 答：图(a)所示的回路是可实现时而高压、时而低压的控制和转换的调压回路。图(b)所示的回路是利用减压阀实现对不同的执行元件提供不同压力控制的调压回路。

12－4 答：图(a)所示的回路是利用两个串联反接的单向节流阀分别控制单作用缸活塞杆伸出和缩回的速度的单作用气缸速度控制回路。图(b)所示的回路是利用安装于电磁换向阀排气口处的带有消声器的节流阀实现气缸排气节流的双向调速回路。

12-5 答:采用快速排气阀、顺序阀和节流阀设计的缓冲回路如图所示。二位四通气控换向阀1在图示位置时,气缸活塞向左退回。返回行程开始时,气缸排气腔压力较高,气流经快速排气阀3、顺序阀4、节流阀5排出,使排气腔压力快速下降。返回至行程终端时,排气腔压力已无法打开顺序阀4,剩余气体经节流阀2和阀1排出,使活塞得到缓冲。

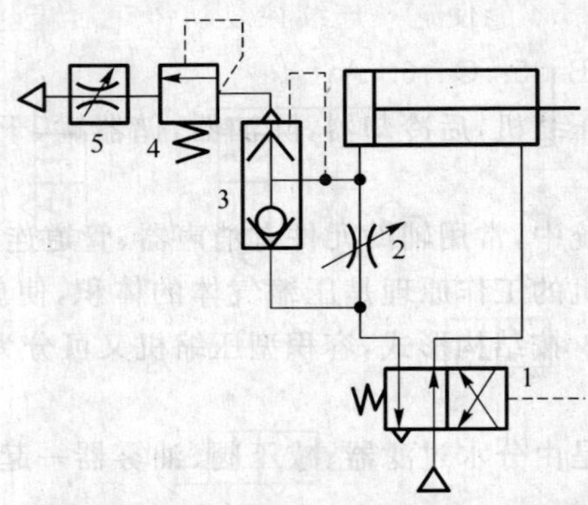

12-6 答:设计的采用行程阀的气液阻尼缸速度控制回路如图所示,当电磁阀6通电,气液阻尼缸1快进;直至活塞杆上的挡块压住行程阀4,速度控制阀5节流,阻尼缸1慢进。当电磁阀6断电,阻尼缸1快退。整个工作循环中,实现快进—慢进—快退动作。

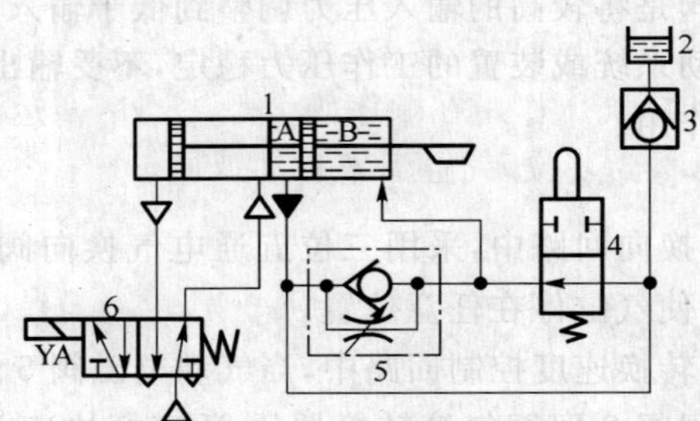

12-7 答:图(a)所示的回路是采用调速阀的同步动作回路。图(b)所示的回路是采用气液联动缸的同步动作回路。

12-8 答:设计的互锁回路如图所示,利用梭阀1、2、3及二位五通换向阀4、5、6实现互锁,保证一个气缸动作时,其它气缸不动作。如二位三通电磁阀7换向时,阀4也换向,使A缸活塞杆伸出;同时,阀4的输出气流使梭阀1、2动作,把阀5和6锁住,此时即使阀8、9有切换信号,B、C缸的活塞杆也不会动作。只有将前动作缸的气控阀复位才能改变气缸的动作。

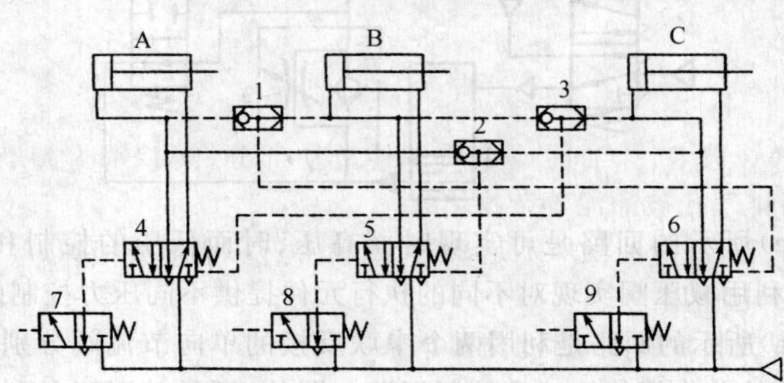

12－9　答:设计的连续往复动作回路如图所示,按下二位三通手动换向阀 1,气流经手动阀 1 和换向阀 3 使二位五通单气控换向阀 4 切换,气缸活塞杆向右运动,二位二通行程换向阀 3 随之复位将控制气路断开,换向阀 4 不能复位。当活塞杆前行到行程终点,挡块压下二位二通行程换向阀 2 时,换向阀 4 的控制气体经换向阀 2 排出,弹簧作用使换向阀 4 复位,气缸活塞杆返回。当活塞杆返回到行程终点压下二位二通行程换向阀 3 时,换向阀 4 切换,重复上一循环动作。只有断开手动阀 1,才能使这一连续往复动作在活塞返回到原位后停止。

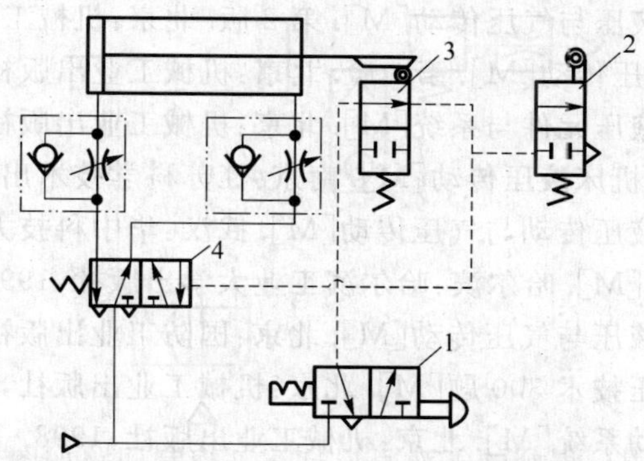

12－10　答:图(a)所示回路为行程控制的单往复回路。按下二位三通手动换向阀 1,二位三通行程换向阀 3 切换,气缸活塞向右运动;直至挡块碰下行程阀 2,换向阀 3 复位,气缸活塞自动返回。

图(b)所示为压力控制的单往复回路,按下二位三通手动换向阀 1,二位三通行程换向阀 3 切换,气缸活塞向右运动;同时,气压作用在顺序阀 2 上。当活塞运动到行程终点时,无杆腔压力升高并打开顺序阀 2,换向阀 3 复位,气缸活塞自动返回。

第 13 章

13－1

1. Ⅰ型障碍信号,Ⅱ型障碍信号,滞消障碍信号
2. Ⅰ型障碍信号
3. 脉冲信号消障法,逻辑“与”消障法,中间记忆元件(辅助阀)消障法

第 14 章

14－1

1. 密封
2. 太紧
3. 有负载条件下
4. 水分,油分,粉分
5. 空气过滤器
6. 消声器
7. 润滑不良或弹簧被卡住,油污或杂质卡住滑动部分,阀芯密封圈磨损,阀杆和阀座损伤,电磁先导阀的进、排气孔被油泥等杂物堵塞
8. 活塞杆安装偏心,润滑油供应不足,密封圈和密封环磨损或损坏,气缸内有杂质及活塞杆有伤痕,缓冲机构不起作用
9. 调压弹簧断裂或膜片破裂,过滤网被堵塞
10. 减压阀

参考文献

[1] 路甬祥. 液压气动技术手册[M]. 北京:机械工业出版社,2002.
[2] 雷天觉. 新编液压工程手册[M]. 北京:北京理工大学出版社,1998.
[3] 许福玲,陈尧明. 液压与气压传动[M]. 第 2 版. 北京:机械工业出版社,2005.
[4] 左建民. 液压与气压传动[M]. 第 3 版. 北京:机械工业出版社,2005.
[5] 李壮云,葛宜远. 液压元件与系统[M]. 北京:机械工业出版社,2000.
[6] 章宏甲. 金属切削机床液压传动[M]. 南京:江苏科学技术出版社,1984.
[7] 何存兴,张铁华. 液压传动与气压传动[M]. 武汉:华中科技大学出版社,2000.
[8] 姜继海. 液压传动[M]. 哈尔滨:哈尔滨工业大学出版社,1997.
[9] 明仁雄,王会雄. 液压与气压传动[M]. 北京:国防工业出版社,2003.
[10] 张磊等. 实用液压技术 300 题[M]. 北京:机械工业出版社,1998.
[11] 官忠范. 液压传动系统[M]. 北京:机械工业出版社,1998.
[12] 章宏甲,黄谊,王积伟. 液压与气压传动[M]. 北京:机械工业出版社,2000.
[13] 袁承训. 液压与气压传动[M]. 第 2 版. 北京:机械工业出版社,2003.
[14] 左建民. 液压与气压传动[M]. 第 2 版. 北京:机械工业出版社,2001.
[15] 丁树模,姚如一. 液压传动[M]. 北京:机械工业出版社,1992.
[16] 朱新才. 液压传动与控制[M]. 重庆:重庆大学出版社,1996.
[17] 刘延俊. 液压与气压传动[M]. 北京:机械工业出版社,2003.
[18] 贾铭新. 液压传动与控制[M]. 北京:国防工业出版社,2001.
[19] 陈奎生. 液压与气压传动[M]. 武汉:武汉理工大学出版社,2001.
[20] 贾铭新. 液压传动与控制解难和练习[M]. 北京:国防工业出版社,2003.
[21] SMC(中国)有限公司编. 现代实用气动技术[M]. 北京:机械工业出版社,1998.